年 轻 化　　智 能 化　　国 际 化

生态酿造与智能制造
赋能中国白酒创新活力

第六届中国白酒（国际）学术研讨会论文集

主编　徐 岩

副主编　范文来　赵德义　杨红文

U0213410

中国·潍坊

2023 年 12 月

中国轻工业出版社

图书在版编目（CIP）数据

生态酿造与智能制造赋能中国白酒创新活力：2023第六届中国白酒（国际）学术研讨会论文集／徐岩主编. — 北京：中国轻工业出版社，2023.11
ISBN 978-7-5184-4656-8

Ⅰ. ①生… Ⅱ. ①徐… Ⅲ. ①白酒—酿酒工业—学术会议—文集 Ⅳ. ①TS262.3-53

中国国家版本馆 CIP 数据核字（2023）第 213841 号

责任编辑：贺　娜
文字编辑：杨　璐　　责任终审：李建华　　整体设计：锋尚设计
策划编辑：江　娟　　责任校对：吴大朋　　责任监印：张　可

出版发行：中国轻工业出版社（北京鲁谷东街5号，邮编：100040）
印　　刷：北京厚诚则铭印刷科技有限公司
经　　销：各地新华书店
版　　次：2023年11月第1版第1次印刷
开　　本：787×1092　1/16　印张：25
字　　数：500千字
书　　号：ISBN 978-7-5184-4656-8　　定价：298.00元
邮购电话：010-85119873
发行电话：010-85119832　　010-85119912
网　　址：http://www.chlip.com.cn
Email：club@chlip.com.cn
如发现图书残缺请与我社邮购联系调换
231882K7X101ZBW

本书编委会

主 任 委 员：徐　岩

副主任委员：范文来　赵德义　杨红文

委　　　员：吴　群　陈　双　杜　海　唐　柯　任　聪
　　　　　　韩业慧　马　玥　方　程　靳光远

序　言

　　白酒是中国的国粹，在中国的传统历史及文化中，白酒被赋予了许多象征意义，是中国灿烂历史和文化的体现。白酒有着悠久的酿造历史，其在数千年的发展历程中不断演化，逐步形成了以酒曲糖化发酵、自然多菌种固态长期发酵、甑桶固态蒸馏、陶坛贮存陈酿为核心的极具东方特色的酿造技艺，赋予了中国白酒独特的风味组成和风格特征。

　　科技创新是引领白酒产业的永恒动力。从酒在自然界中被发现，到曲蘖制造技艺被发明；从黄帝汤液醴酪之论，到汉代九酝酒法；从液态发酵到固态发酵，从液态蒸馏到固态蒸馏；从低度酒到高度酒，从高粱烧酒、二锅头、大曲酒到风味多样化白酒类型，这些发现与发明中的科学与创新驱动引领着中国白酒产业的发展与变革。21世纪以来，中国酒业协会相继开展了"中国白酒169计划""中国白酒158计划""中国白酒3C计划"等产学研合作，使得中国白酒科技创新迎来了飞速的发展，在微生物学、风味化学和智能化等领域取得了一系列科研成果，开创了中国白酒科技创新的繁荣时代。

　　自"2011首届中国白酒（国际）学术研讨会"成功举办以来，已连续成功举办五届，形成了高效的白酒技术交流平台，推动了我国白酒行业新时代的科技创新，突破了白酒基础理论研究的瓶颈，加速了白酒应用新技术的推广应用，支撑了我国白酒行业的高质量发展。

　　新时期，我国白酒行业已经进入高质量发展的快车道，白酒的机械化、自动化、数字化、智能化等新成果在众多企业得到了广泛应用。凝聚行业智慧、寻求产业发展再突破，已经成为行业共识。本次白酒学术研讨会恰逢其时，围绕目前白酒行业的生产智能化、口味年轻化和产品国际化等热点、难点和共性关键问题，向广大白酒科技工作者与从业者征集学术论文，并整理为本届学术论文集。相信本书是关于中国白酒酿造科技之美的一次系统总结和深入交流，可以为白酒的科技创新赋能，推动白酒的生产智能化、口味年轻化和产品国际化。

二〇二三年十月十日

目　录

第三篇　白酒的品质特征与风味分析技术

第四篇　白酒智能制造与白酒高质量发展

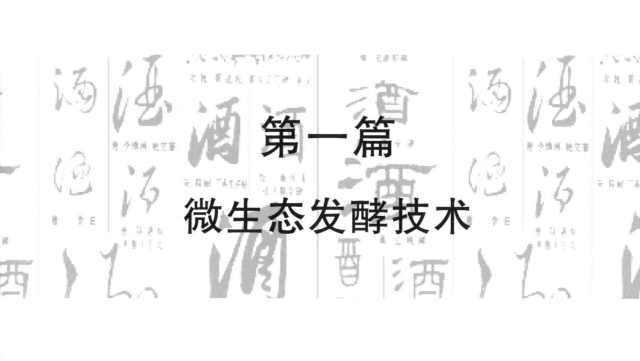

第一篇
微生态发酵技术

第七章

木材材性与利用

微生态发酵技术及其在传统固态发酵中的应用

杜如冰[1,2]，班世博[1,2]，郑轶夫[1,2]，吴群[1,2]，徐岩[1,2]

[1. 江南大学生物工程学院酿造微生物学与应用酶学研究室，江苏无锡　214122；

2. 工业生物技术教育部重点实验室（江南大学），江苏无锡　214122]

摘　要： 为应对传统发酵食品由于自然接种的方式生产而导致的产品存在批次稳定性差、生产效率低和食品安全不可控等问题，本研究团队提出了基于合成生物学思想的微生态发酵技术。近年来，微生态发酵技术在传统固态酿造中得到广泛应用，衍生出酿造微生物菌群模拟技术、发酵过程干预调控技术和微生物组合技术，在实践中取得良好的应用效果。本论文回顾了微生态发酵技术的内容，并综述了微生态发酵技术在传统固态发酵中应用的研究进展，旨在推动传统发酵食品的稳定、效率和智能生产。

关键词： 白酒，微生态发酵技术，合成微生物菌群，固态发酵

Microecological fermentation technology and its application in traditional solid state fermentation

DU Rubing[1,2], BAN Shibo[1,2], ZHENG Yifu[1,2], WU Qun[1,2], XU Yan[1,2]

[1. Jiangnan University, School of Biotechnology, Lab of Brewing
Microbiology and Applied Enzymology, Jiangsu Wuxi 214122, China;

2. Key Laboratory of Industrial Biotechnology of Ministry of Education
(Jiangnan University), Jiangsu Wuxi 214122, China]

Abstract： In order to deal with the problems of poor batch stability, low production effi-

资金资助：本项目获得国家重点研发计划（National Key R&D Program, 2022YFD2101201）资金支持。

作者简介：杜如冰（1995—），男，博士在读，研究方向为酿造微生物学；邮箱：572732558@qq.com；联系电话：18851588367。

通信作者：徐岩（1962—），男，教授，博士生导师，研究方向为酿造微生物学、风味化学及应用酶技术；邮箱：yxu@jiangnan.edu.cn；联系电话：0510-85918201。

ciency and uncontrollable food safety in traditional fermented foods caused by natural inoculation, we proposed microecological fermentation technology based on synthetic biology. In recent years, microecological fermentation technology had been widely used in traditional solid-state fermentation. Based on microecological fermentation technology, microbiota simulation technology, fermentation intervention and regulation technology, and microbial combination technology were derived, which achieved good application results in practice. We reviewed the content of microecological fermentation technology, and summarized the research progress of microecological fermentation technology in traditional solid-state fermentation, aiming to achieve stable, efficient and intelligent production of traditional fermented foods.

Key words: Baijiu, Microecological fermentation technology, Synthetic microbiotal, Solid state fermentation

1　前言

传统发酵食品具有丰富的营养成分、独特的风味,分布在全球各地,是人类饮食结构中重要的组成部分[1, 2]。传统发酵食品由复杂的酿造微生物菌群驱动[3],例如在白酒发酵过程中,可以检测到丰富的霉菌、酵母菌、芽孢杆菌和乳酸菌等[4]。酿造微生物菌群与产品品质及其稳定性息息相关。然而,传统发酵食品多通过自然接种的方式生产,酿造微生物菌群具有可变性,导致产品存在批次稳定性差、生产效率低和食品安全不可控等问题[5]。

近年来,高通量测序技术极大地推动了人们对酿造微生物菌群结构和功能的认识,并进一步揭示了酿造微生物菌群与产品品质之间的关系[6, 7]。传统发酵食品的生产方式受到了前所未有的科技革命影响,国际前沿领域中的合成生物学是新一轮工业革命的颠覆性技术。通过将关键酿造微生物物种组合为合成微生物菌群,实现了对产品的复现和品质的提升。例如本研究团队前期通过构建由五种微生物组成的合成微生物菌群,实现了清香型白酒酿造微生物演替规律和风味特征的重现[8]。在奶酪发酵系统中,使用由六种高丰度微生物构成的合成微生物菌群,成功复制了原始发酵菌群的演替规律[9]。微生物组学、风味化学、发酵工学等研究领域技术的进步,使得人们对酿造机制有了初步的认识,并尝试通过构建合成微生物菌群提高传统发酵食品发酵过程的可控性。在此研究基础上,本研究团队基于合成微生物学思想提出了微生态发酵技术,旨在实现传统发酵食品的稳定、效率和智能生产[10]。本文回顾了微生态发酵技术的内容,并综述了微生态发酵技术在传统固态发酵中的应用研究进展。

2 微生态发酵技术

微生态发酵技术是指运用微生物生态学和微生物组学原理，通过优化发酵工艺，以最优配比的纯种微生物复合菌剂进行接种，并对发酵菌群进行定向控制的发酵过程控制技术，实现微生物群落各功能种群协同生长与代谢，以较高效率生产出优质发酵产品[10]。微生态发酵技术包括上游的发酵微生物菌群解构技术、中游的核心功能微生物菌群重组技术和下游的发酵过程控制技术[10]。微生态发酵技术强调了对传统发酵体系机理的解析，以更为理性的方式重构复合多菌种菌剂，生产出品质不低于传统自然接种发酵过程的产品[10]。

基于合成微生物学思想的微生态发酵技术可在一定程度上减少对原始环境微生物富集过程的依赖性，生产过程稳定性较高；相对于开放式的传统发酵技术，微生态发酵技术中参与发酵过程的微生物均可以进行安全指标测试，保证产品安全。同时，高底物分解能力、高风味代谢能力菌株的组合可以提高发酵性能。因此，微生态发酵技术具有高稳定性、高安全性和高效率的特点。

3 微生态发酵技术在传统固态发酵中的应用

近年来，微生态发酵技术在传统固态发酵中得到广泛应用，并取得了较好的应用效果，延伸出多种新型的发酵技术，包括酿造微生物菌群模拟技术、发酵过程干预调控技术和微生物组合技术。

3.1 酿造微生物菌群模拟技术

目前，通过扩大生产规模是提高生产力的主要方式，但实践证明在使用相同生产工艺的条件下，新、老产区之间的产品质量存在显著差异。以白酒为例，由于新、老厂区环境微生物的不同，新厂区的出酒率以及产品品质明显低于老产区[11, 12]。针对该问题，本研究团队开发了酿造微生物菌群模拟技术，应用在新厂区的制曲过程中。

基于高通量测序分析发现，新、老产区制曲车间内的环境微生物存在显著差异，因此本研究团队对老产区曲房内的表面环境（地面、墙面）和空气微生物进行收集，经营养液富集后复刻到新产区曲房中，以达到快速优化环境微生物的目的，实现了"跨区式"功能微生物迁移复刻，完成对老产区制曲车间内酿造微生物菌群的模拟。实践结果表明通过复刻老产区曲房的表面环境微生物，显著提升了新产区曲房大曲中的酚类、醛类、吡嗪类、酸类和酯类化合物的含量；通过复刻空气环境微生物，显著提升了新产区曲房大曲中芳香族、酚类、醛类、酸类、酮类、酯类化合物的含量。进一步通过明确老产区曲房大曲中的优势功能微生物，构建了由八种微生物组成的合成微生物菌群，并将合成微生物菌群应用于新产区曲房的大曲发酵过程。与对照组相比，在不同的时间节点添加合成微生物菌群，均显著提高了发酵终点大曲中醇类、醛酮类、氨基酸类、酯类、含氮/含氧类、酚类、萜烯类等化合物的含量。通过合成微生物菌群的强化应用，强化 1 年新车间与常规生产 10 年老车间内的环境微生物菌群结构相似度达到 98.30%~99.60%，与未强化新车间相比，大曲优级品率提高 30%。

3.2 发酵过程干预调控技术

发酵过程中微生物菌群结构紊乱会影响产品品质。发酵过程干预调控技术是通过构建功能微生物菌群，干预发酵过程，调控发酵过程微生物菌群的结构与功能，从而稳定产品品质。例如白酒发酵过程中，酿造微生物菌群的不稳定导致乙酸乙酯产量异常。针对白酒发酵过程中乙酸乙酯产量异常问题，本研究团队通过使用发酵过程干预调控技术，实现了针对乙酸乙酯的菌群代谢调控。针对浓香型白酒发酵过程中乙酸乙酯产量过高的问题，本研究团队基于微生物相互作用网络和可培养等技术，揭示了浓香型白酒中乙酸乙酯的合成机制，鉴定了调控乙酸乙酯生成的关键微生物。通过构建包含关键微生物（*Thermoascus aurantiacus*、*Weissella confusa* 和 *Aspergillus amstelodami*）的合成微生物菌群，干预了窖池发酵过程。应用结果显示合成微生物菌群可以调控酿造菌群中关键微生物的多样性，有效地抑制了发酵过程中乙酸乙酯的合成，抑制效率最高可达 60.70%[13]。针对清香型白酒发酵过程中乙酸乙酯与乳酸乙酯季节性比例失衡的问题，本研究团队基于可培养技术和多组学技术，揭示了清香型白酒不同季节发酵过程中乙酸乙酯和乳酸乙酯的合成机制。通过选择功能微生物构建合成微生物菌群，干预乙乳比例严重失衡的夏季与秋季发酵过程。结果显示该合成微生物菌群可以调控酿造菌群功能，乙酸乙酯产量提高了 1.5~3.3 倍，乳酸乙酯产量降低了 20% 左右，有效地调控了乙酸乙酯与乳酸乙酯的比例，明显改善了产品的风味感官特征。

3.3 微生物组合技术

微生物组合技术是通过使用合成微生物菌群代替传统接种方式，生产出品质不低于传统自然接种发酵过程的产品。微生物组合技术在小曲清香型白酒生产过程中得到应用和推广。通过构建以功能微生物 *Rhizopus oryzae*、*Saccharomyces cerevisiae*、*Pichia anomala* 和 *Issatchenkia orientalis* 为基础的最小合成微生物菌群，实现小曲清香型白酒生产方式的大规模机械化改造，推动小曲清香型白酒的产业升级[14]。近年来，本研究团队进一步改进了用于小曲清香型白酒生产的合成微生物菌群。使用生态网络和逐一缺失法确定了核心功能微生物，构建了由 10 株菌构成的合成微生物菌群（*R. oryzae*、*Rhizopus microsporus*、*S. cerevisiae*、*Pichia kudriavzevii*、*Wickerhamomyces anomalus*、*Lacto-*

bacillus acetotolerans、*Levilactobacillus brevis*、*Pediococcus acidilactici*、*Weissella paramesenteroides* 和 *Leuconostoc pseudomesenteroides*) [15]。进一步通过优化合成微生物菌群中酵母菌群、乳酸菌群的接种比例，在控制高级醇等产物合成的同时，提高了风味代谢能力。生产应用结果显示，所构建的合成微生物菌群可以复现理化因子（温度、含水量和可滴定酸含量）和主体代谢产物（乳酸、乙酸和乙醇）的演替规律。通过与酒曲比较，该合成微生物菌群具有相似的风味化合物代谢能力和代谢特征。同时，该合成微生物菌群提高了发酵终点乙醇含量和降低了高级醇、甲醇和乙醛的含量。通过对产品进行感官品评，发现合成微生物菌群发酵生产的原酒在香气和口感上较为突出，总评分高于酒曲发酵生产的原酒[15]。

在芝麻香型白酒生产过程中，为了调控挥发性化合物的代谢特征，本研究团队通过筛选关键功能微生物，构建了合成微生物菌群。生产应用实验显示合成微生物菌群可以显著提高发酵酒醅中挥发性化合物的多样性以及特征风味成分（硫化物）的含量，显著提高"香气强度""芝麻香味""绵柔度""丰满度"和"甜味"等感官评分。同时，针对关键风味成分设计了合成微生物菌群。3-甲硫基丙醇是芝麻香型白酒中重要的含硫化合物，该研究团队通过构建 3-甲硫基丙醇的合成途径，基于合成生物学思想划分了功能模块（甲硫氨酸产生模块、甲基循环模块和 3-甲硫基丙醇合成模块），利用培养组学分离了每个模块的超级生产者，选择每个模块的超级生产者，建立了基于多模块分工设计的合成微生物菌群（*Bacillus velezensis*，*Lentilactobacillus buchneri* 和 *S. cerevisiae*）。实验结果表明所构建的合成微生物菌群可以显著提高 3-甲硫基丙醇产量，具有提高白酒发酵中 3-甲硫基丙醇产量的应用潜力[16]。

微生物组合技术在实现产品稳定生产的基础上，可以提高发酵过程的可控性，推动智能制造发展。本研究团队通过分析 80 个白酒发酵样本的挥发性成分，确定了 20 种关键风味化合物，并通过微生物高通量筛选和可培养实验验证，确定了六个微生物菌株为关键风味化合物的高生产者，构建了最小的合成微生物菌群（三株 *S. cerevisiae*，二株 *Debaryomyces hansenii* 和一株 *W. anomalus*）。进一步建立了一个数学模型，将合成微生物菌群的结构与关键风味化合物谱联系起来。在该模型中，只需通过输入预期的风味化合物谱（包括关键风味化合物的种类和浓度，兼顾关键风味化合物的量比关系），可获得 3 个输出项：①用于生产预期风味化合物谱的合成微生物菌群的最佳结构；②采用该最佳结构的合成微生物菌群生产的实际风味化合物谱；③实际风味化合物谱与预期风味化合物谱的相似度。采用随机生成的 1000 组预期风味化合物谱测试模型有效性，实际产生的风味化合物谱与预期风味化合物谱平均相似度达 93.66%，其中 861 组产生的风味化合物谱与预期风味化合物谱相似度高于 90%。这项工作表明通过模型获得的合成微生物菌群可实现白酒发酵风味化合物谱的定向调控，为中国白酒的智能制造以及"DIY"生产提供理论与技术基础[17]。

4 总结与展望

本论文回顾了微生态发酵技术的内容，并综述了在传统固态发酵中的应用研究进展。近年来，基于微生态发酵技术原理衍生出了酿造微生物菌群模拟技术、发酵过程干预调控技术和微生物组合技术，实践证明微生态发酵技术在稳定和控制产品品质上具有较好的应用效果，或将改变白酒酿造"离开某个特定区域就酿不出某种酒"的情况。

目前白酒行业已经进入高质量发展的快车道，正处于智能化生产转型的关键时期。在制造强国战略深入推进和酿酒产业基本面持续向好的背景下，推动酒业全产业链智能制造水平提升被放在更加突出、更加重要的位置。如何使用新思想、新技术，助力白酒生产模式的转型，解决智能化制造的最后一千米问题，实现中国白酒更高效和优质的生产，是在未来研究中需要加强的方向。

参考文献

［1］ Tamang J P, Cotter P D, Endo A, et al. Fermented foods in a global age：East meets West［J］. Compr Rev Food Sci F, 2020, 19（1）：184-217.

［2］ Marco M L, Heeney D, Binda S, et al. Health benefits of fermented foods：Microbiota and beyond［J］. Curr Opin Biotech, 2017, 44：94-102.

［3］ Yang L, Fan W, Xu Y. Metaproteomics insights into traditional fermented foods and beverages［J］. Compr Rev Food Sci F, 2020, 19（5）：2506-2529.

［4］ Wu Q, Zhu Y, Fang C, et al. Can we control microbiota in spontaneous food fermentation? -Chinese liquor as a case example［J］. Trends Food Sci Tech, 2021, 110：321-331.

［5］ 任聪, 杜海, 徐岩. 中国传统发酵食品微生物组研究进展［J］. 微生物学报, 2017, 57（06）：885-898.

［6］ Ji X A, Yu X W, Wu Q, et al. Initial fungal diversity impacts flavor compounds formation in the spontaneous fermentation of Chinese liquor［J］. Food Res Int, 2022, 155：110995.

［7］ Tan Y W, Du H, Zhang H X, et al. Geographically associated fungus-bacterium interactions contribute to the formation of geography-dependent flavor during high-complexity spontaneous fermentation［J］. Microbiol Spectr, 2022, 10（5）：e01844-22.

［8］ Wang S, Wu Q, Nie Y, et al. Construction of synthetic microbiota for reproducible flavor compound metabolism in Chinese light-aroma-type liquor produced by solid-state fermentation [J]. Appl Environ Microb, 2019, 85 (10): e03090-18.

[9] Wolfe B, Button J, Santarelli M, et al. Cheese rind communities provide tractable systems for *in situ* and *in vitro* studies of microbial diversity [J]. Cell, 2014, 158 (2): 422-433.

[10] 杜如冰, 任聪, 吴群, 等. 生态发酵技术原理与应用 [J]. 发酵与食品工业, 2021, 47 (01): 266-275.

[11] Wang X S, Du H, Xu Y. Source tracking of prokaryotic communities in fermented grain of Chinese strong-flavor liquor [J]. Int J Food Microbiol, 2017, 244: 27-35.

[12] Wang X S, Du H, Zhang Y, et al. Environmental microbiota drives microbial succession and metabolic profiles during Chinese liquor fermentation [J]. Appl Environ Microb, 2018, 84 (4): e02369-17.

[13] Yuan S K, Du H, Zhao D, et al. Stochastic processes drive the assembly and metabolite profiles of keystone taxa during Chinese strong-flavor Baijiu fermentation [J]. Microbiology Spectrum, 2023, 11 (2): e05103-22.

[14] 徐岩. 基于风味导向技术的中国白酒微生物及其代谢调控研究 [J]. 酿酒科技, 2015, (02): 1-11+16.

[15] 曲冠颐. 小曲清香型白酒合成微生物组的构建及应用 [D]. 无锡: 江南大学, 2022.

[16] Du R, Liu J, Jiang J, et al. Construction of a synthetic microbial community for the biosynthesis of volatile sulfur compound by multi-module division of labor [J]. Food Chem, 2021, 347: 129036-129036.

[17] Du R, Jiang J, Qu G, et al. Directionally controlling flavor compound profile based on the structure of synthetic microbial community in Chinese liquor fermentation [J]. Food Microbiol, 2023, 114: 104305.

白酒酿造过程中微生物菌群的定量研究进展

杜如冰[1,2]，姚志豪[1,2]，徐岩[1,2]，吴群[1,2]

[1. 江南大学 生物工程学院 酿造微生物学与应用酶学研究室，江苏无锡 214122；

2. 工业生物技术教育部重点实验室（江南大学），江苏无锡 214122]

摘 要：白酒酿造系统中包含复杂的微生物菌群，与产品质量密切相关。调控微生物菌群对保证产品品质稳定，实现酿造过程现代化至关重要。对白酒酿造微生物菌群进行定量分析是了解和控制微生物菌群结构和功能的前提。基于此，本文综述了目前微生物菌群定量方法及其在白酒酿造系统中的应用，包括微生物菌群的相对定量和绝对定量方法的研究进展，旨在为准确剖析白酒微生物菌群结构与功能提供方法参考，推动白酒现代化生产。

关键词：白酒，微生物菌群，相对定量，绝对定量

Advance in quantitative microbiota for Chinese liquor fermentation

DU Rubing[1,2], YAO Zhihao[1,2], XU Yan[1,2], WU Qun[1,2]

[1. Jiangnan University, School of Biotechnology, Lab of Brewing Microbiology and Applied Enzymology, Jiangsu Wuxi 214122, China;

2. Key Laboratory of Industrial Biotechnology of Ministry of Education (Jiangnan University), Jiangsu Wuxi 214122, China]

Abstract：Chinese liquor fermentation contained complex microbiota, which was closely related to product quality. The controllability of microbiota was important to ensure the stability of product quality and realize the modernized production. Quantification of microbiota

作者简介：杜如冰（1995—），男，博士在读，研究方向为酿造微生物学；邮箱：572732558@ qq. com；联系电话：18851588367。

通信作者：吴群（1981—），女，教授，博士生导师，研究方向为酿造微生物学；邮箱：wuq@ jiang-nan. edu. cn；联系电话：0510-85918201。

in Chinese liquor fermentation was prerequisite for understanding and controlling the structure and function of microbiota. Here, we reviewed the quantitative methods for microbiota and their application in Chinese liquor fermentation, including the advance of relative quantification and absolute quantification. We provided method references to studying the structure and function of microbiota in Chinese liquor fermentation and promoted the modernized production for Chinese liquor.

Key words：Chinese liquor, Microbiota, Relative quantification, Absolute quantification

1　前言

发酵食品是人类饮食的重要组成部分[1]，通过利用微生物生长和相关酶转化底物生成，自人类文明发展以来就一直被生产和食用[2,3]。全球有超过 200 种发酵食品，例如乳酪、开菲尔、泡菜、豆酱和酱油等[2]。白酒是具有中国特色的典型传统发酵食品[4]。白酒酿造系统属于多菌种混合的自然发酵系统，该系统包括细菌、酵母、霉菌等微生物[5]。白酒酿造过程中的微生物菌群与白酒的品质息息相关[3]。对白酒酿造不同微生物分类单元进行绝对定量分析对解析酿造机制、创新发酵技术、稳定和提升产品品质至关重要，是白酒酿造智能化生产中的重要前提。

微生物定量一直是微生物研究领域关注的热点，过去研究人员通过平板培养法对微生物进行定量研究。研究人员通过提供微生物生长所需的营养物质以及环境，使其在平板上形成单一的、肉眼可见的菌落。通过对平板中微生物菌落进行计数，从而实现对微生物的定量。但由于微生物对培养条件具有选择性，无法准确地定量微生物菌群。同时某些亲缘关系较近的物种具有相似的菌落形态，基于可培养的定量方法对不同微生物分类单元的定量分析具有较大的挑战。

基于微生物生理生化特征、微生物遗传信息的微生物菌群研究方法推动了微生物菌群定量研究，包括高通量测序技术、荧光定量 PCR 技术、微流控、流式细胞术等，可以实现微生物菌群不同分类单元的相对定量和绝对定量，在白酒酿造系统中得到广泛应用。本研究针对微生物菌群定量方法及其在白酒酿造过程中的应用进行综述，旨在推动白酒酿造过程的数字化和智能化生产发展。

2　白酒微生物菌群的相对定量

微生物菌群的相对定量是通过归一化，获得不同微生物分类单元的相对丰度，来描述微生物菌群的过程。突破一代 Sanger 测序技术通量低、成本高的缺陷，高通量测序技术可以一次获得几万到几百万个 DNA 分子的信息，是对微生物菌群进行相对定量的重要手段。高通量测序技术包括扩增子测序、宏基因组测序、宏转录组测序以及单细胞测序技术等[6]。其中扩增子测序针对特定基因片段，例如细菌的 16S rRNA 基因 V3~V4 区、真菌的 ITS 间隔区，进行扩增和测序，通过去冗余或降噪分析，获得独有序列以及相应的 reads 数。

扩增子测序技术可以直接提供微生物菌群中不同微生物分类的相对丰度。研究人员通过对序列进行分类学注释，获得样本中不同分类单元的物种信息。通过统计测序数据中不同分类单元的 reads 数，根据微生物分类单元的 reads 数相对于样本中总 reads 数的比例来表征相应微生物分类单元的相对丰度，是国内外常用的微生物菌群相对定量方法。除了扩增子测序技术以外，宏基因组测序、PCR-变性梯度凝胶电泳（PCR-DGGE）等技术同样也可用于微生物菌群的相对定量分析[7]。

基于扩增子测序技术的微生物相对定量方法已广泛应用于白酒酿造微生物菌群研究中，基于相对丰度表征微生物菌群结构组成。例如在酱香型白酒酿造系统中，*Virgibacillus*（25.43%）、*Bacillus*（16.57%）、*Oceanobacillus*（16.57%）和 *Kroppenstedtia*（13.97%）是堆积初始阶段的优势细菌属。*Pichia*（54.65%）、*Saccharomyces*（5.96%）、*Thermoascus*（10.01%）和 *Aspergillus*（6.27%）是优势的真菌属[8]。Tan 等[9]针对窖池发酵过程中的微生物菌群进行相对定量分析，结果表明在清香型白酒发酵过程中，*Lactobacillus*、*Weissella*、*Pseudomonas*、*Bacillus* 和 *Pediococcus* 的相对丰度最高；在浓香型白酒发酵过程中，*Lactobacillus*、*Pseudomonas* 和 *Bacillus* 的相对丰度最高；在酱香型白酒发酵过程中，*Lactobacillus*、*Kroppenstedtia*、*Bacillus* 和 *Lentibacillus* 的相对丰度最高。

3　白酒微生物菌群的绝对定量

微生物菌群的绝对定量是通过使用不同微生物分类单元的绝对丰度对微生物菌群进行量化的过程，包括基于扩增子测序技术的微生物菌群绝对定量、针对目标微生物（群）的绝对定量等。本论文针对不同的绝对定量方法以及在白酒酿造系统中的应用展开综述。

3.1　基于扩增子测序技术的微生物菌群绝对定量

针对扩增子测序技术无法直接实现微生物菌群绝对定量的难题，本研究团队开发了将相对定量结果转化为绝对定量结果的方法系统，包括基于外源性内标法和内源性内标法。

（1）外源性内标法　外源性内标法是通过在原始体系中添加已知含量的内标序列，基于内标在扩增子测序结果的相对丰度与内标绝对丰度之间的对应关系，推算微生物菌群或者特定微生物分类的绝对丰度。本研究团队建立了一种基于梯度质粒内标物的微生物菌群绝对丰度定量方法（GIS-AQ）[10]。GIS-AQ 在同一质粒内标序列上设计细菌和真菌的引物信息，便于细菌和真菌的同时定量。同时对内标定量方程进行校准，消除基因组 DNA 提取过程中内标物与菌群之间的潜在偏差。使用外源性内标法，本研究团队揭示了清香型白酒在四季酿造过程中的优势微生物，在细菌菌群中，*Lactobacillus*、*Leuconostoc*、*Pediococcus*、*Weissella*、*Pantoea*、*Staphylococcus*、*Bacillus*、*Escherichia*、*Brevibacterium*、*Acetobacter* 和 *Pseudomonas* 是不同季节酿造过程中的优势微生物，其中 *Lactobacillus* 在冬季的绝对丰度显著高于其他季节。在真菌菌群中，*Pichia*、*Saccharomyces*、*Saccharomycopsis*、*Aspergillus*、*Kazachstania*、*Rhizopus*、*Thermoascus* 和 *Candida* 是不同季节酿造过程中的优势真菌微生物。

（2）内源性内标法　内源性内标法是通过筛选原始体系中的天然内标微生物，基于内标在扩增子测序结果的相对丰度与内标绝对丰度之间的对应关系，推算微生物菌群或者特定微生物分类的绝对丰度。本研究团队通过筛选白酒酿造过程中优势并普遍存在的物种作为天然内标微生物，通过设计特异性引物，结合荧光定量 PCR 构建天然内标微生物的绝对定量方法，建立了基于天然内标的微生物菌群绝对定量方法[11]。在细菌菌群中，*Lactobacillus acetotolerans* 和 *Acetilactobacillus jinshanensis* 可以作为天然内标[11]，在真菌菌群中，*Saccharomyces cerevisiae* 可以作为天然内标[12]。使用基于天然内标的微生物菌群绝对定量方法，本研究团队[11]揭示了芝麻香型白酒酿造过程中细菌菌群的绝对丰度变化特征，研究结果表明微生物菌群总量呈现先上升后稳定的趋势，在发酵 0~15d，*Lactobacillus* 和 *Weissella* 均有明显的生长，发酵 15d 后，*Lactobacillus* 和 *Weissella* 生物量呈现下降趋势。在真菌菌群中，本研究团队发现清香型白酒酿造过程中真菌菌群的绝对丰度分布范围为 $2.8 \times 10^{6} \sim 1.1 \times 10^{7}$ copies/g，*Saccharomycopsis*、*Hyphopichia*、*Pichia*、*Wickerhamomyces*、*Alternaria*、*Saccharomyces*、*Aspergillus* 和 *Penicillium* 的绝对丰度占据优势（$3.8 \times 10^{4} \sim 1.8 \times 10^{6}$ copies/g）[12]。

3.2　针对目标微生物的绝对定量

目前，许多方法可以直接实现特定单一物种或类别微生物的绝对定量分析，例如以磷酸脂肪酸检测、ATP 检测、生物量碳检测为代表的基于微生物生理生化特征的定量方法，以荧光定量 PCR（qPCR）、荧光原位杂交和流式细胞术为代表的基于微生物基因标记的定量方法[13]。基于微生物生理生化特征的定量方法通常用于样本中总微生物的定量分析，难以区分不同微生物的含量。基于生物基因标记的定量方法可以通过选择不同的标记基因，对目标微生物进行绝对定量分析。

qPCR 结合不同的引物，可以实现对不同微生物分类水平的绝对定量分析。例如 Vandeputte 等[14]通过使用域特异性引物实现对人类肠道菌群中总细菌的绝对定量；

Kasturi 等[15]通过使用属特异性引物实现了对环境样本中 *Salmonella* 属的绝对定量。在白酒酿造系统中，qPCR 技术被广泛用于绝对定量不同微生物群，包括细菌、酵母、霉菌、芽孢杆菌和乳酸菌等微生物类群[16, 17]。除了 qPCR 之外，基于荧光探针标记的荧光原位杂交和流式细胞术也是可选择的定量方法，已应用于在水体[18]、肠道[14]、土壤[13]等生态系统中。虽然通过结合不同微生物分类的特异性荧光探针，荧光原位杂交和流式细胞术可以实现不同微生物分类的绝对定量，但相比 qPCR 技术，在实际应用中存在一定挑战：对低丰度物种不友好；存在背景噪声，影响定量限；操作流程复杂，对定量结果的影响因素过多[7, 19]。随着相关技术的进步，荧光原位杂交和流式细胞术在微生物定量方向上依然具有较大的应用空间。另外，电化学生物传感器也可用于量化特定的微生物[20]。该方法的定量原理是微生物与传感器表面的生物识别分子之间存在特异性的相互作用，一旦微生物与生物识别分子发生相互作用，就产生电化学信号，通过测量电化学信号强度来定量目标微生物。环境因素，包括 pH、温度等会影响转导效率[21]。该方法在定量食品发酵微生物方面具有很大的潜力。

qPCR 技术通过结合种水平的特异性引物，可以实现特定微生物物种的绝对定量分析，弥补基于扩增子测序技术的微生物菌群绝对定量方法在物种水平定量能力不足的缺陷。例如本研究团队使用 qPCR 方法检测了白酒酿造过程中 *Aspergillus tubingensis* 生物量，研究结果表明 *A. tubingensis* 在制曲阶段具有较高的绝对丰度（1.02×10^7 spores/g）[22]。基于 qPCR 方法跟踪了 *A. jinshanensis* 在不同白酒产区的分布特征[23]，研究结果表明 *A. jinshanensis* 在白酒酿造系统中具有广泛的分布。特异性引物是实现物种绝对定量 qPCR 分析的关键因素。目前种水平特异性引物的设计主要有两种思路：其一是利用固定目标基因序列，通过同源比对寻找特异性核酸序列，例如 16S rRNA、26S rRNA、ITS 基因序列[24, 25]、*recA* 基因序列[26]、*phS* 基因序列[27]、*tuf* 基因序列[28, 29]等，但该方法限制了引物选择的序列范围，在某些情况下不能满足荧光定量引物所需要具备的性质，如 GC%、引物长度、引物扩增片段大小、3'端的自我成环等筛选条件[30]。其二是不固定序列范围，得益于越来越多基因组数据的发布，可通过比较基因组的方式筛选出大量的特异性基因，如 Andre Göhler 等[31]在 *Burkholderia pseudomallei* 定量研究中，通过全基因组比对筛选出 BPSL0092、BPSS0087、BPSS0135 和 BPSS0745 四条特异性基因并成功对土壤中 *B. pseudomallei* 实现定量，在全基因组范围内寻找特异性基因是一种非常有效的方法。

本研究团队构建了物种特异性引物数据库开发流程[32]。首先通过比较基因组分析鉴定每个物种的特异性基因，然后基于特异性基因设计具有相似特征的候选特异性引物，并根据引物的种间特异性和种内覆盖度进行过滤，获得 100% 种间特异性和 100% 种内覆盖度的特异性引物。以 *Lactobacillaceae* 为例，开发了 *Lactobacillaceae* 物种特异性引物在线数据库：LSQP-DB（http：//lsqp-db.com），包含了 307 个 *Lactoba-*

cillaceae 物种的 81710 对物种特异性引物，具有相似熔解温度（59~61℃）和扩增长度（~150bp）的候选引物，允许在同一 qPCR 条件下实现不同物种的绝对定量，具有广阔的应用前景[32]。

4 总结与展望

本论文综述了微生物菌群定量研究方法以及在白酒酿造系统中的应用，评价了不同定量方法的优势和不足，为白酒数字化、智能化酿造发展提供方法参考。相对丰度和绝对丰度是量化微生物菌群的重要参数，其中相对丰度可用于解释微生物之间的相互关系，绝对丰度可用于表征微生物实际的生长情况。值得注意的是由于不同样本间微生物总量的差异，微生物的相对丰度不能完全等同于绝对丰度[11]，研究表明使用相对丰度和绝对丰度数据在一些情况下会导致产生相反的结论[14]。因此，在未来研究中，需要实现微生物菌群的绝对定量，用于解析微生物菌群的结构与功能。

本团队开发的微生物菌群绝对定量技术体系，包括基于扩增子测序技术的外源性和内源性内标法定量技术，基于特异性引物的 qPCR 定量技术等，能够实现白酒酿造微生物菌群以及关键微生物物种的绝对定量。白酒酿造微生物（菌群）的绝对定量分析有助于全面认识白酒酿造微生物（菌群）的演替规律，更准确地解析微生物之间以及微生物与非生物因素之间的相互关系，是揭示白酒酿造机制的重要基础，对实现白酒酿造过程现代化至关重要。

参考文献

[1] Marco M L, Sanders M E, Gänzle M, et al. The international scientific association for probiotics and prebiotics（ISAPP）consensus statement on fermented foods [J]. Nat Rev Gastro Hepat, 2021, 18（3）：196-208.

[2] Tamang J P, Cotter P D, Endo A, et al. Fermented foods in a global age：East meets west [J]. Compr Rev Food Sci F, 2020, 19（1）：184-217.

[3] Marco M L, Heeney D, Binda S, et al. Health benefits of fermented foods：Microbiota and beyond [J]. Curr Opin Biotech, 2017, 44：94-102.

[4] Jin G Y, Zhu Y, Xu Y. Mystery behind Chinese liquor fermentation [J]. Trends Food Sci Tech, 2017, 63：18-28.

[5] Wu Q, Zhu Y, Fang C, et al. Can we control microbiota in spontaneous food fermentation? – Chinese liquor as a case example [J]. Trends Food Sci Tech, 2021, 110：321-331.

[6] Liu Y X, Qin Y, Chen T, et al. A practical guide to amplicon and metagenomic a-

nalysis of microbiome data [J]. Protein & Cell, 2021, 12 (5): 315-330.

[7] Yao Z H, Zhu Y, Wu Q, et al. Challenges and perspectives of quantitative microbiome profiling in food fermentations [J]. Crit Rev Food Sci, 2022: 10. 1080/10408398. 2022. 2147899.

[8] Zhang H, Wang L, Tan Y, et al. Effect of *Pichia* on shaping the fermentation microbial community of sauce-flavor Baijiu [J]. Int J Food Microbiol, 2021, 336.

[9] Tan Y W, Du H, Zhang H X, et al. Geographically associated fungus-bacterium interactions contribute to the formation of geography-dependent flavor during high-complexity spontaneous fermentation [J]. Microbiol Spectr, 2022, 10 (5): e01844-22.

[10] Wang S L, Wu Q, Han Y, et al. Gradient internal standard method for absolute quantification of microbial amplicon sequencing data [J]. mSystems, 2021, 6 (1): e00964-20.

[11] Du R B, Wu Q, Xu Y. Chinese liquor fermentation: identification of key flavor-producing *Lactobacillus* spp. by quantitative profiling with indigenous internal standards [J]. Appl Environ Microbiol, 2020, 86 (12): e00456-20.

[12] Ban S, Chen L, Fu S, et al. Modelling and predicting population of core fungi through processing parameters in spontaneous starter (Daqu) fermentation [J]. Int J Food Microbiol, 2022, 363: 109493.

[13] Zhang Z J, Qu Y Y, Li S Z, et al. Soil bacterial quantification approaches coupling with relative abundances reflecting the changes of taxa [J]. Sci Rep, 2017, 7 (1): 4837.

[14] Vandeputte D, Kathagen G, D'hoe H, et al. Quantitative microbiome profiling links gut community variation to microbial load [J]. Nature, 2017, 551 (7681): 507-511.

[15] Kasturi K, Drgon T. Real-time PCR method for detection of *Salmonella* spp. in environmental samples [J]. Appl Environ Microbiol, 2017, 83 (14): e00644-17.

[16] 王鹏. 地衣芽孢杆菌强化对浓香型白酒酿造微生物群落结构和代谢的影响 [D]. 无锡：江南大学, 2018.

[17] 邢敏钰, 杜海, 徐岩. 芝麻香型白酒发酵过程中乳酸菌多样性及其演替规律 [J]. 微生物学通报, 2017, 45 (1): 19-28.

[18] Props R, Kerckhof F, Rubbens P, et al. Absolute quantification of microbial taxon abundances [J]. ISME J, 2017, 11 (2): 584-587.

[19] Moter A, Gobel U B. Fluorescence in situ hybridization (FISH) for direct visualization of microorganisms [J]. J Microbiol Meth, 2000, 41 (2): 85-112.

[20] Velusamy V, Arshak K, Korostynska O, et al. An overview of foodborne patho-

gen detection: In the perspective of biosensors [J]. Biotechnol Adv, 2010, 28 (2): 232-254.

[21] Ahmed A, Rushworth J V, Hirst N A, et al. Biosensors for whole-cell bacterial detection [J]. Clin Microbiol Rev, 2014, 27 (3): 631-646.

[22] 陈笔, 吴群, 徐岩. 荧光定量PCR方法检测白酒发酵过程中 *Aspergillus tubingensis* 生物量 [J]. 微生物学通报, 2014, 41 (12): 2547-2554.

[23] 杜如冰, 吴群, 徐岩. 基于三步荧光定量PCR技术揭示不同产区白酒酿造系统中 *Lactobacillus* sp. 的分布特征 [J]. 微生物学通报, 2020, 47 (01): 1-12.

[24] Lai C H, Wu S R, Pang J C, et al. Designing primers and evaluation of the efficiency of propidium monoazide - Quantitative polymerase chain reaction for counting the viable cells of *Lactobacillus gasseri* and *Lactobacillus salivarius* [J]. J Food Drug Anal, 2017, 25 (3): 533-542.

[25] Settanni L, Sinderen D V, Rossi J, et al. Rapid differentiation and in situ detection of 16 sourdough *Lactobacillus* species by multiplex PCR [J]. Appl Environ Microbiol, 2005, 71 (6): 3049-3059.

[26] Stevenson D M, Muck R E, Shinners K J, et al. Use of real time PCR to determine population profiles of individual species of lactic acid bacteria in alfalfa silage and stored corn stover [J]. Appl Microbiol Biotechnol, 2006, 71 (3): 329-338.

[27] Moser A, Berthoud H, Eugster E, et al. Detection and enumeration of *Lactobacillus helveticus* in dairy products [J]. Inte Dairy J, 2017, 68: 52-59.

[28] Scariot M C, Venturelli G L, Prudencio E S, et al. Quantification of *Lactobacillus paracasei* viable cells in probiotic yoghurt by propidium monoazide combined with quantitative PCR [J]. Int J Food Microbiol, 2017, 264: 1-7.

[29] Achilleos C, Berthier F. Quantitative PCR for the specific quantification of *Lactococcus lactis* and *Lactobacillus paracasei* and its interest for *Lactococcus lactis* in cheese samples [J]. Food Microbiol, 2013, 36 (2): 286-295.

[30] Chuang L Y, Cheng Y H, Yang C H. Specific primer design for the polymerase chain reaction [J]. Biotechnol Lett, 2013, 35 (10): 1541-1549.

[31] Göhler A, Trung T, Hopf V, et al. Multitarget quantitative PCR improves detection and predicts cultivability of the pathogen *Burkholderia pseudomallei* [J]. Appl Environ Microbiol, 2017, 83 (8): e03212-16.

[32] Du R, Wang S, Wu Q, et al. LSQP-DB: a species-specific quantitative PCR primer database for 307 *Lactobacillaceae* species [J]. Systems Microbiology and Biomanufacturing, 2022: 10. 1007/s43393-022-00128-1.

酱香型白酒高温大曲曲皮、曲心挥发性物质及其微生物多样性分析

谢丹，吴成，程平言，胡建峰，毕远林，尤小龙，杨军林，汪地强

（贵州习酒股份有限公司，贵州习水　564622）

摘　要： 为探究酱香型白酒不同类型高温大曲（黄曲、白曲、黑曲）曲皮和曲心微生物群落结构及挥发性物质之间的差异性，采用可培养技术、高通量测序技术及气相色谱-质谱（HS-SPME-GC-MS）联用技术对 3 种高温大曲曲皮和曲心两个部位的微生物群落多样性及挥发性物质之间的差异性进行研究。结果表明：在理化分析方面，三种类型高温大曲曲皮水分含量、酸度均显著低于曲心，但白曲中水分含量低于黄曲和黑曲；在免培养分析方面大曲不同部位所含的微生物菌群在种类上没有差异，但其相对丰度含量上存在一定差异。微生物的多样性主要表现在曲皮大于曲心，其中 Firmicutes、Proteobacteria 为大曲中优势细菌门，Ascomycota、Basidiomycota 为优势真菌门。PCA 结果表明，不同类型高温大曲的微生物组成上差异显著（$p<0.05$）。对大曲曲皮、曲心中 76 种挥发性物质定量分析，结果表明，酯类物质中以白曲曲皮中乙酸乙酯含量较高，为 35.25μg/L；醛类物质以黑曲曲心中苯甲醛含量较高，为 15.47μg/L；白曲曲心中异戊酸含量最高，为 21.58μg/L；四甲基吡嗪在白曲曲心中含量最高，为 34.78μg/L，表明了不同大曲的曲皮、曲心中的挥发性物质含量之间存在一定的差异性。本研究为后续研究酱香型高温大曲微生物群落进化和挥发性物质的机制提供理论基础。

关键词： 曲皮，曲心，挥发性物质，多样性

作者简介：谢丹（1994—），女，中级工程师，从事酿造微生物研究；邮箱：983698279@qq.com；联系电话：18786133072。

通信作者：汪地强（1976—），男，高级工程师，从事白酒酿造与风味研究；邮箱：diqiangwang@163.com；联系电话：18786815324。

Analysis of volatile substances and microbial diversity of the Qu-pi and Qu-xin of high temperature Daqu of Jiangxiangxing Baijiu

XIE Dan, WU Cheng, CHENG Pingyan, HU Jianfeng, BI Yuanlin,

YOU Xiaolong, YANG Junlin, WANG Diqiang

(Guizhou Xijiu Co., Ltd., Guizhou Xishui 564622, China)

Abstract: In order to explore the differences in microbial community structure and volatile substances between different types of the Qu-pi and Qu-xin of high temperature Daqu (Huangqu, Baiqu and Heiqu) in Jiangxiangxing Baijiu, culturable technology, high-throughput sequencing technology and GC-MS were used to study the microbial community diversity and the differences in volatile substances between the two parts of the three high-temperature Daqu. The results showed that in terms of physical and chemical analysis, the moisture content and acidity of the Qu-pi of the three types of high temperature Daqu are significantly lower than those of the Qu-xin, but the moisture content of white Daqu is lower than that of yellow Daqu and black Daqu; In terms of culture-free analysis, there is no difference in the species of microbial flora in different parts of Daqu, but there is a certain difference in the relative abundance content. The diversity of microorganisms is mainly manifested in that the Qu-pi of Daqu is larger than the Qu-xin of Daqu, among which Firmicutes and Proteobacteria are the dominant bacteria in Daqu, and Ascomycota and Basidiomycota are the dominant fungi. PCA results showed that the microbial composition of different types of high temperature Daqu is significantly different($p < 0.05$). The quantitative analysis results of 76 volatile substances in Daqu Pi and Qu Xin showed that among the esters, the content of ethyl acetate in Baiqu Pi was higher, at 35.25% μg/L; The content of benzaldehyde in black koji is relatively high, with a value of 15.47 μg/L; Baiqu has the highest content of isovaleric acid in the heart, at 21.58 μg/L; Tetramethylpyrazine has the highest content in Baiquxin, at 34.78 μg/L indicates that there is a certain difference in the content of volatile substances in the skin and heart of different Daqu. This study provides a theoretical basis for the subsequent study on the mechanism of microbial community evolution and volatile substances in Jiangxiangxing high-temperature Daqu.

Key words: Qu-pi, Qu-xin, Volatile substances, Diversity

1 前言

中国白酒是世界上最古老的六种蒸馏酒之一[1]。酱香型高温大曲采用生料制曲、添加母曲自然接种、经40d发酵逐渐形成了以细菌、霉菌和酵母菌为主的群落结构，它对白酒的最终风味特征形成起着关键作用。酱香型高温大曲为酿酒提供了一定的原料，同时也是微生物和生物酶的主要来源之一。因此，没有大曲的参与，酿造出来的白酒就没有其特有的香气和风味[2-3]。酱香型高温大曲发酵过程中，由于发酵仓内曲坯的位置、温度、水分含量的差异，形成了具有不同风格、不同颜色及功能特性的黄曲、白曲和黑曲三种类型，在实际生产中，主要依靠感官评价和颜色用于判别三种大曲的类型[4-5]。

近年来，对酱香型白酒高温大曲的研究报道层出不穷。WANG等[6]利用高通量测序对茅台大曲的细菌多样性进行解析，表明了大曲中优势菌群为热放线菌科和芽孢杆菌；ZHU等[7]通过高通量测序分析了大曲生产不同阶段的微生物群落结构，结果表明了大曲主要细菌属为 *Bacillus*、*Weissella*、*Thermoactinomyces* 和 *Lactobacillus*，而 *Thermoascus*、*Kodamaea* 和 *Aspergillus* 为优势真菌。WANG等[8]利用 Illumina MiSeq 高通量测序技术对三种不同类型高温大曲的细菌多样性进行了研究，表明了高温大曲细菌群落以嗜热菌为主。但是，针对黄曲、白曲、黑曲三种类型高温大曲不同位置的差异性研究甚少。在大曲挥发性物质研究方面，有一些挥发性物质是白酒中香味物质或者为香味物质提供前体物质，这些代谢产物是酱香型白酒风格特征的来源[9]。已有报道从酱香型大曲中共确定了259种挥发性成分，其中酯类和醇类最多，其次包括吡嗪类、醛类、酮类、酸类、酚类、呋喃类、其他杂环类、内酯类、醚类、含硫类、芳香烃类、脂肪烃等[10]。目前，大多数研究人员针对酱香型高温大曲的理化性质、挥发性物质、微生物群落等展开相关研究，但对三种不同类型大曲曲皮、曲心的理化性质、微生物及挥发性成分的研究较少。因此，本研究结合可培养技术、免培养技术、理化性质分析、气相色谱-质谱联用仪等技术，拟解析三种不同类型大曲曲皮、曲心的微生物多样性及挥发性物质之间的差异性，为后续研究酱香型高温大曲微生物群落进化和挥发性物质的代谢机制提供理论基础和数据支撑。

2 材料与方法

2.1 材料与试剂

孟加拉红培养基、营养琼脂(北京奥博星生物技术有限责任公司)；WL培养基(上海博微生物科技有限公司)；DNA提取试剂盒(美国 OMEGA BioTek 公司)；聚合酶链式反应引物（上海翌圣生物科技股份有限公司）。

2.2 仪器与设备

HS-SPME-GC-MS（美国安捷伦公司）；KG-AP32L 自动蒸汽灭菌器（日本 ALP 公司）；GL-88B 漩涡混合器（海门市其林贝尔仪器制造有限公司）；TND03-H-H 混匀型干式恒温器（深圳托能达科技有限公司）；ETC811 PCR 仪（北京东胜创新生物科技有限公司）；DYCZ-21 电泳仪（北京市六一仪器厂）；FR-1000 凝胶成像系统（上海复日科技有限公司）。

2.3 实验方法

2.3.1 样品采集

高温大曲样品采集自贵州习酒股份有限公司制曲车间。在拆曲环节，按照曲房靠窗、靠门及中间上、中、下层分别取黄曲、白曲、黑曲 3 种高温大曲各 1 块，共计 27 个样品（$n=27$），置于无菌密封取样袋中，于 -4℃ 立即带回实验室。取样示意图如图 1 所示。将所采集的大曲样品分别按黄曲、白曲、黑曲分类后，按照大曲表皮向内延伸 1~3cm 为曲皮，大曲由曲心向外延伸 1~3cm 为曲心；分别按曲皮、曲心取样后，将不同类别的大曲均匀混合成综合样品，分别命名为黄曲曲皮（YP）、黄曲曲心（YX）、黑曲曲皮（BP）、黑曲曲心（BX）、白曲曲皮（WP）、白曲曲心（WX），共计 6 个（$n=6$），取样示意图如图 2 所示。一部分用于检测挥发性物质，一部分用于理化指标检测及微生物筛选。

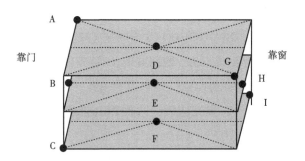

图 1 发酵房内大曲取样位置示意图

Fig. 1 Schematic diagram of sampling location for Daqu in the fermentation room

2.3.2 理化指标的测定

温度、水分、酸度、糖化力的测定具体参照 QB/T 4257—2011《酿酒大曲通用分析方法》[11]。

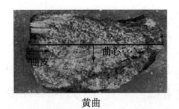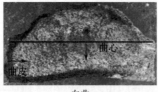

图 2　三种大曲曲皮、曲心取样位置示意图

Fig. 2　Schematic diagram of sampling positions for three types of Qu-Pi and Qu-Xin

2.3.3　可培养微生物的分离保藏、计数及鉴定

（1）分离及保藏　称取 10g 样品于 90mL 无菌水中，于 25℃、180r/min 条件下振荡 30min，吸取 1mL 悬浮液稀释备用，分别采用营养琼脂、WL 培养基和孟加拉红培养基分离筛选细菌和真菌，观察菌落在培养基上的形态。细菌采用-80℃甘油保藏，真菌采用 4℃斜面保藏，每株菌株平行保藏 3 管。

（2）鉴定　根据菌落形态特征进行初步分类后，每种类别挑选代表性菌株 1~3 株[12]。分别采用 Ezup 柱式基因组 DNA 试剂盒对菌株 DNA 进行提取，具体操作流程见试剂盒说明书。参照吴成[13]等方法，细菌采用通用引物 27F（AGTTTGATCMTG-GCTCAG）和 1492R（GGTTACCTTGTTACGACTT）对 16S rRNA 基因扩增测序；酵母菌采用通用引物 NL1（GCATATCAATAAGCGGAGGAAAAG）和 NL4（GGTCCGT-GTTTCAAGACGG）对 26S rRNA 基因 D1/D2 片段扩增测序；丝状真菌采用通用引物 ITS1（TCCGTAGGTGAACCTGCGG）和 ITS4（TCCTCCGCTTATTGATATGC）对内转录间隔区 1 和 2 片段扩增测序。

PCR 反应体系为：模板 DNA 0.5μL，10×Buffer（Mg^{2+}）2.5μL，dNTP2.5μL，Taq 酶 0.2μL，正向及反向引物各 0.5μL，使用 ddH$_2$O 补齐体系至 25μL。PCR 扩增条件为：94℃预变性 4min；94℃变性 45s；55℃退火 45s；72℃延伸 1min；30 次循环；72℃终延伸 10min 降至 4℃。扩增完成后，回收 PCR 产物并纯化。

2.3.4　大曲总 DNA 提取及扩增

总 DNA 提取：按照 DNA 试剂盒 E. Z. N. A™ Mag-Bind Soil DNA Kit 提取试剂盒方法提取 DNA。细菌 16S V3~V4 区域片段，选择 341F（5′-CCTACGGGNGGCWGCAG-3′）和 805R（5′-GACTACHVGGGTATCTAATCC-3′）为扩增引物；真菌采用 ITS3（GCATCGATGAAGAACGCAGC）和 ITS4（TCCTCCGCTTATTGATATGC）为扩增引物。

PCR 扩增条件为：95℃预变性 3min；94℃变性 20s；55℃退火 20s；72℃延伸 30s；25 次循环；72℃终延伸 5min 降至 4℃。PCR 反应体系为：2×Hieff® Robust PCR Master Mix15μL，正向及反向引物各 1μL，DNA 模板 20~30ng，使用 ddH$_2$O 补齐体系

至 30μL。

2.3.5　高通量测序

采用 Illumina Miseq 测序平台,分别对细菌 16S rRNA 基因 V3～V4 区、真菌 ITS3～ITS4 区进行高通量测序分析(由上海生物工程有限公司完成)。

2.3.6　挥发性物质分析

采用 HS-SPME-GC-MS 技术测定大曲的挥发性风味成分。

HS-SPME 条件:称取 3g 粉碎大曲样品于 15mL 顶空瓶中,加入 3mL 饱和 NaCl 溶液及 50μL 内标溶液,在 60℃ 条件下孵化 10min;萃取 40min;进样口温度为 260℃,解吸 2min。

GC-MS 条件:DB-FFAP 毛细管色谱柱(60m×250μm×0.25μm),程序升温(起始柱温 40℃,保持 4min,以 3℃/min 升至 60℃,再以 10℃/min 升至 130℃,再以 18℃/min 升至 220℃,保持 20min);载气为高纯氮气,流速为 1mL/min;进样口温度为 250℃,不分流进样,电子电离(electronimpact,EI)离子源,电子能 70eV,离子源温度 230℃,四极杆温度 150℃,传输线温度 250℃;质量扫描范围:m/z 30～450amu。定性与半定量分析:检测出的挥发性物质通过 NIST 库对比鉴定,筛选相似度大于 80% 的鉴定结果;以 2-乙基丁酸为内标,采用面积归一化法对各挥发性风味成分进行定量分析。

2.4　数据处理以及统计

使用 UNITE 为参考数据库进行物种注释,基于 Silva 库对 97% 相似水平的 OTU 代表序列进行分类学注释分析,利用 QIIME 软件对样本进行 Chao1、Shannon 和 Simpson 指数分析及样品 Alpha 多样性分析。所得的全部数据经 Excel 统计后,Alpha 多样性指数箱线图、物种丰度柱状图、PCA 分析采用 Origin2022 绘制;IBM SPSS Statistics 进行显著性分析,冗余分析使用 Canoco5 软件进行分析;偏最小二乘法(PLS-DA)使用 Simca 软件分析;热图使用 TBtools 软件进行绘制。

3　结果与分析

3.1　大曲曲皮、曲心理化结果分析

三种不同大曲曲皮、曲心理化指标检测结果见表 1。

酱香型高温大曲中水分、酸度、糖化力等理化指标常用于评价其品质优劣[14]。由表 1 可知,三种大曲曲皮水分含量、酸度均显著低于曲心($p<0.05$),其中白曲水分含量低于黄曲和黑曲,发酵前温度低,发酵后期干燥不良,产生白曲,制作过程中

表 1 　　　　　　　　三种不同大曲曲皮、曲心理化指标检测结果
Table 1 　　　　　　Test results of psychological indicators for
　　　　　　　　　three different types of Qu-Pi and Qu-Xin

样品	水分/%	酸度/(mmol/10g)	糖化力/[mg/(g·h)]	温度/℃
白曲曲心	10.80±0.42[c]	1.32±0.01[f]	83.65±1.35[a]	30.20±0.55[c]
白曲曲皮	7.50±0.15[e]	0.85±0.01[d]	67.15±0.95[b]	25.20±0.63[e]
黄曲曲心	13.10±0.18[a]	2.08±0.01[e]	36.22±1.08[d]	35.50±0.51[a]
黄曲曲皮	7.60±0.20[e]	1.23±0.02[b]	29.78±0.73[e]	30.30±0.95[c]
黑曲曲心	11.10±0.34[b]	3.02±0.03[c]	45.34±0.98[c]	33.10±0.85[b]
黑曲曲皮	8.50±0.19[d]	1.79±0.02[a]	35.67±1.35[d]	28.30±0.92[d]

注:同列不同小写字母表示曲皮、曲心理化指标显著性差异 ($p<0.05$)。

主要在发酵堆的外围产生。在发酵前适宜的温度和发酵后充分的干燥有利于黄曲的产生,若发酵前期温度上升过快,发酵后期干燥不良,则导致大曲发黑,形成黑曲,黄曲、黑曲均在曲房发酵堆中心产生。因此、白曲曲皮水分散失较快,在发酵过程中,水分减少,微生物生长繁殖受到影响,导致酸度下降。相关研究表明大曲的酸度主要来源于生酸微生物降解蛋白质、脂肪、淀粉等营养物质和有机酸代谢产生,是微生物综合作用的结果[15-16]。从糖化力结果可知,白曲的糖化力高于其他两种类型大曲,糖化力指标受工艺控制参数的影响,同时,糖化力的高低决定了小麦发酵情况是否顺利,并且与产品风格密切相关[17]。

3.2 大曲曲皮、曲心可培养微生物分析

采用稀释涂布平板法从 3 种类型酱香型高温大曲的曲皮、曲心共分离筛选到 8 株细菌和 6 株丝状真菌,每株菌株平行保藏 3 管菌,共保藏 42 株。将分离到的菌株进行分子鉴定,其结果如表 2 所示,细菌主要以 *Bacillus* 为主,其次是 *Staphylococcus*、*Weissella*、*Kroppenstdtia* 等,其中 *Bacillus licheniformis*、*Bacillus amyloliquifaciens* 均存在于三种类型大曲中;真菌主要以 *Byssochlamys*、*Aspergillus*、*Thermoascus*、*Lichtheimia*、*Rhizomucor* 为主,其中 *Aspergillus niger* 只在黑曲曲心中分离到。王晓丹等[18]利用可培养方法从高温大曲中分离出 19 株细菌,其中分离出的地衣芽孢杆菌具有高产四甲基吡嗪的功能。李子键等[19]从中高温大曲中分离出耐高温的微小根毛霉、布氏横梗霉,并且分别具有产糖化酶、蛋白酶的活性功能。

表2　　　　　　　　　　可培养方法分离筛选微生物形态特征

Table 2　　　　Isolation and screening of microbial morphological

characteristics using cultivable methods

序号	菌种编号	菌种名	菌株来源	菌落形态
1	X-CQ-1	*Staphylococcus gallinarum*	YP、YX、BP、BX	
2	X-CQ-2	*Bacillus subtilis*	YP、YX、BP、BX、WX	
3	X-CQ-3	*Weissella confusa*	WP	
4	X-CQ-4	*Bacillus velezensis*	YX、BP、BX、WP	
5	X-CQ-5	*Bacillus licheniformis*	YP、YX、BP、BX、WP、WX	
6	X-CQ-6	*Bacillus amyloliquifaciens*	YP、YX、BP、BX、WP、WX	

续表

序号	菌种编号	菌种名	菌株来源	菌落形态
7	X-CQ-7	*Virgibacillus necropolis*	BX	
8	X-CQ-8	*Kroppenstdtia eburnea*	YX	
9	Z-CQ-1	*Aspergillus niger*	BX	
10	Z-CQ-2	*Lichtheimia ramosa*	YP、YX、BP、BX、WP、WX	
11	Z-CQ-3	*Byssochlamys spectabilis*	YP、YX、BP、BX、WP、WX	
12	Z-CQ-4	*Aspergillus chevalieri*	YP、YX、BP、BX、WP、WX	
13	Z-CQ-5	*Rhizomucor pusillus*	YP、YX、BX、WP、WX	

续表

序号	菌种编号	菌种名	菌株来源	菌落形态
14	Z-CQ-6	*Thermoascus aurantiacus*	YP、YX、BP、BX、WP、WX	

3.3 大曲曲皮、曲心免培养微生物多样性分析

3.3.1 α多样性分析

此分析见图 3。

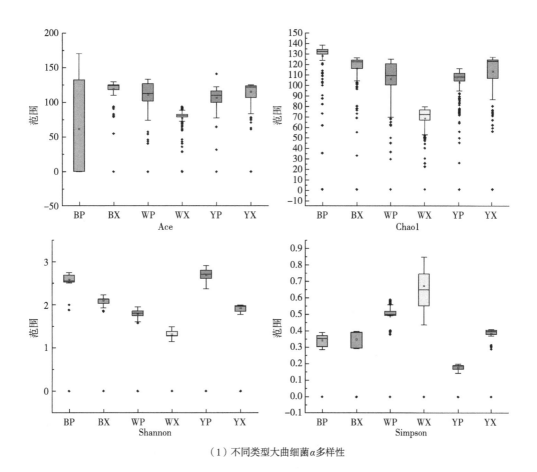

（1）不同类型大曲细菌α多样性

图 3 不同类型大曲细菌和真菌 α 多样性

Fig. 3 Alpha diversity of different types of daqu bacteria and Fungi

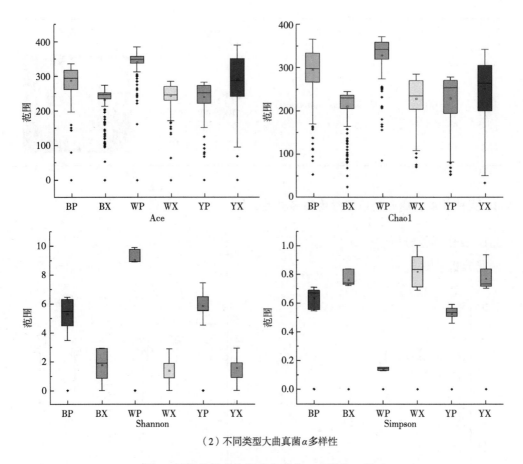

（2）不同类型大曲真菌α多样性

图 3 不同类型大曲细菌和真菌 α 多样性（续）

Fig. 3 Alpha diversity of different types of daqu bacteria and Fungi

将待测样品完成测序后对原始序列经去除嵌合体、过滤等处理后共得到 562667 条有效序列，其中细菌 284048 条、真菌 278619 条。α 多样性可以反映酱香型高温大曲整体微生物丰度和多样性，描述其微生物群落特征。待测样品中细菌和真菌测序覆盖率均为 0.99 以上，表明其测序深度足够，且样品中几乎所有样本均被检出，该测序结果可真实反映出酱香型高温大曲曲皮、曲心中细菌和真菌群落多样性组成情况。对于细菌而言，黄曲曲皮（YP）Shannon 指数最大、Simpson 指数最低，表明黄曲曲皮（YP）群落多样性最丰富，黑曲曲皮和黑曲曲心的物种丰富度较高；对于真菌而言，白曲曲皮（WP）Shannon 指数值最大、Simpson 指数最低，表明白曲曲皮（WP）群落多样性最丰富，白曲曲皮（WP）和黑曲曲皮（BP）的物种丰富度较高。

3.3.2 基于门、属水平上微生物菌种多样性分析

酱香型高温大曲样品经高通量测序发现共检出细菌 15 个门、18 个纲、45 个目、67 个科、115 个属、132 个种（图 4 均为平均相对丰度至少在一个大曲样品中大于

1%的菌群结构)。在门水平上 [图4(1)、4(3)],Firmicutes、Proteobacteria 为大曲中优势细菌门,Firmicutes 在 WX 样品中占比84.26%、Proteobacteria 在 YX 样品中占比96.40%;同时,真菌共检出7个门、28个纲、64个目、142个科、235个属、329个种,其中 Ascomycota(子囊菌门)为优势真菌门,Ascomycota 在所有样品中占比最大,在 BP、BX 中占比分别为95.52%、94.80%。陈习申等[20]研究表明酱香型高温大曲中 Ascomycota 为主要优势菌门;子囊菌门(Ascomycota)包括 *Saccharomyces cerevisiae* 和 *Saccharomycopsidaceae*,其作为白酒酿造过程中数量最多的酵母菌群,亦是乙醇生产效率最高的酵母群[21]。

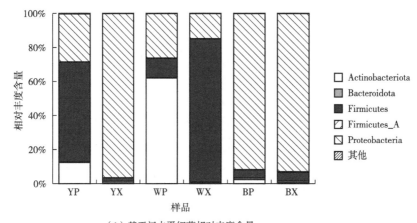

(1)基于门水平细菌相对丰度含量

(1)Relative abundance content of bacteria at the phylum level

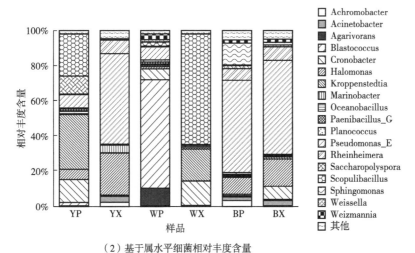

(2)基于属水平细菌相对丰度含量

(2)Relative abundance content of bacteria at the genus level

图4 微生物多样性分析

Fig. 4 Microbial diversity analysis

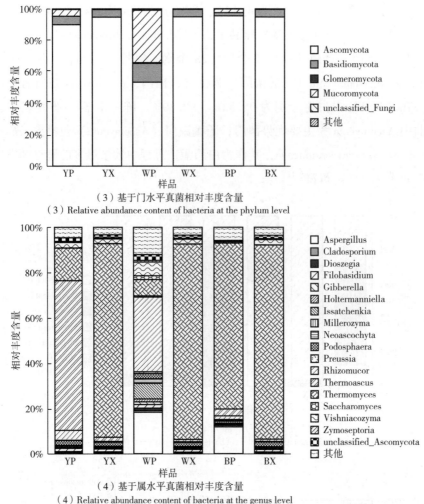

（3）基于门水平真菌相对丰度含量

（3）Relative abundance content of bacteria at the phylum level

（4）基于属水平真菌相对丰度含量

（4）Relative abundance content of bacteria at the genus level

图 4　微生物多样性分析（续）

Fig. 4　Microbial diversity analysis

在属水平上，对细菌来说［图 4（2）］，BP、BX、YX 中，主要以 *Pseudomonas_E*（52.43%、53.53%、51.41%）为主；在 WP 中，*Blastococcus*（61.56%）为主要优势均属；WX 中，*Scopulibacillus*（62.77%）为主要优势均属；*Weissella* 菌属存在于三种大曲中，但相对丰度含量均较低；Scopulibacillus 在白曲曲心中占比最高，为 62.77%。对真菌而言［图 4（4）］，*Thermomyces* 为主要优势真菌属，在所有样品中均检出，其中在 YX（85.53%）、BX（85.87%）、WX（86.44%）、BP（73.32%）；YP 样品中，*Thermoascus*（66.12%）为主要优势真菌属，WP 样品中，*Rhizomucor*（33.01%）为主要优势真菌属。该结果表明在大曲不同部位所含的微生物菌群在种类上差异不明显，但其相对丰度含量存在一定差异。综上分析可知，酱香型高温大曲微生物多样性主要表现在曲皮优于曲心，这与莫祯妮等[22]研究结果相一致。在高温大曲制作过程中，曲房发酵堆心的大曲曲心温度最高可达65℃，大多数不耐高温的微生物难以存活，因此，从温度表征来看，曲皮微生物多于曲心，白曲微生物种类多于黄曲、黑曲，这亦表明酱香型高温大曲曲皮、曲心中优势微生物组成对其及后续发酵过程中微生物菌群结构及生长代谢都具有重要影响[27]。

3.3.3　不同类型大曲主成分分析

基于属水平上的PCA分析（Principal Component Analysis）见图5。

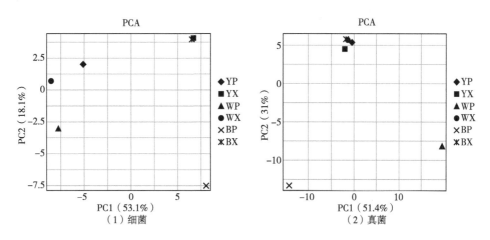

图 5　基于属水平上的 PCA 分析

Fig. 5　PCA analysis at the genus level

注：横轴和纵轴表示两个选定的主成分轴，百分比表示主成分对样本组成差异的解释度值；不同形状的点代表不同分组的样本，两样本点越接近，表明两样本物种组成越相似

通过PCA分析不同样本群落组成可以反映样本间的差异和距离，运用方差分解方法，将多组数据的差异反映在二维坐标图上，坐标轴取能够最大反映样品间差异的两个特征值，广泛应用于数据降维。为了确认三种不同类型大曲曲皮、曲心微生物物种是否具有统计差异，分别对其曲皮、曲心的微生物进行PCA分析，研究发现细菌前2个主成分的累计贡献率为71.2%，真菌前两个主成分的累计贡献率为82.4%，表明该模型可以代表大部分的成分信息，主成分分析（PCA）得分如图5所示，并分别给出第一主成分和第二主成分。当细菌在属水平上，黄曲曲心（YX）与黑曲曲心（BX）的微生物群落较为相似，白曲曲皮（WP）与其他位置的大曲微生物群落差别较大，这与发酵过程中大曲品温变化有关；对于真菌而言，运用PCA分析发现YX、WX、YP、BX真菌物种组成具有较高的相似性。这一结果表明不同类型大曲曲皮、曲心的微生物群落组成存在显著差异。

3.3.4　大曲微生物与其理化指标的相关性分析

大曲的理化因子变化对其微生物的生长繁殖及其行为具有较强的影响，进而调控微生物群落的结构及其演替[23]。为探究酱香型高温大曲理化因子对其优势微生物群落的影响，选取相对丰度分别排名前 10 的优势细菌属、优势真菌属（相对丰度含量至少在一个大曲样品中大于 1% 的菌群结构）与储存过程中理化因子进行相关性分析，结果如图 6（1）所示。细菌 RDA 分析结果表明白曲曲皮（WP）与发酵水分和温度有关，黄曲曲心（YX）、黑曲曲心（BX）与大曲酸度有关；*Weissella* 与酸度呈正相关关系，有研究表明 *Weissella* 是一种存在于发酵食品中的乳酸菌，大多数为兼性厌氧或厌氧菌，对食品中的有机酸、短链脂肪酸等风味物质的合成有重要作用[24]。*Saccharopolyspora* 与糖化力呈正相关关系；*Acinetobacter* 与酸度呈负相关关系，与水分、温度呈正相关关系，表明该菌主要来源于酿酒环境的空气和生产用大曲，是一种酿造环境优势细菌[25]。由图 6（2）可知，真菌 RDA 分析结果表明白曲曲皮（WP）与发酵水分和温度有关，*Issatchenkia*、*Aspergillus*、*Gibberella* 等菌属与温度、水分呈负相关关系，*Thermomyces* 与温度、糖化力呈正相关关系；其中，*Thermomyces* 作为一种生长上限温度很高的真菌，具有较高的酶活性，且耐热耐酸碱[26]。从酱香型高温大曲理化因子对其微生物的相关性分析结果发现，水分、温度对微生物的生长繁殖影响较大，且理化特性在塑造微生物群落结构和环境中起着重要作用，不仅能够影响微生物群落结构组成，微生物群落的生长代谢情况同样影响理化指标，特别是微生物生物热引起的温度升高和微生物代谢产酸对酸度和 pH 的影响较大[27-28]；同时，这也表明了酱香型高温大曲曲皮、曲心中微生态环境之间的差异是导致其微生物群落结构差异的重要原因之一，曲皮、曲心理化因子的差异在一定程度上能够解释曲皮、曲心微生物群落结构的差异。

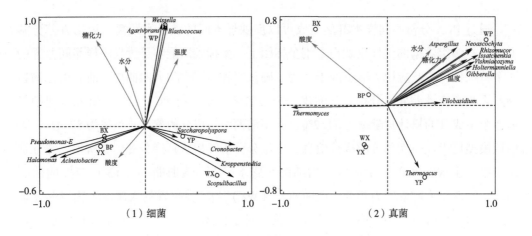

图 6　微生物群落与理化因子相关性分析

Fig. 6　Correlation analysis between microbial community and physicochemical factors

注：理化因子箭头间的夹角代表正、负相关性。

3.4　大曲挥发性物质分析

3.4.1　大曲曲皮、曲心的 PLS-DA 分析

为研究不同类型酱香型高温大曲中挥发性物质间差异性，采用 PLS-DA 预测变量重要度 VIP>1 和 t 检验（$p<0.05$）筛选出不同位置大曲的差异物质。根据 PLS-DA 得分图的结果（图 7），样本均在 95% Hotelling 的 T 平方椭圆内，说明分析样本中不存在异常值。如图 7 所示，黑色三角形表示 QC 样品，其他形状表示不同位置大曲的样品，QC 样本分布紧密，重现性高，系统稳定性高，数据可靠。此外，三种类型大曲中，黄曲曲皮（YP）、白曲曲皮（WP）的组内分散点非常接近，表明了黄曲曲皮和白曲曲皮的挥发性物质类型相似；黄曲曲心（YX）、黑曲曲皮（BP）、黑曲曲心（BX）三个位置大曲挥发性物质区别于其他类型大曲，结合酱香型高温大曲的生产过程发现黑曲的中心温度最高可达到 65℃，黄曲曲心为 62℃。因此，发酵过程温度不同亦是导致其挥发性物质存在差异的主要原因之一。对 PLS-DA 模型进行验证，R^2 和 Q^2 的回归线向上，说明位移试验通过，模型没有过拟合。

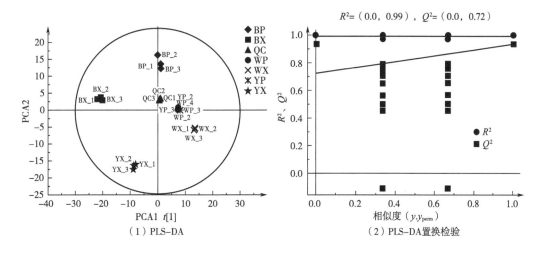

图 7　不同类型大曲 PLS-DA 分析

Fig. 7　PLS-DA analysis of different types of Daqu

注：PLS-DA 置换检验说明，当本图满足以下任意一点时，说明结果可靠有效：（1）所有方形的 Q^2 点均低于最右的原始的方形的 Q^2 点（图中最右的方形 Q^2 点有可能和圆形 R^2 点重合在最右上角）；（2）点的回归线与纵坐标交叉或者小于 0。

3.4.2　同类型大曲共有差异性物质分析

基于生工生物（工程）上海股份有限公司自建挥发性物质数据库及相关质谱数据库，对不同类型大曲曲皮、曲心中的主要物质进行峰面积的内标归一化定性分析。由图 8 可知，YPvsYX、WPvsWX 和 BPvsBX 间存在 27 种 3 组共有差异性物质，特有

差异性物质以 BPvsBX 最多（39种），其次是 WPvsWX（38种），YPvsYX 最少（37种）。该分析结果表明不同类型高温大曲的不同位置下样品中挥发性物质数量均存在一定的差异性。

由图 9 可知，3 种不同大曲曲皮、曲心中 76 种挥发性物质进行定量分析，其中酯类物质检出18 种、酸类物质 15 种、醛类物质 9 种、吡嗪类物质 9 种、醇类物质 8 种、酮类物质 6 种、芳香族化合物 6 种及其他类挥发性物

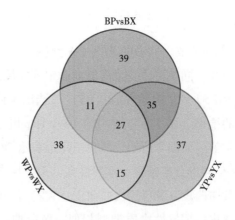

图 8　大曲差异物质分析（图中的所有差异物质 VIP>1）

Fig. 8　Analysis of differential substances in Daqu

(The Venn plot of all differential metabolites have VIP>1)

质 5 种。酯类物质中以白曲曲皮中乙酸乙酯含量较高，为 35.25μg/L；其次是黄曲曲皮为 6.15μg/L。醛类物质以黑曲曲心中苯甲醛含量较高，为 15.47μg/L。酸类物质中以异戊酸为主，其中白曲曲心中含量最高，为 21.58μg/L，其次是白曲曲皮（16.36μg/L）和黑曲曲皮（15.46μg/L）。醇类物质以苯乙醇含量较高，其中在黄曲曲心含量为 14.62μg/L。吡嗪类化合物在大曲中含量较高，其中在白曲曲心中含量最高，为 34.78μg/L，其次是白曲曲皮（21.57μg/L）和黄曲曲心（10.01μg/L）。该结果表明不同大曲的曲皮、曲心中的挥发性物质含量之间存在一定的差异性。其中，四甲基吡嗪在白酒中主要由美拉德反应生成，在制曲和堆积发酵过程中均有产生；醇类物质均为大曲和白酒中公认的风味成分，有着甜香、焦香和酒香等风味特征[29-30]。由于醛类气味阈值低，这有助于形成发酵食品的独特风味。有研究发现酯类物质通常提供怡人的果香、花香和甜香等气味，已被证明是白酒中十分重要的成分，也可能是影响大曲香气的重要因素之一[31]。

4　结论

本研究结合可培养技术、高通量测序、理化性质分析、GC-MS 等技术，解析三种不同类型大曲曲皮、曲心的微生物多样性及挥发性物质之间的差异性。研究结果表明了在理化分析方面大曲曲皮水分含量、酸度均显著低于曲心，白曲的水分含量低于黄曲和黑曲。在免培养分析方面大曲不同部位所含的微生物菌群在种类上无差异，但其相对丰度含量上存在一定差异，大曲微生物多样性主要表现在曲皮大于曲心。同时，PCA 结果表明，不同类型大曲的微生物组成存在显著差异。然而，少有研究人

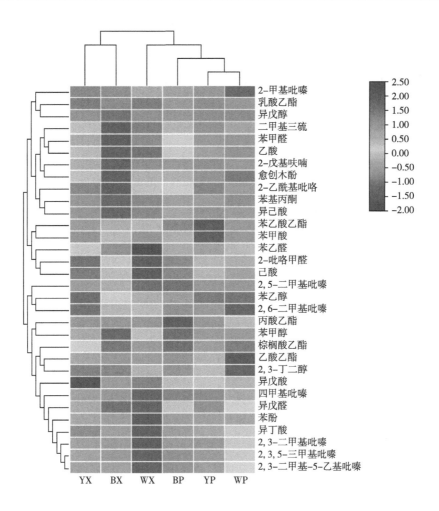

图 9　大曲中挥发性物质分析

Fig. 9　Analysis of volatile substances in Daqu

员结合这些维度用于解释大曲的发酵过程。此外，关于微生物群体的主要代谢途径的研究甚少，用于推动微生物群落进化和挥发性物质代谢的因素和机制也尚不清楚。因此，该研究对于优化大曲挥发性物质以及为后续白酒酿造提供优质高温大曲提供了理论基础。后续研究可通过利用定量蛋白质组学技术解析酱香型高温大曲中影响风味物质形成的主要生物酶类，以实现全面解析大曲相关功能特性和各物质间相互联系。

参考文献

［1］Xiao C, Lu Z M, Zhang X J, et al. Bio-heat is a key environmental driver shaping the microbial community of medium-temperature Daqu ［J］. Applied and Environmental Microbiology, 2017, 16; 83（23）: e01550-17.

［2］王晓丹，雷安亮，班世栋，等. 酱香型大曲细菌的多样性 ［J］. 食品与发酵工业，2017，43（05）: 70-75.

［3］Zhang C, Ao Z, Chui W Q, et al. Characterization of the aroma-active compounds in Daqu：A tradition Chinese liquor starter ［J］. European Food Research and Technology, 2012, 234（1）：69-76.

［4］柳习月, 朱琪, 杨帆, 等. 多组学解析酱香型大曲风味物质的形成 ［J］. 食品与发酵工业, 2021, 47（22）：35-41.

［5］Gan S H, Yang F, Sahu S K, et al. Deciphering the composition and functional profile of the microbial communities in Chinese Moutai liquor starters ［J］. Frontiers in Microbiology, 2019, 10：1540.

［6］Wang X D, Ban S D, Hu B, et al. Bacterial diversity of Moutai-flavour Daqu based on high-throughput sequencing method ［J］. Journal of the Institute of Brewing, 2017, 123（1）：138-143.

［7］Zhu M, Zheng J, Xie J, et al. Effects of environmental factors on the microbial community changes during medium-high temperature Daqu manufacturing ［J］. Food Research International, 2022, 153：110955.

［8］Wang Y R, Cai W C, WANG W P, et al. Analysis of microbial diversity and functional differences in different types of high-temperature Daqu ［J］. Food Science & Nutrition, 2020, 9（2）：1003-1016.

［9］胡宝东, 邱树毅, 周鸿翔, 等. 酱香型大曲的理化指标、水解酶系、微生物产酶的关系研究 ［J］. 现代食品科技, 2017, 33（02）：99-106.

［10］周晨曦, 郑福平, 李贺贺, 等. 白酒大曲风味物质研究进展 ［J］. 中国酿造, 2019, 38（05）：6-12.

［11］QB/T 4257—2011, 酿酒大曲通用分析方法 ［S］.

［12］赵金松, 张良, 孙啸涛, 等. 酱香型大曲微生物群落特征与理化指标的相关性研究 ［J］. 基因组学与应用生物学, 2019, 38（1）：199-204.

［13］吴成, 程平言, 谢丹, 等. 酱香型白酒4轮次堆积发酵理化因子、风味物质与微生物群落相关性分析 ［J］. 食品科学, 2023, 44（02）：240-247.

［14］谢丹, 吴成, 毕远林, 等. 酱香型白酒高温大曲储存过程中微生物群落演替与理化因子相关性研究 ［J］. 食品工业科技, 2023, 44（15）：151-158.

［15］杨勇, 李燕荣, 姜雷, 等. 中高温大曲曲块部位间生化指标的差异及变化规律 ［J］. 食品与发酵工业, 2019, 45（19）：73-78.

［16］王颖, 邱勇, 王隆, 等. 不同产区酱香型高温大曲黑、白、黄曲的理化、挥发性成分差异性分析 ［J］. 中国调味品, 2022, 47（06）：155-159.

［17］Zhang W X, Wu Z Y, Zhang Q S, et al. Combination of newly developed high quality Fuqu with traditional Daqu for Luzhou-flavor liquor brewing ［J］. World Journal of

Microbiology & Biotechnology, 2009, 25（10）: 1721-1726.

[18] 王晓丹, 王婧, 朱国军, 等. 酱香大曲中产四甲基吡嗪细菌的分离鉴定及其功能性研究 [J]. 中国酿造, 2017, 36（01）: 55-60.

[19] 李子健, 黄丹, 张曼, 等. 中高温大曲中两株耐热霉菌的分离鉴定及产酶特性比较 [J]. 食品与发酵科技, 2020, 56（03）: 1-7.

[20] Fan G, Fu Z, Teng C, et al. Comprehensive analysis of different grades of roasted-sesame-like flavored Daqu [J]. International Journal of Food Properties, 2019, 22（1）: 1205-1222.

[21] Wang X S, Du H, Zhang Y, et al. Environmental microbiota drives microbial succession and metabolic profiles during Chinese liquor fermentation [J]. Applied and Environmental Microbiology, 2018, 84（4）: e02369-17.

[22] 莫祯妮, 邱树毅, 曾祥勇, 等. 基于 Illumina Hiseq 高通量测序分析酱香型白酒大曲曲皮和曲心的细菌群落差异 [J]. 中国酿造, 2022, 41（02）: 48-52.

[23] 王欢, 席德州, 黄永光, 等. 酱香型白酒机械化酿造不同轮次堆积发酵细菌菌群结构多样性分析 [J]. 食品科学, 2020, 41（02）: 188-195.

[24] 李巧玉, 方芳, 堵国成, 等. 魏斯氏菌在发酵食品中的应用 [J]. 食品与发酵工业, 2017, 43（10）: 241-247.

[25] 左乾程, 黄永光, 郭敏, 等. 酱香型白酒机械化制曲发酵细菌群落的演替 [J]. 食品科学, 2021, 42（18）: 150-156.

[26] 郭润芳, 李多川, 王荣. 疏绵状嗜热丝孢菌热稳定几丁质酶的纯化及其性质研究 [J]. 微生物学报, 2005（02）: 267-271.

[27] 张倩. 中高温大曲发酵过程中曲皮和曲心微生物群落结构和功能差异及形成机制 [D]. 自贡: 四川轻化工大学, 2021.

[28] 胡小霞, 黄永光, 涂华彬, 等. 酱香型白酒 1 轮次酿造细菌的菌群结构 [J]. 食品科学, 2020, 41（14）: 175-182.

[29] Jin Y, Li D, Ai M, et al. Correlation between volatile profiles and microbial communities: A metabonomic approach to study Jiang-flavor liquor Daqu [J]. Food research international, 2019, 121（7）: 422-432.

[30] Huang X, Fan Y, Lu T, et al. Composition and metabolic functions of the microbiome in fermented grain during Light-flavor Baijiu fermentation [J]. Microorganisms, 2020, 8（9）: 1281.

[31] Fan G, Du Y, Fu Z, et al. Characterisation of physicochemical properties, flavour components and microbial community in Chinese Guojing roasted sesame-like flavour Daqu [J]. Journal of the Institute of Brewing, 2020, 126（1）: 105-115.

馥合香型白酒麸曲毕赤酵母的鉴定、挥发性产物及其应用性能研究

薛锡佳[1]，李娜[1]，潘天全[1]，代森[1]，兰伟[2]，曾化伟[3]，李瑞龙[2]，程伟[1]

(1. 安徽金种子酒业股份有限公司，安徽阜阳　236023；

2. 阜阳师范大学生物与食品工程学院，安徽阜阳　236037；

3. 淮北师范大学生命科学学院，安徽淮北　235000)

摘　要：为提升馥合香型白酒及酵母麸曲的产质量，本文研究了馥合香型白酒麸曲毕赤酵母的应用性能。将鉴定出的毕赤酵母测定了生长曲线，进行了温度和乙醇的耐受性试验，使用固相微萃取结合气质分析法对毕赤酵母发酵液和麸曲的挥发性产物进行了分析，并与异常威克汉逊酵母进行了对比分析。结果表明：毕赤酵母 JMJB-01 的最高耐受温度为 43℃，最高乙醇耐受度为 12%。毕赤酵母 JMJB-01 发酵液在培养过程中，主要挥发性产物的积累与酵母生长同步。PLS-DA 分析结果表明，毕赤酵母 JMJB-01 的发酵液和麸曲的挥发性产物明显区别于异常威克汉逊酵母。苯乙醇是毕赤酵母 JMJB-01 和异常威克汉逊酵母 JMLY-01、JMLY-02 培养物中的重要代谢产物，固态麸曲培养较液体培养基而言，更有利于毕赤酵母 JMJB-01 苯乙醇的大量积累，且将毕赤酵母 JMJB-01 与异常威克汉逊酵母混合使用制备酵母麸曲，可有效提高混合麸曲中的苯乙醇相对含量。该研究对于明确馥合香型白酒麸曲用酵母的应用性能，增加馥合香型白酒的香气，优化馥合香型白酒的酿造生产均具有一定的参考价值。

关键词：馥合香型白酒，麸曲，毕赤酵母，挥发性产物，应用性能，苯乙醇

基金项目：2023 年度安徽省重点研究与开发计划项目；2023 年度企业博士后科研工作站计划项目（No. JKY-B-20230901）。

作者简介：薛锡佳（1987—），女，高级工程师，硕士研究生，研究方向为酿酒微生物及白酒风味；邮箱：XUEXIJIA@ jzz. cn；联系电话：18900580271。

通信作者：程伟（1984—），男，高级工程师，博士研究生，研究方向为发酵工程与酿酒生产技术；邮箱：564853735@ qq. com；联系电话：13805585071。

Identification, volatile products and application performance of *Pichia anomala* for yeast Fuqu in Fuhexiangxing Baijiu

XUE Xijia[1], LI Na[1], PAN Tianquan[1], DAI Shen[1], LAN Wei[2],

ZENG Huawei[3], LI Ruilong[2], CHENG Wei[1]

(1. Anhui Jinzhongzi Distillery Co. , Ltd. , Anhui Fuyang 236023, China;

2. School of Biology and Food Engineering, Fuyang Normal

University, Anhui Fuyang 236037, China;

3. School of Life Sciences, Huaibei Normal University, Anhui Huaibei 235000, China)

Abstract: In order to improve the yield and quality of Fuhexiangxing Baijiu and yeast Fuqu, this paper investigated the application performance of *Pichia anomala* for yeast Fuqu in Fuhexiangxing Baijiu. The growth curve of the identified *Pichia anomala* was determined, temperature and ethanol tolerance tests were carried out, and the volatile products of *Pichia anomala* fermentation broths and fuqu were analyzed using solid-phase microextraction coupled with gas chromatography compared with the *Wickerhamomyces anomalus*. The results showed that the maximum tolerance temperature of *Pichia anomala* JMJB-01 was 43℃ , and the maximum ethanol tolerance was 12%. The accumulation of major volatile products in the fermentation broth of *Pichia anomala* JMJB-01 was synchronized with the yeast growth. The results of PLS-DA analyses showed that the volatile products in the fermentation broth and fuqu of *Pichia anomala* JMJB-01 were significantly different from those of the *Wickerhamomyces anomalus*. Phenylethanol was a major metabolite in the cultures of *Pichia anomala* JMJB-01 and *Wickerhamomyces anomalus* JMLY-01 and JMLY-02, and the culture of fuqu was more favorable to the large accumulation of phenylethanol in *Pichia anomala* JMJB-01 than the liquid medium. The mixture of *Pichia anomala* JMJB-01 and *Wickerhamomyces anomalus* was used for the preparation of yeast Fuqu, which could effectively increase the relative content of phenylethanol. This study has certain reference value for clarifying the application performance of yeast for Fuhexiangxing Baijiu, increasing the aroma of Fuhexiangxing Baijiu, and improving the brewing production of Fuhexiangxing Baijiu.

Key words: Fuhexiangxing Baijiu, Fuqu, *Pichia anomala*, Volatile products, Phenylethanol

1 前言

馥合香型白酒是指区别于传统的中国白酒四大香型——清香型、浓香型、酱香型、米香型的一大类白酒，它以四种白酒基本香型为基础，由其中两种及以上的基本香型复合而成，一般具有生产工艺多样和复杂，香气和风味多类型、多层次的特点[1]。金种子馥合香白酒是一种典型的馥合香型白酒，以麸曲、高温曲和中温曲为糖化发酵剂，经高温润料、续糟混蒸、强化麸曲和高温曲高温堆积、二次加曲入池发酵，其风格特点为芝头、浓韵、酱尾，一口三香[2]。

生香酵母是中国白酒微生物发酵体系中的重要组成部分，也是金种子馥合香型白酒酿造中必不可少的一类微生物。将生香酵母制备成酵母麸曲或酵母种子液，应用到馥合香型白酒的生产中，生香酵母可通过自身的代谢活动或者通过胞外酶的释放产生酯类、高级醇、酸类、芳香族及酚类、萜烯类等一系列对白酒质量有益的风味物质，增加白酒的花香和果香香气，提升酒体的复杂度、浓郁度和舒适度。生香酵母常见于水果、大曲及发酵酒醅中，类别多样，常见的用于酿造白酒的生香酵母有毕赤酵母（*Pichia anomala*）、汉逊酵母（*Hansenula*）、球拟酵母（*Torulopsis globosa*）、假丝酵母（*Candida*）等，不同的酵母产生的风味物质略有不同[3, 4]。目前，对于馥合香型白酒的研究主要集中在馥合香型白酒工艺和酒体风味方面，对于馥合香型白酒麸曲用酵母应用研究较少。

为进一步明确麸曲用酵母在馥合香型白酒酿造中的作用，本研究对安徽金种子酒业股份有限公司 3 株性能优良的酵母菌进行 26S rDNA 测序，明确其菌种属性，并对目标酵母进行耐受性分析，对液体发酵物和固态麸曲挥发性化合物分析等进行应用性能测试，同时将目标酵母菌株与其他酵母菌株、混合酵母菌株的液体和固态麸曲代谢产生的挥发性化合物进行比较。通过解析目标菌株应用性能，为馥合香型白酒生产用酵母麸曲的利用和优化提供依据。

2 材料与方法

2.1 材料、仪器设备

菌种来源：实验室现有的优质酵母菌株 Jm-03、Jm-04 和 Jm-05，筛选自安徽金种子酒业股份有限公司生产的堆积粮醅。

仪器设备：气质联用仪［8860-5977B，美国安捷伦科技有限公司（Agilent）］、气质联用仪自动进样器（MPS robotic，德国 Gerstel）、分析天平（FA3204，上海衡平仪器仪表厂）、小型离心机（D1008E，DRAGONLAB）、分光光度计（721，上海光学仪器厂）、电泳仪（DYY-6C，北京六一生物科技有限公司）、PCR 仪［Veriti 96-

Well Thermal Cycler，赛默飞世尔科技有限公司（AppliedBiosystem）]、测序仪（3730xL DNA Analyzer，AppliedBiosystem）、洁净工作台（SW-CJ-1D，上海沪净医疗器械有限公司）、培养箱（303-4SB，佛山市劲申机电设备有限公司）、台式摇床（200B，上海久贸实验仪器制造有限公司）。

2.2　培养基及试剂

（1）糖化液培养基　加入1份玉米粉和4份水混合后，先加87.5g/L耐高温淀粉酶，90℃液化70min，然后降温至60℃加入70g/L糖化酶，60℃糖化。过滤后，滤液调至糖度为12°Bx，121℃高压灭菌15min。

（2）YPD液体培养基　葡萄糖20g，蛋白胨20g，酵母粉10g，加水至1000mL，121℃高压灭菌15min。

（3）PDA琼脂培养基　200g马铃薯去皮切成小块，加水煮烂，滤液加入琼脂15g溶解完后，再加入葡萄糖20g，搅拌均匀，稍冷却后再补足水分至1000mL，分装试管或者锥形瓶，加塞、包扎，121℃高压灭菌15min。

（4）麸皮培养基　大片麸皮，水分70%，121℃高压灭菌30min。

（5）PCR试剂　2×Taq PCR Master Mix（GeneTech），通用引物（TianYi），POP-7™ Polymer（AppliedBiosystem），3730 Running Buffer（10×，AppliedBiosystem）。

（6）风味分析试剂　NaCl（分析纯，上海国药集团）；$C_6 \sim C_{30}$正构烷烃标准品、仲辛醇标准品（美国Sigma-Aldrich公司）；超纯水，煮沸5min后冷却至室温待用。

2.3　实验方法

2.3.1　菌种鉴定

菌种总DNA的抽提→电泳检测→PCR扩增→电泳检测→测序，切胶纯化测序→分析结果，拼接序列。具体反应程序为：扩增条件：95℃预变性5min，接下来35个循环包括95℃变性30s，60℃退火30s，72℃延伸30s，最后一个循环在72℃延伸5min，并在16℃保持1min。

酵母鉴定引物信息表见表1。

表1　　　　　　　　　　　　酵母鉴定引物信息表
Table 1　　　　　　　　　Yeast identification primer information

位点名称	引物名称	引物序列	产物大小	TM值	引物应用
26 S	NL1	GCATATCAATAAGCGGAGGAAAAG	500	60	扩增测序引物
	NL4	GGTCCGTGTTTCAAGACGG			扩增测序引物

2.3.2 酵母的液体及固体麸曲培养

（1）酵母的活化 从斜面挑取一环酵母接种于糖化液培养基中，置于28℃、200r/min摇床培养16h。

（2）酵母的液体培养 装液量为100mL/250mL三角瓶，将活化后的酵母以5%的接种量接种于糖化液培养基中，置于200r/min、28℃摇床培养。

（3）麸曲培养 装料量为40g/1000mL三角瓶（以干麸皮计），接种量为10%上述培养16h的酵母种子液，接入麸皮培养基中混合均匀，30℃静置培养，培养中注意摇瓶，36h后培养结束烘干备用。

2.3.3 酵母菌的生长曲线

采用分光光度计法，分别于酵母液体培养的0、4、6、8、10、12、14、16、18、20、24、28、32、36、40、44和48h时取样，稀释1倍后，测定600nm波长处的吸光值。以时间为横轴，吸光值为纵轴，绘制生长曲线。同时，部分时间段的酵母发酵液样品参照2.3.5挥发性化合物分析进行GC-MS分析，用于测定培养过程中发酵液挥发性化合物的变化。

2.3.4 酵母菌的耐受性分析

（1）乙醇耐受性 在含有乙醇8%、10%、12%、14%和16%的YPD培养基中，接入5%活化后的酵母种子液，28℃静置培养24h后，于600nm处测定吸光值。

（2）温度耐受性 YPD培养基中接种5%活化后的酵母种子液，分别放置于37、40、43、46和49℃恒温条件下，静置培养24h后，于600nm处测定吸光值。

2.3.5 挥发性化合物分析

（1）酵母发酵液挥发性化合物分析

前处理：准确量取酵母发酵液5.0mL，加入NaCl 1.8g和仲辛醇10μL（0.02994g/L，内标），装入15mL顶空小瓶。

固相微萃取条件：用50/30μm DVB/CAR/PDMS 2cm固相微萃取头（Supelco）进行萃取。60℃预热5min，萃取吸附30min，进样口解析5min，用于GC-MS分析。

GC-MS分析条件：色谱柱为FFAP毛细管柱（美国Agilent，60m×0.25mm×0.25μm）；载气（He，纯度不小于99.999%）流速为2mL/min，进样量1μL，不分流进样，进样口温度250℃。升温程序：50℃保持2min，以6℃/min的速度升温至230℃，保持15min。质谱条件：EI离子源；电子能量为70eV；离子源温度为230℃；质量扫描范围：m/z 35～350amu，溶剂延迟3.5min。挥发性化合物以仲辛醇为内标，进行半定量。

（2）酵母麸曲挥发性化合物分析

前处理：取麸曲样品1g，饱和NaCl溶液5mL和仲辛醇20μL（0.02994g/L，内标）装入15mL顶空小瓶；50℃下超声30min。

HS-SPME 条件：50/30μm DVB/CAR/PDMS 2cm 固相微萃取头（Supelco），初始温度 50℃，预热 5min，萃取 30min，解吸附 5min。每个样品做 3 个重复。

GC-MS 条件：色谱柱，DB-FFAP（美国 Agilent，60m×0.25mm×0.25μm）；GC 柱温程序：50℃ 保持 2min，以 6℃/min 升至 230℃，保持 15min；载气（He，纯度不小于 99.999%）流速为 2mL/min，进样量 1μL，不分流进样，进样口温度 250℃。EI 离子源，温度 230℃；电子能量 70eV；质量扫描范围：m/z 30~550amu。挥发性化合物以仲辛醇为内标进行半定量。

2.3.6　数据分析

基于 NIST 21.0 图谱和 RI（保留指数）比对，选择匹配度≥80% 的物质进行定性比对，其中保留指数的计算使用 Agilent 未知物分析软件。化合物定量采用相对定量，将化合物峰面积与内标物（仲辛醇）峰面积比较，得到组分相对含量，即化合物相对含量＝（化合物峰面积×内标物含量）/内标物峰面积。使用 Origin 2017 绘制柱状图、折线图，TBtools 绘制热图，SIMCA14.1 软件对挥发性化合物进行 PLS-DA 分析。GC-MS 分析结果表示为平均值±标准差（$x \pm s$）。

3　结果与分析

3.1　酵母菌鉴定

3.1.1　酵母菌形态观察

对酵母菌 Jm-03、Jm-04 和 Jm-05 进行形态观察，三株酵母在 PDA 培养基上的菌落特征及镜检（40×）结果如图 1 所示。Jm-03 菌落为乳白色、不透明、圆形、边缘整齐，表面凸起，湿润易挑取；Jm-04 和 Jm-05 的菌落特征相似，为乳白色、不透明、圆形、表面呈放射状隆起，易挑取。3 组酵母均具有酵母菌菌落的典型形态特征[5]。在 40 倍显微镜下观察，3 株酵母细胞均为圆形或椭圆形，部分细胞呈出芽状态。

3.1.2　分子生物学鉴定结果

将测序良好的拼接序列在 NCBI 中 nt/nr 数据库中进行比对。按照打分排序，提供匹配度最佳的一条作为鉴定结果，同时提供打分排序前十的比对结果作为参考，覆盖率表示与匹配序列的匹配的碱基数所占的比例，值越大匹配的比例越大，鉴定值表示与匹配序列的相似度，值越大相似度越高，一般序列相似度达 97% 以上就可以认为是同种菌种。三株酵母菌的覆盖率和鉴定值均≥99%，Jm-03 鉴定为毕赤酵母（*Pichia kudriavzevii*），Jm-04、Jm-05 鉴定为异常威克汉逊酵母（*Wickerhamomyces anomalus*），但 Jm-04 和 Jm-05 的 NCBI 登录号不同，属于异常威克汉逊酵母的不同亚种。按照菌种鉴定结果，将 Jm-03、Jm-04 和 Jm-05 重新编号为 JMLY-01（原始

（1）Jm-03

（2）Jm-04

（3）Jm-05

图 1　酵母菌菌落与显微观察（40×）特征

Fig. 1　Characterization of yeast colonies with microscopic observation（40×）

编号 Jm-04)、JMLY-02(原始编号 Jm-05)和 JMJB-01(原始编号 Jm-03)。

　　异常威克汉逊酵母是子囊菌属的一种,能够分泌多种糖苷酶,具有优良的产乙酸乙酯能力,而乙酸乙酯为清香型白酒和米香型白酒的主要风味物质,因此异常威克汉逊酵母常用于清香型白酒和米香型白酒的酿造[6-8]。毕赤酵母能够耐酸、耐低水分活性、耐高渗透压和耐厌氧等恶劣环境,在微氧的条件下能较有氧条件更好地诱导毕赤酵母发酵途径中的关键酶,从而提升葡萄糖的利用率,增加乙醇、酯类、甘油等代谢物的含量[9,10]。唐洁等[11]发现毕赤酵母与酿酒酵母混合发酵形成的酯类化合物更多,总酸和高级醇的含量相对更低,可以改善发酵液的风味。毕赤酵母优良的应用特性适合于馥合香型白酒的生产应用。因此,选择三株菌株中的毕赤酵母 JMLY-01 进行生长曲线、耐受性能以及液体培养过程中的代谢产物等应用性能进行分析,并将毕赤酵母 JMLY-01 与经鉴定的异常威克汉逊酵母 JMLY-01、JMLY-02 的液体培养物和麸曲培养物的挥发性组分进行比较,综合考察其性能。

　　菌种鉴定信息表见表 2。

表 2　　　　　　　　　　　　　菌种鉴定信息表
Table 2　　　　　　　Strain identification information table

序号	样品编号	匹配序列 NCBI 登录号	覆盖率/%	鉴定值/%	可能物种拉丁名
1	JMLY-01	TX188245.1	100	99.83	*Wickerhamomyces anomalus*
2	JMLY-02	KY110083.1	99	99.83	*Wickerhamomyces anomalus*
3	JMJB-01	KX237674.1	99	100.00	*Pichia kudriavzevii*

3.2　毕赤酵母 JMJB-01 耐受性

　　乙醇是酵母的代谢产物之一,但酵母代谢产生的乙醇以及白酒酿造体系中其他微生物产生的乙醇均会抑制酵母菌的生长。毕赤酵母 JMJB-01 的乙醇耐受性见图 2(1)。在乙醇浓度为 12% 的 YPD 培养基中,毕赤酵母 JMJB-01 虽然受到乙醇的抑制,但依然可以缓慢生长和繁殖;当乙醇浓度达到 14% 时,酵母的生长被 14% 的乙醇完全抑制。因此,酵母的最高乙醇耐受值为 12%。毕赤酵母 JMJB-01 具有较好的乙醇耐受性能,可以在白酒酿造过程中保持良好的活性,从而为馥合香型白酒体系贡献更多的风味物质。

　　温度直接影响酵母菌的生长繁殖和老化。酵母的最适培养温度一般为 28~30℃。过高的温度会抑制酵母的生长,加速酵母的凋亡。不同的酵母菌对温度的耐受性并不一致。毕赤酵母 JMJB-01 对温度的耐受性见图 2(2)。在 43℃ 培养时,毕赤酵母 JM-JB-01 呈现微弱的生长,而 46℃ 培养时,毕赤酵母受到了高温的强烈抑制。因此,毕赤酵母 JMJB-01 的最大耐受温度为 43℃。毕赤酵母 JMJB-01 来源于馥合香型白酒生产过程中的堆积粮醅，在馥合香型白酒生产过程中需要加入酵母麸曲及其他糖化发酵剂进行高温堆积，同时在发酵阶段窖池内温度也会不断上升，因此一株耐高温性能强的酵母菌株对馥合香型白酒的生产十分重要。

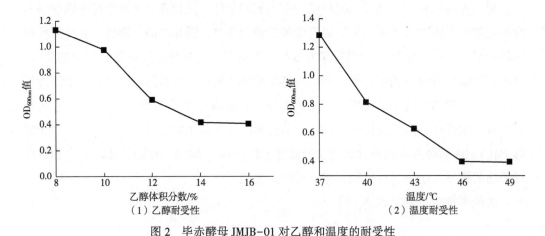

图 2　毕赤酵母 JMJB-01 对乙醇和温度的耐受性

Fig. 2　Ethanol and temperature tolerance of *Pichia anomala* JMJB-01

3.3　毕赤酵母 JMJB-01 的液体培养及培养过程中挥发性化合物分析

3.3.1　毕赤酵母 JMJB-01 液体培养生长曲线

毕赤酵母 JMJB-01 在糖化液培养基中的生长曲线如图 3 所示。接种后，菌株进入快速的对数生长期，在培养到 22h 后，菌株 OD_{600nm} 值变化趋于平稳。菌株进入稳定期。培养 40h 后，OD_{600nm} 值逐渐下降，为菌株的衰亡期。

3.3.2　毕赤酵母 JMJB-01 液体培养过程中挥发性化合物分析

酵母的培养过程，也是代谢产物累积和分解的过程。毕赤酵母 JMJB-01 产生的主要挥发性化合物主要是醇类、酸类、酯类和芳香族及酚类化合物等。随着培养时间的增加，毕赤酵母 JMJB-01 产生的酸类化合物缓慢增加，酵母通过代谢葡萄糖，产生了如乙酸、丙酸、异丁酸、丁酸、戊酸、己酸、辛酸和壬酸等有机酸；酵母发酵液累积的芳香及酚类化合物的相对含量在培养 18h 时达到顶峰，之后略有下降并逐渐稳定；酯类化合物和醇类化合物在培养 20h 时达到最高值，之后缓慢下降，相对含量趋于稳定。

苯乙醇呈花香、甜香，是毕赤酵母 JMJB-01 最主要的代谢产物之一，酵母也是合成苯乙醇的主要微生物菌属[12,13]。苯乙醇在金种子馥合香型白酒中 OAV 值、香气强度较高，对于酒体"馥合香"的呈现具有重要作用[14,15]。培养到 18h 时，培养基中苯乙醇相对含量达到较高水平，为（1.4801±0.14）μg/mL，随着培养时间的不断

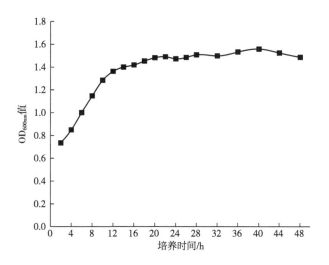

图3 毕赤酵母 JMJB-01 生长曲线

Fig. 3 Growth curve of *Pichia anomala* JMJB-01

增加，苯乙醇在短暂下降到（1.3626±0.13）μg/mL 后，其相对含量继续少量累积。结合毕赤酵母 JMLY-01 的生长曲线分析，随着酵母菌的快速繁殖，酵母的主要代谢产物也在同步快速积累，在对数培养期结束前主要挥发性化合物均已基本积累完毕，在培养到稳定期时，毕赤酵母 JMLY-01 的几类主要挥发性化合物的相对含量逐渐稳定。毕赤酵母 JMJB-01 液体培养过程中挥发性化合物主要种类相对含量变化及苯乙醇代谢相对产量变化见图4。

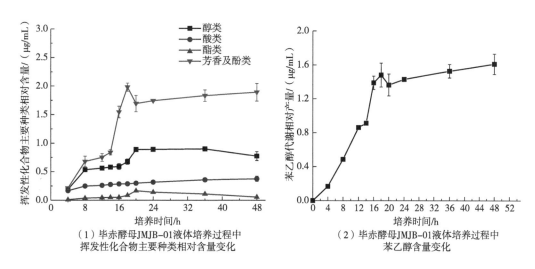

图4 毕赤酵母 JMJB-01 液体培养过程中挥发性化合物主要
种类相对含量变化（1）及苯乙醇代谢相对产量变化（2）

Fig. 4 Changes in the relative content of major species of volatile compounds （1）and phenylethanol
（2）during liquid culture of *Pichia anomala* JMJB-01

3.4 毕赤酵母 JMJB-01 与其他酵母液体培养物挥发性组分比较

3.4.1 酵母液体培养物挥发性化合物分析

将毕赤酵母 JMJB-01、异常威克汉逊酵母 JMLY-01、异常威克汉逊酵母 JMLY-02 和三株酵母的混合物分别进行液态培养，发酵液经培养 48h 后，瓶底有一层较厚的乳白色沉淀物，且有较浓的酯香、酒香。扣除培养基空白后，从产生的挥发性化合物种类数量来看 ［图 5 （1）］，JMLY-01 代谢产生的挥发性化合物最多，有 38 种，JMJB-01 和该三株酵母的混合发酵液产生的挥发性化合物较少，为 31 种和 32 种。几组酵母培养液中产生的芳香及酚类化合物种类均是最多的，分别是 17 种、16 种、12 种和 14 种，而产生的醛酮类和醇类物质较少。JMJB-01 产生酯类化合物数量较其他酵母发酵液更多，共 9 种，但其在产醛酮类、芳香及酚类和其他类物质数量上表现一般。

从产生的挥发性化合物种类相对含量来看 ［图 5 （2）］，通过 48h 的培养，与培养基空白相比，几组发酵液中均代谢产生了大量的挥发性化合物，尤以 JMLY-01 为最多。扣除空白后，JMLY-01 发酵液产生的挥发性化合物相对含量为培养基空白的14.3 倍；混合组最少，为培养基空白的 7.2 倍。JMLY-01 的挥发性化合物种类最多，总相对含量也最高；而混合组发酵液的挥发性化合物种类和相对含量都较低。

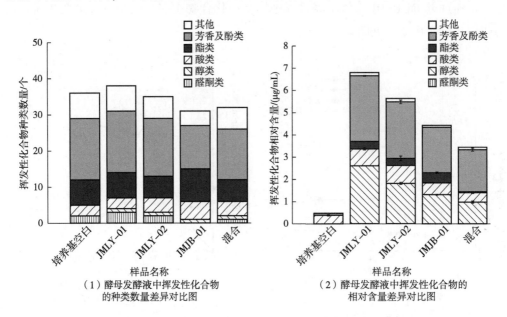

图 5 酵母发酵液中挥发性化合物的种类数量（1）及相对含量（2）差异对比图

Fig. 5 Comparison of the differences in the number of species （1） and relative content

（2） of volatile compounds in yeast fermentation broths

注：JMLY-01、JMLY-02、JMJB-01 和混合组中均扣除培养基空白，下同。

产生的代谢产物中，每组酵母发酵液的芳香及酚类物质最多，其次为醇类。四组发酵液中产生的醛酮类物质都最少，JMJB-01 和混合组未新生成醛酮类物质。几组液体发酵物中产生的挥发性酯类物质并不多，如混合组中仅生成 0.0511μg/mL 的酯类物质。

对 4 组酵母发酵液扣除空白培养基后，分析其代谢产物（表 3）。JMLY-01、JM-LY-02、JMJB-01 和混合酵母的发酵液中的共有代谢产物为异戊醇、乙酸、异丁酸、辛酸乙酯、十六烷酸乙酯、苯乙酸乙酯、乙酸苯乙酯、苄醇、苯乙醇、对乙烯基愈创木酚、4-乙烯基苯酚、苯甲酸、5-甲基呋喃醛、丙位壬内酯和呋喃甲醇等共 15 种风味化合物。JMLY-01 和 JMLY-02 发酵液中主要代谢产物均为异戊醇、苯乙醇、乙酸和对乙烯基愈创木酚；JMJB-01 发酵液中主要代谢产物为苯乙醇、异戊醇、乙酸苯乙酯和乙酸；混合发酵液中的主要代谢产物为苯乙醇、异戊醇、乙酸和乙酸苯乙酯。即 JMLY-01 和 JMLY-02 的主要代谢产物一致，JMJB-01 和混合组的主要代谢产物一致，所有组的发酵液中苯乙醇、异戊醇和乙酸都是其主要代谢产物。

较其他酵母，JMLY-01 产生了葵醛（0.0026μg/mL）、(E)-9-十八碳烯酸乙酯（0.0193μg/mL）和甘菊蓝（0.0099μg/mL）三种特征风味化合物；JMLY-02 的特征风味化合物为正十六烷酸（0.0029μg/mL）；JMJB-01 产生的区别于其他组发酵液的特征风味化合物最多，分别是异戊酸（0.0379μg/mL）、庚酸乙酯（0.0021μg/mL）、葵酸 3-甲基丁酯（0.0025μg/mL）和异丁酸苯乙酯（0.0029μg/mL）。混合酵母培养物中检测到特征风味化合物香兰素（0.0010μg/mL）和丁内酯（0.0082μg/mL）。

表 3　　　　　　　　酵母发酵液中挥发性化合物 GC-MS 分析

Table 3　　GC-MS analysis of volatile components in yeast fermentation broths

序号	保留指数	化合物名称	相对含量/（μg/mL）				
			空白	JMLY-01	JMLY-02	JMJB-01	混合
		醛酮类					
1	1375	壬醛	0.0032±0.00	0.0026±0.00	0.0031±0.00	ND	ND
2	1479	葵醛	ND	0.0026±0.00	ND	ND	ND
3	1603	4-环戊烯-1,3-二酮	0.0022±0.00	ND	ND	ND	ND
4	1834	大马士酮	ND	0.0075±0.00	0.0062±0.00	ND	0.0017±0.00
		醇类					
5	1218	异戊醇	ND	2.5995±0.01	1.8164±0.05	1.3137±0.02	0.9801±0.05
		酸类					

续表

序号	保留指数	化合物名称	相对含量/(μg/mL)				
			空白	JMLY-01	JMLY-02	JMJB-01	混合
6	1443	乙酸	0.0138±0.00	0.6729±0.04	0.6855±0.02	0.3966±0.01	0.3965±0.03
7	1564	异丁酸	ND	0.0603±0.00	0.0782±0.01	0.0433±0.00	0.0199±0.00
8	1625	丁酸	0.0172±0.00	ND	ND	0.0453±0.00	0.0011±0.00
9	1666	异戊酸	0.0144±0.00	ND	ND	0.0379±0.00	ND
10	1735	戊酸	0.0153±0.00	ND	ND	ND	ND
11	1843	己酸	0.2009±0.01	ND	ND	ND	ND
12	1920	2-乙基己酸	ND	0.0262±0.00	0.0341±0.00	ND	ND
13	1949	庚酸	0.0375±0.01	ND	ND	ND	ND
14	2056	辛酸	0.0609±0.01	ND	ND	ND	ND
15	2185	2-辛烯酸	0.0026±0.00	ND	ND	ND	ND
16	2138	壬酸	0.0121±0.00	ND	ND	ND	ND
17	2268	n-癸酸	0.0011±0.00	ND	ND	0.0032±0.00	0.0022±0.00
18	3090	正十六烷酸	ND	ND	0.0029±0.00	ND	ND
		酯类					
19	1107	乙酸异戊酯	ND	0.1849±0.00	0.1493±0.00	0.2354±0.03	ND
20	1244	己酸乙酯	ND	0.0361±0.01	0.0309±0.00	0.0601±0.01	ND
21	1334	庚酸乙酯	ND	ND	ND	0.0021±0.00	ND
22	1433	辛酸乙酯	ND	0.0028±0.00	0.0016±0.00	0.0946±0.01	0.0172±0.00
23	1639	癸酸乙酯	ND	ND	ND	0.0434±0.00	0.0112±0.00
24	1692	9-癸酸乙酯	ND	ND	ND	0.0165±0.00	0.0121±0.00
25	1752	甲酸辛酯	ND	ND	0.0068±0.00	ND	0.0041±0.00
26	1891	2,2,4-三甲基-1,3-戊二醇二异丁酸酯	0.0004±0.00	ND	ND	ND	ND
27	1869	癸酸3-甲基丁酯	ND	ND	ND	0.0025±0.00	ND
28	2125	十五烷酸乙酯	ND	0.0035±0.00	0.0034±0.00	ND	ND
29	2253	十六烷酸乙酯	0.0012±0.00	0.0818±0.01	0.1240±0.12	0.0030±0.00	0.0031±0.00
30	2281	9-十六烯酸乙酯	ND	0.0041±0.00	ND	0.0022±0.00	0.0034±0.00
31	2453	(E)-9-十八碳烯酸乙酯	ND	0.0193±0.00	ND	ND	ND

续表

序号	保留指数	化合物名称	相对含量/（μg/mL）				
			空白	JMLY-01	JMLY-02	JMJB-01	混合
		芳香族及酚类					
32	1542	苯甲醛	0.0304±0.00	ND	ND	ND	ND
33	1633	苯乙醛	0.0330±0.00	ND	ND	0.0193±0.00	ND
34	1679	苯甲酸乙酯	ND	0.0069±0.00	0.0071±0.00	ND	0.0046±0.00
35	1690	1-乙烯基-4-甲氧基苯	ND	0.0024±0.00	0.0030±0.00	ND	ND
36	1736	甘菊蓝	ND	0.0099±0.00	ND	ND	ND
37	1795	苯乙酸乙酯	ND	0.0167±0.00	0.0149±0.00	0.0036±0.00	0.0046±0.00
38	1828	乙酸苯乙酯	ND	0.1433±0.00	0.2246±0.01	0.4311±0.01	0.2745±0.01
39	1838	3,4-二甲基苯甲醛	ND	0.0080±0.00	0.0209±0.00	ND	ND
40	1885	苄醇	0.0013±0.00	0.0030±0.00	0.0028±0.00	0.0029±0.00	0.0011±0.00
41	1896	苯丙酸乙酯	0.0005±0.00	0.0068±0.00	0.0044±0.00	ND	0.0035±0.00
42	1906	苯乙醇	0.0027±0.00	2.0165±0.01	1.3813±0.07	1.5203±0.00	1.4432±0.06
43	1975	异丁酸苯乙酯	ND	ND	ND	0.0029±0.00	ND
44	1984	苯并噻唑	0.0047±0.00	0.0069±0.00	0.0123±0.00	ND	ND
45	2008	2-甲基苯酚	ND	0.0030±0.00	0.0029±0.00	0.0012±0.00	ND
46	2013	苯酚	ND	0.0041±0.00	0.0038±0.00	ND	0.0016±0.00
47	2044	3,4-二甲氧基苯乙烯	ND	0.0224±0.00	0.0288±0.00	ND	0.0063±0.00
48	2182	4-乙基苯酚	ND	0.0020±0.00	0.0021±0.00	ND	ND
49	2182	己酸-2-苯乙酯	ND	ND	ND	0.0063±0.00	0.0080±0.00
50	2211	对乙烯基愈创木酚	ND	0.5524±0.02	0.6641±0.01	0.0162±0.00	0.0840±0.00
51	2243	邻氨基苯乙酮	ND	ND	ND	0.0022±0.00	0.0022±0.00
52	2307	2,4-二叔丁基苯酚	0.0085±0.00	ND	ND	ND	ND
53	2403	4-乙烯基苯酚	ND	0.1005±0.00	0.1154±0.00	0.0109±0.00	0.0175±0.00
54	2442	苯甲酸	0.0036±0.00	0.0463±0.01	0.0564±0.00	0.0264±0.00	0.0304±0.00
55	2606	香兰素	ND	ND	ND	ND	0.0010±0.00
		其他					
56	1517	2-乙酰基呋喃	0.0048±0.00	ND	ND	ND	ND
57	1587	5-甲基呋喃醛	0.0026±0.00	0.0227±0.01	0.0201±0.00	0.0175±0.00	0.0383±0.00

续表

序号	保留指数	化合物名称	相对含量/(μg/mL)				
			空白	JMLY-01	JMLY-02	JMJB-01	混合
58	1652	丁内酯	ND	ND	ND	ND	0.0082±0.00
59	1662	2-呋喃甲醇	ND	0.0332±0.00	0.0387±0.00	ND	ND
60	1696	3-甲硫基丙醇	ND	0.0065±0.00	ND	0.0222±0.00	0.0141±0.00
61	1984	2-乙酰基吡咯	ND	0.0039±0.00	0.0044±0.00	ND	ND
62	2002	2,5-呋喃二甲醛	0.0016±0.00	ND	ND	ND	ND
63	2050	丙位壬内酯	ND	0.0551±0.00	0.0594±0.00	0.0395±0.00	0.0190±0.00
64	2154	呋喃二甲醇,2Me 衍生物	ND	0.0128±0.00	0.0123±0.00	ND	0.0210±0.00
65	2519	5-羟甲基糠醛	0.0041±0.00	ND	ND	ND	ND
66	2592	呋喃甲醇	ND	0.0164±0.00	0.0145±0.00	0.0094±0.00	0.0081±0.00

注:各组酵母培养物均扣除了培养基空白;ND 为未检出,下同。

3.4.2 酵母液体培养物挥发性代谢产物的 PLS-DA 分析

为进一步找出毕赤酵母与其他几组酵母在培养过程中存在的关键差异化合物,应用 PLS-DA 分析模型对酵母发酵液产生的挥发性化合物进行分析(图6)。模型能将几组酵母的发酵液有效区分开。JMLY-01 和 JMLY-02 较为接近,同属第三象限;JMJB-01 与混合培养物较为接近,均在第一象限;每组的酵母液体培养物都与培养基空白处于不同象限,差异较大。

模型解释率 R^2X、R^2Y 和模型预测能力 Q^2 分别为 0.988、0.995 和 0.988,其中 R^2Y 接近于 1 且 $Q^2 > 0.5$。模型经 200 次置换检验,Q^2 回归线与 Y 轴交点均为负值,模型有效[16]。根据 PLS-DA 分析模型中的 VIP>1.0 筛选出潜在的差异化合物,VIP 可用于衡量各组分积累差异对各组样品分类判别的影响强度和解释能力,VIP 越大,贡献度越大,通常 VIP>1.0 体现样品间差异的主要标志性成分。

如图6(3)所示,筛选得到 23 种 VIP > 1 的化合物,分别为甲酸辛酯、甘菊蓝、(E)-9-十八碳烯酸乙酯、9-十六烯酸乙酯、正十六烷酸、癸醛、丁内酯、香兰素、呋喃二甲醇,2Me 衍生物、己酸乙酯、乙酸异戊酯、3,4-二甲基苯甲醛、5-甲基呋喃醛、癸酸 3-甲基丁酯、异丁酸苯乙酯、庚酸乙酯、异戊酸、苄醇、丁酸、辛酸乙酯、苯并噻唑、乙酸苯乙酯和己酸-2-苯乙酯。其中,VIP 值最高的是甲酸辛酯(VIP = 1.62)和甘菊蓝(VIP = 1.62),甲酸辛酯具有清甜的水果香气,在 JMLY-01 和混合组中均检出;甘菊蓝是萘的同分异构体,化合物似樟脑丸气味,具有比萘环更高的化学反应活性,可用作有机合成与医药化学中间体[17]。甘菊蓝仅在培养基

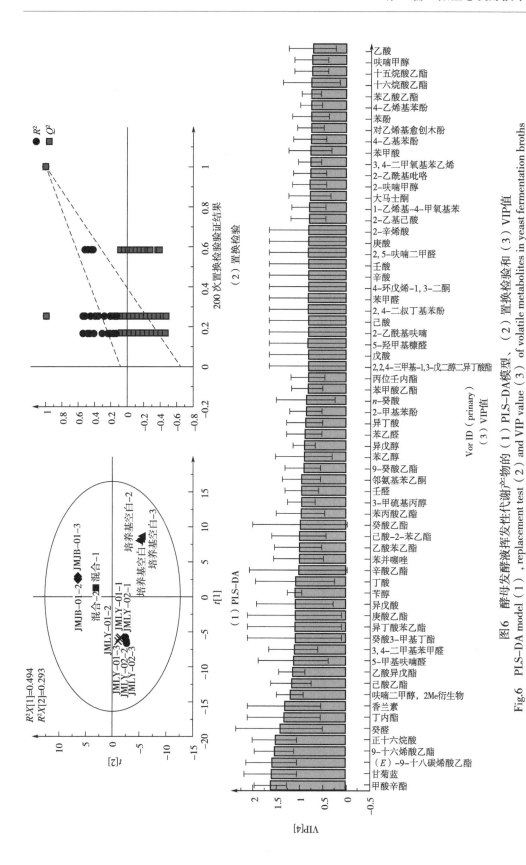

图6　酵母发酵液挥发性代谢产物的（1）PLS-DA模型、（2）置换检验和（3）VIP值

Fig.6　PLS-DA model（1），replacement test（2）and VIP value（3）of volatile metabolites in yeast fermentation broths

空白中检出。

3.5 毕赤酵母 JMJB-01 与其他酵母固体（麸曲）培养物挥发性组分比较

3.5.1 酵母固体（麸曲）培养及其挥发性组分分析

固态培养时 15h 后，酵母麸曲散发出酵母菌自身特有的气味，JMLY-01、JMLY-02 和混培酵母麸曲产生较为清新的水果酯香，麸皮表面颜色逐渐变白；JMJB-01 酵母麸曲产生一定的酒香，伴随有酯香，麸皮外观颜色变化不大；三株酵母混合培养的麸曲中酒香、酯香均较为明显，麸皮颜色逐渐变白。培养 20h 后，每 3～4h 摇瓶一次，有利于排湿降温。酵母菌属好氧菌，摇瓶控温的同时可使原料充分与空气接触，有利于酵母的生长繁殖。鲜曲培养 36h 左右成熟出曲（图 7），具有酵母麸曲特有的香味。

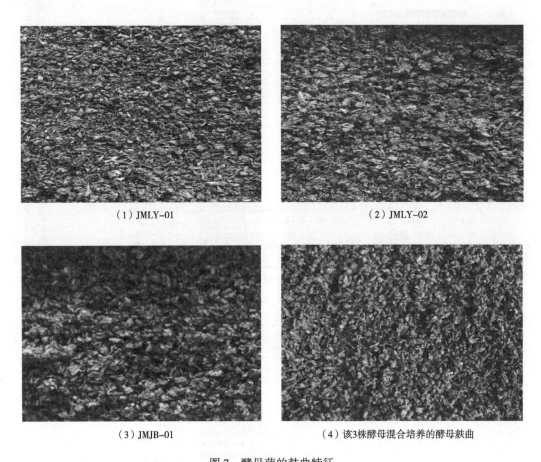

（1）JMLY-01　　　　　　　　　　（2）JMLY-02

（3）JMJB-01　　　　　　（4）该3株酵母混合培养的酵母麸曲

图 7 酵母菌的麸曲特征

Fig. 7 Characterization of yeast Fuqu

如图 8 所示，扣除培养基空白后，JMLY-01 和 JMLY-02 酵母麸曲产生的挥发性化合物数量较多，为 22 和 21 个，混合组麸曲中挥发性化合物数量略少，为 16 个挥发性化合物。全部的化合物中，以芳香及酚类化合物的数量最多，分别是 14、12、11 和 9 个，占挥发性化合物总数量的 56% 以上，所有酵母麸曲中均未检测到醛酮类物质。JMLY-01 和 JMLY-02 在挥发性化合物总数及各类化合物的数量上较为一致，可能是其同属于异常威克汉逊酵母，代谢产物相似。混合酵母麸曲中的芳香族及酚类化合物与其他类化合物数量较其他酵母麸曲数量偏少。

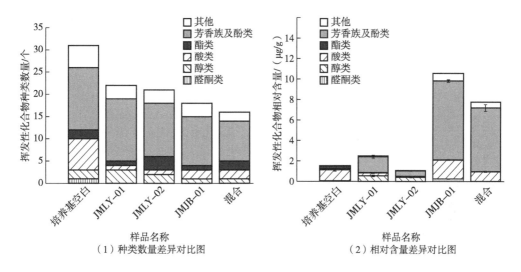

图 8　酵母麸曲中挥发性化合物的种类数量（1）及相对含量（2）差异对比图

Fig. 8　Comparison of the differences in the number of species（1）and relative content（2）of volatile compounds in yeast Fuqu

　　JMJB-01 酵母麸曲自身产生的挥发性化合物明显高于其他组，是培养基空白中挥发性化合物总量的 6.9 倍。通过 48h 的培养，与培养基空白相比，几组发酵液中均代谢产生了大量的挥发性化合物，尤以 JMLY-01 为最多，扣除空白后，JMLY-01 发酵液产生的挥发性化合物相对含量分别是培养基空白的 14.3 倍；混合组最少，为培养基空白的 7.2 倍。产生的代谢产物中，每组酵母发酵液的芳香族及酚类物质最多，其次为醇类。四组酵母发酵液中产生的醛酮类物质都最少，JMJB-01 和混合组未新生成醛酮类物质。酯类物质通常也是酵母的重要代谢产物，而几组液体发酵物中产生的挥发性酯类物质并不多，混合组中仅生成 0.0511μg/mL 的酯类物质。

　　对 4 组酵母麸曲剔除空白培养基中的物质，分析其代谢产物（表 4）。JMLY-01、JMLY-02、JMJB-01 和混合酵母的麸曲中的共同代谢产物有异戊酸、十六烷酸乙酯、愈创木酚、苯乙醇、苯酚、对乙烯基愈创木酚、4-羟基苯乙烯和丙位壬内酯等 8 种物质。

表 4　　　　　　　　　　　酵母麸曲中挥发性化合物 GC-MS 分析结果

Table 4　　　　Results of GC-MS analysis of volatile compounds in yeast Fuqu

序号	保留指数	化合物名称	相对含量/(μg/g)				
			培养基空白	JMLY-01	JMLY-02	JMJB-01	混合
		醛酮类					
1	1388	壬醛	0.0329±0.00	ND	ND	ND	ND
		醇类					
2	1219	异戊醇	0.0134±0.00	0.4457±0.07	0.3275±0.05	0.2523±0.02	ND
3	1352	正己醇	ND	0.0760±0.01	0.0706±0.00	ND	ND
4	1443	1-辛烯-3-醇	0.0092±0.00	ND	ND	ND	ND
5	1450	正庚醇	ND	0.0175±0.00	ND	ND	ND
6	1483	异辛醇	ND	ND	ND	ND	0.0111±0.00
		酸类					
7	1454	乙酸	0.6031±0.11	ND	ND	ND	ND
8	1562	异丁酸	ND	ND	ND	0.5738±0.02	0.0297±0.02
9	1623	丁酸	0.0194±0.00	ND	ND	ND	ND
10	1664	异戊酸	0.1167±0.00	0.2867±0.05	0.0679±0.02	1.2750±0.02	0.9059±0.07
11	1841	戊酸	0.0371±0.00	ND	ND	ND	ND
12	1840	己酸	0.2794±0.01	ND	ND	ND	ND
13	1938	庚酸	0.0039±0.00	ND	ND	ND	ND
14	2045	辛酸	0.0032±0.00	ND	ND	ND	ND
		酯类					
15	1076	乙酸丁酯	0.0281±0.00	ND	ND	ND	ND
16	1223	己酸乙酯	0.1115±0.01	ND	ND	ND	0.0172±0.02
17	2251	十六烷酸乙酯	ND	0.0310±0.01	0.0211±0.00	0.0050±0.00	0.0089±0.00
18	2278	9-十六烯酸乙酯	ND	ND	0.0040±0.00	ND	ND
19	2525	亚油酸乙酯	ND	ND	0.0022±0.00	ND	ND
		芳香族及酚类					
20	1478	对戊基苯酚	ND	0.0434±0.00	ND	ND	0.1446±0.01
21	1531	苯甲醛	0.0323±0.00	ND	ND	ND	ND

续表

序号	保留指数	化合物名称	相对含量/(μg/g)				
			培养基空白	JMLY-01	JMLY-02	JMJB-01	混合
22	1651	苯乙醛	ND	ND	ND	0.2007±0.02	0.1318±0.01
23	1790	甲酸苯乙酯	ND	ND	ND	0.0098±0.00	ND
24	1818	乙酸苯乙酯	0.0022±0.00	ND	ND	0.0409±0.00	0.0100±0.00
25	1864	愈创木酚	0.0116±0.00	0.0237±0.00	0.0034±0.00	0.0294±0.00	0.0222±0.00
26	1879	苄醇	0.0092±0.00	0.0030±0.00	ND	ND	ND
27	1884	异丁酸苯乙酯	ND	ND	ND	0.0237±0.00	ND
28	1906	苯乙醇	0.0378±0.00	0.9789±0.05	0.3109±0.00	7.2102±0.10	5.4561±0.29
29	1972	苯并噻唑	0.0031±0.00	ND	ND	ND	ND
30	2005	邻甲酚	ND	0.0021±0.00	0.0011±0.00	ND	ND
31	2009	苯酚	0.0042±0.00	0.0081±0.00	0.0018±0.00	0.0085±0.00	0.0088±0.00
32	2036	4-乙基愈创木酚	ND	ND	ND	ND	0.0011±0.00
33	2091	1,2,4-三甲氧基苯	0.0033±0.00	0.0055±0.00	0.0022±0.00	ND	ND
34	2093	间甲酚	0.0044±0.00	0.0157±0.00	0.0102±0.00	ND	ND
35	2173	己酸-2-苯乙酯	ND	ND	ND	0.0102±0.00	ND
36	2186	3-乙基苯酚	ND	0.0063±0.00	0.0046±0.00	ND	ND
37	2205	对乙烯基愈创木酚	0.0212±0.00	0.4111±0.08	0.1610±0.02	0.1693±0.01	0.4274±0.02
38	2216	3-甲基-4-羟基苯乙酮	ND	0.0095±0.00	0.0085±0.01	ND	ND
39	2293	丹皮酚	0.0024±0.00	0.0044±0.00	0.0039±0.00	ND	ND
40	2304	2,4-二叔丁基苯酚	ND	ND	ND	0.0013±0.00	ND
41	2355	2-羟基-4-甲氧基苯甲酸乙酯	0.0111±0.00	0.0177±0.00	0.0219±0.00	ND	ND
42	2400	4-羟基苯乙烯	ND	0.0243±0.00	0.0072±0.00	0.0084±0.00	0.0198±0.00
43	2449	吲哚	0.0029±0.00	ND	ND	ND	ND
44	2570	香兰素	0.0083±0.00	ND	ND	ND	ND
		其他类					
45	1212	2-戊基呋喃	ND	ND	ND	0.0263±0.00	ND
46	1629	δ-戊内酯	ND	ND	0.0195±0.00	ND	ND
47	1651	糠醇	0.0825±0.01	ND	ND	ND	ND

续表

序号	保留指数	化合物名称	相对含量/(μg/g)				
			培养基空白	JMLY-01	JMLY-02	JMJB-01	混合
48	1715	丙位己内酯	0.0073±0.00	0.0050±0.00	ND	0.0268±0.00	0.0312±0.00
49	1979	2-乙酰基吡咯	0.0088±0.00	0.0044±0.00	0.0013±0.00	ND	ND
50	2026	2-吡咯甲醛	0.0036±0.00	ND	ND	ND	ND
51	2042	丙位壬内酯	0.0158±0.00	0.0595±0.01	0.0148±0.00	0.6864±0.01	0.5360±0.02

JMLY-01 和 JMLY-02 麸曲中的主要代谢产物为苯乙醇、异戊醇、对乙烯基愈创木酚。这也与其在液体培养基中的主要代谢产物一致。JMJB-01 和混合麸曲中主要代谢产物均为苯乙醇、异戊酸和丙位壬内酯,与其在液体培养物中的主要代谢物不完全相同,但苯乙醇仍然是其主要的代谢产物。JMJB-01 麸曲中苯乙醇的相对含量为(7.2102±0.10)μg/g,远高于其他几个酵母麸曲,混合麸曲中的苯乙醇的相对含量也较高,为(5.4561±0.29)μg/g。JMJB-01 和混合菌株培养的麸曲较液体培养中苯乙醇的累积更多。此外,JMJB-01 还产生了较多的异丁酸、异戊醇、苯乙醛和对乙烯基愈创木酚等风味物质。可见,混合酵母麸曲中的主要代谢物种类及相对含量受毕赤酵母 JMJB-01 的影响大于菌株 JMLY-01 和 JMLY-02。

每组酵母培养物还代谢产生了一些区别于其他组酵母的挥发性化合物,可能对于其形成了各自的"风格"具有一定作用。较其他酵母及培养基空白,JMLY-01 的特殊代谢产物为正庚醇(0.0175μg/g);JMLY-02 的特殊代谢产物为 9-十六烯酸乙酯(0.0040μg/g)、亚油酸乙酯(0.0022μg/g)和 δ-戊内酯(0.0195μg/g);JMJB-01 的特殊代谢产物为甲酸苯乙酯(0.0098μg/g)、异丁酸苯乙酯(0.0237μg/g)、己酸-2-苯乙酯(0.0102μg/g)、2,4-二叔丁基苯酚(0.0013μg/g)和 2-戊基呋喃(0.0263μg/g);混合酵母麸曲的特殊代谢产物为异辛醇(0.0111μg/g)和 4-乙基愈创木酚(0.0011μg/g)。其中 JMJB-01 酵母麸曲中的特殊代谢产物最多,为 5 种。酵母麸曲培养的特殊代谢产物与同一菌株的液体培养特殊代谢产物差异较大,可能是由于培养基的不同导致了不同的特殊代谢产物。

3.5.2 酵母固体(麸曲)培养物挥发性代谢产物的 PLS-DA 分析

为进一步找出毕赤酵母 JMJB-01 麸曲与其他酵母麸曲在培养过程中可能存在的关键差异化合物,应用 PLS-DA 分析模型分别对其进行分析(图9)。模型能将几组酵母的麸曲有效区分开。毕赤酵母 JMJB-01 与混合培养组麸曲较为接近,同属第三象限;JMLY-01 和 JMLY-02 较为接近;每组酵母麸曲都与培养基空白在不同象限,差异较大。

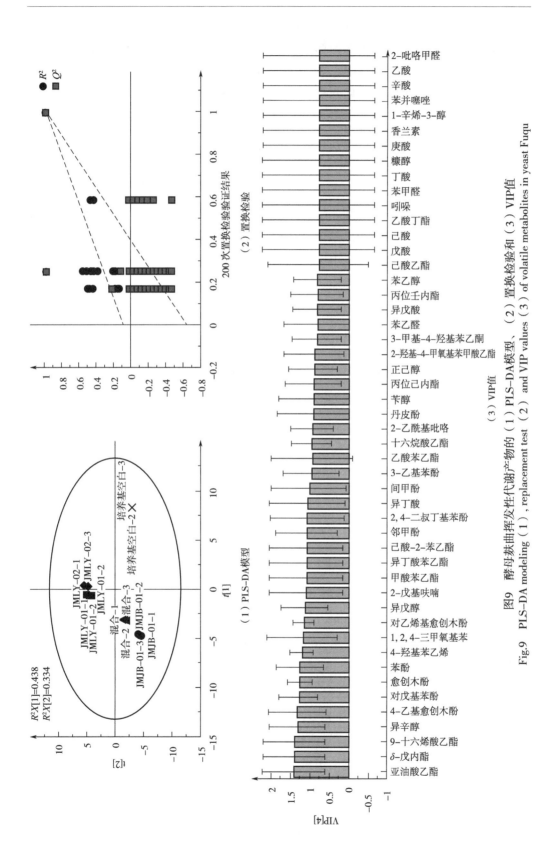

图9　酵母敷曲挥发性代谢产物的（1）PLS-DA模型、（2）置换检验和（3）VIP值

Fig.9　PLS-DA modeling（1），replacement test（2）and VIP values（3）of volatile metabolites in yeast Fuqu

模型解释率 R^2X、R^2Y 和模型预测能力 Q^2 分别为 0.99、0.997 和 0.993。经 200 次置换检验，Q^2 回归线与 Y 轴交点为负值，模型有效。根据 PLS-DA 分析模型中的 VIP > 1.0 筛选出潜在的差异化合物，认为是几组酵母麸曲中的关键差异挥发性化合物。

如图 9（3）所示，筛选得到 20 种 VIP 值大于 1 的化合物，分别为亚油酸乙酯、δ-戊内酯、9-十六烯酸乙酯、异辛醇、4-乙基愈创木酚、对戊基苯酚、愈创木酚、苯酚、4-羟基苯乙烯、1,2,4-三甲氧基苯、对乙烯基愈创木酚、异戊醇、2-戊基呋喃、甲酸苯乙酯、异丁酸苯乙酯、己酸-2-苯乙酯、邻甲酚、2,4-二叔丁基苯酚、异丁酸和间甲酚。其中，亚油酸乙酯（VIP = 1.40）和 δ-戊内酯（VIP = 1.40）的 VIP 值最高，这两种化合物均存在于 JMLY-02 中；亚油酸乙酯在白酒中未见呈风味报道，过量的亚油酸乙酯会造成白酒浑浊；而 δ-戊内酯是一种重要的有机中间体，在医疗、农药、化妆品、可降解材料等领域均具有十分广阔的应用前景，内酯类化合物普遍阈值较低，可以赋予产品奶香、果香、坚果香等优良的风味，并调和其他成分使整体的风味更加协调[18,19]。

3.6 酵母发酵液及麸曲挥发性代谢组分热图分析

为直观比较毕赤酵母与其他几组酵母发酵液及麸曲的挥发性代谢组分差异，对表 3 和表 4 的 GC-MS 数据进行热图聚类分析。从图 10 可以看出，无论是酵母的发酵液，还是麸曲培养物，毕赤酵母 JMJB-01 与混合酵母培养的代谢产物更为接近，同属于异常威克汉逊酵母的 JMLY-01 和 JMLY-02 代谢物的种类和相对含量相似，聚为一类。说明毕赤酵母 JMJB-01 在与其他两株酵母共同培养的过程中，毕赤酵母 JMJB-01 代谢产物更占优势。

4 小结

（1）3 株生香酵母分别采用 26S 鉴定，JMJB-01 为毕赤酵母，JMLY-01 和 JMLY-02 为异常威克汉逊酵母（不同亚种）。

（2）对毕赤酵母 JMJB-01 进行了应用性能分析。毕赤酵母 JMJB-01 最高耐受酒精度为 12% vol，最高耐受温度为 43℃，具有较优的耐乙醇和耐高温性能。

（3）毕赤酵母 JMJB-01 的挥发性代谢产物累积与其生长同步，在稳定期前，已基本完成主要类别挥发性化合物的积累。

（4）对比了毕赤酵母 JMJB-01、异常威克汉逊酵母 JMLY-01、JMLY-02 及该三株酵母混合的培养物发酵液和麸曲的挥发性代谢产物。几组酵母发酵液中，异常威克汉逊酵母 JMLY-01 产生的代谢物种类数量及相对含量为最高，为 38 种和（9.3924±

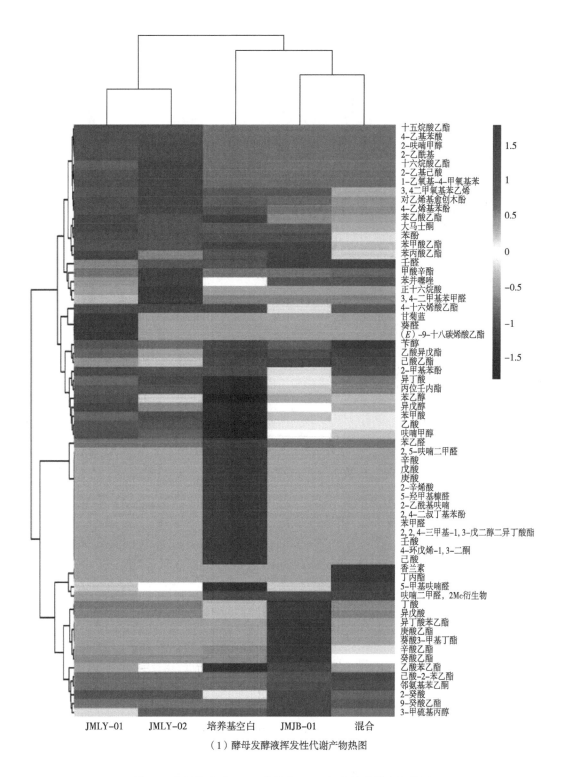

（1）酵母发酵液挥发性代谢产物热图

图 10 酵母发酵液（1）及麸曲（2）挥发性代谢产物热图

Fig. 10 Thermogram of volatile metabolites of yeast fermentation broths（1）and Fuqu（2）

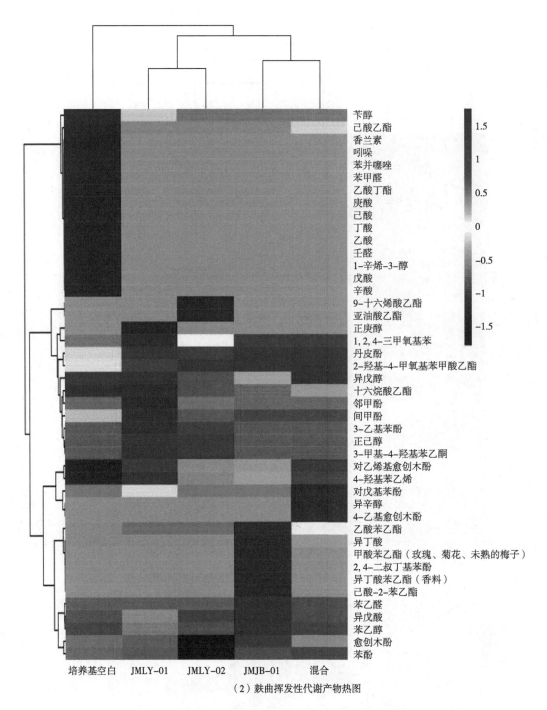

（2）麸曲挥发性代谢产物热图

图 10　酵母发酵液（1）及麸曲（2）挥发性代谢产物热图（续）

Fig. 10　Thermogram of volatile metabolites of yeast fermentation broths（1）and Fuqu（2）

0.06）μg/mL，混合组较低，为 32 种和（4.4222±0.20）μg/mL。而在麸曲培养中，异常威克汉逊酵母 JMLY-01 产生的挥发性化合物种类虽然最多，为 22 种，但代谢产生的总挥发性化合物相对含量却并不高，仅为（2.4795±0.02）μg/g，毕赤酵母

JMJB-01 培养的麸曲产生的挥发性代谢产物相对含量最高，为（10.5578 ±
0.14）μg/g。

（5）苯乙醇是 4 组酵母培养物中的重要代谢产物，其具有玫瑰香和蜂蜜香的清
雅香气，口感绵甜清爽，在白酒风味和口感上起着重要作用。在液体培养阶段毕赤酵
母 JMJB-01 和混合组的苯乙醇相对含量仅为（1.5203 ± 0.00）μg/g 和（1.4432 ±
0.06）μg/g，而在麸曲培养阶段，两组的苯乙醇迅速累积，分别是发酵液苯乙醇相
对含量的 4.70 倍和 3.78 倍，为（7.2102±0.10）μg/g 和（5.4561±0.29）μg/g，也
远高于异常威克汉逊酵母 JMLY-01 和 JMLY-02 麸曲中苯乙醇的累积量。固态麸曲培
养有利于 JMJB-01 和混合组苯乙醇的大量生成。

（6）无论是在发酵液还是麸曲中，毕赤酵母 JMJB-01 和混合组的挥发性代谢产
物较为一致，而异常威克汉逊酵母 JMLY-01 与 JMLY-02 两组的代谢产物更接近。混
合组培养物的风味物质是 3 种菌株混合发酵的结果，三株不同的酵母其代谢产物互相
作用、相互协调，毕赤酵母 JMJB-01 对于混合组培养物主要代谢产物的影响大于异
常威克汉逊酵母 JMLY-01 和 JMLY-02。

参考文献

［1］余有贵. 生态酿酒新技术［M］. 北京：中国轻工业出版社，2016.

［2］T/AHF1A 029-2022. 馥合香型白酒［S］.

［3］袁海珊，刘功良，白卫东，等. 产酯酵母在发酵食品中的应用研究进展
［J］. 中国酿造，2023，43（1），15-19.

［4］Trelea I C, Titica M, Corrieu G. Dynamic optimization of the aroma production in
brewing fermentation［J］. Journal of Process Control, 2004, 14（1）：1-16.

［5］贾丽艳，张丽，李惠源，等. 果香风味导向的库德毕赤酵母FJZ的分离鉴定
及生物学特性研究［J］. 中国食品学报，2021，21（1）：276-282.

［6］谢再斌，王太玉，王茜，等. 异常威克汉姆酵母在白酒酿造中的应用研究
［J］. 中国发酵，2022，41（5）：18-22.

［7］余安玲，张小娜，李红，等. 酵母麸曲培养条件优化及其固态发酵应用研
究［J］. 食品与发酵工业，https：//doi. org/10. 13995/j. cnki. 11-1802/ts. 036627.

［8］夏玙，谢军，黄丹，等. 威克汉逊酵母的麸曲制作工艺优化［J］. 食品研究
与开发，2018，39（22）：118-123.

［9］Passoth V, Fredlund E, Druvefors UÄ, et al. Biotechnology, physiology and ge-
netics of the yeast *Pichia anomala*［J］. FEMS Yeast Research, 2006, 6（1）：3-13.

［10］Walker G M, *Pichia anomala* cell physiology and biotechnology relative to other
yeasts［J］. Antonie Van Leeuwenhoek International Journal of General and Molecular Mi-

crobiology, 2011, 99（1）：25-34.

[11] 唐洁, 王海燕, 徐岩. 酿酒酵母和异常毕赤酵母混菌发酵对白酒液态发酵效率和风味物质的影响 [J]. 微生物学通报, 2012, 39（7）：921.

[12] Kong Sijia, Pan Hong, Liu Xiaoyun, et al. De novo biosynthesis of 2-phenylethanol in engineered *Pichia pastoris* [J]. Enzyme and Microbial Technology, 2020, 133：109459.

[13] Gu Yang, Ma Jingbo, Zhu yonglian, et al. Refactoring Ehrlich pathway for high-yield 2-phenylethanol production in *Yarrowia lipolytica* [J]. ACS Synthetic Biology, 2020, 9（3）：623-633.

[14] 程伟, 陈雪峰, 陈兴杰, 等. HS-SPME-GC-MS 结合感官评价分析金种子馥合香白酒的风味成分 [J]. 食品与发酵工业, 2022, 48（3）：250-256.

[15] 尤宇漫, 徐岩, 范文来, 等, 金种子馥合香白酒香气成分分析 [J]. 食品与发酵工业, 2023, 49（9）：291-297.

[16] Yun Jing, Cui Chuanjian, Zhang Shihua, et al. Use of headspace GC/MS combined with chemometric analysis to identify the geographic origins of black tea [J]. Food Chemistry, 2021, 360：130033.

[17] 熊新爽. 基于烷基化反应的新型愈创蓝烃奠类衍生物的合成研究 [D]. 锦州：渤海大学, 2021, 1-7.

[18] Cameleyre M, Madrelle V, Lytra G, et al. Impact of whisky lactone diastereoisomers on red wine fruity aromatic expression in model solution [J]. Journal of Agricultural and Food Chemistry, 2020, 68（39）：10808-10814.

[19] 陈臣, 刘政, 于海燕, 等. 奶酪中内酯类物质风味贡献及其生物合成调控进展 [J]. 现代食品科技, 2020, 36（11）：305-312.

馥合香型白酒细菌曲产四甲基吡嗪枯草芽孢杆菌的筛选鉴定、挥发性产物及其应用性能研究

潘天全[1]，程伟[1]，李娜[1]，兰伟[2]，曾化伟[3]，薛锡佳[1]，代森[1]

（1. 安徽金种子酒业股份有限公司，安徽阜阳　236023；

2. 阜阳师范大学生物与食品工程学院，安徽阜阳　236037；

3. 淮北师范大学生命科学学院，安徽淮北　235000）

摘　要：从馥合香型白酒细菌曲中分离、筛选产香能力优良的芽孢杆菌，有利于为酿酒微生物的强化制曲提供优良菌株。本研究通过平板分离从细菌曲中得到5株产香较好的芽孢杆菌，采用形态观察、生理生化实验和分子生物技术对其进行菌种鉴定，采用顶空固相微萃取和气相色谱-质谱法（HS-SPME-GC-MS）对菌株发酵液和麸曲中的挥发性组分进行检测，并对菌株的耐受性进行研究。结果表明，从馥合香型白酒细菌曲中共分离鉴定得到5株芽孢杆菌，其中菌株ZP的产香效果较好，其液体发酵和纯种麸曲中四甲基吡嗪的含量最高，分别为（0.0235±0.0000）μg/g和（3.7275±0.0313）μg/g，菌株ZP被鉴定为枯草芽孢杆菌（*Bacillus velezensis*），该菌株可耐高温55℃、酒精度6%vol。细菌曲中枯草芽孢杆菌的强化应用对提高馥合香型白酒的品质具有重要意义。

关键词：枯草芽孢杆菌，四甲基吡嗪，分离鉴定，性能研究，风味分析

基金项目：2023年度安徽省重点研究与开发计划项目；2023年度企业博士后科研工作站计划项目。

作者简介：潘天全（1992—），男，工程师，大学本科；研究方向为酿酒生产技术及其检测分析；邮箱：1769708529@qq.com；联系电话：17355848636。

通信作者：程伟（1984—），男，高级工程师，博士研究生；研究方向为发酵工程与酿酒生产技术；邮箱：564853735@qq.com；联系电话：13805585071。

Screening, identification and study on volatile products and their application properties of tetramethylpyrazine production *Bacillus subtilis* from bacteria-qu used for brewing compound flavor Baijiu

PAN Tianquan[1], CHENG Wei[1], LI Na[1], LAN Wei[2],

ZENG Huawei[3], XUE Xijia[1], DAI Shen[1]

(1. Anhui Jinzhongzi Distillery Co., Ltd., Anhui Fuyang 236023, China;

2. School of Biology and Food Engineering, Fuyang Normal

University, Anhui Fuyang 236037, China;

3. School of Life Sciences, Huaibei Normal University, Anhui Huaibei 235000, China)

Abstract: Isolation and screening of *Bacillus* spp. with excellent aroma producing ability from bacterial starter of compound flavor Baijiu is beneficial to providing excellent strains for enhanced koji making of liquor making microorganisms. This study isolated 5 strains of *Bacillus subtilis* with good aroma production from bacterial starter through plate separation. Morphological observation, physiological and biochemical experiments, and molecular biotechnology were used to identify the strains. Solid phase extraction and gas chromatography-mass spectrometry (SPME-GC-MS) were used to detect the volatile components in the fermentation broth and bran starter, and the tolerance of the strains was studied. The results showed that five strains of *Bacillus* were isolated and identified from the bacterial starter of compound flavor Baijiu, among which the aroma producing effect of strain ZP was better. The content of tetramethylpyrazine in liquid fermentation and pure bran koji was the highest, which were (0.0235± 0.0000)μg/g and (3.7275±0.0313)μg/g, respectively. Strain ZP was identified as *Bacillus velezensis*, which could withstand high temperature of 55℃ and alcohol degree of 6% vol. Intensive application of *Bacillus subtilis* in bacterial starter is of great significance for improving the quality of compound flavor Baijiu.

Key words: *Bacillus subtilis*, Tetramethylpyrazine, Isolation and identification, Performance research, Flavor analysis

1 前言

中国白酒以酒曲为糖化发酵剂，利用淀粉质或糖质原料，经蒸煮、糖化、发酵、蒸馏、陈酿、勾调等酿制而成。馥合香型白酒借鉴浓香型、芝麻香型、酱香型三大香型白酒酿造工艺，具有"浓芝酱馥郁典雅，绵甜醇厚丰满，诸味协调，回味悠长"等风格特点。吡嗪类物质作为白酒中的健康因子，是酱香型白酒中的关键香气物质，其含量要远高于其他香型白酒，具有烘焙香、坚果香气。近年来，白酒酿造过程中的微生物体系研究越来越多，其中芽孢杆菌的功能性被多次报道[1-3]，芽孢杆菌都具有产淀粉酶、蛋白酶等能力，且大多数芽孢杆菌具有很强的环境适应力。芽孢杆菌是代谢产生吡嗪类化合物的主要微生物，同时也能够产生多种促进风味物质代谢的酶，这对不同香型白酒的典型风格特点起着关键作用[4]。因此，分离并应用具有优良性能的芽孢杆菌具有重要的意义。杨春霞等[5]从牛栏山二锅头酒醅中分离得到 5 株产风味较好的芽孢杆菌，其中地衣芽孢杆菌、蜡样芽孢杆菌和两株枯草芽孢杆菌主要代谢的风味物质为 3-羟基-2-丁酮，而短小芽孢杆菌的主要风味物质为苯乙醇。王霜[6]等从浓酱兼香型酒醅中筛选到 2 株具有高碱性蛋白酶活性，且对乙醇具有高耐受性的芽孢杆菌。陈蒙恩[7]等从陶融型酒醅中筛选到 11 株产香芽孢杆菌，经固态产香试验筛选发现，菌株 YSB2 的固态发酵产物具有浓郁的焦香、烟香和酱香味。王庆等[8]从高温大曲中筛选 20 株可产四甲基吡嗪的芽孢杆菌，但目前对细菌麸曲中枯草芽孢杆菌的相关研究鲜有报道。

本研究采用馥合香型白酒细菌曲为材料，利用传统微生物筛菌方法分离筛选芽孢杆菌，并进行 16S rDNA 序列分析；同时，对枯草芽孢杆菌进行耐受性分析，并结合顶空固相萃取和气质联用（HS-SPME-GC-MS）法对液体和固体培养的挥发性代谢产物进行检测。该研究对解析菌株特性及挥发性代谢物变化有帮助，有利于为酿酒微生物的强化制曲提供优良菌株，可为提升馥合香型白酒细菌曲中四甲基吡嗪含量等提供依据及理论指导。

2 材料与方法

2.1 材料与试剂

样品［取自安徽金种子酒业股份有限公司麸曲车间馥合香型白酒细菌曲样品（约 100g）］；实验所用试剂（均为分析纯）；低电渗琼脂糖［CAS：9012-36-6，绿新（厦门）海洋生物科技有限公司］；美基磁珠法 DNA 提取试剂盒（美基生物科技有限公司）；Marker（D2000 Plus，上海硕美生物科技有限公司）。

培养基：牛肉膏蛋白胨培养基（NR）：蛋白胨 10g、牛肉膏 3g、氯化钠 5g、蒸馏水 1000mL、琼脂 20g、pH 7.4~7.6。Luria-Bertani 培养基（LB）：蛋白胨 10g，酵母膏 5g，氯化钠 10g，琼脂 20g，蒸馏水 1000mL。玉米粉液体培养基（YM）：玉米粉 60g，KH_2PO_4 3g，蔗糖 10g，$MgSO_4 \cdot 7H_2O$ 1.5g，蒸馏水 1000mL。可溶性淀粉培养

基（KR）：牛肉膏 3g，蛋白胨 10g，琼脂 20g，NaCl 5g，淀粉 2g，蒸馏水 1000mL。麸皮液体培养基（FP）：麸皮 36g，磷酸氢二铵 10g，磷酸氢二钾 0.2g，硫酸镁 0.1g，蒸馏水 1000mL。液体发酵培养基：牛肉膏蛋白胨液体培养基（不加琼脂）。麸皮固体培养基：麸皮，水分 45%~50%。

2.2 仪器与设备

安捷伦 5977B 型气相色谱仪（美国安捷伦科技有限公司）；气相色谱–嗅闻–质谱联动仪（搭配自动进样系统）（GC-MS，5975C+7890A，EI 源）（美国安捷伦科技有限公司）；DT-1000 电子天平；NanoMagBio S-96 核酸提取仪（武汉纳磁生物科技有限公司）；电泳仪（北京六一仪器厂）；测序仪（美国应用生物系统公司）。

2.3 实验方法

2.3.1 芽孢杆菌的分离

称取 20g 细菌曲样品，将其加入装有 180mL 无菌生理盐水的锥形瓶中，置于摇床振荡 40min，使菌体悬浮。采用梯度稀释涂布法分离细菌曲中的芽孢杆菌，将菌悬液稀释至 10^{-1}、10^{-2}、10^{-3}、10^{-4}、10^{-5}。将稀释液涂布于培养基平板上，37℃条件下倒置培养 24h，观察菌落特征，选取差异明显的菌落筛选、纯化，4℃保存备用。

2.3.2 芽孢杆菌的筛选

将分离出的芽孢杆菌以 5% 的接种量接种到牛肉膏蛋白胨液体培养基中，37℃培养 48h，用 GC-MS 检测各菌株发酵液中风味成分，以未接种的空白培养基作为对照，根据各菌株发酵液中风味成分的数量筛选产风味物质芽孢杆菌。

2.3.3 芽孢杆菌 16S rDNA 序列分析

2.3.3.1 产香芽孢杆菌 DNA 提取

研磨管中加入 200μL Buffer ATL 和 20μL 蛋白酶 K，加入半勺 3mm 锆珠/一颗 5mm 钢珠，取菌板中一株单一菌落到研磨管中，放在自动研磨仪上 60Hz 研磨 2min；瞬时离心，加入 200μL Buffer AL，充分混匀；70℃水浴裂解 15min，每 7min 振荡混匀一次，裂解完成后 12000r/min 离心 3min，取 400μL 上清转至新的深孔板，向深孔板中加入 300μL Buffer BD 和 20μL 磁珠，放入提取仪工位 2；取新的提取板每孔分装 300μL Buffer BW1 放置在提取仪工位 3，分装两板 500μL/孔的 75% 乙醇分别放在工位 4、工位 5，洗脱板每孔分装 100μL/80μL/60μL（根据样品状态分装对应体积）洗脱液放置在工位 6（注：Buffer BD 和 Buffer BW1 使用前需加入指定量无水乙醇进行稀释）；选择对应的程序，检查仪器状态和提取板信息后运行；运行完成之后，将洗脱板取出进行 DNA 浓度和电泳胶检测，放入 4℃保存。

2.3.3.2　16S rDNA PCR 扩增及 PCR 产物检测

将上述菌株基因组 DNA 作为 PCR 扩增模板，采用 30μL 反应体系进行 PCR 扩增：2×Taq PCR Master Mix 15μL，上下游引物各 2μL，T 基因组 DNA（~20ng）1μL，ddH$_2$O 10μL 最后以超纯水为阴性对照。PCR 反应条件：95℃预变性 5min；95℃变性 30s，60℃退火 30s，72℃延伸 1min，30 个循环后，72℃延伸 5min。PCR 样品检测：取 2μL PCR 产物进行琼脂糖凝胶电泳检测（1%浓度），通过 PCR 产物的带形来判断各样本扩增产物的特异性。

2.3.3.3　16S rDNA 序列测定及分析

对 PCR 扩增产物进行 16S rDNA 测序。测序工作由武汉百易汇能生物科技有限公司完成，将测序原始数据结果导入 Chromas 分析软件中，进行测序峰图的质控，并导出相应的序列文件。如进行双向测序，使用 SeqMan 分析软件进行拼接，拼接结果保存到对应的文本文件。将测序良好的拼接序列在 NCBI 中 nt/nr 数据库中进行比对，按照打分排序，提供匹配度最佳的一条作为鉴定结果。

2.3.4　细菌曲 5 株不同菌株的液体发酵挥发性产物分析

设置空白对照，将单菌及混菌种子培养液分别以 5%的接种量接种于装有 100mL 液体的发酵培养基，37℃，140r/min 摇床培养 48h。

前处理：在 20mL 顶空瓶中加入 5mL 发酵液和 1.8g 氯化钠，加入内标（10μL 仲辛醇 0.029949g/L，5μL 乙酸正戊酯 0.3937g/L）。

HS-SPME 条件：用 50/30μm DVB/CAR/PDMS 2cm 固相微萃取头（Supelco），60℃预热 5min，萃取吸附 30min，GC 解吸 5min（250℃）。

GC-MS 分析条件：色谱条件：色谱柱为 FFAP 毛细管柱（60m×0.25mm×0.25μm）；升温程序：50℃保持 2min，以 6℃/min 的速度升温至 230℃，保持 15min；载气 He 流速 2.0mL/min，进样量 1μL，不分流进样。质谱条件：EI 离子源，电子能量为 70eV，离子源温度为 230℃，质量扫描范围：m/z 35~350amu。

2.3.4.1　枯草芽孢杆菌液体发酵培养基的选择

分别把枯草芽孢杆菌菌株接种到 LB、NR、FP、KR、YM 五种发酵培养基中（培养基的体积相同），37℃、140r/min 振荡培养 48h 后，取样进行 GC-MS 检测分析。

2.3.4.2　枯草芽孢杆菌液体发酵的耐受性分析

菌株对温度的耐受性：将种子液以 5%接种量转接到温度分别为 25、30、35、40、45、50、55℃的发酵培养基中，140r/min 振荡培养 48h 后，测定 OD$_{600nm}$，每组试验 3 个平行。

菌株对乙醇的耐受性：将种子液以 5%接种量转接到乙醇含量分别为 0%、3%、6%、9%、12%、15%、18%的发酵培养基中，37℃、140r/min 振荡培养 48h 后，测定 OD$_{600nm}$，每组试验 3 个平行。

2.3.4.3 枯草芽孢杆菌的液体培养及其挥发性产物分析

将枯草芽孢杆菌的种子液以 5% 接种量转接到全自动不锈钢发酵罐中，37℃、140r/min 的转速进行培养，然后分别在培养时间为 0、3、6、12、18、24、36、48h 的培养点进行取样备用，一部分样品用于生长曲线的绘制，以未接种的 NR 液体培养基校正零点，在波长 600nm 处比色，测定菌液的 OD_{600nm} 值。以各时间点菌液的 OD_{600nm} 为纵坐标，以培养时间为横坐标，绘制生长曲线。一部分样品进行 GC-MS 检测分析。

2.3.5 细菌曲 5 株不同菌株麸曲的挥发性产物分析

设置空白对照，将划线分离筛选出的菌株单独及混合接种到液体培养基中，37℃ 培养 36h 得到单菌及混菌种子培养液。种子培养液以 5% 的接种量接种在 100g 麸皮培养基中，50℃ 培养 2d。

前处理：取麸曲样品 1g，饱和 NaCl 溶液 5mL 和仲辛醇 20μL（0.02994g/L，内标）装入 20mL 顶空瓶；匀浆后，使用磁搅拌器的超声浴在 50℃ 下超声 30min。

HS-SPME 条件：三相萃取头（DVB/CAR/PDMS，50/30μm），初始温度 50℃，预热 5min，萃取 30min，解吸附 5min。

GC-MS 分析条件：色谱条件：色谱柱为 DB-FFAP（60m×0.25mm×0.25μm）；入口温度 250℃，载体为高纯度氦气，流速为 2mL/min；程序设定温度：初始设定温度为 40℃，持续 2min，然后以 5℃/min 的速度提高到 220℃，保持 10min；气化室温度设定为 250℃，不分流进样。质谱条件：设置连接端口温度为 250℃。使用电子冲击电离离子源，电子能量设置为 70eV，离子源温度设置为 200℃；质量扫描范围设定在 m/z 30~550amu。

3 结果与分析

3.1 馥合香型白酒细菌曲中产风味物质芽孢杆菌的分离筛选

经 2.3.1 中方法，通过稀释涂布的培养方式共分离得到 15 株芽孢杆菌。将 15 株芽孢杆菌分别按照 2.3.2 方法发酵培养，其发酵液经 GC-MS 定性分析得知，大部分芽孢杆菌发酵液中风味物质种类很少，除去空白培养基中物质，选定 5 株风味物质种类和含量较多的芽孢杆菌作为主要产风味物质芽孢杆菌，分别为 B3、DQ、ZP、KB 和 T6。

3.2 馥合香型白酒细菌曲微生物的菌种鉴定

芽孢杆菌的 16S rDNA 序列分析：用 1% 的琼脂糖凝胶对 5 株产香芽孢杆菌的 16S rDNA 的 PCR 扩增产物做电泳检测，通过凝胶成像分析系统观察，其 PCR 扩增的电泳图如图 1 所示。结果显示在约 750bp 处出现荧光条带，且无明显拖尾现象，阴性对照无条带，说明反应体系没有被污染。因此，PCR 扩增产物能够满足后续测序的要求。

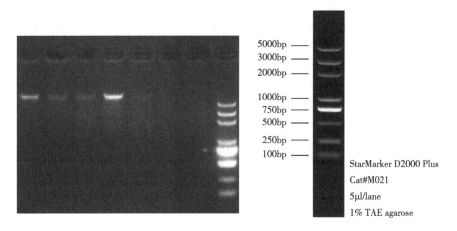

StarMarker D2000 Plus
Cat#M021
5μl/lane
1% TAE agarose

图 1　5 株产香芽孢杆菌 16S rDNA 区域 PCR 扩增结果

Fig. 1　PCR amplification results of the 16S rDNA region of 5 strains of *Bacillus subtilis* producing aroma

将测序得到的结果使用 SeqMan 分析软件进行拼接，拼接结果保存到对应的文本文件。将测序良好的拼接序列在 NCBI 中 nt/nr 数据库中进行比对，按照打分排序，提供匹配度最佳的一条作为鉴定结果。如表 1 可知，B3 为解淀粉芽孢杆菌（*Bacillus amyloliquefaciens*）；KB 和 T6 虽同为贝莱斯芽孢杆菌（*Bacillus velezensis*），但其匹配序

表 1　　　　　　　　　　5 株产香芽孢杆菌菌种鉴定结果汇总表

Table 1　Summary of identification results of 5 aroma producing *Bacillus strains*

编号	样品编号	匹配序列 NCBI 登录号	覆盖率/%	鉴定值/%	可能物种拉丁名
1	B3	OK639014. 1	100	100	*Bacillus amyloliquefaciens*
2	KB	OK047708. 1	100	100	*Bacillus velezensis*
3	DQ	MW024084. 1	100	100	*Bacillus tequilensis*
4	ZP	OM179781. 1	100	100	*Bacillus subtilis*
5	T6	OM017197. 1	100	100	*Bacillus velezensis*

注：a. 匹配序列登录号：NCBI 数据库中与测序结果序列相似度评分最高的序列的对应记录编号。数据库中每条序列对应的登录号是唯一的，可以通过在 NCBI 首页检索框中搜索该登录号跳转到相似序列的信息页面。b. 覆盖率（Query coverage）：表示与匹配序列匹配的碱基数所占的比例，值越大匹配的比例越大。c. 鉴定值（Per. identity）：表示与匹配序列的相似度，值越大相似度越高，一般序列相似度达 97% 以上就可以认为是同种菌种。d. 可能物种名：相似度评分最高的序列对应的菌种拉丁名。若鉴定值高于 97%，表明所检菌株大概率为此物种；若鉴定值低于 97%，则表明数据库未收录该菌株对应菌种的测序结果，所检菌株与该物种亲缘关系较近。

列 NCBI 登录号不同,亚种不同,可能代谢物产物不同;DQ 为特基拉芽孢杆菌(*Bacillus tequilensis*);ZP 为枯草芽孢杆菌(*Bacillus velezensis*)。有研究表明,芽孢杆菌对白酒特征香味物质的贡献主要体现在两个方面,间接贡献:产生大量蛋白酶,直接贡献:产生香气物质[9]。

3.3 细菌曲微生物液体发酵挥发性产物分析

3.3.1 细菌曲 5 株不同菌株的液体发酵挥发性产物分析

本实验按照 2.3.4 中方法,采用 HS-SPME 对空白培养基 5 株产香芽孢杆菌单菌及混菌发酵液进行选择性萃取,然后用 GC-MS 对发酵液中风味物质进行检测,与空白培养基中的物质比较,定性/定量分析出 5 株产香芽孢杆菌单菌和混菌的发酵代谢产物及其产生风味物质的贡献率。空白培养基、5 株产香芽孢杆菌单菌和混菌发酵液 GC-MS 总离子流色谱图如图 2 所示。图 2 中,空白培养基经 GC-MS 分析后共检测得到 30 个峰,B3 发酵液共检测得到 46 个峰,DQ 发酵液共检测得到 43 个峰,ZP 发酵

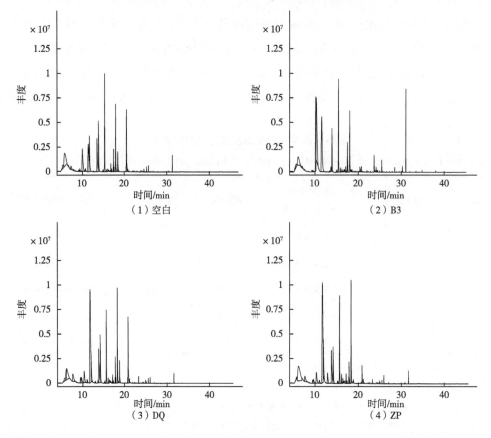

图 2 5 株产香芽孢杆菌单菌及混菌发酵液 GC-MS 总离子流色谱图

Fig. 2 GC-MS total ion flow chromatography of single and mixed fermentation broths of 5 aromatherogenic *Bacillus* strains

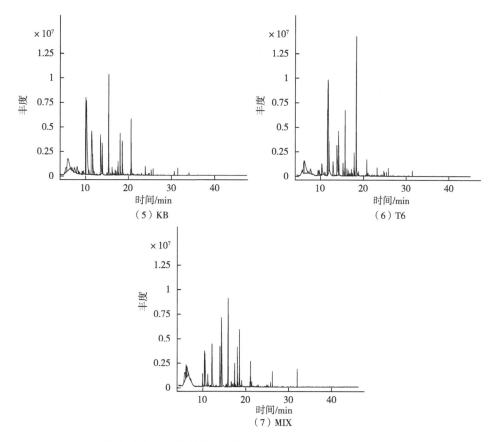

图 2　5 株产香芽孢杆菌单菌及混菌发酵液 GC–MS 总离子流色谱图（续）

Fig. 2　GC–MS total ion flow chromatography of single and mixed fermentation
broths of 5 aromatherogenic *Bacillus* strains

液共检测得到 48 个峰，KB 发酵液共检测得到 48 个峰，T6 发酵液共检测得到 49 个峰，5 株混菌（MIX）发酵液共检测得到 30 个峰。5 株产香芽孢杆菌单菌和混菌发酵液中风味物质主要有醇类化合物、醛酮类化合物、酸类化合物、吡嗪类化合物等，这些风味物质与金种子馥合香型白酒中的呈香化合物基本一致[10]。

结合图 3（1）可知，5 株产香芽孢杆菌单菌及混菌发酵液剔除空白培养基中物质共检测得到 69 种风味物质，其中 B3 发酵液剔除空白培养基中物质共有 23 种风味物质，DQ 发酵液剔除空白培养基中物质共有 25 种风味物质，ZP 发酵液剔除空白培养基中物质共有 30 种风味物质，KB 发酵液剔除空白培养基中物质共有 27 种风味物质，T6 发酵液剔除空白培养基中物质共有 31 种风味物质，MIX 发酵液剔除空白培养基中物质共有 21 种风味物质。由图 3 可见，5 株产香芽孢杆菌单菌及混菌发酵液中风味物质的数量及总含量有着较大的差别。T6 菌株发酵液风味物质种类最多，且总含量最多（7.5864μg/g）；MIX 混合菌株发酵液风味物质种类最少，且总含量最少（3.2873μg/g）；B3 菌种发酵液中其他类化合物含量最多（0.7943μg/g），吡嗪化合物含量最少（0.2478μg/g）；DQ 菌种发酵液各类风味物质含量差别不大；ZP 菌种发酵液中吡嗪类化合物含量最多（0.6319μg/g）；KB 菌种发酵液中其他类化合物含量最少（0.0404μg/g）；T6 菌种发酵液中醛酮类、酸类及酯类化合物含量最多，分别为1.9134μg/g、0.9404μg/g 和 3.8844μg/g；MIX 混合菌种发酵液中醇类化合物含量最多（1.5485μg/g）。由此可以看出，5 株产香芽孢杆菌单株发酵液代谢产物有所不同，每株产香芽孢杆菌都有自己独特的代谢风味物质特点，5 株产香芽孢杆菌混合菌株代谢风味物质与单株的各不相同，分析可能为 5 株不同产香芽孢杆菌在生产繁殖过程中存在协同或抑制的作用。

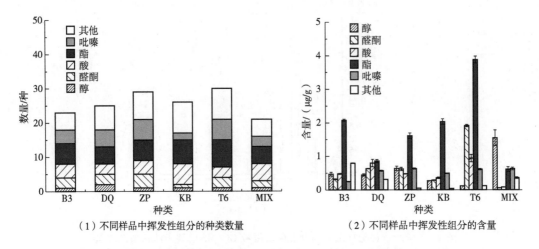

（1）不同样品中挥发性组分的种类数量　　　（2）不同样品中挥发性组分的含量

图 3　芽孢杆菌单菌和混菌发酵液中挥发性组分种类及其含量差异对比图

Fig. 3　Comparison of the types and content differences of volatile components in single and mixed *Bacillus* fermentation broths

由图 3 可知，5 株产香芽孢杆菌发酵液中共检测到 12 种吡嗪类化合物，它们分别为 2,5-二甲基吡嗪、2-乙基-6-甲基吡嗪、2-乙基-5-甲基吡嗪、3-乙基-2,5-二甲基吡嗪、2-乙基-3,5-二甲基吡嗪、2,3-二甲基-5-乙基吡嗪、三甲基吡嗪、2-丁基-3-甲基吡嗪、2-异丙基-6-甲基吡嗪、1-（三甲基吡嗪基）-1-丙酮、2,3,5-三甲基-6-异戊基吡嗪、四甲基吡嗪。吡嗪类物质具有一定的健康功能成分，同时具有焙烤香气及坚果香气，再加上该类物质的阈值较低，因此，该类物质对酒体的风味也起到了较大贡献作用[11-12]。其中 2,5-二甲基吡嗪具有刺鼻的炒花生香气和巧克力、奶油气味，2-乙基-6-甲基吡嗪具有坚果、焙烤和甜香香气，2-乙基-3,5-二甲基吡嗪具有炒花生气味，2,3-二甲基-5-乙基吡嗪具有焦香气味，三甲基吡嗪具有坚果气味，2-丁基-3-甲基吡嗪具有甘草气味，四甲基吡嗪具有坚果、花生、榛子、可可香气[13]，四甲基吡嗪被赋予白酒中"健康因子"的美誉，是酱香型和芝麻香型白酒的重要香气成分之一[14]。单菌株液体发酵液中 ZP 菌株产吡嗪类化合物含量最多，为

0.6319μg/g，同时 ZP 菌株产四甲基吡嗪量也最多，为（0.0235±0.0000）μg/g。5 株产香芽孢杆菌发酵液中还检测到特殊的醇类及酮类物质，α-松油醇具有特有的丁香香气，2-癸酮有油脂气息，具有特有的类似芸香的香气，浓度低时具有类似桃子的香气，橙花叔醇多报道于酿酒酵母中的代谢产物，目前并没有报道其出现在细菌代谢产物中，B3 液体发酵中检测到橙花叔醇，其含量为（0.0016±0.0000）μg/g，具有苹果和玫瑰的混合香气，微带木质香味，同时有一定的功效，有抑制细菌活性和体外的抗真菌作用，还具有良好的抗病毒能力[15-16]，它是维生素 K_1 与维生素 E、α-甜橙醇（柑橘清香，如甜橙酱）的重要前体[17]，同时也是治疗消化性溃疡药物替普瑞酮的中间体[18]。

3.3.2　枯草芽孢杆菌液体发酵培养基的选择

微生物细胞含氮量为 5%~13%，氮源主要用于合成细胞中如蛋白质及核酸类的含氮物质，促进微生物的生长发育，碳源能够提供微生物组成物质和代谢产物中碳骨架，是微生物生长繁殖的物质基础。因而在微生物的生长代谢的过程中碳源、氮源扮演着极其重要的角色[19]。本实验初步选取五种液体培养基进行枯草芽孢杆菌的发酵培养实验，它们分别为 LB、NR、FP、KR、YM。在发酵条件相同的情况下进行培养，对其发酵结束后的种子液进行 GC-MS 检测分析，通过分析枯草芽孢杆菌在不同的液体培养基的代谢风味物质的情况进行培养基的选择。

由图 4（1）可以看出，枯草芽孢杆菌在 FP 培养基中产生的酯类化合物、其他类化合物含量最多，醇类化合物、吡嗪类化合物含量较少；在 YM 培养基中产生的醇类化合物、醛酮类化合物和酸类化合物含量最多，酯类化合物含量较少，同时不含吡嗪类化合物；在 KR 培养基中产生的吡嗪类化合物最多，醛酮类化合物含量较少，同时不含酯类化合物；在 LB 培养基中产生的酯类化合物、其他类化合物较少；在 NR 培养基中产生的风味化合物相较于其他四种培养基较为均匀。由图 4（2）可以看出，枯草芽孢杆菌在 LB、YM 培养基中未检测到四甲基吡嗪，枯草芽孢杆菌在 FP 培养基中产生的四甲基吡嗪含量最高，其次分别为 NR 和 KR 培养基，但是 FP 培养基较为浑浊，影响紫外光谱对枯草芽孢杆菌菌体密度的测定。综上所述最终选用 NR 培养基作为枯草芽孢杆菌液体发酵培养基。

3.3.3　枯草芽孢杆菌液体发酵的耐受性分析

由图 5（1）可知，随着乙醇体积分数的升高，OD_{600nm} 值逐渐降低，表明随着酒精度的不断增加，枯草芽孢杆菌生长逐渐受到影响，枯草芽孢杆菌适合在酒精度较低的条件下生长繁殖，当酒精度达到 9% 时，OD_{600nm} 值趋于零，表明枯草芽孢杆菌的生长完全受到抑制，乙醇最大耐受范围为 6%~8%。

由图 5（2）可知，当温度为 55℃时，OD_{600nm} 值为 0.101，表明该菌株具有较强

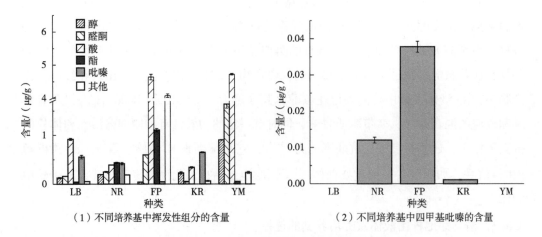

（1）不同培养基中挥发性组分的含量　　（2）不同培养基中四甲基吡嗪的含量

图 4　枯草芽孢杆菌在不同培养基发酵产生的挥发性组分含量对比图

Fig. 4　Comparison of volatile component content produced by

Bacillus subtilis fermentation in different media

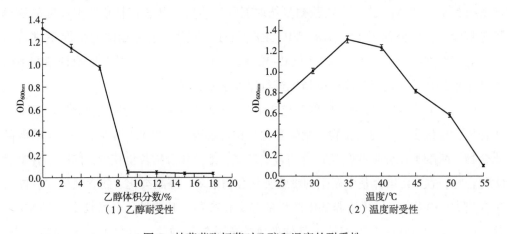

（1）乙醇耐受性　　　　　　　　　（2）温度耐受性

图 5　枯草芽孢杆菌对乙醇和温度的耐受性

Fig. 5　Tolerance of *Bacillus subtilis* to ethanol and temperature

的耐温性能，最低耐受温度为 25℃，随着温度的增大，OD_{600nm} 值先增大后降低，表明枯草芽孢杆菌生物量呈先上升后下降的趋势，在温度 35~40℃时生长良好，其最适生长温度范围为 35~40℃。

3.3.4　枯草芽孢杆菌的液体培养及其挥发性产物分析

3.3.4.1　枯草芽孢杆菌的液体培养生长曲线

枯草芽孢杆菌的液体培养过程中，分别按照 2.3.4.3 的取样方法进行取样并进行 OD_{600nm} 测定，由图 6 可知，枯草芽孢杆菌在 0~3h 为生长延滞期，菌数增长缓慢；9~24h 为对数生长期，活菌数快速升高；24~40h 处于稳定生长期，菌群总数保持稳定；

40h后生长进一步放缓，并逐渐开始进入衰亡期。

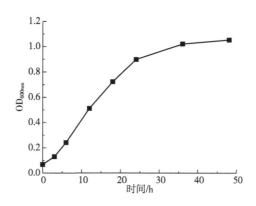

图 6　枯草芽孢杆菌生长曲线

Fig. 6　Growth curve of *Bacillus subtilis*

3.3.4.2　枯草芽孢杆菌液体培养过程中挥发性产物分析

　　枯草芽孢杆菌的液体培养过程中，分别按照 2.3.4.3 的取样方法进行取样，2.3.4 的检测方法进行 GC-MS 检测分析。由图 7 可以看出在培养阶段为 0 时，检测到少量的醇类化合物、醛酮类化合物、酯类化合物、吡嗪类化合物和四甲基吡嗪类化合物，只有酸类化合物未被检出，说明酸类化合物是后期随着枯草芽孢杆菌的繁殖代谢而产生的化合物，其他类化合物则是液体培养基中自带的。

　　由图 7（1）可知，醇类化合物的含量随着枯草芽孢杆菌培养时间的增加而增加，在 0~40h 时含量增加较快，40~48h 时含量增加缓慢，其变化曲线与枯草芽孢杆菌的生产曲线类似，说明，枯草芽孢杆菌在液体培养过程中生长繁殖与醇类化合物的合成有着密切的关联性，边快速生长繁殖边快速合成醇类化合物。由图 7（2）可知，醛酮类化合物的含量随着枯草芽孢杆菌培养时间的增加而增加，在 0~36h 增加缓慢，36~48h 时增加较快，分析原因可能为枯草芽孢杆菌在快速生长的时候合成一部分并消耗一部分醛酮类化合物，在枯草芽孢杆菌的衰亡期时，其合成醛酮类化合物要大于消耗的。由图 7（3）可知，酸类化合物在 0~3h 含量为零，在 3~30h 时增加较快，在 36~48h 时增加缓慢，结合枯草芽孢杆菌的生产繁殖可知，酸类化合物在枯草芽孢杆菌延滞期和衰亡期无法合成或少量合成，在其对数期则大量合成。由图 7（4）可知，酯类化合物随着枯草芽孢杆菌培养时间的增加，呈增加再减少再增加的变化规律，分析原因可能为，枯草芽孢杆菌在培养过程中边合成边消耗酯类化合物，在其生长缓慢期或衰亡合成酯类化合物大于消耗量，在其快速生长期消耗量大于合成量。由图 7［（5）、（6）］可知，吡嗪类化合物的含量是在不断增加的，但四甲基吡嗪含量的变化与吡嗪类化合物含量的变化有很大区别，在 0~3h 时四甲基吡嗪含量增加较快,9~48h 时增加缓慢,而吡嗪类化合物则是 0~3h 时增加缓慢、9~48h 时增加较快,分析原因可能为枯草芽孢杆菌在生长繁殖过程中合成的不同吡嗪化合物的量不同,四甲基吡嗪随着枯草芽孢杆菌进入快速生长期合成量较少,而有的吡嗪类化合物则合成量较大。

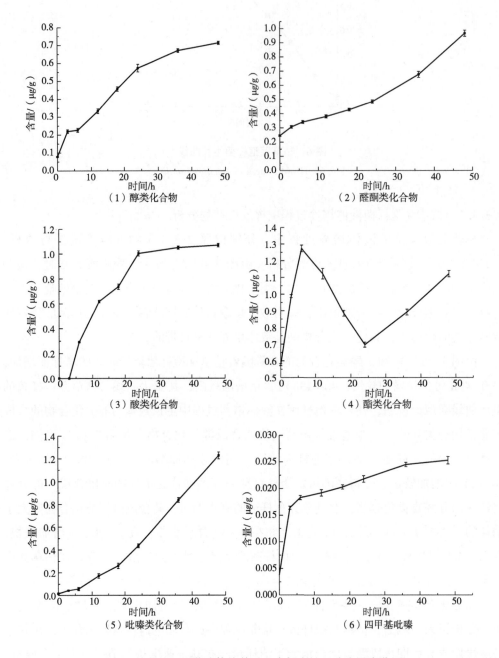

图7 枯草芽孢杆菌液体培养过程中挥发性组分含量变化图

Fig. 7 Changes in volatile component content during liquid culture of *Bacillus subtilis*

3.4 细菌麸曲的挥发性产物分析

3.4.1 细菌曲 5 株不同菌株麸曲的挥发性产物分析

本实验按照 2.3.5 中方法，采用 HS-SPME 对空白培养基 5 株产香芽孢杆菌单菌及混菌麸曲进行选择性萃取，然后用 GC-MS 对发酵液中风味物质进行检测，与空白培养基中的物质比较，定性/定量分析出 5 株产香芽孢杆菌单菌和混菌的发酵代谢产物及其产生风味物质的贡献率。结合图 8（1）可知，5 株产香芽孢杆菌单菌及混菌麸曲剔除空白培养基中物质共检测得到 59 种风味物质，其中 B3 麸曲剔除空白培养基中物质共有 31 种风味物质，DQ 麸曲共有 27 种风味物质，ZP 共有 28 种风味物质，KB 共有 23 种风味物质，T6 共有 23 种风味物质，MIX 共有 23 种风味物质。

由图 8 可见，5 株产香芽孢杆菌单菌及混菌麸曲中风味物质的数量及总含量有着较大的差别。B3 菌株麸曲风味物质种类最多；KB、T6、MIX 麸曲风味物质种类最少，其中 KB 菌种风味物质总含量最少（2.1306μg/g），MIX 混合株麸曲风味物质总含量最多（27.0018μg/g）；B3 菌种麸曲中醛酮类化合物含量最多（1.1165μg/g）；DQ 菌种麸曲中酯类化合物含量最少（0.0139μg/g）；KB 菌种麸曲中所有类化合物含量都最少；MIX 混合菌种麸曲中酸类、酯类、吡嗪类、其他类化合物含量最多，分别为 6.6391μg/g、1.0369μg/g、13.3538μg/g 和 4.8740μg/g。分析可知 5 株产香芽孢杆菌单菌麸曲代谢产物风味物质各不相同，结合其发酵液代谢产物风味分析可以进一步确定这 5 株产香芽孢杆菌各不相同。

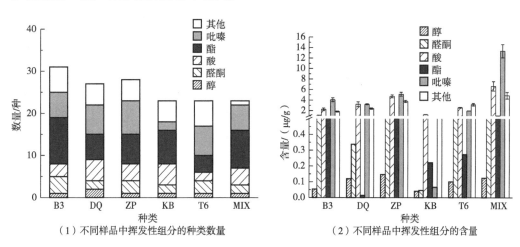

（1）不同样品中挥发性组分的种类数量　　（2）不同样品中挥发性组分的含量

图 8　芽孢杆菌单菌和混菌麸曲中挥发性组分种类及其含量差异对比图

Fig. 8　Comparison of the types and content differences of volatile components

in single and mixed *Bacillus* strains of wheat bran yeast

由图可知，5 株产香芽孢杆菌麸曲中共检测到 8 种吡嗪类化合物，相较于 5 株产香芽孢杆菌发酵液检测到的吡嗪类化合物，5 株产香芽孢杆菌麸曲新检测到 4 种吡嗪类化合物，其中 2,3-二甲基吡嗪有烤焦的蛋白质气味和可可果气味，2-甲基吡嗪具有似牛肉加热时发生的香味和果仁及似可可香味，并具有改善高血糖分解甘油三酯的能力[20]；5 株产香芽孢杆菌麸曲所检测到吡嗪类化合物的含量也远远大于 5 株产香芽孢杆菌发酵液，其中四甲基吡嗪含量差别最大，ZP 菌株产吡嗪类化合物含量最多，为 5.1246μg/g，同时 ZP 菌株产四甲基吡嗪量也最多，为（3.7275±0.0313）μg/g；KB 菌株产吡嗪类化合物含量最少（0.0658μg/g），且产四甲基吡嗪量最少[（0.0428±0.0000）μg/g]。

5 株产香芽孢杆菌麸曲相较于其发酵液还检测到其他特殊风味及功能的风味物质，香草醛具有强烈而又独特的香荚兰豆香气，3-乙酰基-2-丁酮具有牛乳和奶油香气，γ-壬内酯具有清甜的椰子香气，冲淡时有桃杏气息；愈伤酸和氧烟酸都具有一定的健康功效；愈创木酚类物质是一类存在于酱香、浓香、芝麻香和清香型等白酒中的呈香风味因子，其中愈创木酚、4-甲基愈创木酚、4-乙基愈创木酚和 4-乙烯基愈创木酚具有独特发酵香味（烟熏、酱香、丁香和辛香味等），且呈现味阈值低，对白酒香气风味具有重要的贡献[21-22]，可作为天然自由基清除剂，能够抗氧化消除细胞中活性氧和自由基，促进微循环，增强人体免疫力，预防心血管等多种疾病的发生，具有抗衰老、促进人体健康的作用[23-24]。5 株产香芽孢杆菌麸曲中检测到的愈创木酚类化合物有愈创木酚、4-乙基愈创木酚和 4-乙烯基愈创木酚。5 株产香芽孢杆菌麸曲相较于 5 株产香芽孢杆菌发酵液中的风味物质的种类及含量、相同风味物质的含量和特殊风味物质有着一定的差别，分析原因可能为营养物质中碳氮比及发酵温度的不同导致 5 株产香芽孢杆菌所产生的代谢物质发生变化，但这些风味物质同样是馥合香型白酒中不可缺少的呈香风味因子。

3.4.2 枯草芽孢杆菌麸曲的挥发性产物分析

由图 9（1）可知，枯草芽孢杆菌麸曲中吡嗪类化合物的种类最多，其次分别为酯类化合物、其他类化合物、酸类化合物、醛酮类化合物，种类最少的为醇类化合物。由图 9 [（2）、（3）] 可知，吡嗪类化合物含量占比最高为 34.34%，其次分别为酸类化合物、其他类化合物、酯类化合物、醛酮类化合物，含量占比最少的为醇类化合物；四甲基吡嗪在吡嗪类化合物中占比为 72.74%，在所有挥发性物质含量中的占比为 24.97%。分析原因可能为枯草芽孢杆菌在代谢过程中很少产生醇类相关的化合物，这也侧面印证上文提到枯草芽孢杆菌对酒精的耐受性，酒精浓度高了会抑制其生长繁殖，其在一定的条件下大量代谢产生吡嗪类化合物尤其是四甲基吡嗪类化合物。

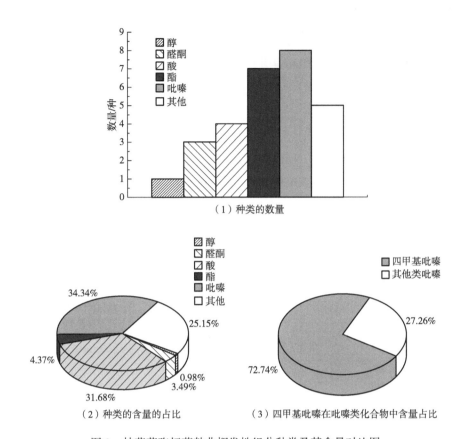

（1）种类的数量

（2）种类的含量的占比

（3）四甲基吡嗪在吡嗪类化合物中含量占比

图9 枯草芽孢杆菌麸曲挥发性组分种类及其含量对比图

Fig. 9 Comparison of the types and contents of volatile components in *Bacillus subtilis* bran koji

4 结论

芽孢杆菌属（*Bacillus* sp.）对环境的适应力极强，广泛存在于酿造环境中，是各类酶系的重要产生菌；其具有产生多种风味化合物的能力，是酒体风味物质的主要产生菌，对白酒的生产和风味均具有重要作用[25-26]。本研究从金种子馥合香型白酒细菌曲中分离筛选得到5株产香能力较好的芽孢杆菌，其单菌、混菌发酵液和麸曲中均检测到大量挥发性特殊组分，包括醇类、酯类、酸类、醛酮类、吡嗪类和其他类化合物；其中，枯草芽孢杆菌具有耐高温及耐酒精作用，其单菌发酵液中的四甲基吡嗪含量最高 [（0.0235±0.0000）μg/g]；同时，其他菌株发酵液中还检测到具有特殊香气的 α-松油醇、2-癸酮及橙花叔醇等。另外，枯草芽孢杆菌的纯种麸曲中检测到四甲基吡嗪的含量最高 [（3.7275±0.0313）μg/g]，占吡嗪类化合物中的72.74%，占所有风味化合物中的24.97%；其他菌株的纯种麸曲中还检测到3-乙酰基-2-丁酮、愈创木酚、4-乙基愈创木酚、4-乙烯基愈创木酚等特殊物质。综上表明，枯草芽孢杆菌具有代谢产生四甲基吡嗪等风味物质的作用，同时四甲基吡嗪也是馥合香型白酒中的重要香气物质；因此，细菌曲中枯草芽孢杆菌的强化应用对提高馥合香型白酒的品质具有重要意义。

参考文献

［1］Hassan S, Jacinthe F, Nathalie M. Identification of pyrazine derivatives in a typical maple syrup using headspace solid-phase microextraction with gas chromatography-mass spectrometry ［J］. Food Chemistry, 2012, 133：1006-1010.

［2］侯孝元，顾如林，梁文龙，等. 利用发酵法生产四甲基吡嗪研究进展 ［J］. 生物技术通报, 2016, 32 (1)：58-64.

［3］Fan W L, Xu Y, Zhang Y H. Characterization of pyrazines in some Chinese liquors and their approximate concentrations ［J］. J Agr Food Chem, 2007, 55 (24)：9956-9962.

［4］满都拉，郑逸飞，孙子羽，等. 不同地区大曲中可培养细菌的分离与鉴定 ［J］. 食品研究与开发, 2019, 40 (11)：189-193.

［5］杨春霞，廖永红，刘峻雄，等. 牛栏山二锅头酒醅中芽孢杆菌分离鉴定及发酵风味分析 ［J］. 食品工业科技, 2012, 33 (9)：69-74.

［6］王霜，缪礼鸿，张明春，等. 浓酱兼香型酒醅中产酱香芽孢杆菌的筛选及发酵风味成分分析 ［J］. 中国酿造, 2017, 36 (10)：61-65.

［7］陈蒙恩，李建民，韩素娜，等. 陶融型酒醅中产香芽孢杆菌的筛选、鉴定及发酵产物分析 ［J］. 中国酿造, 202, 39 (9)：75-79.

［8］王庆，王超彦，徐海林，等. 高温大曲中高产四甲基吡嗪芽孢杆菌的分离鉴定及发酵条件优化 ［J］. 中国酿造, 2022, 41 (10)：125-129.

［9］吴树坤，杨磊，杨玲麟，等. 沉香型酒醅中产香芽孢杆菌的分离鉴定及代谢产物分析 ［J］. 中国酿造, 2018, 37 (1)：35-40.

［10］程伟，杨红文，陈兴杰，等. 金种子馥香原酒特征性风味成分剖析及其对比研究 ［J］. 食品与发酵工业, 2021, 47 (13)：261-267.

［11］吴建峰. 白酒中四甲基吡嗪全程代谢机理研究 ［D］. 无锡：江南大学, 2013.

［12］孙棣，赵贵斌，杨波. 酱香型白酒中吡嗪类化合物的检测及特点 ［J］. 中国酿造, 2015, 34 (12)：162-166.

［13］侯孝元，顾如林，梁文龙，等. 利用发酵法生产四甲基吡嗪研究进展 ［J］. 生物技术通报, 201, 32 (1)：58-64.

［14］Fan W L, Xu Y, Zhang Y H. Characterization of pyrazines in some Chinese liquors and their approximate concentrations ［J］. J Agr Food Chem, 2007, 55 （24）：9956-9962.

［15］Chan W K, Tan L, Chan K G, et al. Nerolidol：A sesquiterpene alcohol with multi－faceted pharmacological and biological activities ［J］. Molecules, 201, 21 （5）：529-534.

［16］Zhu S, Lu X, Ji K, et al. Characterization of flavor compounds in Chinese liquor Moutai by comprehensive two－dimensional gas chromatography/time－of－flight mass spectrometry ［J］. Analytica Chimica Acta, 2007, 597 （2）：346-348.

［17］Li X, Wu L H, Liu W, et al. A network pharmacology study of Chinese medicine QiShenYiQi to reveal its underlying multi－compound, multi－target, multi－pathway mode of action ［J］. PLoS One, 2014, 9 （5）：e95004.

［18］罗珠, 黄箭, 李杨华, 等 . GC－MS 在白酒各类物质分析中的研究进展 ［J］. 酿酒科技, 2018 （12）：117-119.

［19］丁雪梅 . 酒曲中高产四甲基吡嗪菌株的选育及发酵优化 ［D］. 天津：天津 科技大学, 2015.

［20］高传强, 谈甜甜, 信亚伟 . 芝麻香型白酒提取物及 4 种特征成分活性研究 ［J］. 酿酒科技, 2015 （4）：61-64.

［21］林斌, 杨强, 宿智新, 等 . 产愈创木酚类功能菌筛选及其在清香型小曲白 酒中的应用 ［J］. 中国酿造, 2022, 41 （9）：74-79.

［22］耿平兰, 黄卫红, 程化鹏 . 白酒中酚类物质及检测方法的研究进展 ［J］. 酿酒科技, 2020 （8）：83-88.

［23］赵东瑞 . 古井贡酒风味物质及酚类风味物质的抗氧化性和抗炎性的研究 ［D］. 广州：华南理工大学, 2019.

［24］李露, 单义民 . 白酒中各种风味物质对健康的影响 ［J］. 酿酒科技, 2020 （6）：30-36.

［25］Li Z, Bai Z, Wang D, et al. Cultivable bacterial diversity and amylase production in three typical Daqus of Chinese spirits ［J］. International Journal of Food Science and Technology, 2014, 49 （3）：776-786.

［26］Han B Z, Zhang X, Zheng X W, et al. H－^{1}NMR-based metabolomics approach for understanding the fermentation be haviour of *Bacillus licheniformis* ［J］. Journal of the Institute of Brewing, 2015, 121 （3）：425-431.

白酒酿造系统乳酸菌类型及其耐酸性分子调控机理研究进展

周利平, 任聪, 徐岩

(江南大学 生物工程学院, 江苏无锡 214122)

摘 要: 乳酸菌作为一类重要的食品微生物, 在食品发酵和益生制品中应用广泛。白酒含有丰富的乳酸菌类型, 其对白酒品质有着重要的影响, 乳酸菌丰度过低或过高均为不利。在食品发酵过程中, 乳酸菌的耐酸性是菌株生长与代谢的关键影响因素, 只有清楚了乳酸菌的耐酸分子机理, 才能在发酵过程对酒醅酸度进行有效控制, 提高产品品质。本文先阐述了白酒来源乳酸菌的常见类型及相关的耐酸机制研究, 然后对现有报道过的乳酸菌耐酸分子机制, 包括碱生成系统、谷氨酸脱羧酶系统、F_1-F_0-ATPase 质子泵、膜屏障、细胞内大分子的保护与修复和预适应与交叉保护等六方面进行了综述, 并对未来如何拓展和全面深入地解析乳酸菌的耐酸分子机理进行了展望。

关键词: 白酒, 乳酸菌, 酸耐受性, 分子机制

Progress in the molecular regulation of lactic acid tolerance of lactic acid bacteria and types of lactic acid bacteria in Baijiu brewing system

ZHOU Liping, REN Cong, XU Yan

(Jiangnan University, School of Biotechnology, Jiangsu Wuxi 214122, China)

Abstract: Lactic acid bacteria (LAB), as an important class of food microorganisms, are widely used in food fermentation and probiotic products. Baijiu contains rich LAB re-

基金项目: 国家固态酿造工程技术研究中心开放基金 (2015—34757)。

作者简介: 周利平, 硕士研究生, 研究方向为白酒高耐酸乳酸菌株益生性能研究; 邮箱: zhouliping593@163.com。

通信作者: 任聪, 副研究员, 研究方向为酿造微生物学与固态发酵工程技术研究; 邮箱: congren@jiangnan.edu.cn。

sources, LAB have an important impact on the quality of Baijiu, too little or too much are unfavorable. Therefore, in the process of food fermentation, the acid resistance of LAB are a key concern, only clear acid resistance molecular mechanism of LAB, in order to effectively control the acidity of Baijiu grains in the fermentation process, to improve product quality. In this paper, we firstly described the research of the types of LAB from Baijiu sources and the associated mechanisms of acid tolerance, and then made an overview of the existing reported acid tolerance molecular mechanisms of LAB, including six aspects, such as alkali-generating system, glutamic acid decarboxylase system, F_1-F_0-ATPase proton pump, membrane barrier, intracellular macromolecule protection and repair, and pre-adaptation and cross-protection, and so on. A prospect of how to expand and comprehensively and deeply analyze the molecular mechanism of acid tolerance of lactic acid bacteria in the future is given.

Key words: Baijiu, Lactic acid bacteria, Acid tolerance, Molecular mechanism

1 前言

中国白酒作为世界六大蒸馏酒之一，历史悠久，到目前共发展了12种典型香型。在白酒酿造过程中，原料和生产工艺对白酒风味有一定影响，但微生物的发酵才对风味的产生起着关键作用[1]。中国白酒通常通过利用不同微生物种类（酵母、细菌和霉菌）的自然固态发酵生产，且糖化和发酵同时进行[2]。这些微生物的来源多种多样，如生产环境、生产工人和酒曲等。如有研究表明酒曲为浓香型白酒发酵提供了10%~20%的细菌群落和60%~80%的真菌群落[3]。微生物多样性是影响白酒风味的重要因素之一，不同酒区的微生物群落在一定程度上决定了中国白酒的风味[4]。因此，对白酒酿造系统来说，微生物是一个至关重要的组成成分。而其中的乳酸菌则发挥着关键的发酵微生物角色，是白酒发酵过程中的重要功能菌，并通过调节其他细菌和酵母的组成来合成风味化合物，从而影响白酒的感官特性[5]。不仅如此，乳酸菌在给其他发酵微生物提供营养物质、促进美拉德反应、酸化环境和产细菌素来抵抗杂菌、维持良好的白酒酿造微生态环境等方面也发挥着重要作用[6]。

乳酸菌是一类产乳酸的、不产孢子、低GC含量、兼性厌氧的革兰氏阳性菌[7, 8]。乳酸菌主要应用于食品发酵和相关益生菌研发。在食品发酵中乳酸菌可产酸、产气以提高食品的风味、质地与营养[7, 9]；在益生菌应用领域，乳酸菌需要抵抗住胃部的强酸胁迫[10]，成功地到达肠道[11]才能发挥出作用。由此可见，乳酸菌发挥作用一方面是靠酸化环境，另一方面是靠抵抗酸胁迫来实现的，因此，耐酸性对乳酸菌尤为重要。查阅相关文献可知，乳酸菌的耐酸机制有碱生成系统、谷氨酸脱羧酶系统、F_1-F_0-ATPase质子泵、生物膜屏障、细胞大分子的保护与修复以及预适应与交叉保护。

白酒酿造体系等含有丰富的乳酸菌资源，是乳酸菌的主要筛选源之一[12]，但若乳酸菌太耐酸而一直在白酒发酵过程中处于高位水平反而对白酒品质不利[13]。因此，在产品发酵时，若我们知道乳酸菌的耐酸机理将有助于我们改善发酵策略进而产生更好的产品。本文就白酒酿造体系的常见乳酸菌类型及相关的耐酸机制研究和广义上的乳酸菌酸耐受性分子机制研究进展进行了综述。

2 白酒酿造体系的乳酸菌类型

在白酒酿造过程中常见的乳酸菌类型有乳杆菌属、魏斯氏菌属、片球菌属、乳球菌属等。乳杆菌属是主体的乳酸菌类型，其中有耐酸机制解析的有短乳杆菌（*Lactobacillus brevis*）、植物乳杆菌（*Lactobacillus plantarum*）、耐酸乳杆菌（*Lactobacillus acetotolerans*）、金山乙酸乳杆菌（*Acetilactobacillus jinshanensis*）。除此之外，乳酸片球菌（*Pediococcus acidilactici*）也有一定的耐酸机制研究。

2.1 短乳杆菌

短乳杆菌（*Lactobacillus brevis*）是白酒发酵过程中常见的乳酸菌类型，因其具有生理功能物质——γ-氨基丁酸（GABA）产生能力，备受国内外研究者关注。GABA是一种重要的中枢神经系统抑制性神经递质，具有激活脑内葡萄糖代谢、促进乙酰胆碱合成、降血压、精神安定、促进生长激素分泌等多种生理功能[14]。*L. brevis* D17 是一株从白酒酸性发酵酒醅中筛选得到的高耐酸乳酸菌，其依赖谷氨酸脱羧酶系统和 F_1-F_0-ATPase 质子泵发挥耐酸性能[15]。当面临酸胁迫时，在谷氨酸不充足的情况下，F_1-F_0-ATPase 质子泵被激活并通过消耗 ATP 将胞内 H^+ 转运到胞外。在谷氨酸充足的情况下，具有较一般来源短乳杆菌更高的谷氨酸脱羧酶及其转运蛋白活性，耐酸能力远高于标准菌株 *L. brevis* ATCC367[16]。江南大学 Gong 等[15]发现了一种全新的乳杆菌耐酸机制：GlnR 负调控乳杆菌中谷氨酸依赖的酸耐受性，即在谷氨酸不足时，*glnR* 表达会上调，*glnR* 可通过抑制 *gadR* 与 *gadCB* 操纵子的转录来抑制谷氨酸脱羧酶系统，从而抑制谷氨酸向 GABA 的转化。当谷氨酸充足时，*glnR* 的表达呈时序下降趋势，相反，*gadR* 和 *gadCB* 操纵子的转录则会变得活跃，因此细胞可发挥谷氨酸脱羧酶作用，将胞外谷氨酸通过谷氨酸/GABA 反转运蛋白 GadC 转入细胞，并通过消耗 H^+ 来抵抗酸胁迫并同时产生 GABA。

2.2 植物乳杆菌

植物乳杆菌（*Lactobacillus plantarum*）是传统发酵食品体系中最容易获得纯培养菌株的乳酸菌之一，因此其获得了广泛的研究。如 *Lactobacillus plantarum*

LBM10024、*Lactobacillus plantarum* LBM10025[17]是从白酒发酵体系中筛选得到的天然的具有高效生淀粉水解酶的乳酸菌菌株，两株菌在以水溶性淀粉为底物时的 α-淀粉酶相对表达水平分别是对照菌（*Lactobacillus plantarum* CCTCC AB 206133）的 2.06 和 1.75 倍，而且两株菌在以生面粉为底物发酵时体现的淀粉酶相对表达水平更高，即两株植物乳杆菌的淀粉利用能力显著高于对照菌，且都能在应用产品（酸面团）中得到很好定植，解决了现有具有淀粉水解能力的乳杆菌的酶表达活性普遍较低的现象。由于植物乳杆菌的产酸能力普遍较强，因此在应用发酵时应对酸胁迫是其不得不面临的一个关键问题。面临酸胁迫时，植物乳杆菌主要通过谷氨酸脱羧酶系统、碱生成系统、细胞内大分子的保护与修复机制和增强膜屏障（提高细胞膜的不饱和度和不饱和脂肪酸的含量）和膜上 ATPase 质子泵的活力来维持胞内 pH 的稳态[18, 19]。

2.3 耐酸乳杆菌

在不同的白酒发酵体系中都广泛地存在着耐酸乳杆菌（*Lactobacillus acetotolerans*），其是白酒发酵中后期的优势微生物[20]。耐酸乳杆菌具备良好的耐酸性能，其在白酒发酵后期较高的生物量往往是影响白酒品质的关键因素。有研究表明古井贡酒优质老窖泥中 *Lactobacillus acetotolerans* 的含量显著低于新窖泥，不会有乳酸过多积累的风险，进而保证了老窖泥的质量[13]。汾酒在夏季发酵过程中，乳酸菌数量多，导致乳酸过多，口感涩，*Lactobacillus acetotolerans* 则是导致发酵谷物中乳酸含量不同的关键微生物[21]。*Lactobacillus acetotolerans* 的耐酸分子机制主要依赖膜屏障和 ATPase 质子泵，当面临酸胁迫时，*L. acetotolerans* 会增加细胞壁上的肽聚糖含量，下降细胞膜上的饱和脂肪酸含量并提高细胞膜上的不饱和脂肪酸含量和平均碳链长度，进而增强膜屏障能力来抵御酸胁迫。同时 *L. acetotolerans* 也会提高细胞膜上 ATPase 质子泵的活力来维持胞内 pH 的稳态[22]。

2.4 金山乙酸乳杆菌

金山乙酸乳杆菌（*Acetilactobacillus jinshanensis*）是近年来发现的乳酸菌新物种，为乙酸乳杆菌属（*Acetilactobacillus*）的模式种，且为目前的唯一种[23]，是白酒发酵酒醅细菌群落中的高丰度微生物[24]。*Acetilactobacillus jinshanensis* 的耐酸分子机制主要依赖膜屏障和细胞内大分子的保护与修复机制。在酸胁迫时，*Acetilactobacillus jinshanensis* 会提高细胞膜上不饱和脂肪酸 C18：1（n-11）的相对含量从而增强膜屏障强度，同时，其胞内 DNA 和蛋白质等大分子在酸应激状态下受损后自我修复的能力会增强，进而维持了受损细胞的生长和生理活性[25]。

2.5 乳酸片球菌

乳酸片球菌（*Pediococcus acidilactici*）属于片球菌属下的乳杆菌种类，并不是白酒发酵过程中的优势乳酸菌种类，但其具有优异的产细菌素性能，细菌素是乳酸菌产生的具有抗菌活性的蛋白或多肽，在发酵过程中可抑制杂菌的生长，同时也有作为安全高效食品防腐剂的良好应用前景[26, 27]。如有报道 *P. acidilactici* Kp10 通过分泌细菌素可抑制单核细胞增生李斯特氏菌的生长，而这种菌是已知李斯特氏菌属中唯一使人类致病的病原菌且具有顽强的生命力[28]。除此之外，*P. acidilactici* 也具有良好的耐酸性能，其耐酸能力主要依赖于膜屏障和 ATPase 质子泵，*P. acidilactici* 在酸胁迫下可以提高细胞膜上不饱和脂肪酸/饱和脂肪酸的比例，同时也会增加细胞膜上的 ATPase 质子泵的活力来维持胞内 pH 的稳态[29]。

3　乳酸菌酸耐受性分子机制

3.1　谷氨酸脱羧酶系统

谷物是白酒发酵的主要原料，谷物中含有高浓度的谷氨酸，因此白酒酿造体系中是富含谷氨酸的。依赖谷氨酸的酸耐受系统即谷氨酸脱羧酶系统，在乳酸菌抵抗酸胁迫方面发挥着关键作用。当胞外质子浓度增加到致死水平，胞内 pH 降低时，*gadR* 的转录会被激活进而激活 *gadCB* 操纵子的转录，细胞膜上的谷氨酸/γ-氨基丁酸（GABA）逆向转运蛋白（GadC）也被激活，其可以将胞外的谷氨酸转运至胞内，胞内的谷氨酸在谷氨酸脱羧酶系统（GAD）的作用下，通过消耗质子（H⁺）脱羧合成γ-氨基丁酸与二氧化碳，合成的γ-氨基丁酸又通过 GadC 反转运蛋白运出细胞，进而达到维持胞内 pH、解除酸胁迫的作用[30]。江南大学宫璐婵等[15]发现全局氮代谢调控子 GlnR 负调控谷氨酸脱羧酶系统，*glnR* 在谷氨酸不足时的表达会上调，*glnR* 通过抑制 *gadR* 与 *gadCB* 操纵子的转录来抑制谷氨酸脱羧酶系统。因此，通过构建 *glnR* 缺失短乳杆菌菌株，获得迄今为止 GABA 产量（GABA 产量 301.5g/L，高于菌株 D17 69.7%）最高的乳杆菌菌株。从白酒酿造中获得的短乳杆菌 D17 菌株具有更低的 *glnR* 表达水平，天然具有更高的 GABA 产生能力。

高耐酸能力乳杆菌菌株可以作为优良底盘细胞，在酸性较高的食品发酵过程控制方面具有重要应用潜力。4-甲基苯酚是在多种发酵食品中发现的一种含量很低的异味物质，mg/L 级别的 4-甲基苯酚即可对食品的风味造成不良影响。4-甲基苯酚存在于泥窖或半泥窖发酵的白酒中[31]，其含量在 1.8~3.6mg/L[32]，是产生窖泥臭的重要化合物[33, 34]。江南大学宫璐婵等[35]以具有高耐酸能力短乳杆菌 D17 为底盘细胞，通过基因工程手段，将谷氨酸棒杆菌来源的降解酶编码基因导入该菌株，构建出了 4-甲基苯酚消减菌株。该消减菌株对 4-甲基苯酚消减能力为 530μg/kg（消减率37.9%），该技术可有效解决常用手段如活性炭吸附异味物质的同时也会非特异性地吸附走白酒其他风味物质的问题[31]。

3.2　碱生成系统

当乳酸菌面临一个酸胁迫时，可以通过产生碱性物质如氨来中和酸性物质，从而维持细胞内的 pH 稳态。在乳酸菌中研究最多的产氨途径是精氨酸脱亚氨酶（ADI）途径，这是一个三步反应产氨途径，即精氨酸在精氨酸脱亚胺酶（ADI）的催化下生产氨气和瓜氨酸，瓜氨酸在鸟氨酸氨基甲酰转移酶（OTC）的催化下产生鸟氨酸和氨基甲酰磷酸，最后氨基甲酰磷酸在氨基甲酸激酶（CK）的催化下生成氨、二氧化碳和 ATP[36]。Maria Majsnerowska 等[37]发现 *Lactobacillus brevis* ATCC 367 在精氨酸或瓜氨酸存在下分别快速消耗精氨酸或瓜氨酸，同时产生氨和鸟氨酸，且降解的精氨酸约 10% 以瓜氨酸的形式被细胞排出。Sera Jung 等[38]也发现泡菜发酵体系里的 *Weissella* 在 pH 为 5.0~5.5 时其 ADI 途径相关基因表达最强，是泡菜中鸟氨酸产生的关键因素。精氨酸也可脱羧生成胍丁胺，胍丁胺经胍丁胺脱亚胺酶催化合成氨基甲酰腐胺和氨，氨基甲酰腐胺再经腐胺转甲酰基酶磷酸化生成氨基甲酰磷酸，最后氨基甲酰磷酸在氨基甲酸激酶（CK）的催化下生成氨、二氧化碳和 ATP，该途径也被称为胍丁胺脱亚胺酶（AgDI）途径[39]。Beatriz del Rio 等[40]研究报道过 *Lactococcus lactis* subsp. cremoris CECT 8666 是一种通过胍丁脱亚胺酶（AgDI）途径从胍丁胺合成腐胺的乳酸菌，与中性 pH 相比，酸性 pH（pH 5）下的腐胺合成增加，且在 pH 为 5 时，AgDI 通路的转录激活需要较低的胍丁胺浓度。

除了依赖精氨酸的产氨途径，乳酸菌还有依赖尿素产氨以及利用酪氨酸分解代谢途径产酪胺来碱化环境。如 Charlotte M. Wilson 等[41]研究发现 *Lactobacillus reuteri* 100-23 在小鼠胃中会提高脲酶活性以分解尿素产氨来抵抗酸胁迫。Patrick M. Lucas 等[39]报道过在 *Lactobacillus brevis* IOEB 9809 中存在酪氨酸脱羧（TDC）途径产生生物胺——酪胺来碱化酸性环境。

3.3　F_1-F_0-ATPase 质子泵

F_1-F_0-ATPase 质子泵是位于细胞质膜上的复杂分子机器，F_1 蛋白负责催化胞内 ATP 的水解和合成，F_0 复合体负责转运质子[42]；它既可以利用将胞外质子运入胞内所释放的能量来合成 ATP，也可以利用 ATP 水解提供的能量将胞内的质子逆浓度梯度运出胞外[43]。当乳酸菌处于酸性环境时，可以利用 F_1-F_0-ATPase 质子泵来维持胞内 pH 的稳态，其活性取决于质子运输需求、底物的分解代谢和 ATP 的可利用性[44]。如 G. L. Lorca 等[45]曾报道过 *Lactobacillus acidophilus* CRL 639 的耐酸反应是由细胞膜 F_1-F_0-ATPase 质子泵介导的，酸适应后酶的比活性比未适应对照组高 1.6 倍，且 ATPase 的最适 pH 为 6。F_1-F_0-ATPase 质子泵除了可以维持 pH 稳态，Cristina Alca' ntara 等[46]也研究发现干酪乳杆菌 *Lactobacillus casei* BL23 遭受胆盐胁迫时，其膜上的 $F_1-F_0-ATPase$ 的亚基 d 丰度会显著增加。

3.4 膜屏障

当乳酸菌处于酸胁迫时，其膜屏障也会帮助其抵抗酸胁迫。该膜屏障有两层含义，一种是乳酸菌本身的细胞膜屏障，另一种是由细菌聚生形成的生物膜屏障。对于乳酸菌本身的细胞膜屏障，当处于酸性环境时，细胞膜的膜流动性和不饱和脂肪酸的比例会上升来抵抗酸胁迫[42]。如 Chongde Wu 等[47]探究了酸胁迫对 *Lactobacillus casei* Zhang 细胞膜生理特性的影响面对酸胁迫时其细胞膜的变化，发现随着 pH 的降低，细胞膜侧向扩散系数降低、微黏度增加，且酸胁迫会引起细胞膜透性增加；分析膜脂肪酸成分结果表明，酸胁迫引起不饱和脂肪酸含量增加，饱和脂肪酸减少，同时酸性环境会诱导形成更多的长链不饱和脂肪酸。

生物膜是由细菌黏附在惰性物体或生物体表面生长繁殖而形成的高度组织化的微菌落集群，并被自身分泌的胞外聚合物基质所覆盖，其对不利环境具有明显的抵抗力[48]。如 Yue Zhang 等[48]研究发现将信号分子 AI-2 添加到 *Lactobacillus sanfranciscensis* 中，会促进其生物膜的形成，从而使该菌具有更强的抗酸能力。Belinda Amanda Nyabako 等[49]发现在强酸性环境中利用常压室温等离子体技术（ARTP）处理 *Lactobacillus acidophilus* 可以增强其生物膜形成的能力，进而更好地抵抗酸胁迫。

3.5 细胞内大分子的保护与修复

在微生物中广泛观察到一种依赖于蛋白质合成的酸应激机制，酸胁迫通常会诱导特异性蛋白质来保护或修复 DNA 和蛋白质等大分子[50]。这种保护与修复机制并不能从根本上解决其所面临的酸胁迫，但对维持受损细胞的生长和生理活性显得至关重要。Fabrizio Cappa 等[51]曾报道过 *Lactobacillus helveticus* CNBL1156 中的 *uvrA* 基因，其参与编码核苷酸切除修复机制的激切酶 ABC 复合体的 A 亚基，在酸胁迫下的表达被显著诱导，对酸引起的 DNA 损伤的修复过程具有重要作用，是菌株良好适应酸性环境的保障。Chongde Wu 等[52]对 *Lactobacillus casei* Zhang 及其耐酸突变体进行了研究，发现在两种细胞中，负责治疗碱基切除修复、核苷酸切除修复（NER）、错配修复（MMR）和防止应激诱导损伤的同源重组的 DNA 修复蛋白也在酸胁迫期间过量产生；同时，一些伴侣蛋白（GroEL，GrpE）也生产过剩，在存在酸胁迫的情况下可增加蛋白质的稳定性。因此，微生物对一些表达因子和一般应激反应蛋白的表达是在酸胁迫下引起的一种常见的自救反应。

3.6 预适应与交叉保护

预适应与交叉保护是一种能提高乳酸菌酸耐受性的手段，但其具体的分子机理还不是太明确。预适应就是指将乳酸菌先用相对较弱的酸进行处理，酸适应了的乳酸菌抵抗强酸胁迫的能力增强。如 Jeff R. Broadbent 等[53] 发现 *Lactobacillus casei* ATCC 334 在不同的 pH （3.0～5.0）下酸处理 10 或 20min 后提高了细胞的耐强酸（pH 为 2.0）能力，且在 pH 为 4.5 的条件下适应 10 或 20min 的细胞在酸胁迫下存活率最高。该团队后续的研究发现通过对干酪乳杆菌编码 DNA 错配修复酶 MutS 的基因瞬间失活，可以提高其在酸环境中的适应性，进而有效增强对酸的抗性[54]。

　　交叉保护的原理是不同的应力条件会产生相互关联的反应。换句话说，不同的刺激，如热、氧、冷和低 pH 可能会产生相似的反应[42]。如 Maria De Angelis 等[55] 研究发现将 *Lactobacillus plantarum* DPC2739 进行热处理，可以诱导其抗酸反应，促进其在低 pH 下的生长。

　　表 1 中为乳酸菌酸耐受机制研究进展。

表 1　　　　　　　　　　　　乳酸菌酸耐受机制研究进展

Table 1　Progress in the study of acid tolerance mechanism of lactic acid bacteria

酸耐受性机制	机制内容	代表乳酸菌
谷氨酸脱羧酶系统	胞内的谷氨酸在谷氨酸脱羧酶系统（GAD）的作用下，通过消耗质子（H^+）生成 γ-氨基丁酸与二氧化碳，进而起到维持胞内 pH、解除酸胁迫的作用	*Lactobacillus brevis* D17
碱生成系统	①以精氨酸为底物的精氨酸脱亚氨酶（ADI）途径	*Lactobacillus brevis* ATCC 367、*Weissella*
	②以胍丁胺为底物的胍丁胺脱亚胺酶（AgDI）途径	*Lactococcus lactis* subsp. *cremoris* CECT 8666
	③以尿素为底物的产氨途径	*Lactobacillus reuteri* 100-23
	④以酪氨酸为底物的产氨途径	*Lactobacillus brevis* IOEB 9809
F_1-F_0-ATPase 质子泵	通过以 F_1 蛋白负责的催化胞内 ATP 的水解和合成，F_0 复合体负责质子的转运来维持胞内 pH 的稳态	*Lactobacillus acidophilus* CRL 639
膜屏障	①细胞膜屏障：当处于酸性环境时，细胞膜的膜流动性和不饱和脂肪酸的比例会上升来抵抗酸胁迫	*Acetilactobacillus jinshanensis*、*Pediococcus acidilactici*、*Lactobacillus casei* Zhang
	②乳酸菌聚生形成的生物膜屏障	*Lactobacillus sanfranciscensis*、*Lactobacillus acidophilus*

续表

酸耐受性机制	机制内容	代表乳酸菌
细胞内大分子的保护与修复	酸胁迫通常会诱导特异性蛋白质来保护或修复 DNA 和蛋白质等大分子，这种自救反应并不能从根本上解决其所面临的酸胁迫，但对维持受损细胞的生长和生理活性显得至关重要	*Acetilactobacillus jinshanensis*、*Lactobacillus helveticus* CNBL 1156、*Lactobacillus casei* Zhang
预适应与交叉保护	具体分子机理还不太明确	*Lactobacillus casei* ATCC 334、*Lactobacillus plantarum* DPC 2739

4 展望

乳酸菌的耐酸分子机制研究在近年来已经取得了很大的进展。白酒酿造系统作为巨大的乳酸菌资源库，但其中的乳酸菌的耐酸机制研究还较少。因此，未来我们还需在以下几方面进行努力：①加强白酒来源乳酸菌分子机制层面上的挖掘。目前白酒的研究主要依赖于组学手段，纯培养乳酸菌株的研究也多停留在表型层面，深入分子机制的研究还较少，多对白酒中的一些代表性的乳酸菌进行分子机制层面的挖掘，白酒传统酿造技艺具有深刻的科学内涵。对耐酸机理的研究，剖析影响乳酸菌生长繁殖的关键控制因素，有望实现对白酒酿造过程乳酸菌种类和丰度的有效调控。②加大乳酸菌新种资源的挖掘和开发。近年来对新菌株和未分类乳酸菌的可培养化研究表明，高酸度白酒酿造系统是乳酸菌资源挖掘的重要来源，在其他发酵食品（烘焙、发酵糕点、饮品）领域具有重要应用潜力。

参考文献

[1] Xu Y Q, Sun B G, Fan G S, et al. The brewing process and microbial diversity of strong flavour Chinese spirits：A review [J]. Journal of the Institute of Brewing, 2017, 123 (1)：5-12.

[2] 杜如冰，任聪，吴群，等. 生态发酵技术原理与应用 [J]. 食品与发酵工业，2021, 47 (01)：266-275.

[3] Wang X S, Du H, Xu Y. Source tracking of prokaryotic communities in fermented grain of Chinese strong-flavor liquor [J]. Int J Food Microbiol, 2017, 244：27-35.

[4] Zheng X-W, Han B-Z. Baijiu, Chinese liquor：History, classification and manufacture [J]. Journal of Ethnic Foods, 2016, 3 (1)：19-25.

[5] Tu W Y, Cao X N, Cheng J, et al. Chinese Baijiu：the perfect works of microor-

ganisms [J]. Front Microbiol, 2022, 13: 20-30.

[6] 何培新, 胡晓龙, 郑燕, 等. 中国浓香型白酒"增己降乳"研究与应用进展 [J]. 轻工学报, 2018, 33 (04): 1-12.

[7] Raj T, Chandrasekhar K, Kumar A N, et al. Recent biotechnological trends in lactic acid bacterial fermentation for food processing industries [J]. Systems Microbiology and Biomanufacturing, 2021: 26-37.

[8] Dordevic D, Jancikova S, Vitezova M, et al. Hydrogen sulfide toxicity in the gut environment: Meta-analysis of sulfate-reducing and lactic acid bacteria in inflammatory processes [J]. J Adv Res, 2021, 27: 55-69.

[9] Liu S. Practical implications of lactate and pyruvate metabolism by lactic acid bacteria in food and beverage fermentations [J]. Int J Food Microbiol, 2003, 83 (2): 115-131.

[10] Suissa R, Oved R, Jankelowitz G, et al. Molecular genetics for probiotic engineering: dissecting lactic acid bacteria [J]. Trends Microbiol, 2021: 25-37.

[11] Lin J S, Smith M P, Chapin K C, et al. Mechanisms of acid resistance in enterohemorrhagic *Escherichia coli* [J]. Appl Environ Microbiol, 1996, 62 (9): 3094-3100.

[12] 任聪, 杜海, 徐岩. 中国传统发酵食品微生物组研究进展 [J]. 微生物学报, 2017, 57 (06): 885-898.

[13] 刘倩倩, 李俊薇, 曹润洁, 等. 耐酸乳酸杆菌物种特异性引物设计及其在古井贡酒窖泥酒醅质量评价中的初步应用 [J]. 食品与发酵工业, 2019, 45 (06): 16-22.

[14] O'Leary O F, Felice D, Galimberti S, et al. GABAB (1) receptor subunit isoforms differentially regulate stress resilience [J]. Proc Natl Acad Sci U S A, 2014, 111 (42): 15232-15237.

[15] Gong L C, Ren C, Xu Y. GlnR negatively regulates glutamate-dependent acid resistance in *Lactobacillus brevis* [J]. Appl Environ Microbiol, 2020, 86 (7): 16-27.

[16] Gong L C, Ren C, Xu Y. Deciphering the crucial roles of transcriptional regulator GadR on gamma-aminobutyric acid production and acid resistance in *Lactobacillus brevis* [J]. Microb Cell Fact, 2019, 18: 12-19.

[17] 崔丹曦, 李宁, 黄卫宁, 等. 大曲来源淀粉利用型乳酸菌的筛选及其淀粉利用特性 [J]. 微生物学通报, 2022, 49 (10): 4194-4208.

[18] 田丰伟, 尹义敏, 瞿齐啸, 等. 细胞膜ATPase活性和膜脂肪酸组成对植物乳杆菌耐酸性的影响 [J]. 中国食品学报, 2016, 16 (12): 17-22.

[19] 田喜梅. 植物乳杆菌ZDY 2013的耐酸机制研究及其谷氨酸脱氢酶基因的

克隆表达 [D]. 南昌：南昌大学, 2017.

[20] 林麟, 杜如冰, 吴群, 等. 基于比较基因组学解析耐酸乳杆菌 G10 的多碳源利用特征 [J]. 微生物学通报, 2022, 49 (08)：3279-3292.

[21] Zhao X Y, Li J H, Du G C, et al. The influence of seasons on the composition of microbial communities and the content of lactic acid during the fermentation of Fen-flavor Baijiu [J]. Fermentation-Basel, 2022, 8 (12)：13-24.

[22] 赵皓静. 耐酸乳杆菌产酸特性及酸胁迫应答机制 [D]. 贵阳：贵州大学, 2023.

[23] Zheng J S, Wittouck S, Salvetti E, et al. A taxonomic note on the genus *Lactobacillus*：Description of 23 novel genera, emended description of the genus *Lactobacillus* Beijerinck 1901, and union of *Lactobacillaceae* and *Leuconostocaceae* [J]. Int J Syst Evol Microbiol, 2020, 70 (4)：2782-2858.

[24] 孙佳. 金山乙酸乳杆菌比较基因组分析与酿醋功能评价 [D]. 无锡：江南大学, 2022.

[25] Li Q, Hu K D, Mou J, et al. Insight into the acid tolerance mechanism of *Acetilactobacillus jinshanensis* subsp. aerogenes Z-1 [J]. Front Microbiol, 2023, 14：10-19.

[26] Cotter P D, Ross R P, Hill C. Bacteriocins-a viable alternative to antibiotics? [J]. Nat Rev Microbiol, 2013, 11 (2)：95-105.

[27] Abriouel H, Franz C, Ben Omar N, et al. Diversity and applications of *Bacillus bacteriocins* [J]. Fems Microbiol Rev, 2011, 35 (1)：201-232.

[28] Abbasiliasi S, Tan J S, Ibrahim T A T, et al. Isolation of *Pediococcus acidilactici* Kp10 with ability to secrete bacteriocin-like inhibitory substance from milk products for applications in food industry [J]. BMC Microbiol, 2012, 12：12-20.

[29] Kurdi P, Smitinont T, Valyasevi R. Isolation and characterization of acid-sensitive mutants of *Pediococcus acidilactici* [J]. Food Microbiol, 2009, 26 (1)：82-87.

[30] Liu Y P, Tang H Z, Lin Z L, et al. Mechanisms of acid tolerance in bacteria and prospects in biotechnology and bioremediation [J]. Biotechnol Adv, 2015, 33 (7)：1484-1492.

[31] 张灿. 中国白酒中异嗅物质研究 [D]. 无锡：江南大学, 2013.

[32] Dongrui Z, Dongmei S, Jinyuan S, et al. Characterization of key aroma compounds in Gujinggong Chinese Baijiu by gas chromatography - olfactometry, quantitative measurements, and sensory evaluation [J]. Food Research International, 2018, 105：616-627.

[33] 范文来, 徐岩. 白酒窖泥挥发性成分研究 [J]. 酿酒, 2010, 37 (03)：24-

31.

[34] 范文来, 徐岩. 白酒79个风味化合物嗅觉阈值测定 [J]. 酿酒, 2011, 38 (04): 80-84.

[35] 宫璐婵, 任聪, 高江婧, 等. 重组4-甲基苯酚消减乳酸菌的构建及其在白酒酿造体系中的功能 [J]. 微生物学通报, 2020, 47 (03): 749-758.

[36] Rollan G, Lorca G L, de Valdez G F. Arginine catabolism and acid tolerance response in Lactobacillus reuteri isolated from sourdough [J]. Food Microbiol, 2003, 20 (3): 313-319.

[37] Majsnerowska M, Noens E E E, Lolkema J S. Arginine and citrulline catabolic pathways encoded by the arc gene cluster of Lactobacillus brevis ATCC 367 [J]. Journal of Bacteriology, 2018, 200 (14): 13-24.

[38] Jung S, An H, Lee J-H. Red pepper powder is an essential factor for ornithine production in kimchi fermentation [J]. Lwt, 2021, 137: 256-270.

[39] Lucas P M, Blancato V S, Claisse O, et al. Agmatine deiminase pathway genes in Lactobacillus brevis are linked to the tyrosine decarboxylation operon in a putative acid resistance locus [J]. Microbiology (Reading), 2007, 153 (Pt 7): 2221-2230.

[40] Del Rio B, Linares D, Ladero V, et al. Putrescine biosynthesis in Lactococcus lactis is transcriptionally activated at acidic pH and counteracts acidification of the cytosol [J]. Int J Food Microbiol, 2016, 236: 83-89.

[41] Wilson C M, Loach D, Lawley B, et al. Lactobacillus reuteri 100-23 modulates urea hydrolysis in the murine stomach [J]. Appl Environ Microbiol, 2014, 80 (19): 6104-6113.

[42] Wang C, Cui Y H, Qu X J. Mechanisms and improvement of acid resistance in lactic acid bacteria [J]. Arch Microbiol, 2018, 200 (2): 195-201.

[43] Lund P, Tramonti A, De Biase D. Coping with low pH: molecular strategies in neutralophilic bacteria [J]. Fems Microbiol Rev, 2014, 38 (6): 1091-1125.

[44] Papadimitriou K, Alegria A, Bron P A, et al. Stress physiology of lactic acid bacteria [J]. Microbiol Mol Biol Rev, 2016, 80 (3): 837-890.

[45] Lorca G L, de Valdez G F. Acid tolerance mediated by membrane ATPases in Lactobacillus acidophilus [J]. Biotechnol Lett, 2001, 23 (10): 777-780.

[46] Alcantara C, Zuniga M. Proteomic and transcriptomic analysis of the response to bile stress of Lactobacillus casei BL23 [J]. Microbiology - (UK), 2012, 158: 1206-1218.

[47] Wu C, He G, Zhang J, et al. Effect of acid stress on membrane characteristics

of Lactobacillus casei [J]. Science & Technology of Food Industry, 2014, 35 (5): 122-125.

[48] Zhang Y, Gu Y, Wu R, et al. Exploring the relationship between the signal molecule AI-2 and the biofilm formation of *Lactobacillus sanfranciscensis* [J]. Lwt, 2022, 154: 111-121.

[49] Nyabako B A, Fang H, Cui F, et al. Enhanced acid tolerance in *Lactobacillus acidophilus* by atmospheric and room temperature plasma (ARTP) coupled with adaptive laboratory evolution (ALE) [J]. Appl Biochem Biotechnol, 2020, 191 (4): 1499-1514.

[50] Guan N Z, Liu L. Microbial response to acid stress: Mechanisms and applications [J]. Applied Microbiology and Biotechnology, 2020, 104 (1): 51-65.

[51] Cappa F, Cattivelli D, Cocconcelli P S. The *uvrA* gene is involved in oxidative and acid stress responses in *Lactobacillus helveticus* CNBL1156 [J]. Res Microbiol, 2005, 156 (10): 1039-1047.

[52] Wu C, Zhang J, Chen W, et al. A combined physiological and proteomic approach to reveal lactic-acid-induced alterations in *Lactobacillus casei* Zhang and its mutant with enhanced lactic acid tolerance [J]. Appl Microbiol Biotechnol, 2012, 93 (2): 707-722.

[53] Broadbent J R, Larsen R L, Deibel V, et al. Physiological and transcriptional response of *Lactobacillus casei* ATCC 334 to acid stress [J]. J Bacteriol, 2010, 192 (9): 2445-2458.

[54] Overbeck T J, Welker D L, Hughes J E, et al. Transient muts-based hypermutation system for adaptive evolution of *Lactobacillus casei* to low pH [J]. Appl Environ Microbiol, 2017, 83 (20): 80-92.

[55] De Angelis M, Di Cagno R, Huet C, et al. Heat shock response in *Lactobacillus plantarum* [J]. Appl Environ Microbiol, 2004, 70 (3): 1336-1346.

第二篇
现代酿造技术与工艺优化

不同高粱品种对清茬大曲基酒风味影响研究

史琳铭，杜艳红，聂建光，谭昊，李斯迈，李婷婷

（北京红星股份有限公司，北京　101400）

摘　要：优质原料是酿造优质白酒的前提条件，高粱作为重要的酿酒原料，对白酒的风味特点和酒体品质起着决定性作用。本研究对山西高粱、东北高粱和美国高粱样品理化成分进行检测，其中美国高粱的单宁和支链淀粉含量偏低。采用气相色谱对不同高粱白酒样品中 13 种酯类、15 种醇类、6 种酸类、5 种醛类、3 种酮类共 42 种挥发性成分进行检测，通过 PLS-DA 分析筛选出 15 种差异性标志物。高粱理化性质和白酒风味物质的曼特尔检验（Mantel Test）和皮尔森相关性分析（Pearson Correlation Analysis）结果表明，淀粉和单宁含量显著影响乙醛含量。结合感官品评和风味检测数据，山西高粱酿造白酒花香突出，清香型风格最典型，相对更为适宜酿造清茬大曲白酒。

关键词：酿酒高粱，理化成分，气相色谱，相关性分析

Study on the influence of different sorghum varieties on the flavor of Qing stubble Daqu liquor

SHI Linming, DU Yanhong, NIE Jianguang, TAN Hao, LI Simai, LI Tingting

（Beijing Red Star Co. Ltd., Beijing 101400, China）

Abstract：High quality raw materials are the prerequisite for producing high quality Baijiu. As an important raw material for brewing, sorghum plays a decisive role in the flavor characteristics and body quality of Baijiu. This study tested the physicochemical components of Shanxi sorghum, Northeast sorghum, and American sorghum samples, among which A-

作者简介：史琳铭（1998—），女，工程师，硕士研究生，研究方向为白酒风味化学；邮箱：slm@redstar-wine.com；联系电话：17801183002。

通信作者：杜艳红（1975—），女，正高级工程师，博士研究生，研究方向为白酒生产工艺和风味化学；邮箱：dyh@redstarwine.com；联系电话：13520763342。

merican sorghum had low tannin and amylopectin content. The volatile components of 13 esters, 15 alcohols, 6 acids, 5 aldehydes and 3 ketones in different sorghum Baijiu samples were detected by gas chromatography, and 15 different markers were screened through PLS-DA analysis. The results of mantel test and pearson correlation analysis of physical and chemical properties of sorghum and flavor substances of Baijiu showed that starch and tannin content significantly affected acetaldehyde content in Baijiu. Combined with sensory evaluation and flavor detection data, Shanxi sorghum brewed Baijiu has outstanding flower fragrance and the most typical fragrance style, which is relatively more suitable for brewing Qing stubble Daqu Baijiu.

Key words：Brewing sorghum, Physical and chemical components, Gas chromatography, Correlation analysis

1　前言

作为中国白酒典型之一的清香型白酒分布广泛，以其香气纯正、醇甜柔和、余味爽净的特点深受消费者的喜爱。酒体风格的呈现，是酿酒原料、酿造工艺、酿酒生态环境等因素综合作用的结果，酿酒高粱的质量是影响酒体品质的重要因素[1]。高粱中的淀粉、蛋白质、脂肪、单宁等营养物质在微生物的作用下经过降解和合成作用形成乙醇和一系列呈香呈味物质，共同铸就了白酒的酒体风格。

冯兴垚[2]对比了东北粳高粱、自贡小高粱和泸州糯高粱的理化特性和基酒风味，泸州糯高粱在对白酒风味物质的贡献上更高，更适合于酿酒的生产。刘茂柯[3]等研究发现，单宁和支链淀粉是影响香味物质结构组成的主要因子。Xing[4]等认为，当单宁含量<1.94%时，乙酸乙酯和辛酸乙酯含量与单宁含量呈正相关。王正[5]通过在实验室模拟固态发酵发现，高粱原料中的碳源和氮源是驱动微生物菌群演替及其风味物质代谢的关键因素。以上研究表明，酿酒原料可直接或间接对所酿白酒的风味产生影响。然而，目前研究多停留在高粱理化指标对于出酒率和感官质量的影响，对于酿酒原料的各项理化指标如何影响白酒风味还尚不清晰，因此本研究采用统计学方法，系统分析不同高粱各理化成分的差异以及这些差异对白酒风味物质及感官特性的影响，为白酒企业酿酒原粮的筛选提供思路[6-7]。

2　材料与方法

2.1　材料、试剂及仪器

样品（本实验所用高粱样品为山西高粱、东北高粱、美国高粱，高粱样品均来自北京红星股份有限公司）。

　　试剂及耗材：乙酸乙酯等标准品（均为色谱纯，上海阿拉丁生化科技股份有限公司）。

　　仪器设备：JJ323BC 电子天平；移液枪（德国艾本德股份公司）；8890A 气相色谱仪（Agilent，美国）；Pegasus BT 4D 质谱仪（LECO，美国）；Dicret-8 超纯水机（Millipore，美国）。

2.2　实验方法

2.2.1　高粱理化性质分析方法

　　粮食的测定指标包括：蛋白质、脂肪、单宁、淀粉、支链淀粉、直链淀粉。蛋白质的测定方法参照 GB 5009.5—2016《食品安全国家标准　食品中蛋白质的测定》；淀粉、直链与支链淀粉的测定方法参照 GB 5009.9—2016《食品安全国家标准　食品中淀粉的测定》；单宁的测定方法参照 GB/T 15686—2008《高粱单宁含量的测定》。

2.2.2　GC 直接进样分析

　　直接进样法：准确移取 1mL 白酒样品于 2.5mL 样品瓶中，加入 10μL 4-辛醇内标，混匀后上机，供 GC 分析。

　　气相色谱分析条件：DB-WAX UI 色谱柱（30m×0.25mm×0.5μm）；载气 N_2；恒流，柱流速 1.08mL/min；进样口温度 230℃；进样体积 0.5μL。升温程序为 35℃ 保持 4min，5℃/min 升温至 100℃，10℃/min 升温至 230℃，保持 13min；分流比 30∶1[8]。

2.2.3　酒样感官评价

　　由 5 名国家级白酒评委根据 GB/T 10781.2—2022《白酒质量要求　第 2 部分：清香型白酒》和 GB/T 33404—2016《白酒感官评品导则》对酒样进行感官尝评，对酒样的风味特征进行评价。

3　结果与分析

3.1　不同高粱化学成分的差异分析

　　对高粱样品中的蛋白质、脂肪、单宁、淀粉、直链淀粉和支链淀粉含量进行检测，结果如表 1 所示。蛋白质在微生物的作用下分解为不同种类的氨基酸，在脱氨酶或氧化酶的作用下生成 α-酮酸，再经过脱羧酶的催化生成醛类物质，醛类物质经过一系列的还原、氧化、酯化，分别形成醇类、酸类和酯类物质[9]。三种高粱的蛋白质含量差异不明显，在 9.18%～10%。

表1　　　　　　　　　　　　　供试高粱样品化学成分

Table 1　　　The physical and chemical composition of sorghum samples　　　单位:%

化学成分	东北高粱	美国高粱	山西高粱
粗蛋白	9.18	10.00	9.21
粗脂肪	3.20	4.00	3.70
单宁	1.97	0.43	2.05
粗淀粉	61.30	66.30	61.00
直链淀粉	17.10	39.80	19.70
支链淀粉	82.90	60.20	80.30

单宁是分子质量较高的多元酚类化合物,在酶促作用下生成小分子酚类物质如愈创木酚、4-甲基愈创木酚、4-乙烯基愈创木酚、香草醛等,这些物质在乙醇中阈值较低,因此对白酒的风味具有重要贡献[10]。高粱中单宁含量适宜时会抑制有害微生物、提高出酒率,使酒体醇厚细致,但当含量过高则会使蛋白酶钝化,抑制有益微生物的生长并增强酒体的苦涩感。从表中数据可以看出,三种高粱的单宁含量差异较大,分布范围0.43%~2.05%,其中美国高粱的单宁含量最低,为0.43%;山西高粱和东北高粱单宁含量接近,山西高粱单宁含量最高,为2.05%。

脂肪含量过高时,在发酵过程中脂肪酸会氧化分解,生成小分子的醛酮类物质,导致酸败并给酒体带来邪杂气味,酿酒高粱脂肪通常控制在4%以下[5],本研究所选取的3种高粱样品脂肪含量在3.2%~4%,均符合此标准。

淀粉是高粱中含量最高的营养物质,根据结构不同分为直链淀粉和支链淀粉,对出酒率起决定作用。淀粉经过糊化后在霉菌的主要作用下水解成单糖,进一步生成乙醇、乳酸和酯类等风味物质[11]。三种高粱的淀粉含量均在60%以上,美国高粱的粗淀粉含量较高,达到了66.3%,东北高粱和山西高粱的淀粉含量均在61%左右。

3.2　不同高粱化学成分的主成分分析和聚类分析

利用SIMCA 14.1对3种高粱的化学成分含量进行PCA分析,结果如图1所示。PCA第一主成分的贡献率为94.4%,第二主成分的贡献率为5.57%,两个主成分能反映出全部信息的99%以上。其中山西高粱和东北高粱的理化成分更加相似,二者单宁和支链淀粉的贡献较高。美国高粱与山西高粱和东北高粱差异较大,其粗蛋白、粗脂肪、粗淀粉和直链淀粉含量更高。

利用origin 2018对三种高粱品种的化学成分含量进行聚类分析,结果如图2所示,在距离1-2处可将三种高粱分为两类,第一类为国产高粱:山西高粱、东北高粱,第二类为美国高粱,与PCA的分类结果一致。

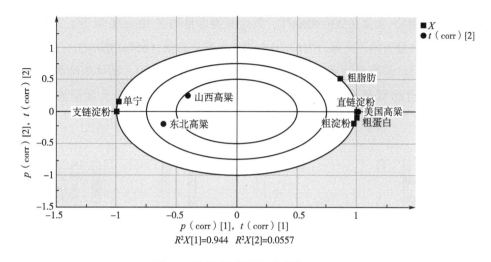

图 1　不同高粱样品化学成分 PCA 图

Fig. 1　PCA diagram of physicochemical composition of different sorghum samples

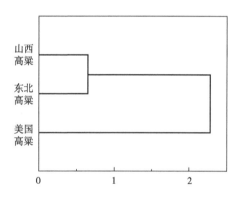

图 2　不同高粱样品化学成分聚类分析图

Fig. 2　Cluster analysis of physicochemical components of different sorghum samples

3.3　不同高粱白酒挥发性物质分析

为研究不同高粱清茬大曲原酒的风味物质差异, 采用气相色谱对三种高粱酒样中含量较高的 42 种风味物质含量进行了定量分析, 主要包括酯类、醇类、酸类、醛类、酮类共 5 大类, 其中酯类 13 种, 醇类 15 种, 酸类 6 种, 醛类 5 种, 酮类 3 种。在白酒中, 酯类物质是呈香的主体物质, 三种高粱酒样中酯类物质含量为 5230.44 ~ 7163.02mg/L, 在众多风味物质中占比最大, 其含量和比例决定着酒体的风格和质量[12]。其中, 以清香型白酒代表物质乙酸乙酯的含量最高, 达到了 2600.58 ~ 3459.14mg/L; 其次是乳酸乙酯, 含量为 2112.99 ~ 3742.88mg/L。山西高粱、东北高粱和美国高粱酒样的乙乳比分别为 1∶0.71、1∶0.85、1∶1.44, 相比之下美国高粱酒样的乙乳比不协调。其次是丁二酸二乙酯和三种高级脂肪酸乙酯 (棕榈酸乙酯、油酸乙酯和亚油酸乙酯），含量在 20~40mg/L，其余酯类含量均在 10mg/L 以下。三种高粱酒样中酯类物质含量为美国高粱（7163.01mg/L）>东北高粱（6544.32mg/L）>山西高粱（5230.44mg/L）。但酯类物质与其他香气物质间存在相互作用，酒体中酯类物质的香气释放需要结合感官评价进行最终判定。不同高粱样品酯类物质含量统计结果见图3。

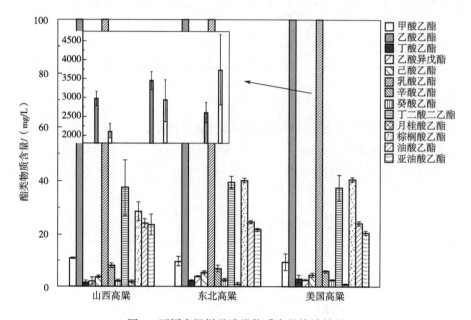

图 3　不同高粱样品酯类物质含量统计结果

Fig. 3　Statistical results of ester content in different sorghum samples

白酒中的醇类化合物沸点低、易挥发，可以起到"托带"作用，促进酒体风味物质的挥发，起到助香和促进酒体协调的作用[13-14]。不同高粱酒样中醇类物质总量为 1091.85~1141.21mg/L，醇类物质含量差异较小，其中异戊醇含量最高，在 350mg/L 以上，其次是甲醇、正丙醇、异丁醇和活性戊醇，含量在 126~210mg/L，仲丁醇、2-戊醇、正丁醇、正戊醇、正己醇、2,3-丁二醇（左旋）、2,3-丁二醇（内消旋）、1,2-丙二醇、糠醇和 β-苯乙醇这 10 种醇类含量较低均在 26mg/L 以下，但这些高级醇在含量适宜时也可以起到增加酒体醇厚感的作用[15]，此外 β-苯乙醇在白酒中通常呈现花香或蜂蜜香并具有较高的香气活力值，对于酒体的香气也具有重要贡献作用。不同高粱样品醇类物质含量统计结果见图4。

酸类物质在白酒中可以起到消除苦味和增长后味的作用，适量的酸类可以使酒体更加丰满醇和[16]。三种高粱酒样的酸类物质含量在 484.14~752.71mg/L，其中乙酸为 476.48~744.52mg/L，占比最大，丙酸、异丁酸、丁酸、异戊酸和己酸这 5 种酸类含量均在 2mg/L 以下。不同高粱样品酸类物质含量统计结果见图5。

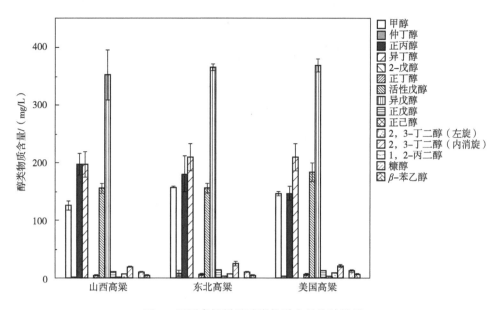

图4 不同高粱样品醇类物质含量统计结果

Fig. 4 Statistical results of alcohol content in different sorghum samples

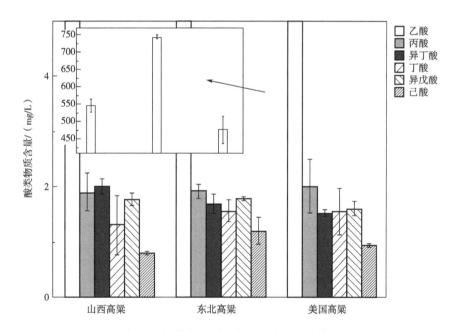

图5 不同高粱样品酸类物质含量统计结果

Fig. 5 Statistical results of acid content in different sorghum samples

醛类物质有助于白酒的放香,但同时会带来入口的刺激感[17]。高粱酒样中醛类物质含量关系为:山西高粱<东北高粱<美国高粱,含量分别为145.14、197.97、248.61mg/L,酒样醛类物质中乙醛和乙缩醛含量占比较高。不同高粱样品醛类物质含量统计结果见图6。

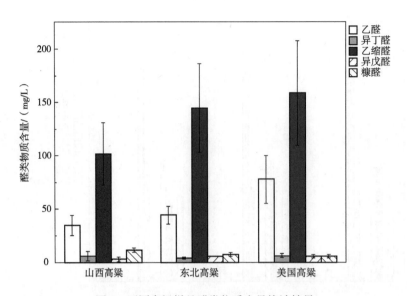

图 6　不同高粱样品醛类物质含量统计结果

Fig. 6　Statistical results of aldehyde content in different sorghum samples

3.4　不同高粱白酒香气差异成分分析

为了进一步明确不同高粱酒样的差异性风味物质，对酒样气相色谱检测结果进行 PLS-DA 分析，分析结果如图 7 所示。该模型提取的 2 个主成分解释了 52.8%。分析中的自变量拟合指数（R^2X）为 0.751，因变量拟合指数（R^2Y）为 0.99，模型预测指数（Q^2）为 0.846，R^2 和 Q^2 超过 0.5 表示模型拟合结果可接受。对模型进行了 200 次的置换检验，通过检验图可以看出所有位于左边的 R^2 和 Q^2 值均低于右边 R^2 和 Q^2 值，且 Q^2 回归线的截距为负值，表明该模型未过拟合[18]。变量投影重要度（VIP）表征了分类过程中各个变量的重要性，通常 VIP 值大于 1 的变量在不同样本组之间的区分中起着重要作用。根据 $p<0.05$ 且 VIP>1 的标准共筛选出三种高粱酒样的差异香气物质 15 种，具体化合物在表 2 中列出，其中酯类 4 种，醇类 5 种，酸类 2 种，醛类 2 种，酮类 2 种。

表 2　　　　　　　基于 PLS-DA 筛选不同高粱样品白酒差异标志物

Table 2　　　Screening of liquor difference markers in different
sorghum samples based on PLS-DA

序号	差异标记物	VIP 值	p 值
1	乙酸	1.53272	0.000104
2	乙酸乙酯	1.33756	0.019515
3	甲醇	1.2833	0.001567
4	正戊醇	1.23395	0.003342

续表

序号	差异标记物	VIP 值	p 值
5	棕榈酸乙酯	1.20534	0.00197
6	2-戊醇	1.19128	0.024212
7	正己醇	1.18116	0.005852
8	乳酸乙酯	1.19409	0.008988
9	3-羟基-2-丁酮	1.24196	0.045414
10	β-苯乙醇	1.2266	0.026412
11	糠醛	1.06543	0.041472
12	2-戊酮	1.0621	0.046824
13	月桂酸乙酯	1.04712	0.034854
14	异丁酸	1.10254	0.026770
15	乙醛	1.07859	0.042779

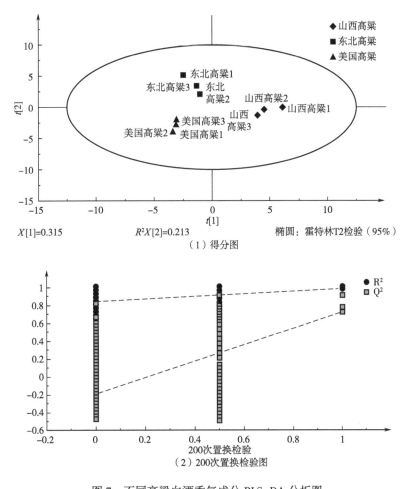

图 7 不同高粱白酒香气成分 PLS-DA 分析图

Fig. 7 PLS-DA analysis diagram of aroma components of different sorghum liquor

3.5 高粱理化性质与酒样差异性化合物及出酒率的关联分析

采用 R 进行 Mantel Test 检验，对差异性代谢物间及高粱理化性质和差异性代谢物间相关性进行分析（图8）。图中矩阵部分可以看到乙酸乙酯和乙酸呈现显著性正相关，白酒中乙酸是乙酸乙酯的合成底物，乙酸含量高会促进乙酸乙酯的形成。根据 $p<0.01$，$R>0.4$ 筛选，蛋白质与 3-羟基-2-丁酮、β-苯乙醇含量相关，脂肪和乙酸、乙酸乙酯含量相关。图中棕榈酸乙酯和高粱中的脂肪含量无明显相关性，3 种高粱样品中脂肪含量均<4%，说明脂肪含量控制在适宜范围内不会引起白酒中高级脂肪酸含量的升高。淀粉和 3-羟基-2-丁酮、乙醛含量相关性强，直链淀粉和支链淀粉均与3-羟基-2-丁酮、β-苯乙醇含量相关。单宁和乙醛含量显著相关，其中单宁和乙醛含量的 Pearson 相关性系数为 -0.685，呈现负相关关系，$p=0.024$（$p<0.05$）；单宁和淀粉含量的 Pearson 相关性系数为 0.766，为正相关关系，$p=0.016$（$p<0.05$）。美国高粱酒样中乙醛含量较高可能是由于高粱中营养物质含量不均衡，单宁含量偏低，淀粉含量偏高。

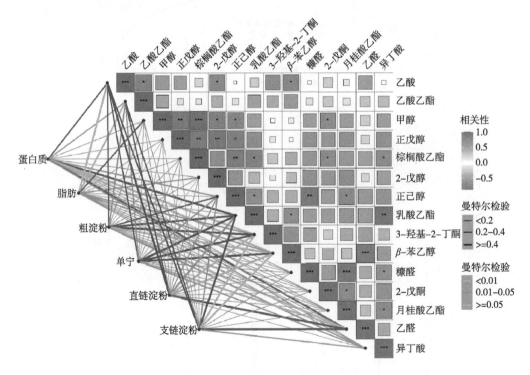

图 8　不同高粱理化成分和白酒差异香味物质间的 Mantel Text 相关性热图

Fig. 8　Heat map of different sorghum physicochemical components and liquor differing aroma substances and Mantel Text correlation

根据 3 种不同高粱的酿造性能与所酿的清茬大曲白酒的风味指标进行 Pearson 相

关性分析（图9）。发现支链淀粉与出酒率存在着正相关性，相关系数为 0.685，$p<$0.05；而直链淀粉与出酒率存在着负相关关系，相关系数为-0.650，$p<0.05$，表明高粱中直链淀粉和支链淀粉比例对白酒的出酒率有重要的影响。

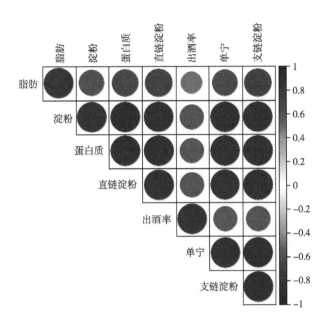

图9　高粱理化成分和出酒率间的 Pearson 相关性分析结果

Fig. 9　Pearson correlation analysis results between physical and chemical composition of sorghum and liquor yield

3.6　不同高粱白酒的品评结果

经过 5 名国家级白酒评委对酒样进行逐一品评，不同品种高粱酒样感官风味具有明显差异，综合品评结果如表 3 所示。其中山西高粱所酿酒样绵柔甜净，整体协调性最好，山西高粱和东北高粱均具有较好的清香型大曲酒典型特征，美国高粱酒样酒体略显粗杂，在三种高粱酒样中表现较差。

表3	不同高粱白酒品评结果
Table 3	Results of different sorghum liquor tastings

高粱样品	品评结论
山西高粱	清香纯正，花香明显，酒体协调，绵柔甜净，具有典型的清香型大曲白酒的风格
东北高粱	清香典型，香气略带有醛香，典型性较好，酒体较醇净
美国高粱	香气偏单薄，酒体略粗杂，风格典型性略差

4　结论

选用山西高粱、东北高粱和美国高粱三种高粱样品作为酿酒原料，通过对试验结果分析发现，三种高粱在理化成分上存在一定差异性，美国高粱的粗淀粉、直链淀粉含量与国产高粱相比较高，支链淀粉和单宁含量较低。采用气相色谱对酒样中 42 种风味物质进行了检测，对检测结果进行了 PLS-DA 分析，可以将不同粮食酒样进行有效区分，共筛选出 15 种差异性标志物，分别为乙酸、乙酸乙酯、甲醇、正戊醇、棕榈酸乙酯、2-戊醇、正己醇、乳酸乙酯、3-羟基-2-丁酮、β-苯乙醇、糠醛、2-戊酮、月桂酸乙酯、异丁酸和乙醛。美国高粱酒样中醛类物质含量为 248.61mg/L，高于其余两种高粱样品，这可能是导致美国高粱酒样酒体粗杂的原因。Mantel Test 和 Pearson 相关性分析结果表明，淀粉含量偏高、单宁含量偏低导致的高粱营养物质比例不均衡可能使美国高粱酒样中乙醛含量偏高。综合检测结果和品评结论，两种山西和东北高粱酒样清香大曲白酒典型性优于美国高粱，山西高粱酿酒酒样协调性最好，品质更优。

参考文献

[1] 张锋国. 谈白酒的感官评价体系 [J]. 酿酒，2012，39（03）：100-104.

[2] 冯兴垚，杨文斌，罗惠波，等. 三种酿酒高粱的理化特性与基酒风味分析 [J]. 中国酿造，2017，36（08）：76-79.

[3] 刘茂柯，田新惠，刘成元，等. 不同品种高粱酿造浓香型白酒的香味物质组成差异及其影响因素 [J]. 食品工业科技，2023，44（08）：107-115.

[4] Xing-Lin H, De-Liang W, Wu-Jiu Z, et al. The production of the Chinese Baijiu from sorghum and other cereals [J]. Journal of the Institute of Brewing, 2017, 123（4）：600-604.

[5] 王正. 高粱原料对白酒酿造微生物菌群演替及其风味代谢的影响 [D]. 无锡：江南大学，2023.

[6] 赵冠. 酿酒高粱蒸煮品质及发酵特性研究 [D]. 杨凌：西北农林科技大学，2022.

[7] 王建成，孔茂竹，谭冬，等. 不同酿酒高粱理化性质及其酿造特性的对比研究 [J]. 酿酒科技，2022（12）：24-31.

[8] 李晓，杜艳红，聂建光，等. 清香型白酒贮存过程中主要微量成分变化规律的研究 [J]. 酿酒科技，2022（06）：58-61.

[9] 郭旭凯，杨玲，张福耀，等. 高粱子粒理化特性与清香型大曲白酒酿造关

系的研究 [J]. 中国酿造, 2016, 35 (12): 40-43.

[10] LI L, LI Z, WEI Z, et al. Effect of tannin addition on chromatic characteristics, sensory qualities and antioxidant activities of red wines [J]. RSC Adv, 2020, 10: 7108-7117.

[11] 蒋力力, 尹艳艳, 杨军林, 等. 酿酒原料高粱对白酒品质影响的研究进展 [J]. 中国酿造, 2022, 41 (08): 6-11.

[12] 李宝生, 杨凯环, 苏建如, 等. 不同高粱酿造性能与单粮清香型白酒品质的关联性研究 [J]. 食品与发酵工业, 2021, 47 (22): 55-62.

[13] 郭旭凯, 杨玲, 张福耀, 等. 高粱子粒理化特性与清香型大曲白酒酿造关系的研究 [J]. 中国酿造, 2016, 35 (12): 40-43.

[14] 杨玲, 张福耀, 郭旭凯, 等. 不同品质高粱酿造清香型大曲白酒的研究 [J]. 安徽农业科学, 2015, 43 (35): 129-130, 133.

[15] 王建成, 孔茂竹, 谭冬, 等. 不同酿酒高粱理化性质及其酿造特性的对比研究 [J]. 酿酒科技, 2022 (12): 24-31.

[16] 刘茂柯, 田新惠, 刘成元, 等. 不同品种高粱酿造清香型白酒的香味物质差异及其与理化品质的相关性 [J]. 中国酿造, 2023, 42 (02): 70-75.

[17] 李颖星. 清香型白酒香气成分研究 [D]. 太原: 山西大学, 2021.

[18] 邵淑贤, 徐梦婷, 林燕萍, 等. 基于电子鼻与 HS-SPME-GC-MS 技术对不同产地黄观音乌龙茶香气差异分析 [J]. 食品科学, 2023, 44 (04): 232-239.

装甑方式对芝麻香型白酒质量的影响

尚志超, 刘瑞照, 赵百里, 徐晶晶, 孙伟, 李芸

(山东景芝白酒有限公司, 山东潍坊　262119)

摘　要：本文通过对人工装甑、机械化装甑和机器人装甑三种不同操作方式蒸馏效果研究，比较三者对产量、酒精度、主体香成分的提取方面产生的影响，结果表明，在总产量方面，机器人装甑略低于人工装甑但高于机械化装甑，而且稳定性最好；在优级酒比例方面，机器人装甑也有一定优势。此外，结合蒸馏过程中酒精度和主要风味物质变化情况，研究发现可以通过摘酒来控制基酒质量。

关键词：白酒，机械装甑，人工装甑，机器人装甑

Effect of steamer–filling methods on the quality of Zhimaxiangxing Baijiu

SHANG Zhichao, LIU Ruizhao, ZHAO Baili, XU Jingjing, SUN Wei, LI Yun

(Shandong Jingzhi Baijiu Co. ,Ltd. , Shandong Weifang 262119, China)

Abstract：In this paper, the effects of three different operation modes of retort, mechanized retort and robot retort on yield, alcohol content and extraction of main aroma components were compared, the results showed that the total output of robot steamer is lower than that of manual steamer but higher than that of mechanized steamer, and the stability is the best. Quality liquor ratio of alcohol produced by intelligent steamer feeding also has certain advantages. In addition, in conjunction with the changes in alcoholic strength and major flavor substances during distillation, it was found that the quality of the base liquor could be controlled by picking.

作者简介：尚志超 (1986—)，男，工程师，硕士研究生，研究方向为发酵工程；邮箱：lanyingshang@163.com；联系电话：13606473380。

通信作者：孙伟 (1989—)，男，高级工程师，大学本科，研究方向为发酵工程；邮箱：Jingjiukeyan@163.com；联系电话：15153689661。

Key words：Baijiu，Mechanical steamer feeding，Manual steamer feeding，Intelligent steamer feeding

1 前言

伴随着酿酒规模化发展和劳动力成本逐年升高，传统酿造方式已无法满足生产需求，酿酒机械化、自动化、智能化发展成为白酒企业发展的趋势。自 2010 年以来，景芝技术人员开始进行自动化和智能化研究，自主研发和创新了七大系统：自动化控制系统、智能润粮配料系统、智能手控装甑系统、三联体转甑蒸粮蒸酒系统、自控出甑加浆系统、集中蒸糠系统和一键式通风摊晾加曲系统，真正实现了精细化操作和定量化控制[1]。

在大曲酒生产中，装甑蒸馏是白酒生产的核心技术。"生香靠发酵，提香增收靠蒸馏"，但是，装甑操作往往被忽视，结果造成"丰产"而不丰收。生产实践证明，装甑水平的高低，直接影响酒的质量和产量，同样的酒醅装甑水平高和低者，蒸酒量则会相差几千克，甚至几十千克，而且酒质也有明显差别[2]。2014 年，景芝技术人员研究了机械装甑与人工装甑对浓香型白酒产量和质量的影响，发现在产量方面二者无明显差距，在优级酒比例和对酒醅主体香成分提取方面差异明显，机械装甑比人工装甑平均每甑分别高出 12.0 % 和 10.8 %[1]。十里香酒业的李宝松等[3]和水井坊付智勇等[4]的研究也证明了类似的结论。机械化、自动化、智能化装甑对芝麻香型白酒质量的影响如何，尚未见到相关报道。为此，景芝技术人员通过对一系列的试验和对大生产数据的分析研究了人工、机械化和机器人三种装甑方式对芝麻香型白酒质量的影响，用来指导生产并为提高基酒质量打下良好的基础。

2 材料与方法

2.1 材料

出池酒醅（景芝生态酿造产业园芝麻香 2#车间发酵成熟的芝麻香型酒醅，用前混合均匀）。

2.2 设备与仪器

甑桶（普瑞特机械制造股份有限公司生产，型号 JZZMZG-0，容积 2.6m³，不锈钢材质）；装甑机（普瑞特机械制造股份有限公司生产，型号 BZJ-0B，摆动式装甑机）；装甑机器人（武汉奋进智能机器有限公司生产）；冷却器（盐城市剑峰机械有限公司生产，变频恒温冷却器）；压力表（数显压力表，型号 HH-SXYLB，精度 0.5 级，量程 0~25kPa）；温度仪（数显温度调节仪，型号 HH-SMTA-9264，精度 0.5 级，量程 0~300℃）；装酒容器（5L 酒桶）；安捷伦 7820A 气相色谱仪（安捷伦科技有限公司）。

2.3 试验方法

2.3.1 酒醅前处理

实验酒醅均来自同一窖池，使用时将中部酒醅约 7 甑放到操作场地上，层层堆放并摊平，然后用抓斗从一侧开始对酒醅翻拌一遍，然后人工翻拌一次，确保酒醅混合均匀、一致。将混合均匀后的酒醅用配料机均匀地加好稻壳，然后平均分成 6 甑，每甑用酒醅斗进行称重，确保每甑酒醅重量相同。

2.3.2 装甑操作

三种装甑方式在装甑参数如装甑时间、装甑气压、蒸汽上汽均匀度等方面均保持一致。

2.3.3 摘酒操作

摘酒过程中，调节自动化控制系统各工艺参数设定值，确保每甑蒸馏参数如流酒气压、流酒温度、流酒速度等保持一致。流酒温度 35℃，流酒速率 4.3kg/min。摘酒时，用 5L 酒桶接酒至断花后接 2 桶，最后接两篓尾水（接尾水的酒篓一样大，且每次接到尾水篓相同的高度位置）。

2.3.4 理化指标测定

酒精度的检测：使用酒精计和温度计进行检测，然后使用电子酒精表（型号 YS-2000，济南智能仪表厂）折算为 20℃条件下酒精度。

总产量的测定：蒸馏结束后测量基酒酒精度、温度（包括酒头和酒尾），并计算每甑的总产量（折成 65%vol）。

香味物质检测：仪器使用安捷伦 7820A 气相色谱仪，检测方法采用通用的检测方法[5]。

3 结果与分析

3.1 不同装甑方式对产量的影响

从表 1 可知，机器人装甑比机械化平均每甑多产酒 4.84kg，高出 4.89%；机器人装甑比手工平均每甑少产酒 2.19kg，低 2.06%。从三种装甑方式入库酒数量来看，机器人装甑略低于人工装甑但高于机械化装甑，经多次重复实验发现仍有上述结论，同时发现机器人装甑稳定性极好，产量差异小于 3kg。

表1	Table 1	The quantity of alcohol produced by different steamers		单位：kg
	编号	入库酒	尾水	合计
人工装甑	1	103.98	10.79	114.77
	2	108.21	6.62	114.83
机械化装甑	1	100.48	11.27	111.75
	2	97.66	15.21	112.87
机器人装甑	1	104.41	6.19	110.60
	2	103.40	7.39	110.79

3.2 不同装甑方式对酒精度的影响

从图1可知，随着蒸馏活动的进行，酒精度逐渐下降，其中人工装甑酒精度下降更加缓慢，机器人装甑酒精度变化曲线更加平滑，机械化装甑酒精度变化幅度偏大。

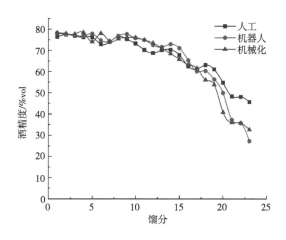

图1 三种装甑方式蒸馏过程中酒精度变化曲线

Fig. 1 The curve of ethanol content in three kinds of steamer distillation

3.3 不同装甑方式对乙酸乙酯的影响

从图2可知，随着蒸馏活动的进行乙酸乙酯含量迅速降低，这与乙酸乙酯为醇溶性物质有关，装甑质量越好，酒精浓缩越充分，溶解的醇溶性的物质越多。

此外，通过图2蒸馏曲线可以看出，乙酸乙酯在蒸馏过程中变化迅速，可以根据这一点采用摘酒的方式控制基酒中乙酸乙酯的含量，进而为后续的酒体设计打好基础。

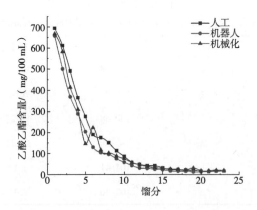

图 2　三种装甑方式蒸馏过程中乙酸乙酯变化曲线

Fig. 2　The ethyl acetate curve in the distillation process of the three steamers

3.4　不同装甑方式对乳酸乙酯的影响

从图 3 可知,随着蒸馏活动的进行,乳酸乙酯含量逐渐升高,其中人工装甑乳酸乙酯含量变化幅度相对缓慢,而机械化装甑乳酸乙酯变化幅度相对偏大。

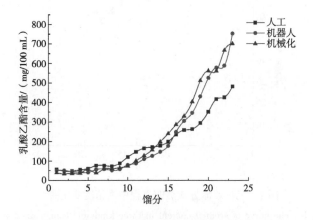

图 3　三种装甑方式蒸馏过程中乳酸乙酯变化曲线

Fig. 3　The ethyl lactate curve in the distillation process of the three steamers

此外,通过上述蒸馏曲线可以看出,乳酸乙酯在蒸馏后段变化迅速,可以根据这一特点适当控制基酒中乳酸乙酯的含量,进而为后续的酒体设计打好基础。

3.5　不同装甑方式对优级率的影响

表 2 中机械化装甑和机器人装甑数据为同一生产车间数据,且机械化生产线和机器人生产线相邻,生产环境相类似仅装甑设备存在差异,人工装甑数据为手工班组数

据，生产情况有所差异，数据仅供参考。从表2可知，机器人装甑比机械化优级酒比例高3.98%，比人工装甑高1.79%，机器人装甑在提高原酒质量方面有一定优势。

表 2　　　　　　　　生产中不同装甑方式优级率情况

Table 2　　　**Quality liquor ratio of alcohol produced by different steamers**　　单位:%

班组	人工装甑	机械化装甑	机器人装甑
1	33.15	32.36	35.62
2	34.27	30.68	35.38
平均	33.71	31.52	35.50

4　分析

上述情况的出现与三种装甑方式的特点有关，传统上装甑的基本手法和要求可以用"轻、松、准、匀、薄、平"六个字来概括，即轻撒薄铺，见潮撒料（或见汽撒料）。撒料点准确，甑面要平，以形成松散均匀的微孔结构[6]。

从图4可见，优秀装甑工人经过多年操作训练可以做到"轻、松、准、匀、薄、平"，但在大生产过程中，人工装甑劳动强度较大，不可控因素多，难以长时间保持高水平装甑操作。

图 4　人工装甑

Fig. 4　Manual steamer feeding

由图5可见，机械化装甑在一定程度上减少了工人的劳动强度，但仍然需要操作人员进行控制，由于输送带速度较快，使料醅有较大的冲击力，无法做到装甑过程中要求的"轻、松，准、匀、薄、平"，也需要操作人员具备较高的操作技巧和注意力高度集中。

图 5　机械化装甑

Fig. 5　Mechanical steamer feeding

从图 6 可见，装甑机器人通过机械手和小输送带减少了料糟在装甑过程中的冲击力，借助于计算机控制系统和红外线装置做到"轻、松、准"的操作要求，但由于仍然采用了输送带的给料方式，在"匀、薄、平"方面还有改进空间，相信随着技术的进步这些问题终会解决。

图 6　机器人装甑

Fig. 6　Intelligent steamer feeding

5 结论

随着技术的发展，目前机器人装甑蒸馏水平已基本上同高水平的装甑师傅持平，同时根据蒸馏过程中色谱数据变化，一些关键的质量指标，机器人装甑存在一定的优势。在实验过程中，我们还可以发现，机器人装甑的稳定程度远高于手工，这对装甑蒸馏非常重要。

酿酒机械化、自动化、智能化发展道路是必然的选择，但这个过程并非一帆风顺的。这需要我们对酿造机理进一步认识、分析、量化，通过工程学、系统学、仿生学等手段逐步解决问题，需要不同学科、不同领域、不同文化背景的技术人员共同对生产环节中的每一道工序进行研究，方能在保持传统和现代化生产之间搭起一座桥梁。

参考文献

[1] 李玉彤，曹建全，等．机械装甑与人工装甑的酒醅蒸馏效果对比 [J]．酿酒科技，2015（1）：99-101.

[2] 张召刚，罗新杰．浅析大曲酒装甑操作"六字"原则 [J]．酿酒，2001（5）：49.

[3] 李宝松，杨月轮，等．红外感温智能装甑提高白酒品质的研究与应用 [J]．酿酒，2019（6）：104-106.

[4] 付智勇，王宏，等．曲酒自动化生产线建设过程中机械手上甑的验证概述 [J]．酿酒，2020（1）：102-104.

[5] GB/T 10345—2022．白酒分析方法 [S]．北京：中国标准出版社，2022.

[6] 王久增，刘诗全．固态白酒的装甑技巧 [J]．酿酒科技，1992（2）：18-21.

利用黄水生产酯化液的研究

刘雪，孙伟，赵德义，曹建全，来安贵，徐晶晶，李培珍

（山东景芝白酒有限公司，山东潍坊　262119）

摘　要：为了解决黄水的综合利用，提高黄水的利用价值，比较了不同的酯化酶对黄水酯化效果的影响，并进一步优化了酯化反应的条件，以景芝浓香黄水为材料，通过生物法使其己酸的含量提高至 6g/L，添加 3%~4% 的酯化酶，40℃反应 24h 即可使己酸的转化率达到 82.3%，己酸乙酯的产量可达 308.49mg/100mL 黄水，酯化液在酒精度 40%vol 条件下通过蒸馏的方式的提取率可达 82.6%，缩短了反应时间，提高了传统酯化液的生产效率，并且提高了酯化效果，为黄水的综合利用提供了参考。

关键词：黄水，酯化酶，酯化反应，己酸，己酸乙酯，提取率

Study on the production of esterification solution from yellow water

LIU Xue, SUN Wei, ZHAO Deyi, CAO Jianquan, LAI angui, XU Jingjing, LI Peizhen

（Shandong Jingzhi Baijiu Co., Ltd., Shandong Weifang 262119, China）

Abstract：In order to solve the comprehensive utilization of yellow water and improve its utilization value, the effects of different esterifying enzymes on yellow water esterification were compared, and the conditions of esterification reaction were further optimized. The conversion rate of caproic acid was 82.3% by adding 3%~4% esterifying enzyme and reacting at 40℃ for 24 h. The yield of ethyl hexanoate was 308.49 mg/100mL yellow water, under the condition of alcohol 40% vol, and the extraction rate of esterification solution by distillation can reach 82.6%, which shortens the reaction time, improves the production efficiency of

作者简介：刘雪（1986—），女，高级工程师，硕士研究生，研究方向为酿酒微生物；邮箱：xuechao205@163.com；联系电话：15169598545。

通信作者：赵德义（1967—），男，高级工程师，高级酿酒师，国家级白酒评委，大学本科，研究方向为发酵工程；邮箱：13706464919@163.com；联系电话：0536-4189678。

traditional esterification solution and improves the esterification effect. It provides a reference for the comprehensive utilization of yellow water.

Key words：Yellow water, Esterifying enzyme, Esterification, Hexanoic acid, Ethyl hexanoate, Extraction rate

1　前言

　　黄水又称为黄浆水，是固态发酵生产白酒的副产物之一，黄水中富含多种有益微生物和有机化合物，尤其是乳酸、乙酸、丁酸和己酸等有机酸含量较高，同时黄水的化学需氧量（COD）和生物需氧量（BOD）（25000~40000mg/L）值远大于国家污水排放指标，直接排放将导致严重的环境污染和资源浪费[1,2]。大部分酒厂在黄水的处理上的做法主要是和制窖泥、倒回底锅串蒸以及作为污水进行处理后再排放三个途径，这些方式不能使黄水资源得到最大价值的利用。也有企业将黄水应用于酯化液的生产，例如曾婷婷等曾报道[3]，将酯化液应用于传统白酒生产能大幅度提高浓香型白酒的优质品率。酯化液还可以代替化工合成的香料应用到白酒勾兑中，解决外加香不自然协调的问题[4,5]，实现绿色酿造。但传统酯化液的生产效率较低，一般需要反应几十天至几个月，不能有效地减少黄水的积累。本研究致力于解决黄水的综合利用，对酯化液生产条件进行了探索，极大地缩短了酯化液的生产周期，且生产的酯化液可以提高黄水资源的综合利用率，减少污水排放和环境污染，同时生产的酯化液可以应用于浓香型白酒的提香呈味中，增加企业的经济效益。

　　本研究以黄水为原料，比较了不同厂家的脂肪酶和曲粉对酯化效果的影响，同时研究了较适宜的酯化条件和酯化液在蒸馏时己酸乙酯的提取效果，对于生产的酯化液的应用有一定的指导作用。

2　材料与方法

2.1　材料试剂及仪器

2.1.1　材料试剂

　　景芝浓香黄水（以下简称黄水）；己酸、无水乙醇等均为分析纯；酯化酶（购买自不同厂家的酯化酶，分别用 W、L 表示）；酯化用曲（产自景芝的浓香大曲）。

2.1.2　仪器

　　恒温双层振荡培养箱（太仓实验设备厂）；蒸馏装置（盐城华欧玻璃仪器厂）；液相色谱仪（美国 Agilent 1120）；气相色谱仪（美国 Agilent 7820A 型气相色谱仪，FID 检测器，分流/不分流进样口）；密闭反应瓶。

2.2 方法

2.2.1 酯化反应体系

取黄水 100mL,加入 3% 酯化酶,瓶口密封后放入摇床,设置适当转速使酯化酶能在黄水体系中充分悬起来,40℃保温,反应 24h 后取出,测定酯化反应前后黄水中有机酸和酯类物质的变化。

2.2.2 样品的处理及测定

反应结束后,取反应液过 0.22μm 滤膜,通过液相检测乳酸、乙酸、丁酸和己酸的含量。

另取反应液约 60mL,加入 40% 无水乙醇混匀,通过蒸馏提取收集馏出液,当馏出液由澄清变为浑浊时停止收集,通过气相色谱检测馏出液中乳酸乙酯、乙酸乙酯、丁酸乙酯、己酸乙酯的含量。

2.2.3 不同厂家酯化酶的效果比较

生产酯化液的一个重要因素就是酯化酶,不同的酯化酶对于酯化反应的特异性和酯化效果均不相同,且除了市面上可以购买的不同品牌脂肪酶以外,曲粉也是作为酯化酶使用的选择之一,因为曲粉不仅曲香浓郁而且富含多种高温细菌、酵母、霉菌等微生物,酸性蛋白酶含量丰富,酯化酶活性也较强。有文献报道,在黄水中加曲酯化,在 30~35℃酯化 30d,可以生成己酸乙酯 21.63mg/100mL[6]。为了选择较适宜的酯化酶,进行了不同酯化酶的使用效果对比。

将不同酯化酶分成四组,分别是景芝浓香大曲、L 酯化酶、W 酯化酶、景芝浓香大曲和 W 酯化酶按重量 1:1 混合,将 4 组酯化酶按 2.2.1 酯化反应体系分别进行黄水酯化实验,以不加酯化酶的黄水作空白对照,待反应结束后比较酯化前后四大酸和四大酯的变化情况。

2.2.4 酯化条件的优化

生产酯化液就需要对酯化条件进行探索,以获取适应于企业自身实际的生产条件。因此本研究经过对不同厂家酯化酶的酯化效果对比后,又对该酯化酶在黄水中的酯化条件进行了优化,主要有底物浓度、酯化酶用量、反应 pH、酯化时间等因素。

2.2.4.1 增加己酸

一般黄水的己酸含量在 2g/L 左右,为了提高己酸乙酯的合成量,逐步增加反应体系己酸的含量,分别增加至 2,4,6,8g/L,按照 2.2.1 的酯化反应体系进行酯化实验,待酯化反应结束后,比较增加己酸含量后的酯化效果。

2.2.4.2 增加乙醇

乙醇是酯化反应中的另一种重要底物,经测定一般黄水中的酒精度在 6% vol 左右,在确定最佳己酸的添加浓度后,实验进一步增加酒精度至 10% vol,测定乙醇增加前后己酸转化率和己酸乙酯的合成情况。

2.2.4.3 增加酯化酶用量

在己酸含量、酒精度等均相同的条件下，逐步增加酯化酶用量，酯化反应 1d，比较酯化酶用量的不同对己酸转化率和己酸乙酯合成情况的影响。

2.2.4.4 反应 pH 的研究

一般黄水的 pH 在自然条件下约 3.60 左右，本研究使用氢氧化钠调节黄水的 pH 至 6.89，分别比较在自然 pH 和中性 pH 条件下，对于酯化酶转化率的影响。

2.2.4.5 延长酯化时间

在黄水 pH、用酶量、底物浓度都相同的情况下，延长酯化反应的时间至 5d，比较己酸的转化率和己酸乙酯合成情况。

2.2.5 己酸乙酯提取率的检测

酯化液中香味物质较多，怎样最大限度地利用酯化液中的香味物质也是酯化液研究的主要问题[7]，目前常见的提取方式有蒸馏[8]和超临界 CO_2 流体萃取[9]，但萃取方法成本较高，无法满足实际生产需求。王传荣等[10,11]对黄水酯化液在低档白酒中的应用做了详细的比较，实验结果表明直接蒸馏和入底锅串蒸的方式较好，因此本研究考察了酯化液中己酸乙酯的提取率，将己酸乙酯加入黄水中，使用乙醇调节酯化液的酒精度在 40%vol 左右，通过缓慢蒸馏的方式进行己酸乙酯的提取，同时设置不加己酸乙酯的黄水作为空白对照组，通过测定馏出液中己酸乙酯的含量，计算己酸乙酯提取率。

3 结果与分析

3.1 不同厂家酯化酶的效果对比

四个实验组和空白对照组在相同条件下反应 24h 后，分别测定四大酸和四大酯类的变化情况，实验结果见表 1。

表 1　　　　经不同酯化酶酯化后黄水中四大酸和四大酯的变化情况

Table 1　　Changes of four major acids and four major esters in yellow

water after esterification by different esterifying enzymes

分组	四大酸/(g/L)				四大酯/(mg/100mL 黄水)			
	乳酸	乙酸	丁酸	己酸	乳酸乙酯	乙酸乙酯	丁酸乙酯	己酸乙酯
黄水（空白对照）	77.60	5.75	7.48	2.36	83.6	35.08	3.2	0.93
1	74.15	5.54	6.91	2.18	122.1	36.23	3.18	2.88

续表

分组	四大酸/（g/L）				四大酯/（mg/100mL 黄水）			
	乳酸	乙酸	丁酸	己酸	乳酸乙酯	乙酸乙酯	丁酸乙酯	己酸乙酯
2	72.23	5.44	6.92	2.09	60.83	42.23	6.75	20.03
3	84.90	5.73	8.11	1.28	33.1	68.13	21.7	38.17
4	83.71	5.96	8.02	1.55	48.86	56.34	12.14	22.62

注：对照组，不使用任何酯化酶；1 组，使用景芝浓香大曲；2 组，使用 L 酯化酶；3 组，使用 W 酯化酶；4 组，W 酯化酶和景芝浓香大曲按 1：1 比例使用。

表 1 中空白对照组并未使用任何酯化酶，体系中只有黄水，从其检测结果可以发现黄水中的有机酸以乳酸含量最高，其次是乙酸、丁酸，己酸含量最低，黄水馏出物中的酯类物质以乳酸乙酯和乙酸乙酯为主，仅含有少量的己酸乙酯。而实验组通过使用酯化酶可以将黄水中的有机酸转化为酯类物质，生成的酯类物质可以在酿酒生产中作为酯化液或调味酒使用，这样一方面可以提高黄水的利用率，另一方面还可以减少将其作为废水处理的成本。另外，从表 1 还可以看出，四组酯化酶均显示出对己酸乙酯的合成具有一定特异性。

因酯化酶对己酸乙酯的合成有一定的特异性，且己酸乙酯是浓香酒中的主体香味物质，因此以己酸的转化率和己酸乙酯的提高倍数作为四组酯化酶的评价指标，结果如图 1、图 2 所示。

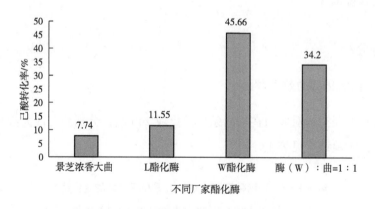

图 1　不同酯化酶对己酸的转化率

Fig.1　Conversion of caproic acid by different esterifying enzymes

由图 1、图 2 可以看出，W 酯化酶对黄水中己酸的转化率最高，为 45.7%，对己酸乙酯的提高倍数也最高，为 40.26 倍。在四组酯化酶中 W 酯化酶的酯化效果最为显著，因此后续实验均使用 W 酯化酶。

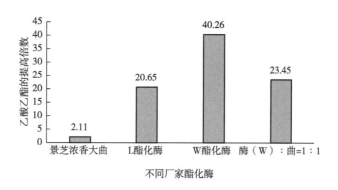

图 2　使用不同酯化酶对己酸乙酯的提高倍数

Fig. 2　Increase in ethyl hexanoate by using different esterifying enzymes

3.2　酯化反应条件的优化

3.2.1　增加己酸含量

己酸是酯化酶催化生成己酸乙酯的重要底物，因此在酯化酶用量一定的前提下，适当增加反应体系中的己酸含量，可以促进酯化反应的正向进行，提高合成的己酸乙酯含量，因此实验探索了不同己酸含量对于酯化反应的影响，实验结果见图 3、图 4。

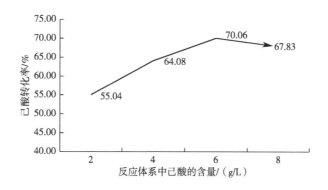

图 3　增加己酸用量对己酸转化率的影响

Fig. 3　The effect of increasing the amount of caproic acid on the conversion of caproic acid

随着反应体系中底物己酸的浓度的增加，己酸的转化率迅速提升，反应合成的己酸乙酯含量在不断攀升，且其他三大酯增长不明显，再次证明酯化酶对己酸乙酯合成具有特异性。在己酸含量为 6g/L 时的己酸的转化率达到最高。

由图 5 还可以看出，当己酸增加至 6g/L 时，继续增加己酸浓度，会合成更多的己酸乙酯，但也会造成黄水中大量己酸残余，造成己酸的浪费，且残余的部分己酸会随蒸气进入原酒中，影响酒的口感，因此己酸的添加不宜过多。综上考虑，将己酸最适添加量控制在 6g/L 为宜。

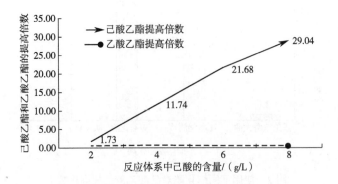

图 4 增加己酸用量对酯类物质提高倍数的影响

Fig. 4 The effect of increasing the amount of caproic acid on the increasing of ester ratio

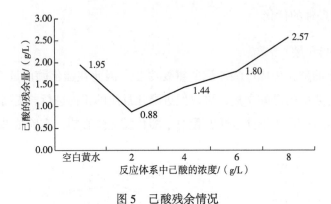

图 5 己酸残余情况

Fig. 5 The residue of caproic acid in the reaction system

值得注意的是，为了进行实验条件的探索本次使用的是市面上购买的己酸产品，但在实际酯化液生产中应采用生物法提高己酸含量，生物合成的有机酸和酯类物质才是白酒中不可复制的天然香味物质，让白酒才更有价值。

3.2.2 高酒精度

酯化反应必不可少的另一重要底物是乙醇，在酯化酶和己酸含量一定的情况下，适当增加乙醇的含量也会促进酯化反应的正向进行，因此实验比较了增加反应体系中酒精度对酯化反应的影响，其结果见表 2。

表 2 增加酒精度对四大酯合成的影响

Table 2 Effect of increasing ethanol on synthesis of four major esters

分组	乳酸乙酯/ （mg/100mL 黄水）	乙酸乙酯/ （mg/100mL 黄水）	丁酸乙酯/ （mg/100mL 黄水）	己酸乙酯/ （mg/100mL 黄水）	己酸残余量/ （g/L）	己酸转化率/ %
1组	80.61	53.00	8.60	120.95	1.80	70.06

续表

分组	乳酸乙酯/ （mg/100mL 黄水）	乙酸乙酯/ （mg/100mL 黄水）	丁酸乙酯/ （mg/100mL 黄水）	己酸乙酯/ （mg/100mL 黄水）	己酸残余量/ （g/L）	己酸转化率/ %
2 组	115.70	83.95	9.24	85.68	3.05	49.17

注：1 组，反应体系中己酸浓度为 6g/L，酒精自然，为 6.2% vol；2 组，反应体系中己酸浓度为 6g/L，添加酒精至酒精度 10.0% vol。

由表 2 可以看出，在反应体系中增加乙醇不会使己酸乙酯的合成明显提高，反而会促进其他三种酯类合成，降低酯化酶对己酸乙酯合成的特异性，因此为了确保对己酸乙酯的合成，在黄水酯化过程中不需额外添加乙醇。

3.2.3　增加酯化酶用量

在酯化反应的两大底物含量一定的情况下，增加酯化酶的用量可以促进酯化反应的进行，因此实验还比较了不同酯化酶用量对于酯化反应的影响，实验结果见表 3、图 6。

表 3　　　　　　　　　　　　增加酯化酶用量对四大酯合成的影响

Table 3　　　　Effect of esterifying enzyme on synthesis of four major esters

分组	乳酸乙酯/ （mg/100mL 黄水）	乙酸乙酯/ （mg/100mL 黄水）	丁酸乙酯/ （mg/100mL 黄水）	己酸乙酯/ （mg/100mL 黄水）	己酸乙酯 提高倍数	乙酸乙酯 提高倍数
酯化酶 3%	70.87	78.23	9.57	194.87	35.53	1.38
酯化酶 4%	115.30	82.70	11.07	228.37	41.82	1.52
酯化酶 5%	129.43	84.30	12.00	242.63	44.49	1.56
酯化酶 6%	141.02	84.45	13.86	263.01	48.31	1.57

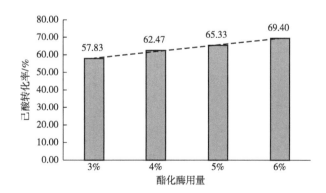

图 6　增加酯化酶用量对己酸转化率的影响

Fig. 6　Effect of esterifying enzyme dosage on caproic acid conversion

从表 3 可以看出，增加酯化酶后己酸乙酯的合成得到明显提高，同时也会对其他三大酯的合成有一定的增强，相比较来说还是己酸乙酯提高倍数更高。

由图 6 可以看出，随着酯化酶用量的增加，己酸的转化率呈现直线上升趋势，但结合表 3 内数据可以看出，己酸乙酯的增长幅度在减小，在 3% 增长到 4% 时，己酸乙酯的提高幅度最高，因此选择酯化酶的用量控制在 3%~4% 为宜。

3.2.4 反应 pH 的研究

因实验中使用黄水进行酯化反应，而黄水的 pH 较低，经测定一般在 3.6 左右，较低的酸度可能会影响酯化酶的酶活性，因此实验比较了自然 pH 和中性 pH 下的己酸转化率，结果见图 7。

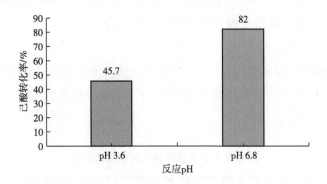

图 7　pH 对己酸转化率的影响

Fig. 7　Effect of pH value on conversion of caproic acid

由图 7 可以看出，调节 pH 后 W 酯化酶转化率较调节 pH 前提高了近一倍，推测原因可能接近中性的 pH 更适合该酯化酶的反应。

3.2.5 酯化反应时间的研究

为了研究 W 酯化酶的酯化反应的时间，实验将反应时间由 1d 逐步延长至 5d，比较转化率和己酸乙酯合成情况，结果见图 8、图 9。

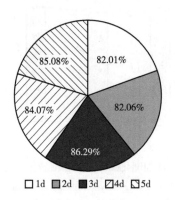

图 8　延长反应时间对己酸转化率的影响

Fig. 8　Effect of prolonging reaction time on conversion of caproic acid

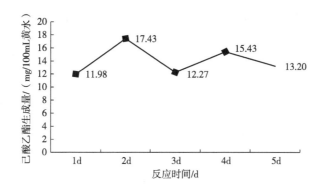

图9　延长反应时间对己酸乙酯生成量的影响

Fig. 9　The effect of prolonged reaction time on ethyl hexanoate production

由图8、图9可以看出，随着酯化反应时间延长，己酸的转化率不再明显上升，己酸乙酯的合成也无明显升高，超过2d还出现逆向反应的趋势，说明W酯化酶可以在1d之内完成催化反应。

3.3　己酸乙酯提取率的检测

黄水酯化液一般都采用串蒸的方式加以利用，但对于串蒸的效果我们不得而知，本实验进一步对蒸馏时己酸乙酯的提取效果进行了研究，取黄水，加入1500mg/100mL己酸乙酯，用乙醇调节反应液的酒精度在40%vol左右，通过缓慢蒸馏的方式对以上反应液进行己酸乙酯的提取，同时设置不加己酸乙酯的黄水作为空白对照组，通过测定馏出液中己酸乙酯的含量，计算己酸乙酯提取率，实验结果见表4。

表4　　　　　　　　　　　蒸馏对己酸乙酯的提取率影响

Table 4　　　　The effect of distillation on the extraction rate of ethyl hexanoate

分组	黄水中添加的己酸乙酯浓度/（mg/100mL）	馏出液中己酸乙酯含量/（mg/100mL）	提取率/%
对照组	不添加	16. 89	—
实验组	1500	1256. 12	83. 74

由表4实验结果可以证明，酒精度在40%vol左右时己酸乙酯的提取率可以达到83. 74%左右。在实际酿酒生产中，原酒的酒精度远高于40%vol，因此己酸乙酯的提取率将会更高。

4　结论

本研究考察了不同厂家酯化酶和曲粉对景芝黄水中有机酸的酯化效果，经过比较发现 W 酯化酶的酯化效果最好，且对四大酯中的己酸乙酯的合成具有一定的特异性。进一步对 W 酯化酶的酯化反应的条件进行摸索，发现其较优的反应条件为己酸浓度 6g/L 的黄水、酒精度自然（无需额外添加）、酯化酶用量 3%~4%、反应时间 1~2d、反应 pH 调节至中性，在以上条件下保温 40℃ 合成的己酸乙酯可以达到 308.49mg/100mL 黄水。通过酯化反应合成的己酸乙酯可通过蒸馏的方式进行提取，其提取率在 80% 以上。

生产酯化液可以提高浓香型白酒的优级品率，增加企业经济效益，同时还可以将之前弃之不用的副产物变废为宝，减少污水处理和环境污染等，产生了环境效益和社会效益，应用前景广阔。

参考文献

[1] 郭璟. 白酒发酵副产物黄水的综合利用研究 [D]. 西安：西北大学，2010.

[2] 冯兴垚，邓杰，谢军，等. 白酒酿造副产物黄水综合利用现状浅析 [J]. 中国酿造，2017，36（2）：6-9.

[3] 曾婷婷，张志刚. 白酒酿造中酯化酶的研究现状 [J]. 酿酒，2010，37（6）：12-14.

[4] 杨铭，李亚男，陈正行，等. 黄浆水酯化液工艺优化及关键风味物质分析 [J]. 食品与发酵工业，2019，45（12）：160-168.

[5] Xia Q，Wu C D，Huang J，et al. Selection and application of po tential whole-cell enzymes in the esterification of Huangshui, a by-product formed during Chinese liquor-making [J]. Journal of the In stitute of Brewing，2014，120（1）：45-51.

[6] 李大和，李国红. 提高浓香型白酒质量的技术措施 [J]. 酿酒科技，2020，12：71-82.

[7] 李河，张宿义，等. 浓香型白酒酯化液的研究进展 [J]. 中国酿造，2016，35（8）：5-8.

[8] 蒋学剑，王志强，汤井立，等. 黄浆水酯化串蒸提升白酒品质的研究 [J]. 酿酒，2017，44（2）：60-64.

[9] 李安军，刘国英，李兰，等. 基于超临界 CO_2 萃取技术提取酿酒黄水中风味物质 [J]. 食品与发酵工业，2019，45（2）：118-123.

[10] 王传荣，沈洪涛. 黄水在新型白酒生产中的应用 [J]. 中国酿造，2005，24（2）：26-28.

[11] 李金锋. 利用黄浆水进行中低档白酒勾调的试验研究 [J]. 酿酒，2007，34（2）：33-34.

米制白酒蒸馏过程中的三种高级脂肪酸乙酯馏出规律及其絮状沉淀成因分析的研究

陈平生，黄颖雯，梁思宇

（广东石湾酒厂集团有限公司，广东佛山　528031）

摘　要：本文研究分析了棕榈酸乙酯、油酸乙酯和亚油酸乙酯这 3 种高级脂肪酸乙酯在米制白酒蒸馏过程的馏出规律，并重点对高级脂肪酸乙酯含量较高的酒头进行冷冻处理，待其形成白色絮状沉淀后，分别对上清和沉淀部分进行检测分析，得出棕榈酸乙酯是米制白酒产生絮状沉淀物的主要因素。

关键词：米制白酒，高级脂肪酸乙酯，馏出规律，絮状沉淀

Research on changes of three kinds of higher fatty acid ethyl ester in Rice-flavor Baijiu during distillation and cause analysis of its flocky precipitate

CHEN Pingsheng, HUANG Yingwen, LIANG Siyu

（Guangdong Shiwan Baijiu Group Co. ,Ltd. , Guangdong Foshan 528031, China）

Abstract：It had been studied in this research that the distillation regularity of ethyl palmitate, ethyl oleate, and ethyl linoleate in the Rice-flavor Baijiu. Meanwhile, the fore-shot, in which higher fatty acid ethyl ester was concentrated, was kept refrigerated until the white flocky precipitate appeared, and then it was divided into two parts, the supernatant and the precipitation. The results of higher fatty acid ethyl ester in the supernatant and in the precipitation indicated that ethyl palmitate was the main cause of the white flocky precipitate

作者简介：陈平生（1986—），男，江西赣州人，硕士，研发工程师，现从事酿酒和蒸馏工艺研究工作；邮箱：370291627@ qq. com。

通信作者：梁思宇（1976—），男，广东佛山人，硕士，广东石湾酒厂集团有限公司副总工程师、研发中心主任，全国白酒标准化技术委员会豉香型白酒分技术委员会（SAC/TC358/SC4）委员，白酒国评，露酒国评；邮箱：14573869@ qq. com。

which appeared in Rice-flavor Baijiu.

Key words：Rice-flavor Baijiu, Higher fatty acid ethyl ester, Distillation regularity, Flocky precipitate

1 前言

米制白酒是以大米为原料,酒饼为糖化发酵剂,采用半固态发酵方式,经过蒸馏、陈酿和勾调等工艺而制成,米制白酒生产地主要为广东、广西地区以及湖南、湖北、江苏、福建等地[1]。在生产实践中发现,米制白酒虽然在生产过程中采用相应的过滤除浊等措施,但是在持续寒冷的冬季,产品还是偶有失光和絮状沉淀的问题。

据研究发现,导致低温出现絮状沉淀的因素很多,其中高级脂肪酸乙酯是重要因素之一[2]。白卫东对降度到 30% vol 的西凤酒在−2℃冻藏产生的絮状物进行分析得出,其主要物质是以棕榈酸乙酯、油酸乙酯、亚油酸乙酯为主的高级脂肪酸乙酯[3]。沈怡方在其文献中提到黑龙江轻工所对北大仓酒冬天出现的絮状沉淀以及玉泉大曲酒尾上漂浮的油珠应用气相色谱进行了鉴定,明确这些物质同为高沸点棕榈酸乙酯、油酸乙酯及亚油酸乙酯的混合物[4]。由此可见,这些絮状沉淀的主要成分是棕榈酸乙酯、油酸乙酯和亚油酸乙酯这三种高级脂肪酸乙酯。

高级脂肪酸乙酯溶于乙醇而不溶于水,在白酒加浆降度或气温降低时,高级脂肪酸乙酯的溶解度急剧降低而使酒失光或产生絮状可逆白色沉淀[5]。其中棕榈酸乙酯又称十六酸乙酯,为饱和脂肪酸酯,浅黄色油状液体,不溶于水,溶于乙醇,沸点较高,为 192℃左右;油酸乙酯为十八碳烯酸乙酯,为不饱和脂肪酸酯,浅黄色透明油状液体,基本不溶于水,溶于乙醇,沸点较高;亚油酸乙酯又称十八碳-9,12-二烯酸乙酯,为不饱和脂肪酸酯,浅黄色油状液体,基本不溶于水,溶于乙醇,沸点为 210℃左右[6]。

对于如何解决白酒絮状沉淀的问题,有关专家提出在摘酒时酒头和酒尾要分开,摘准并分别处理[7]。而白酒发酵醪液蒸馏时,初馏分中有棕榈酸乙酯、油酸乙酯及亚油酸乙酯等高沸点成分被蒸出,这些高沸点香味成分与水不相溶却极易溶于乙醇,因此它们能够在比较低的温度被蒸入酒中[8]。对于如何摘准的问题,本文以米制白酒为研究对象,研究了棕榈酸乙酯、油酸乙酯和亚油酸乙酯这三种高级脂肪酸乙酯在其蒸馏过程中的馏出规律,以期在米制白酒蒸馏过程中减少高级脂肪酸乙酯的带入量从而减少后续产品失光和絮状沉淀的产生。同时,对含有大量高级脂肪酸乙酯的酒头进行冷冻和沉淀分离处理,检测分析其中的棕榈酸乙酯、油酸乙酯和亚油酸乙酯的含量,以探究这三种高级脂肪酸乙酯的含量和比例与絮状沉淀的关系。

2　材料与设备

2.1　试验材料

以大米为原料，在半固态状态下进行发酵，后经检定合格待蒸馏的成熟醪液。

2.2　设备

立式釜式蒸馏釜（体积为 $15m^3$）；气相色谱仪 ［Agilent 6890N 气相色谱仪，配FID 检测器和 Agilent 色谱工作站（美国安捷伦科技有限公司）］；冰箱（广东星星高身展示柜，型号 Q500）。

3　方法

3.1　蒸馏工艺及其样品采集

3.1.1　蒸馏工艺

成熟醪液先经预热罐预热，再转入釜式蒸馏釜，采用间接蒸汽进行蒸馏，流酒温度控制在30℃以下。

3.1.2　样品采集

蒸馏出酒后，开始计时。最先流出的酒液因混有上一次蒸馏后残留在管道的酒尾而呈现浑浊状态，酒精度比较低。随着蒸馏的进行，酒液逐渐变得澄清，酒精度也逐渐升高。当出酒时间到 7min 时，酒液已经比较澄清，采集 1 号样，出酒时间到 9min 时，采集 2 号样，后续根据酒精度情况，在出酒时间 25、41、58、73、86、102、116、132、150min 依次采集 3~11 号样。

3.2　酒头冷冻及絮状沉淀分离

按照图 1 试验流程，将收集到的酒精度为 51.3% vol 的米制白酒酒头（2 号样）600mL 放到冰箱里，-10℃以下冻藏到有明显的白色絮状析出物生成，并沉在瓶底。将澄清的、不含絮状沉淀的上半部分酒液 300mL 吸出，用洁净的酒瓶装好，编号为 1#样，余下含有大部分白色絮状析出物的酒液 300mL，编号为 2#样。1#样继续放入冰箱冻藏，在 72h 后观察，1#样（300mL）再次出现少量絮状沉淀，继续将清透的上半部分酒液 150mL 吸出，用洁净的酒瓶装好，编号为 3#样，余下含有白色析出物的酒

注：文中"1 号样-11 号样"是指白酒蒸馏过程收集到的样品；"1#样-4#样"是指 2 号样经过冷冻分离得到的不同样品。

液 150mL，编号为 4#样。

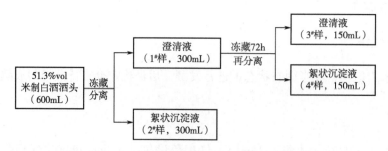

图 1　51.3%vol 米制白酒酒头低温沉淀的分离步骤

Fig. 1　The sediment separation steps in the 51.3% vol foreshot of Rice-flavor Baijiu

3.3　样品分析

3.3.1　样品检测分析

　　蒸馏过程收集的 1~11 号样，收集完后立即采用气相色谱仪检测其中的棕榈酸乙酯、油酸乙酯、亚油酸乙酯含量。

　　经冷冻和分离得到的 1#样、2#样，需要将酒温恢复至常温，酒体全部恢复到清亮透明状态，再使用气相色谱仪检测其中的棕榈酸乙酯、油酸乙酯、亚油酸乙酯这 3 种高级脂肪酸乙酯的含量及其他成分含量。后续分离得到的 3#样和 4#样，采用相同方法。

3.3.2　高级脂肪酸乙酯气相色谱检测分析方法及条件

　　参照张湛锋[9]在文中提到的方法和条件。

4　结果与分析

4.1　蒸馏过程中高级脂肪酸乙酯馏出变化

　　从图 2 可以看出，米制白酒蒸馏过程中高级脂肪酸乙酯馏出呈现以下规律。

　　（1）前 9min 内取的 1 号样和 2 号样，酒精度均在 50%vol 左右，但是 3 种高级脂肪酸乙酯含量之和随出酒时间而上升，分析原因可能是以下两点：一是高级脂肪酸乙酯易溶于高度酒精，蒸馏刚出酒时馏分的酒精度比较高，醪液中大量的高级脂肪酸乙酯随酒精气化而被拖带出来。其次，收酒管道中会残留上一轮蒸馏的部分酒尾，酒尾中高级脂肪酸乙酯含量较低，1 号样是本轮刚刚蒸出的酒头和上一轮酒尾的混合样，后者稀释了酒头中高级脂肪酸乙酯的含量，所以 1 号样的高级脂肪乙酯含量稍低于 2 号样。待酒尾完全排除后接收的 2 号样，其高级脂肪酸乙酯含量则达到峰值，三种高级脂肪酸乙酯含量之和可以达到 97.4mg/L。

　　（2）出酒时间 9~58min，出酒的酒精度从 51%vol 向 40%vol 下降，3 种高级脂肪

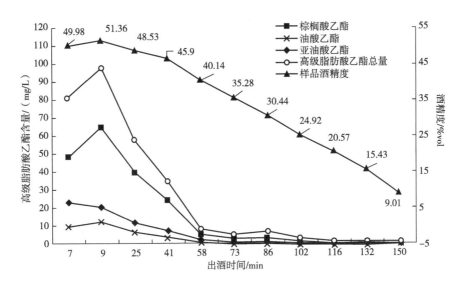

图 2　米制白酒蒸馏过程中高级脂肪酸乙酯类物质馏出动态变化

Fig. 2　The distillation regularity of higher fatty acid ethyl ester in Rice-flavor Baijiu

酸乙酯总量从峰值 97.4mg/L 迅速下降到 7.7mg/L，随着出酒的酒精度逐渐降低，被溶解和拖带出来的高级脂肪酸乙酯含量也迅速降低。

（3）从 58~150min（蒸馏结束），出酒的酒精度从 40%vol 继续下降到 9%vol，3 种高级脂肪酸乙酯呈现缓慢下降趋势，3 种高级脂肪酸乙酯总量由 7.7mg/L 下降到 0.7mg/L。

（4）3 种高级脂肪酸乙酯物质的馏出主要集中在出酒酒精度 45%vol 之前，峰值出现在出酒时间 7~25min。为了控制带入酒液中的高级脂肪酸乙酯的含量，可以把这段时间收集到的高度酒头部分分开存放，再采用冷冻过滤或者其他除浊工艺进行单独过滤处理，这样可以减少酒液的处理量，节约成本。

4.2　米制白酒酒头产生低温絮状沉淀物质的主要成分分析

采用 2 号样冻藏后分离出澄清酒液和含絮状沉淀酒液，得到 1#样、2#样、3#样、4#样，3 种高级脂肪酸乙酯检测结果见表 1。

表 1　　　　　　　　　1#样~4#样高级脂肪酸乙酯的浓度检测结果

Table 1　The concentration of higher fatty acid ethyl ester in the 1#~4# samples

单位：mg/L

样品	棕榈酸乙酯	油酸乙酯	亚油酸乙酯
1#样 （300mL 上清）	9.73	9.99	15.18

续表

样品	棕榈酸乙酯	油酸乙酯	亚油酸乙酯
2#样 （300mL 沉淀）	22.25	8.25	15.25
3#样 （150mL 上清）	10.22	9.83	15.97
4#样 （150mL 沉淀）	19.06	7.70	14.60

以上表中浓度换算成高级脂肪酸乙酯的质量（单位：mg）进行比较和分析，结果见图 3 和图 4。

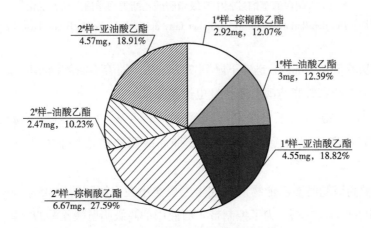

图 3　1#样和 2#样中 3 种高级脂肪酸乙酯质量及其比例

Fig. 3　The mass and proportion of the three kinds of higher fatty
acid ethyl ester in the 1# and 2# samples

注：图 3 中的百分数是指某一种高级脂肪酸乙酯的质量占冻藏前 600mL 原酒样中 3 种高级脂肪酸乙酯总质量的百分比。

从图 3、图 4 显示，第一次分离得到 1#样、2#样的高级脂肪酸乙酯的质量和比例对比可知：2#样的 3 种高级脂肪酸乙酯总量比 1#样高，油酸乙酯和亚油酸乙酯的比例在两个样品中没有显著差别，而棕榈酸乙酯含量 2#样是 1#样的 2.2 倍。同样对比第二次分离得到 3#样、4#样高级脂肪酸乙酯比例可以得到相似的结论。说明澄清酒液和含絮状沉淀酒液主要差别在于棕榈酸乙酯的比例。

通过综合比较两轮试验得到的四个样品高级脂肪酸乙酯的含量，它们的油酸乙酯和亚油酸乙酯的浓度很接近，说明这两类不饱和脂肪酸乙酯物质在所有样品中都能够

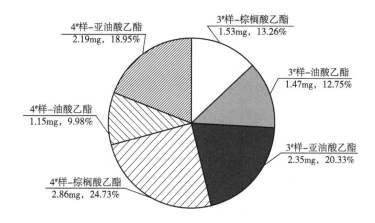

图 4   3#样和 4#样中 3 种高级脂肪酸乙酯质量及其比例

Fig. 4   The mass and proportion of the three kinds of higher fatty

acid ethyl ester in the 3# and 4# samples

注：图 4 中的百分数是指某一种或几种高级脂肪酸乙酯的质量占再次冻藏前 300mL 1#酒样中 3 种高级脂肪酸乙酯总质量的百分比。

以溶解的状态均匀分散在酒精度 50% vol 的酒液中，不容易聚集。而 2#样、4#样（澄清液）的棕榈酸乙酯比例是 1#样、3#样（含絮状沉淀酒液）的 1.8~2.2 倍，说明在 2#样、4#样中只有部分的棕榈酸乙酯能够溶解在冻藏的 50% vol 酒液中，而另外一部分则以絮凝状析出。此外，我们还检测了 1#~4#样中除 3 种高级脂肪酸乙酯外的其他主要成分，含量（数据详见表 2）均比较接近。由此可以说明，导致絮状沉淀的主要物质是棕榈酸乙酯。此结论与白卫东[3]等专家的研究成果并不矛盾，因为他们分离出的絮状沉淀物可能并不纯净，检测分析的是酒液和沉淀物的混合物，所以得出了三种高级脂肪酸乙酯是其主要成分。本文试验结果的对比分析扣除了空白酒液的影响，从而得出了导致絮状沉淀物产生的主要物质是棕榈酸乙酯。

表 2 　　　　　　　　　　　　　　1#~4#样主要风味成分检测结果

Table 2   The main components of favor substances in the 1#~4# Baijiu samples

成分	1#样	2#样	3#样	4#样
甲醇/（mg/100mL）	2.29	2.33	3.43	2.59
乙酸乙酯/（mg/100mL）	78.07	77.03	80.44	82.16
乳酸乙酯/（mg/100mL）	1.14	1.08	1.06	1.02
β-苯乙醇/（mg/L）	19	18	18	19
杂醇油/（g/L）	2.51	2.42	2.49	2.54

注：3#样和 4#样放在常温下回温后，酒液全部变清后，再次进行冻藏，冻藏 3d 之后观察，4#样再次出现絮状沉淀，而 3#样冻藏 1 个月未再出现絮状沉淀。

5 结论与讨论

从米制白酒蒸馏过程中 3 种高级脂肪酸乙酯馏出规律来看：蒸馏初期由于酒头部分酒精度高，拖带出来的高级脂肪酸乙酯含量也越多。后面随着酒精度降低，馏出的高级脂肪酸乙酯也越低。因此可以把馏出的头部酒液单独存放和处理，以减少高级脂肪酸乙酯带入量，从而避免后续产品在低温时发生失光或者产生絮状沉淀。但还有一个需要考虑的问题是，高级脂肪酸乙酯在酒体中可以增加厚重感，减少干涩以及增强后味等。如果去除太多高级脂肪酸乙酯，白酒则可能会出现后味短、酒味淡薄等缺陷。所以，在高级脂肪乙酯去除量的方面还有待于深入探讨。

米制白酒的酒头在低温下析出的白色絮状沉淀，其构成的主要成分是属于饱和脂肪酸乙酯类的棕榈酸乙酯。油酸乙酯和亚油酸乙酯这两类不饱和脂肪酸乙酯物质能够均匀溶解分散在酒精度 50% vol 以上的酒液中，不容易聚集。

参考文献

[1] 余洁瑜，刘功良，白卫东，等. 米制白酒的研究进展 [J]. 中国酿造，2021，40（1）：29-32.

[2] 方巧爱. 白酒失光及低温下出现白色絮状悬浮物的分析 [J]. 福建轻纺，2015，3：52-54.

[3] 白卫东，赵文红. 低度酒中浑浊物的分析 [J]. 仲恺农业技术学院学报，1994，7（1）：28-31.

[4] 沈怡方. 低度优质白酒研究中的几个技术问题 [J]. 酿酒科技，2007，6：77-81.

[5] 佘开华，杨庚生，温素娥. 白酒中白色沉淀物的研究 [J]. 酿酒科技，2002，3：51-52.

[6] 左国营，吴兆征，赵殿臣，等，白酒浑浊的原因浅析及解决措施探讨 [J]. 酿酒，2011，（5）：61-63.

[7] 黄亚东. 白酒生产技术 [M]. 北京：中国轻工业出版社，2014.

[8] 沈怡方，白酒生产技术全书 [M]. 北京：中国轻工业出版社，1998.

[9] 张湛锋. 豉香型白酒中的高级脂肪酸乙酯的形成机理和影响其生成的因素 [J]. 酿酒，2005，（5）：39-41.

不同产地陶坛对浓香型白酒陈酿质量的影响探究

胡婷婷，杨泽明，梅梦苧，代良超，文静

(舍得酒业股份有限公司，四川遂宁　629000)

摘　要：该研究通过对不同产地陶坛储存基酒酒样的安全指标、理化指标、金属元素、挥发性风味物质的测定，及感官评价，探究不同产地陶坛对浓香型白酒陈酿质量影响的差异。结果表明，达到储存期后，各产地陶坛中储存基酒的安全指标均远低于国家限量标准。丙产地陶坛储存基酒的酒损率均显著大于甲、乙产地。在感官评价上，甲、乙产地储存基酒均表现出较明显酒体脱新熟化、无明显新酒气，这表明甲、乙产地陶坛更有利于浓香型白酒储存。对金属元素同异性进行聚类，即可将样本分为三类：新酒，甲和乙产地陶坛，丙产地陶坛，这与感官评价结果一致。随着储存时间的增加，不同产地陶坛的主体挥发性风味物质的含量变化呈现一致性，均由醇类及酸类为主逐渐转变为以酯类为主。同时，根据含量的差异分为甲、乙产地陶坛，丙产地陶坛及新酒 3 类，这与感官评价和金属元素结果一致。

关键词：浓香型白酒，陶坛，挥发性风味物质，陈酿

Influence of pottery jars from different producing areas on the aging process of Nong-xiang Baijiu

HU Tingting，YANG Zeming，MEI mengning，DAI Liangchao，WEN Jing

(ShedeSpirits Co.，Ltd.，Sichuan Suining 629000，China)

Abstract：This study measured the safety indicators，physicochemical indicators，metal elements，volatile flavor compounds，and sensory evaluation of base liquor stored in pottery

基金项目：不同工艺陶坛对浓香型白酒陈酿质量的影响研究；沱牌舍得陈香风味白酒研究。

作者简介：胡婷婷（1996—），女，研发员，硕士研究生，研究方向为白酒酿造；邮箱：744193047@qq.com；联系电话：18882825029。

通信作者：文静（1975—），女，高级工程师，本科，研究方向为酿酒工程技术；邮箱：651204349@qq.com；联系电话：15828981806。

jars from different regions, to explore the differences in the quality impact of pottery jars from different regions on strong aroma base liquor. The results showed that after reaching the storage period, the safety indicators of the base liquor stored in pottery jars from various regions were far below the national limit standards. The alcohol damage rate of the base liquor stored in pottery jars from production areas C is significantly higher than that of production areas A and B. In terms of sensory evaluation, the base liquor stored in places A and B showed obvious aging, which indicated that pottery jars in places A and B were more conducive to the storage of Nong-xiang Baijiu. Clustering the homogeneity of metal elements, namely new wine, pottery jars from regions A and B, and pottery jars from regions C, is consistent with the sensory evaluation results. As the storage time increases at any time, the content of volatile flavor compounds in the main body of pottery jars from different origins shows consistency, gradually shifting from alcohols and acids to esters. At the same time, according to the difference in content, it is divided into three categories: pottery jars from production areas A and B, pottery jars from production areas C, and new wine. This is consistent with the results of sensory evaluation and metal element.

Key words: Nong-xiang Baijiu, Pottery jar, Volatile flavor substance, Aging

1 前言

浓香型白酒为中国特有的传统酒种,因其特殊的口感和复杂的酿造工艺闻名世界,基酒风味成分复杂,主体为乙醇和水,仅有 2% 的微量成分,主要包括酸类、酯类、醇类、醛类、芳香环类、酮类等[1]。然而,微量成分决定了浓香白酒的风格和品质[2]。新酒指刚酿制完成的基酒,在香气上往往有明显的新酒味,表现为入口较辛辣刺喉、下咽不顺畅并伴随着一些异杂味[3],而陈酿是消除不适口感、提升基酒风味不可或缺的方式之一。因此,选择合适的陈酿容器或介质尤为关键。

陶坛陈酿是传统陈酿方法之一。首先,陶坛是由优质黏土经高温烧结而成,坛壁有细密的空隙结构,稳定性高、不易氧化变质,且耐酸、碱、抗腐蚀[4]。同时,根据"白酒溶胶"的理论,金属离子的存在使得基酒风味更加稳定[5],主要原因是陶坛中金属离子(如 Cu^{2+}、Fe^{2+} 和 K^+[6])溶出,可促进乙醇分子的重新排列,增强其与水分子的缔合能力,加速基酒进入一个相对稳定的状态,降低白酒的水解速度[6]。其次,陶坛中金属氧化物溶出,与基酒中的香味成分发生缩合反应,对酒的老熟陈化起促进作用[7]。再次,陶坛中富含硒、铁、锌、钙等微量元素,可使基酒中生成更丰富的生物活性物质[8]。最后,在实际生产中,酒损率是衡量产品得率的关键因素,有研究表明每年白酒损耗率为 3%~6%,更高可达 9.7%[9]。因此,陶坛储存降低损耗率亦是研究的关键内容。

至目前，诸多学者的研究主要集中在对不同材质（如陶坛、不锈钢、酒海）[10-11] 储存容器的对比，或酒质随时间的动态变化上[12-13]，而关于不同产地陶坛储存浓香型白酒的系统研究较少。因此，本研究以浓香型原酒为原料，旨在探究在相同储存环境条件下不同产地陶坛对浓香型白酒的陈酿质量影响差异，包括其感官质量变化、风味成分含量变化及金属元素含量变化等，综合分析不同产地陶坛对浓香型白酒储存效果的影响，为陶坛的选择提供数据参考，为提高白酒的质量提供理论基础。

2　材料与方法

2.1　材料与试剂

2.1.1　样品

试验选取 2022 年生产的浓香型基酒（酒精度 69.5% vol）作为研究对象（由舍得酒业股份有限公司提供），分别置于甲、乙、丙三种产地的 500L 陶坛分别储存 90、180 和 270d 后取样进行测定分析，每个样品各 5 个重复。文中新酒为原始新产基酒，甲、乙、丙分别代表不同的三个产地，3/6/9 分别代表储存的月数。如甲-3 为甲产地储存 3 个月的基酒。

2.1.2　试剂

氢氧化钠（NaOH）；盐酸（HCl）；无水硫酸钠（Na$_2$SO$_4$）；氯化钠（NaCl）；氩气（Ar，≥99.995%）；氦气（He，≥99.995%）；金元素（Au）溶液；乙酸乙酯、丁酸乙酯、己酸乙酯、乳酸乙酯、正丙醇等标准物质均为分析纯；乙醇、正己烷（C$_6$H$_{14}$）、乙酸乙酯（C$_4$H$_8$O$_2$）、乙醚（C$_4$H$_{10}$O）、甲醇（CH$_4$O）等均为色谱纯。

2.2　仪器与设备

NexION 350D 型电感耦合等离子体质谱仪（ICP-MS，PerkinElmer 股份有限公司）；7890B 型气相色谱仪（安捷伦科技有限公司）；DMA 35 型数字密度计［安东帕（上海）商贸有限公司］等。

2.3　试验方法

2.3.1　酒精度测定

采用 DMA 35 型数字密度计测定基酒酒精度。用超纯水校正后测定基酒，待样品管内无气泡后读数。

2.3.2 酒损率测定

使用检定合格的不锈钢直尺（量程 50cm）测量陶坛口到基酒液面的垂直距离，每次测量点为同一地点。将测量后的空距、温度、酒精度、陶坛的高（m）、直径（m）等指标，采用微积分模型计算出每坛酒样的质量（kg），再根据公式（1）计算其酒损率。

$$\text{酒损率} = [(\text{初始质量} - \text{最终质量}) / \text{初始质量}] \times 100\% \tag{1}$$

2.3.3 金属元素测定

对基酒中的铅、砷、镉、铬、锰、镍、钠、铜、锌、铁、镁及钙等 12 种元素进行检测，参考 GB 5009.268—2016《食品安全国家标准 食品中多元素的测定》。

2.3.4 总酸及总酯测定

总酸测定参考 GB 12456—2021《食品安全国家标准 食品中总酸的测定》，总酯测定参考 GB/T 10345—2022《白酒分析方法》。

2.3.5 挥发性风味物质测定

对基酒中的 53 种风味挥发物质及氰化物进行测定，参考 GB/T 10345—2022《白酒分析方法》。

2.3.6 感官分析

由 7 名固定的省级以上白酒评委组成感官评定小组，分别对基酒的色、香、味、格四个维度进行评价。

2.4 数据处理与分析

所有试验样本均 5 组平行，除金属元素和挥发性风味成分外，其余每个样本重复测定 2 次，结果以平均值±标准差表示，并采用 SPSS 20.0 软件进行样品间结果差异显著性检验分析（Duncan 检验法，$p < 0.05$）。

3 结果与分析

3.1 不同产地陶坛对酒样安全指标的影响

储存 9 个月后所有酒样的甲醇、氰化物和 Pb 浓度分别为 0.17~0.19g/L，0.07~0.13mg/L，0.16~0.32μg/L（表 1）。各酒样中甲醇浓度无显著差异，且满足限量标准。

表1　　　　　　　　　　　不同产地陶坛储存酒样的安全指标结果
Table 1　　　　　　　Safety index results of wine samples stored in
pottery jars from different origins

陶坛产地	甲醇/(g/L)	氰化物/(mg/L)	Pb/(μg/L)
新酒	0.17±0.00[a]	0.13±0.00[a]	0.16±0.04[c]
甲	0.19±0.00[a]	0.08±0.01[c]	0.17±0.04[c]
乙	0.19±0.00[a]	0.07±0.01[c]	0.32±0.09[a]
丙	0.19±0.00[a]	0.10±0.01[b]	0.19±0.09[b]
国家限量标准	≤0.6	≤8.0	≤0.5

注：同列不同小写字母表示组间有显著性差异（$p<0.05$）。

3.2　不同产地陶坛对酒样酒损率的影响

酒损率是储存时白酒的挥发损耗[14]，这直接影响企业的经济效益。图1为不同产地陶坛对储存9个月酒样酒损率的影响。由公式（1）计算酒样的酒损率如图1所示。由图1可知，丙产地陶坛储存酒样的酒损率（4.48%）显著大于甲产地（1.07%）和乙产地（1.26%），这表明丙产地陶坛储酒的酒样损耗更大，这可能是由于陶坛高温烧制过程中丙产地陶坛形成了更多或更大孔隙导致酒样挥发较快，这也进一步导致该陶坛储酒成本较高。

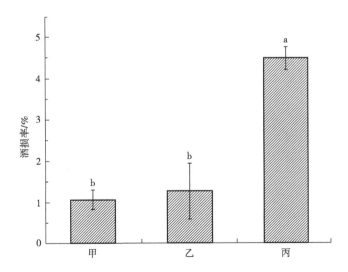

图1　不同产地陶坛对酒样的酒损率的影响

Fig. 1　The influence of pottery jars from different origins on the damage rate of wine samples

注：不同小写字母表示有显著差异（$p<0.05$）。

3.3 储存过程中酒样酒精度、总酸和总酯的变化

通过对不同产地储存过程中酒精度、总酸和总酯含量的变化进行分析，结果如图2、图3和图4所示。如图2所示，储存过程中不同产地陶坛储存基酒的酒精度无显著变化。

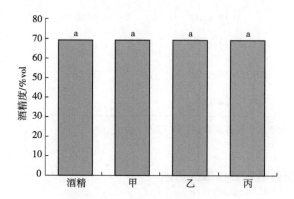

图2　储存过程中酒精度的变化

Fig. 2　Changes in alcohol content during storage

注：相同字母表示无显著差异。

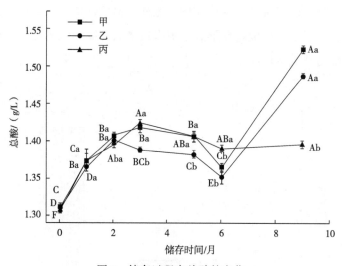

图3　储存过程中总酸的变化

Fig. 3　Changes in total acids during storage

注：大写字母不同表示相同产地不同储存时间总酸差异显著，小写字母不同表示相同储存时间不同产地总酸差异显著（$p<0.05$）。

总酸主要包括有机酸和无机酸，在白酒中以有机酸为主。不同产地陶坛储存基酒的总酸度变化过程如图3所示，新酒中最初总酸含量为 1.31g/L。在储存前期，不同产地陶坛储存基酒的总酸差异不显著。然而，随着储存时间的延长，不同产地基酒的

总酸含量呈现持续上升的趋势，在储存 9 个月后，甲、乙产地陶坛中基酒总酸含量均显著大于丙产地，其总酸含量分别为 1.52g/L 和 1.49g/L，这可能是由于微量成分酯类物质水解、氧化和酯酸交换而导致[15]的，与其他浓香型的研究成果一致[16]，符合"酸增酯减"的变化规律。

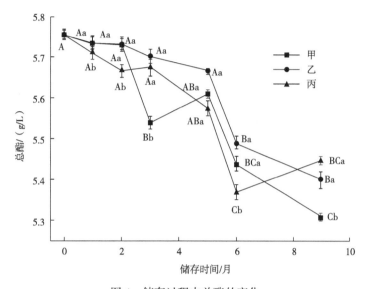

图 4　储存过程中总酯的变化

Fig. 4　Changes in total esters during storage

注：大写字母表示相同产地不同储存时间，小写字母表示储存相同时间不同产地。不同字母表示有显著差异（$p<0.05$）。

酯类物质是白酒中的主要呈味物质之一，大多数具有水果样的芳香，是形成白酒香型和构成白酒香味的主要成分。不同产地陶坛储存基酒的总酯变化过程如图 4 所示。在 9 个月的储存中，不同产地陶坛总酯含量无明显规律。随着储存时间的延长，不同产地陶坛储存基酒的差异逐渐显著，总酯含量均呈下降趋势，且下降幅度显著。在储存 9 个月时，甲、乙和丙产地陶坛储存基酒中总酯含量由 5.75g/L 分别下降至 5.31、5.40、5.44g/L。袁琦等[17]研究表明，针对酯类含量降低的原因可能为自然挥发的物理损失和水解反应、酯-酸交换反应、酯氧化反应的化学损失；孟望霓等[18]也发现酯类物质的含量随着贮存时间的延长而降低，且各种酯类物质的下降幅度基本在 5%~30%。

3.4　感官评价结果

不同产地陶坛储存基酒的感官评价结果见表 2。由表 2 可知，新产基酒辛辣感明显，新酒气浓郁。在不同产地陶坛储存 9 个月时，甲、乙产地陶坛储存基酒均脱新熟化、无新酒气，与丙产地感官存在较大差异。这说明可能甲、乙产地的陶坛可能更有利于浓香型白酒的储存。

表 2 不同产地陶坛储存基酒感官评价结果

Table 2 Sensory evaluation results of base liquor stored in pottery jars from different origins

储存时间/月	陶坛产地	感官评语	感官评分
新酒	甲、乙、丙	清亮透明、新酒气浓、糟香明显、燥辣刺激、后味净	76.77±0.08
储存3个月	甲	清亮透明、新酒气明显、糟香突出、较刺激、后味净	80.06±1.26
	乙	清亮透明、新酒气明显、味醇和、香较舒适、后味净	79.77±1.27
	丙	清亮透明、新酒气明显、味醇和、香较舒适、后味净	78.72±1.88
储存6个月	甲	清亮透明、略带新酒气、略有糟香、醇和干净、略甜	82.46±1.04
	乙	清亮透明、略带新酒气、略有糟香、醇和干净、有甜感	81.26±0.65
	丙	清亮透明、新酒气较明显、略有糟香、醇和干净、有甜感	80.06±0.42
储存9个月	甲	清亮透明、酒体脱新熟化、无明显新酒气、醇甜、后味干净、协调	85.24±1.09
	乙	清亮透明、酒体脱新熟化、无明显新酒气、醇甜、后味干净、协调	83.25±0.12
	丙	清亮透明、略带新酒气、醇甜、后味干净、协调	81.86±1.18

3.5 不同产地陶坛储存基酒金属元素的差异分析

采用 ICP-MS 检测技术对不同产地陶坛储存基酒的金属元素进行测定，不同产地陶坛中储存基酒的金属元素差异明显，结果如图 5 所示。

在产地上，不同产地的金属元素组成可分为 4 类，每个产地均各为一类。此外，可将甲与乙先聚为一类，再依次和新酒及丙产地聚类，表明甲和乙产地陶坛储存基酒的金属元素组成更为相似，与新酒和丙产地差异明显。在金属元素的分类上，金属元素可分为两类，Ⅰ类为 Zn、Fe、Ni、Mn、Cu、As、Cr、Pb、Cd、Na，Ⅱ类为 Ca、Mg。甲和乙产地Ⅱ类金属元素含量均较低，Ⅰ类金属元素含量较高，而丙产地与之相反。新酒中各类金属元素含量差异较小，且含量较低。随着储存时间的延长，不同产地陶坛储存基酒中Ⅰ类金属元素含量变化较小，Ⅱ类金属元素含量显著增加，这可能是由于陶坛是烧制的黏土制成。它的主要成分是 SiO_2 和 Al_2O_3 并含有少量的金属氧化物，如 CaO，Fe_2O_3，CuO 和 NiO 等，这些金属氧化物在储存过程中逐渐溶解到白酒中[19]。

3.6 不同产地陶坛储存基酒中挥发性风味物质差异分析

采用 GC-MS 检测技术对不同产地陶坛储存基酒的挥发性风味物质进行测定，根

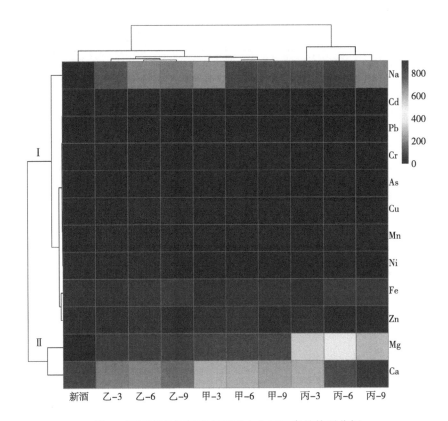

图 5　不同产地陶坛储存基酒中金属元素的热图分析

Fig. 5　Termographic analysis of metal elements in wine samples
stored in pottery jars from different regions

据含量选取 54 种物质进行主成分分析（Principal Component Analysis，PCA）和热图分析，PCA 分析所得各物质的 PC1 和 PC2 值如表 3 所示，PCA 分析和热图如图 6（1）和图 6（2）所示。

表 3　GC-MS 测定基酒中挥发性风味物质及对应主成分分析中的 PC1、PC2 值

Table 3　GC-MS determination of volatile compounds in base Baijiu and corresponding principal component analysis of PC1, PC2values

序号	物质名称	PC1	PC2	序号	物质名称	PC1	PC2
A1	甲酸乙酯	−1.0547	−0.0494	A6	乙酸异戊酯	−1.1504	−0.0541
A2	乙酸乙酯	12.5753	0.2286	A7	戊酸乙酯	−0.6856	−0.0408
A3	异丁酸乙酯	−1.1495	−0.0396	A8	己酸乙酯	14.0702	0.1408
A4	丁酸乙酯	−0.2196	0.0667	A9	庚酸乙酯	−0.9918	−0.0338
A5	异戊酸乙酯	−1.1617	−0.0285	A10	乳酸乙酯	9.8008	−0.7232

续表

序号	物质名称	PC1	PC2	序号	物质名称	PC1	PC2
A11	己酸丁酯	-1.1115	-0.0799	B13	β-苯乙醇	-1.1737	-0.0364
A12	辛酸乙酯	0.2381	1.9578	C1	乙酸	3.1740	-0.1237
A13	壬酸乙酯	-1.1610	-0.0044	C2	丙酸	-1.1208	-0.0661
A14	己酸己酯	-1.0397	0.0276	C3	异丁酸	-1.1491	-0.0289
A15	癸酸乙酯	-1.1724	-0.0448	C4	丁酸	-0.6112	-0.0133
A16	苯乙酸乙酯	-1.1682	-0.0319	C5	异戊酸	-1.1363	-0.0349
A17	棕榈酸乙酯	-1.0339	-0.0281	C6	戊酸	-1.1015	-0.0220
A18	油酸乙酯	-1.1304	-0.0331	C7	己酸	0.3255	-0.0152
A19	亚油酸乙酯	-1.0720	-0.0180	C8	庚酸	-1.1602	-0.0377
A20	亚油酸乙酯	-1.0720	-0.0180	C9	辛酸	-1.1083	-0.0879
B1	甲醇	-0.3599	0.0355	D1	乙醛	-0.6218	0.0027
B2	仲丁醇	-0.9728	-0.0318	D2	异丁醛	-1.1103	-0.0300
B3	正丙醇	1.2692	-0.0329	D3	乙缩醛	-0.2952	-0.0252
B4	正丁醇	1.8107	0.1946	D4	2-甲基丁醛	-1.1034	-0.0357
B5	异丁醇	-0.8564	-0.0564	D5	异戊醛	-0.6830	-0.2190
B6	仲戊醇	-1.1620	-0.0260	D6	糠醛	-1.1464	-0.0480
B7	3-甲基丁醇	0.3616	0.1109	D7	苯甲醛	-1.1725	-0.0423
B8	正戊醇	-1.0264	-0.0299	E1	丙酮	-1.1501	-0.0324
B9	正己醇	-0.0640	-0.0117	E2	2-戊酮	-1.1707	-0.0279
B10	正庚醇	-1.1650	-0.0515	E3	3-羟基-2-丁酮	-1.1648	-0.0344
B11	辛醇	-1.1680	-0.0470	F1	1,1-二乙氧基-2-甲基丁烷	-1.1635	-0.0518
B12	1,2-丙二醇	-1.1614	-0.0465	F2	1,1-二乙氧基-3-甲基丁烷	-1.0447	-0.1380

为找出不同产地陶坛间的关键差异化合物，分别对储存不同时间的基酒进行不同产地陶坛间差异分析。PCA 结果显示，模型共提取 2 个主成分（PC1 和 PC2），分别为 40.7%、28.4% [图 6（1）]，累计方差贡献度 69.1%，表明因子对变量的解释能力良好。

由图 6（1）可知，不同产地间陶坛储存基酒在 3、6 和 9 个月时挥发性风味物质组成特点差异均不明显 [图 6（1）]，但与新酒具有显著差异（$p < 0.05$）。然而，不同储存时间下的挥发性风味物质组成特点差异明显（$p < 0.05$）。储存 3 个月时，甲-3、

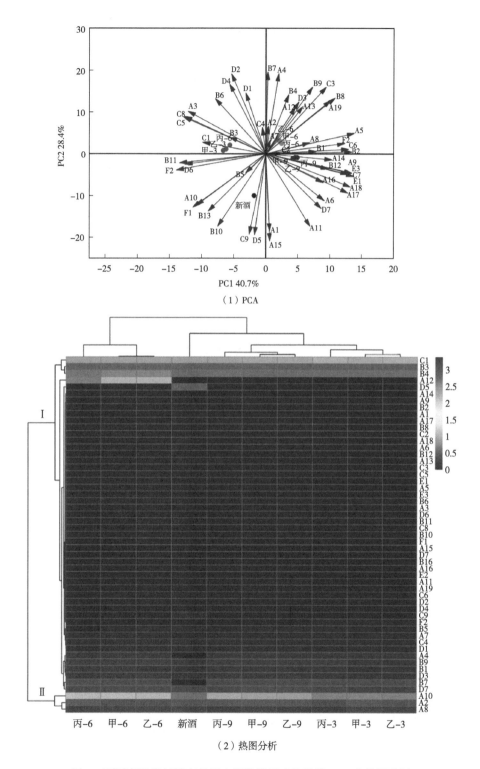

（1）PCA

（2）热图分析

图6　不同产地陶坛储存基酒中挥发性风味物质的PCA和热图分析

Fig. 6　PCA and thermographic analysis of volatile substances in

wine samples stored in pottery jars from different regions

乙-3 和丙-3 均分布在第一象限，以醇类和酸类为主，酯类次之，即以 A3（异丁酸乙酯）、B3（正丙醇）、B6（仲丁醇）、C1（乙酸）、C5（异戊酸）、C8（庚酸）、D1（乙醛）、D2（异丁醛）、D4（2-甲基丁醛）等为主要挥发性风味来源。甲-6、乙-6 和丙-6 均分布在第二象限，以酯类和醇类物质为主，酸类次之，即以 A2（乙酸乙酯）、A4（丁酸乙酯）、A5（异戊酸乙酯）、A8（己酸乙酯）、A12（辛酸乙酯）、A13（壬酸乙酯）、A19（亚油酸乙酯）、B1（甲醇）、B7（3-甲基丁醇）、B9（正己醇）、C3（异丁酸）、C8（庚酸）等 17 种挥发性风味物质为主。储存 9 个月时，甲-9、乙-9 和丙-9 均分布在第四象限，此时挥发性风味物质变丰富，主要以酯类物质为主，而醇、酸、醛、酮含量相对下降，分别以 A1（甲酸乙酯）、A6（乙酸异戊酯）、A9（庚酸乙酯）、A11（己酸丁酯）、A14（己酸己酯）、A15（癸酸乙酯）、A16（苯乙酸乙酯）、A17（棕榈酸乙酯）、A18（油酸乙酯）、B12（1，2-丙二醇）、C7（己酸）、D7（苯甲醛）、E1（丙酮）等 14 种挥发性风味物质为主。综上所述，随着储存时间的延长，主体挥发性风味物质的含量发生变化，由醇类及酸类为主逐渐转变为以酯类为主，主要为乳酸乙酯。这表明，经过陶坛的储存能够显著增加白酒的特征风味，并能富集浓香型白酒特有的主体挥发性风味（乳酸乙酯）。王清龙[14]等研究表明乳酸乙酯作为浓香型白酒骨架风味之一，可以丰富酒体，延长白酒后味。

为进一步探究不同产地陶坛储存的基酒、新酒中的香气成分特点，我们根据挥发性风味物质含量绘制了聚类热图［图6（2）］。由图可知，挥发性风味物质可分为两类。在同一储存期内，不同产地陶坛储存基酒的挥发性风味物质组成接近。同时，随着储存时间的延长，不同产地陶坛储存基酒的挥发性风味物质呈现一致的变化趋势。因此，短期储存内，不同产地陶坛对浓香型基酒风味影响较小，而储存时间对其挥发性风味物质影响较大。此外，不同产地陶坛的基酒储存 3、6 和 9 个月的挥发性风味物质组成情况与新酒一致，可能原因是基酒的储存时间较短，与前人的研究结果一致（任璐[20]）。最后，由聚类分析的三级分类可将不同产地陶坛大致分为新酒，甲、乙产地，丙产地，这与感官评价、金属元素的分析结果一致。

4　结论

通过对不同产地陶坛储存浓香型基酒的安全指标、酒损率、金属元素及感官质量进行探究，对比分析不同产地陶坛储存浓香型基酒产生的陈酿质量差异，结果如下：在挥发性风味物质上，随着储存时间的延长，主体挥发性风味物质的含量发生变化，由醇类及酸类为主逐渐转变为以酯类为主，主要为乳酸乙酯。根据含量的差异可将样本分为 3 类，即Ⅰ：新酒，Ⅱ：甲、乙产地，Ⅲ：丙产地。在安全指标上，经 9 个月的储存后，所有陶坛储存基酒的安全指标均符合国家标准。在酒损率上，甲、乙产地陶坛储存基酒的酒损率均显著小于丙产地。在储存前 6 个月，各产地陶坛储存基酒的总酸、总酯差异小，无明显规律，储存 9 个月时差异明显，总酸呈现甲产地>乙产地>丙产地的趋势，总酯则反之。在金属元素上，较于新酒，经陶坛储存后金属元素含量增加。此外，不同产地陶坛可归为 3 类，即新酒、甲和乙产地陶坛、丙产地陶坛。在感官评价上，储存前 6 个月内，不同产地基酒的感官差异较小。储存 9 个月后，丙产地陶坛储存基酒均表现出较明显酒体脱新熟化、无明显新酒气，这表明甲、乙产地陶坛可能更有利于浓香型白酒储存。

综上所述，在经过 9 个月的储存后，各指标将不同产地陶坛储存基酒分为：甲和乙产地，丙产地，并均与新酒有显著差异。同时，甲、乙产地陶坛储存的基酒感官品质更优。因此，在短储存期内，甲、乙产地陶坛更有利于浓香型白酒的储存。本研究旨在为浓香型白酒陈酿容器的选择提供一定的数据支撑和理论方法。

参考文献

[1] 罗政，代金凤，文春平，等．不同贮藏容器对浓香型白酒品质的影响 [J]．食品与发酵工业，2019，45 (11)：118-122.

[2] 陈引兰，尹婷，陈琴．浓香型白酒酒质与其微量成分的关系 [J]．湖北师范学院学报（自然科学版），2015，35 (4)：13-15.

[3] 许锦文，牛青青，朱广燕，等．陶坛贮存对青稞酒的老熟效果研究 [J]．酿酒，2021，48 (6)：76-78.

[4] 祝成，左可成，管莹，等．不同产地陶缸对白酒陈酿过程的影响研究 [J]．酿酒科技，2022，(10)：71-75.

[5] 庄名扬．中国白酒的溶胶特性及其应用原理与方法 [J]．酿酒科技，2002，(2)：27-30.

[6] 高倩．金属离子在汾酒老熟过程中的功能研究 [D]．太原：山西大学，2016.

[7] 井维鑫，马秀平，王兰，等．不同贮存期汾酒中金属元素的含量变化 [J]．食品与发酵工业，2013，39 (11)：33-38.

[8] 张书田，冯勇．陶坛陈贮工艺提升白酒品质的研究 [J]．酿酒科技，2014，(9)：53-55.

[9] 范伟国，段言峰，张艳梅，等．新型集束式陶管不锈钢罐的实践与分析 [J]．酿酒科技，2013，(01)：82-84.

[10] 袁笑梦，周洪江，张葆春，等．不同容器储存对白兰地原酒香气的影响 [J]．食品与发酵工业，2023，49 (9)：89-95.

[11] 郑君，苏宁，严斌．不同容器发酵昌黎地区霞多丽干白葡萄酒的香气研究

[J]. 中国酿造, 2013, 32 (7): 123-125.

[12] 何菲, 段佳文, 蒋英丽, 等. 采用 GC-IMS 比较不同贮存时间酱香型白酒的挥发性成分特征 [J]. 食品与发酵工业, 2022, 48 (1): 233-240.

[13] 秦丹, 何菲, 冯声宝, 等. 不同贮存时间青稞酒挥发性香气成分分析 [J]. 食品科学, 2021, 42 (16): 99-107.

[14] 王清龙, 刘延波, 任晓萌, 等. 赊店老酒新老窖池酒醅理化指标、细菌菌群多样性及风味物质分析 [J]. 中国酿造, 2023, 42 (8): 122-128.

[15] MA Y, QIAO H, WANG W, et al. Variations in physicochemical properties of Chinese Fenjiu during storage and high-gravity technology of liquor aging [J]. International Journal of Food Properties, 2014, 17 (4): 923-936.

[16] 陈同强, 李灿, 王亮亮, 等. 不同酒龄馥郁香型白酒成分指标变化规律研究 [J]. 食品安全质量检测学报, 2019, 10 (6): 1635-1638.

[17] 袁琦, 温承坤, 郑亚伦, 等. 白酒贮存过程中风味物质含量变化规律的研究进展 [J]. 中国酿造, 2021, 40 (5): 14-17.

[18] 孟望霓, 田志强. 酱香型白酒贮藏期主要香味成分的测定 [J]. 酿酒科技, 2015, 80 (6): 80-91.

[19] 范宸铭, 惠明, 田青, 等. 酱香型原酒贮存期金属元素含量变化及其对风味化合物的影响 [J]. 食品科学, 2023: 1-12.

[20] 任璐, 张亚芳, 张永利. 不同储存容器对凤香型基酒储存前期风味形成的探究 [J]. 食品与发酵工业, 2023: 1-9.

生木味缺陷酒风味物质的研究

范宽秀，章德丽，邹江鹏，杨明，范世凯

（贵州金沙窖酒酒业有限责任公司，贵州毕节　551800）

摘　要：生木味是酱香型白酒基酒中常见的异嗅味，研究酱香型白酒基酒生木味的风味物质，对提高酒体品质具有重要意义。本研究利用感官品评和色谱技术对各轮次生木味基酒的风味物质进行解析，发现乙醛、乙缩醛、糠醛、仲丁醇、异戊醇、丙酸可能是造成基酒产生生木味的风味物质，通过单体香添加试验推测出乙醛、乙缩醛可能是导致基酒呈生木味的单体物质或其单体物质的一部分；通过不同发酵周期实验发现延长窖内糟醅发酵周期，可以减少乙醛和乙缩醛的含量，同时减少基酒中生木味的产生，为酱香型白酒基酒生产工艺调控技术的优化提供了理论依据。

关键词：生木味缺陷酒，基酒，感官导向，单体香添加，乙醛，乙缩醛，发酵周期

Research on the flavor substances of raw wood flavored defective liquor

FAN Kuanxiu, ZHANG Deli, ZOU Jiangpeng, YANG Ming, FAN Shikai

（Jinsha Jiaojiu Distillery Co., Ltd., Guizhou Bijie 551800, China）

Abstract：Raw wood flavor is a common odor in Maotai flavor liquor base liquor. Studying the raw woody flavor substances of Maotai flavor liquor base liquor is of great significance to improving the quality of liquor. This study used sensory evaluation and chromatographic techniques to analyze the flavor substances of each round of raw wood flavored

作者简介：范宽秀（1995—），女，硕士研究生，研究方向为白酒风味；邮箱：1499641355@ qq. com；联系电话：15186515420；章德丽（1989—），女，本科，研究方向为微生物；邮箱：1739834778@ qq. com；联系电话：18302646701。

通信作者：邹江鹏（1981—），男，高级工程师，博士后，研究方向为白酒智能化及风味化学；邮箱：19260292@ qq. com；联系电话：15085514673。

base liquor. It was found that acetaldehyde, acetal, furfural, sec-butyl alcohol, isoamyl alcohol, and propionic acid may be responsible for the production of base liquor. Woody flavor substances, Through the monomer aroma addition test, it is inferred that acetaldehyde and acetal may be the monomer substances or part of their monomer substances that cause the base liquor to have a woody taste. Through experiments with different fermentation cycles, it was found that extending the fermentation cycle of the fermented grains in the cellar can reduce the content of acetaldehyde and acetal, and at the same time reduce the production of raw woody flavor in the base liquor, which provides information for the optimization of production process control technology for Maotai flavor liquor base liquor theoretical basis.

Key words：Raw wood flavor defective liquor, Base liquor, Sensory oriented, Monomer aroma addition, Acetaldehyde, Acetal, Fermentation cycle

1 前言

酱香型白酒是中国十二大香型白酒中风味成分繁杂、工艺特殊的固体发酵酒，具有酱香突出、优雅细腻、酒体醇厚、回味悠长、空杯留香持久的醇柔酱香风格特征，深受广大消费者的青睐[1]。基酒又名原酒，是通过纯粮固态发酵和蒸馏而成的白酒。然而，在白酒酿造过程中，因发酵周期、发酵条件及工艺操作控制不当等都可能使蒸馏出来的基酒伴有各种缺陷酒特征，使得勾调困难，偏离酱香型白酒特有风格。在多种缺陷酒特征中，生木味是一种常见的异嗅味[2]。目前关于酱香型白酒异嗅味的研究主要集中于臭味、霉味、盐菜味等方面，对于生木味缺陷酒的研究鲜见相关文献报道。同时，生产实践表明生木味的出现不仅严重影响酱香型白酒的质量，给企业造成经济损失，甚至在一定程度上阻碍了白酒行业的发展[3]。

感官品评是用感觉器官检验产品感官特性的科学方法，感官品评结合色谱技术是分析产品中异嗅味化合物的重要途径[4]。孙优兰等[2]利用感官导向结合色谱技术分析，发现造成酱香型白酒生青味的主要化合物是糠醛、酯类和高级醇类。单体香添加实验是将各种香气物质以不同的含量添加到某定量物质中，产生整体香气，用人的嗅觉去判断各香气物质对总体香气的贡献，被广泛应用于多种食品的香气物质研究[5]。王露露[6]通过香气添加实验确认了"量微香大"的含硫化合物含量失调是造成酱香型白酒"盐菜味"缺陷的关键因素。可见，随着中国酒业进入新的发展阶段，对酱香型白酒异嗅味化合物的研究已取得较大进展。基于此，本研究采用感官品评结合色谱技术，以及单体香添加等方法，研究酱香型白酒基酒生木味的呈香呈味物质，研究不同发酵周期对基酒生木味的影响，以期为企业减少生木味基酒的产出提供有效手段。

2　材料与方法

2.1　材料与试剂

酒样：取贵州金沙窖酒酒业有限公司 2023 年生产的 1~6 轮次无生木味基酒（NB）和生木味基酒（WB），编号如表 1 所示。

表 1　　　　　　　不同轮次基酒有无生木味的编号

Table 1　Numbers of different rounds of base liquor with or without raw wood flavor

轮次	无生木味基酒	生木味基酒	轮次	无生木味基酒	生木味基酒
1 轮次	NB1	WB1	4 轮次	NB4	WB4
2 轮次	NB2	WB2	5 轮次	NB5	WB5
3 轮次	NB3	WB3	6 轮次	NB6	WB6

试剂：乙酸乙酯、乳酸乙酯、丁酸乙酯、己酸乙酯、乙酸正戊酯、2-乙基丁酸（分析级标准品，纯度均大于 98%，上海麦克林生化科技股份有限公司）；乙醛、乙缩醛、糠醛、仲丁醇、异丁醇、正丁醇、异戊醇、β-苯乙醇、乙酸、正庚酸、丙酸、正丁酸（分析级标准品，纯度均大于 98%，上海国药集团化学试剂有限公司）。

2.2　仪器与设备

GC8890 气相色谱仪（美国安捷伦科技有限公司）；DB-WAX 色谱柱（30m×250μm×0.25μm）；AR2130/C 电子天平 [奥豪斯仪器（上海）有限公司]；振荡器（江苏金怡仪器科技有限公司）；超声波清洗仪（深圳市结盟清洗设备有限公司）；桥门式起重机（双梁，阿尔法起重机有限公司）；提升机（湖北三盟机械制造有限公司）；酒甑（四川宜宾岷江机械制造有限责任公司）；行车（阿尔法起重机有限公司）。

2.3　方法

2.3.1　感官品评小组的建立

根据文献[2]建立酱香型白酒基酒感官品评小组，其中国家级评委 3 人、贵州省省级评委 4 人，各成员均具有在公司工作 2 年以上的品评训练经验，且均通过基本味觉测试和嗅味标度测试、差别检验及嗅味描述检验，最终选择敏感度和识别能力较强的品评员构成最终的品评小组，小组成员共 7 人。用六点刻度法对基酒生木味感官强度进行描述，如表 2 所示。

表 2 基酒生木味感官定量评分表

Table 2 Sensory quantitative scoring table of raw wood flavor of base liquor

分值	程度	分值	程度	分值	程度
0	无	1	弱	2	较弱
3	中	4	较强	5	强

注：0 分代表基酒无生木味感知，5 分代表基酒生木味感知最强。

2.3.2 基于感官导向的风味研究

取贵州金沙窖酒酒业有限公司 2023 年生产的 6 个轮次基酒若干，由感官品评小组进行评定，并挑选出每个轮次基酒中无生木味的酒样（NB）和生木味最重（WB）的酒样各一个。编号如表 1 所示。

2.3.3 单体香添加试验

取 20mL 无生木味基酒，利用气相色谱仪器检测其风味成分，向其加入不同体积的单一单体香，由感官品评小组对添加单体香试验酒进行生木味感官品评。

2.3.4 不同发酵周期对基酒生木味的影响

选取三个窖池，窖池号分别为 4 号、3 号、2 号，发酵周期分别设置为 30d（4号）、33d（3 号）、36d（2 号），其他生产工艺条件均遵循公司制酒工艺指令书操作。

2.3.5 指标检测

GC 条件：气相色谱仪，配氢火焰离子化检测器（FID），DB－WAX：30m×250μm×0.25μm 色谱柱；GC 检测器和进样口温度为 250℃；色谱柱温度：初温 40℃，保持 1min，以 4.0℃/min 升高至 130℃，以 20℃/min 升到 200℃，保持 5min；载气流量：1.0mL/min；进样量：1.0μL；分流比：20∶1。

2.3.6 数据处理

数据整理用 Excel 软件，图像处理采用 Origin2018 软件。

3 结果与分析

3.1 生木味缺陷酒风味化合物的分析

醛类是白酒中的呈香物质，其主要赋予白酒丰富的香气和独特的风味，不同种类的醛类化合物可以带来不同的香气。乙醛呈青香，乙缩醛似生木头味；糠醛是最重要的呋喃类化合物之一，呈甜香。由图 1 可知，在 1~6 轮次基酒中，乙醛和乙缩醛的含量生木味基酒均高于无生木味基酒，而糠醛是在 2~6 轮次生木味基酒中高于无生木味基酒，据此推测乙醛、乙缩醛和糠醛可能是造成基酒呈生木味的风味物质。酸类是香气又是呈味物质，在 1~4 轮次生木味基酒的乙酸和丙酸含量均高于无生木味基酒；在 4 轮次中，生木味基酒的正丁酸含量与无生木味基酒的正丁酸含量相同，说明在 4 轮次中，正丁酸可能不是基酒产生生木味的风味物质。

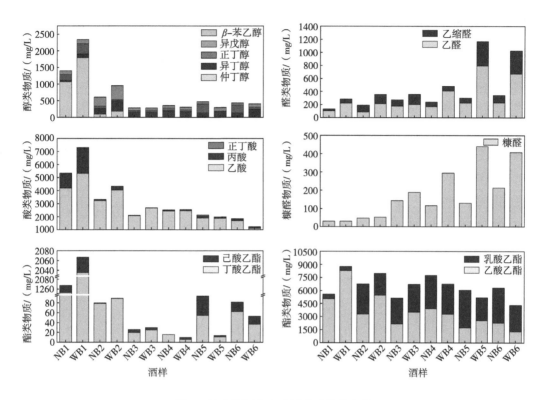

图 1 轮次基酒生木味风味成分的变化

Fig. 1 Changes in the woody flavor components of the base liquor between rounds

注：图 1 中大写字母 NB 表示无生木味基酒，WB 表示生木味基酒，数字 1~6 分别表示制酒车间生产的 1~6 个轮次的基酒

醇类化合物是白酒中醇甜和助香的重要成分[7]。在 1~6 轮次基酒中，发现仅 5 轮次生木味基酒中的仲丁醇低于无生木味基酒，3 轮次的则是异戊醇和 β-苯乙醇，4 轮次的则是异丁醇，5 轮次的则是异丁醇、β-苯乙醇。其余轮次酒中，生木味基酒中的仲丁醇、异丁醇、异戊醇、β-苯乙醇的含量均高于无生木味基酒，推测仲丁醇、异戊醇可能是导致基酒呈生木味的风味物质。

酯类化合物是影响香气成分最重要的放香物质[8]。在 1~6 个轮次基酒中，1~3、5 轮次的生木味基酒中的乙酸乙酯高于无生木味基酒，2，6 轮次反之；3 轮次生木味基酒中的乳酸乙酯高于无生木味基酒，其余轮次均为低于无生木味基酒；1~3 轮次生木味基酒中的丁酸乙酯高于无生木味基酒，4~6 轮次的则低于无生木味基酒；在 2 轮次基酒中，有或者无生木味基酒的己酸乙酯含量相同；推测乙酸乙酯、乳酸乙酯、丁酸乙酯、己酸乙酯不是造成基酒呈生木味的风味物质。综上所述，在 1~6 轮次基酒中，推测乙醛、乙缩醛、糠醛、丙酸、仲丁醇、异戊醇均可能是造成基酒呈生木味的风味物质。

3.2 单体香添加试验

基于前期生木味缺陷酒风味化合物的分析，将乙醛、乙缩醛、糠醛、丙酸、仲丁醇、异戊醇的单体香各添加到无生木味基酒中，发现添加超过阈值的糠醛、仲丁醇、异戊醇、丙酸的基酒无生木味；而单独加入乙醛或者乙缩醛的基酒呈生木味，且随着乙醛或乙缩醛的浓度增加，生木味呈逐渐增强的趋势（图 2），且结合白酒中各风味物质的感官特征乙醛呈青草香、乙缩醛似生木头味、糠醛呈甜香、仲丁醇类似葡萄酒气味、异戊醇有典型杂醇油香气、丙酸稍有酸刺激气味的感官特征（表 3）；基于此，推测糠醛、仲丁醇、异戊醇、丙酸可能不是基酒呈生木味的单体物质，乙醛、乙缩醛可能是基酒呈生木味的单体物质或是其单体物质的一部分。

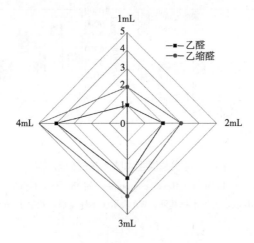

图 2 不同单体香添加试验

Fig. 2 Experiment on adding different monomer fragrances

注：1~4mL 分别表示单体香物质（5g/L）各加入无生木味基酒中，数字 0~5 分别表示感官品评添加单体香的基酒中生木味的强弱，0 代表基酒无生木味感知，5 代表基酒生木味感知最强。

表 3			白酒中主要风味物质的感官特征[11-14]
Table 3			Sensory characteristics of main in liquor[11-14]
大类	风味物质	阈值/ (mg/L)	感官特征描述
	乙醛	1.20	青草味，有刺激性，刺鼻、辣眼、味短、淡、涩
醛类	乙缩醛	2.09	似生木头味、干酪味、有清香，带新气、微甜
	糠醛	44.03	甜香，烘烤香、面包香、杏仁气味、花香、水果香

续表

大类	风味物质	阈值/ （mg/L）	感官特征描述
酯类	乙酸乙酯	32.55	苹果香、青香蕉、甘蔗气味，入口喷香，前劲，味涩
	丁酸乙酯	0.08	似菠萝香，微带汗臭气，味爽，浓厚感差
	己酸乙酯	0.05	特有果香、窖香、水果香
	乳酸乙酯	128.08	香气发闷，青草味，香弱不爽，近似空白，微甜欠爽
醇类	仲丁醇	1000	类似葡萄酒气味，味苦，后劲大
	异丁醇	28.30	杂醇油味，脂肪香，微臭，稍有苦涩
	正丁醇	2.73	溶剂味，香气淡，稍有茉莉香，喷香较大，稍具陈酒气
	异戊醇	179.17	典型杂醇油香气
	β-苯乙醇	28.92	花香，甜香气，似玫瑰气味，气味持久，微甜，带涩
酸类	乙酸	160	闻有醋味，爽口带酸微甜，带刺激
	丙酸	18.10	闻稍有酸刺激气味，入口柔和，微酸涩
	正丁酸	0.965	闻有脂肪臭、汗臭，微酸，带甜

3.3　不同发酵周期对轮次基酒生木味的影响

窖内糟醅发酵（无氧发酵）是酱香型白酒生产过程中最重要的环节，主要是重要的微生物、酶类与风味物质及其前体物质在窖池内发生反应，从而赋予酱香型白酒独特的酱香风味[9]。由图3（1）中可以看出，不同发酵周期中的基酒生木味感知强弱不同，当发酵周期为30d时，其生木味强度高于其他发酵周期，且5和6轮次的生木味较强，1和3轮次的生木味无或弱，这可能与酱香型白酒的传统酿造工艺和各轮次基酒特点相关。

由图3（2）中可以看出，随着窖内糟醅发酵周期的延长，各轮次基酒中的乙醛含量逐渐降低，且4~6轮次的乙醛含量高于1~3轮次；随着糟醅发酵周期的延长，2、4和5轮次基酒中的乙缩醛含量逐渐降低，且6轮次的乙缩醛含量为最高，说明不同发酵周期、不同轮次的乙缩醛含量不同。结合图3中的（1）和（2）进行分析，发现延长发酵周期，可以减少基酒呈生木味，且乙醛和乙缩醛的含量分别是5和6轮次较高，其基酒呈生木味感知强。这可能是由于缩短了发酵周期，糖类物质还未完全转换成乙醇[10]。

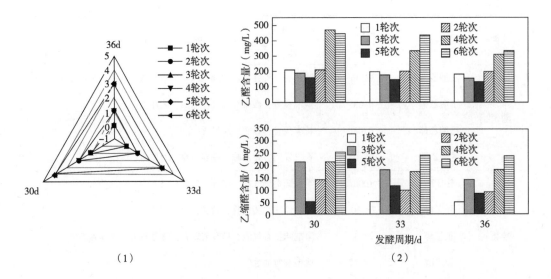

图 3　不同发酵周期对各轮次基酒生木味的影响

Fig. 3　The impact of different fermentation cycles on the woody flavor of the base liquor in each round

（1）不同发酵周期中各轮次基酒中生木味感官品评，其中 30d、33d 和 36d 分别表示发酵周期，数字 0~5 分别表示感官品评基酒中生木味的强弱，0 代表基酒无生木味感知，5 代表基酒生木味感知最强　（2）表示不同发酵周期中各轮次基酒中乙醛和乙缩醛的含量变化

4　结论

本研究以 6 个轮次的酱香型生木味基酒为研究对象，利用感官品评和色谱检测技术对其进行风味成分分析，再通过添加单体香试验反向验证基酒中产生生木味的物质，表征了酱香型生木味缺陷酒中的风味物质。以各轮次无生木味基酒为对照，通过色谱技术分析出乙醛、乙缩醛、糠醛、丙酸、仲丁醇、异戊醇均可能是造成基酒呈生木味的风味物质；以无生木味基酒为特定介质，利用单体香添加试验反向推测出乙醛、乙缩醛可能是基酒呈生木味的单体物质或是其单体物质的一部分。基于此，通过研究不同发酵周期对生木味的影响，发现窖内糟醅发酵周期越长，其基酒呈生木味越弱，且乙醛和乙缩醛的含量发生相应的变化，同时，在每个轮次中乙醛和乙缩醛的定量值对生木味缺陷基酒造成的影响还有待检测。

参考文献

［1］周靖，刘义，李世杰，等．基于 GC-MS 对金沙酱酒醇柔风格的分析研究［J］．中国酿造，2022，41（08）：229-234.

[2] 孙优兰，黄永光，胡峰，等 . 生青味缺陷型酱香白酒风味特征分析 [J]. 食品科学，2022，43（02）：233-241.

[3] 乔敏莎 . 白酒中异嗅物质鉴定与去除的研究 [D]. 天津：天津科技大学，2015.

[4] 伍巨 . 酱香型缺陷白酒中风味化合物及其差异研究 [D]. 贵阳：贵州大学，2022.

[5] 汪玲玲，范文来，徐岩 . 酱香型白酒液液微萃取−毛细管色谱骨架成分与香气重组 [J]. 食品工业科技，2012，33（19）：304-308+361.

[6] 王露露 . 酱香型白酒中呈"盐菜味"异嗅味关键香气化合物解析 [D]. 无锡：江南大学，2020.

[7] 杨国迪 . 基于近红外光谱的白酒基酒分析模型的建立 [D]. 洛阳：河南科技大学，2016.

[8] Xin L. M, Liang Y, Deguang W, et al. Analysis of volatile compounds in Sauce-flavor Baijiu with different sweet flavor characteristics [J]. Shipin Gongye Keji. 2022, 43（18）：311-321.

[9] 罗太江，王军，冯沛春 . 酱香型白酒堆积发酵工艺的管理研究分析 [J]. 酿酒科技，2020（07）：71-74.

[10] 李大鹏，刘建华，张晓山，等 . 酱香型白酒延长发酵期研究分析 [J]. 酿酒，2023（2）：114-117.

[11] 范文来，徐岩 . 白酒 79 个风味化合物嗅觉阈值测定 [J]. 酿酒，2011，38（04）：80-84.

[12] 范文来，徐岩编著 . 酒类风味化学 [M]. 北京：中国轻工业出版社，2014.

[13] 贾智勇主编 . 中国白酒品评宝典 [M]. 北京：化学工业出版社，2016.

[14] 李世平 . 酱香型白酒异嗅味风味轮的构建及感官特性研究 [J]. 酿酒科技，2022（08）：84-89.

第三篇

白酒的品质特征与风味分析技术

现代感官科学视角下的白酒品评：以酱香型白酒为例

牛俊桀[1,3]，史波林[1]，杨玉波[2]，汪厚银[1]，赵镭[1]，

曹念[2]，钟葵[1]，杨帆[2]，张瑶[1]，高海燕[3]，王莉[2]，云振宇[1]

（1. 中国标准化研究院　农业食品标准化研究所，北京　100191；

2. 贵州茅台酒股份有限公司，贵州仁怀　564501；

3. 上海大学　生命科学学院，上海　200444）

摘　要：白酒品评技术对于基酒品质分级、酒体风味设计和产品质量鉴评有着重要作用。文章回顾白酒品评技术随全国五届评酒会的形成过程，简述了白酒品评的基础、方法、标准和规则以及过往专家学者对于评酒方法科学化问题的讨论，以酱香型白酒感官评价相关研究为例，总结现代感官科学指导下酱香型白酒感官品质分析的特点与创新点，结合国际上酒类感官分析常用的定量描述分析法和适合项全选法，分析白酒品评现存问题，并提出相应的发展建议。

关键词：白酒品评，现代感官科学，酱香型白酒，品酒师，感官分析方法

作者简介：牛俊桀（2000—），男，硕士研究生，研究方向为感官技术与方法研究；邮箱：niujunjie0504@163. com；联系电话：18601625618。

通信作者：王莉（1972—），女，研究员，硕士，研究方向为酿造工程；邮箱：eileenjn@126. com；联系电话：0851-22386504；云振宇（1972—），男，研究员，博士，研究方向为农业食品标准化；邮箱：yunzy@cnis. ac. cn；联系电话：010-58811645。

Baijiu tasting under the perspective of modern sensory sciences：Case study on Jiang-flavor Baijiu

NIU Junjie[1,3], SHI Bolin[1], YANG Yubo[2], WANG Houyin[1], ZHAO Lei[1], CAO Nian[2],

ZHONG Kui[1], YANG Fan[2], ZHANG Yao[1], GAO Haiyan[3], WANG Li[2], YUN Zhenyu[1]

（1. Institute of Agri-food Standardization, China National

Institute of Standardization, Beijing 100191, China；

2. Maotai Distillery Co. ,Ltd. , Guizhou Renhuai 564501, China；

3. School of Life Sciences, Shanghai University, Shanghai 200444, China）

Abstract：Baijiu tasting techniques play an important role in grading the quality of base wines, designing the flavor of wines and evaluating the quality of products. The article reviews the formation process of Baijiu tasting technology with the five National Liquor Tasting Conference, introduces the basis, methods, standards and rules of Baijiu tasting, briefly describes the discussions of some experts and scholars on the scientific aspects of Baijiu evaluation methods, takes the research related to the sensory evaluation of Jiang-flavor Baijiu as an example, sums up the characteristics and innovations of the analysis of Jiang-flavor Baijiu' sensory qualities under the guidance of Modern Sensory Sciences. Combined with the Quantitative Descriptive Analysis and Check-All-That-Apply commonly used in international wine sensory analysis, we analyse the existing problems of Baijiu tasting and put forward corresponding development suggestions.

Key words：Baijiu tasting, Modern Sensory Sciences, Jiang-flavor Baijiu, Professional taster, Sensory analysis methods

1 前言

白酒是中国传统蒸馏酒精饮料，与朗姆酒、伏特加、杜松子酒、白兰地和威士忌并称为世界六大蒸馏酒[1]。具有几千年中华历史文化的白酒产业，其酿造方式、原理与世界上其他蒸馏酒存在显著差异，独特的酿造体系和生产工艺赋予了中国白酒丰富的风味物质组分和健康功能活性因子[2]。传统医药学和现代医学的大量试验均表明，白酒有增进人们健康的作用[3]。但作为一类嗜好性饮品，白酒的独特风味与感官体验更是贯穿企业生产（发酵、蒸馏、勾贮等）与终端消费的核心组成部分，其感官质量相比于其他食品具有更重要的意义[4]。因风味成分不同，白酒被划分为十二大香型，香型之下具有本厂产品风味个性和一定消费群体，谓之风格，一个产品风格形成了较大规模的消费群体，谓之流派[5]。《白酒生产技术全书》[6]中指出，白酒的品评，又称为尝评或鉴评，是利用人的感觉器官（视觉、嗅觉和味觉）来鉴别白酒质量优劣的一门检测技术，其具有准确且快速的特点。GB/T 10345.2—1989《白酒感官评定方法》及第 1 次更新后的 GB/T 10345—2007《白酒分析方法》中规定，感官评定是指评酒者通过眼、鼻、口等感觉器官，对白酒样品的色泽、香气、口味及风格特征的分析评价。第 2 次更新后的 GB/T 10345—2022《白酒分析方法》[7]定义白酒的感官评定为"品酒员通过眼、鼻、口等感觉器官，对白酒样品的色泽和外观、香气、口味口感及风格特征进行分析评价"。白酒品评对于酒质分级、了解酒质缺点、检验勾兑调味效果和继承并创新白酒的香型、风格与流派起着重要作用。

感官分析（Sensory Analysis）也被称为感官评价（Sensory Evaluation）或感官检验（Sensory Test），是用于唤起、测量、分析和解释通过视觉、嗅觉、触觉、味觉和听觉而感知到的食品及其他物质特征或性质的一门科学[8]。感官分析大致可分为 4 个发展阶段，20 世纪 40 年代之前的感官鉴别是一种经验性评价，不涉及实验设计；20 世纪 60 年代的感官鉴评是专家品评，不涉及统计分析，专家结果较为权威；20 世纪 80 年代的感官评价包含了实验设计与统计分析，统计方法贯穿在感官实验设计、结果分析及评价质量控制全过程中；直至 21 世纪初，感官分析发展为包含感官计量学、感知与认知学、心理学和消费者科学多学科交叉的感官科学。感官分析逐步在原料替换、产品研发、工艺改进、质量控制、宣称证实、喜好洞察和感官营销等环节得到应用。目前国内用于白酒品评的方法、标准和规则，主要是在全国五届评酒会上发展起来的，属于一种传统的评价方法，介于感官鉴评与感官评价之间，在实际应用上存在着评分尺度过大、分辨能力低、项目设置虚化、评酒员操作难规范、分值笼统、描述词庞杂混乱、轮次编码存在位置效应、心理暗示和统计方法不严肃不科学等问题[9]。上述现象，不利于白酒品评的科学化，进而影响白酒质量分级、勾兑调味、风味改进和感官宣称等全产业链的诸多方面。

本文回顾白酒品评技术随全国五届评酒会的形成过程，简介白酒品评的基础、方法、标准和规则，简述过往专家学者对于评酒方法科学化问题的讨论，以酱香型白酒感官评价相关研究为例，总结现代感官科学指导下酱香型白酒感官品质分析的特点与创新点，结合国际中酒类感官分析常用的定量描述分析法和适合项全选法，分析白酒品评现存问题，并提出相应的发展建议。

2　白酒品评技术的形成过程

中华人民共和国成立之后，中国白酒感官品评方法逐步创立，在全国五届评酒会中完善成型。1952 年，第一届全国评酒会在北京由中国专卖事业公司主持，根据检测、市场销售情况，名白酒经第二届全国专卖会议审议通过[6]。1963 年，由轻工业部组织的第二届全国评酒会在北京举行，经审查同意的各地推荐白酒评委按照酒的色、香、味百分制打分，并写出评语，白酒品评方法进入由起步到初型确立的新阶段[10]。1979 年，轻工业部举行第三届全国评酒会，在按香型分类基础上，又按糖化发酵剂与酒精度分组，密码编号，采用色、香、味、风格四项百分制进行评定，规范各香型白酒感官描述用语，考核录取评委，首次采取回避制，并制定第三届全国评酒会办法，以淘汰法经初评、复评及决赛，按照得分多少评出国家名、优质酒[6,10]。本届评酒会产生的这套品评方法奠定了中国白酒品评的理论与实践基础，并深深影响着白酒品评未来发展。中国食品工业协会在 1984 年和 1989 年分别在太原和合肥主持举行了第四届、第五届全国评酒会。历经 37 年时间，中国白酒品评方法实现了从无到有、从萌芽到成熟的转变，评选出历届国家名白酒（表 1），对我国白酒行业发展起着引领和鞭策的作用。

表 1　　　　　　　　　　　历届全国评酒会国家名白酒名录[11]

Table 1　　　　　　　List of national famous Baijiu of the past
national liquor tasting conference[11]

届次	年份	名酒（白酒）
第一届	1952	茅台酒、汾酒、泸州大曲酒、西凤酒
第二届	1963	五粮液、古井贡酒、泸州老窖特曲酒、全兴大曲酒、茅台酒、西凤酒、汾酒、董酒
第三届	1979	茅台酒、汾酒、五粮液、剑南春酒、古井贡酒、洋河大曲酒、董酒、泸州老窖特曲
第四届	1984	茅台酒、汾酒、五粮液、洋河大曲酒、剑南春酒、古井贡酒、董酒、西凤酒、泸州老窖特曲酒、全兴大曲酒、双沟大曲酒、黄鹤楼酒、郎酒
第五届	1989	茅台酒、汾酒、五粮液、洋河大曲酒、剑南春酒、古井贡酒、董酒、西凤酒、泸州老窖特曲酒、全兴大曲酒、双沟大曲酒、黄鹤楼酒、郎酒、武陵酒、宝丰酒、宋河粮液、沱牌曲酒

注：名酒顺序不分先后。

2.1 白酒品评的基础

白酒品评的目的是对于白酒的色泽和外观、香气、口味口感及风格特征进行分析评价，评酒者/品酒员是白酒品评的关键构成，在了解品酒的生理学原理之上，选拔具备相应条件、接受品评训练并完成理论知识与实际品评考核的评酒员，方能为白酒品评奠定扎实基础。

2.1.1　生理学原理

正常的感官（鼻、眼、口、舌、耳）以及对应的嗅觉、视觉、味觉、口腔触觉、听觉等感觉功能健全是感官评价员最基本的生理条件，也是筛选和考核过程中关键的考察指标[8]，白酒品评主要涉及视觉、嗅觉和味觉三大感觉功能。

视觉是人的感觉之一，视觉器官为眼睛。光进入眼睛的晶状体集中到视网膜上，使感受细胞兴奋，信息经视神经系统加工转换为神经冲动后传达到视觉中枢便产生视觉。现代神经生理学的研究发现，视网膜上存在 3 种感色的锥体细胞，分别对应红、绿、蓝三原色，不同波长的光造成其不同强度反应，三者的兴奋比例决定了人所看到的颜色[8]。在感官上，无法正确鉴别颜色的视觉称为色盲，患有色盲的人不能担任评酒员[6]。在白酒品评中，与视觉相关的检验主要是色泽与外观，如颜色、光泽度、透明度、有无悬浮物和沉淀物等。

人的嗅觉感受器主要是鼻腔，鼻腔上部的嗅感区/嗅裂区域对气味异常敏感，其中分布着嗅黏膜、嗅细胞、嗅觉神经纤维末梢、三叉神经末梢等气味分子受体。挥发性气味物质随呼吸作用进入鼻腔，经吸附、溶解、扩散等过程，引发电信号，经大脑皮层嗅区信号处理分析后产生嗅觉[8]。人的嗅觉具有灵敏度较高、易适应、易疲劳等特点。对香气鉴别不灵敏的嗅觉称为嗅盲，对多数人喜欢的香味感到讨厌的嗅觉称为血行性缺陷，患有两种症状的人不能担任评酒员[6]。在白酒品评中，与嗅觉相关的检验主要是香气，如某一香气类型（窖香、清香、花香等）、整体香气感受（浓郁度、幽雅度等）、空杯香等。

可溶性呈味物质进入口腔后，在舌肌作用下与味蕾接触，刺激味蕾中的味细胞产生神经冲动，以脉冲的形式通过神经系统传至大脑皮层味觉中枢后产生味觉[8]。人的味觉具有咸感最快、苦感最慢、易疲劳且易恢复、与嗅觉密切相关、味蕾数量随年龄增长而衰退等特点[6]。在白酒品评中，与味觉相关的检验主要是口味口感，如基本味（酸、甜、苦、咸、鲜）、丰满度、谐调度、后味、回味等。

2.1.2　品酒员

全国评酒会期间，评选国家名、优质酒的前提是考核品酒师的品评能力。在第三届全国评酒会前，由国家轻工业部首次组织了国家评酒委员的考核，主要包括对各种香型白酒的敏感性（即检出力）、准确性（等级尺度的判断，即识别力）、精确性（感觉表述，即表现力）以及重复再现一致性（即记忆力）进行测试，按考试成绩择优录取了 17 名国内第一批品酒员[12]。从 1979 年第三届全国评酒会到 1989 年第五届全国评酒会以来，主管部门聘请白酒专家组成专家组对国家级白酒评委进行了考核，各省、直辖市、自治区及各部相继效仿组成省级、部级品酒委员会，骨干白酒企业成立厂级评酒员队伍对产品进行质控把关，在全国逐步培养与形成了多支感官检验产品质量的品酒师技术队伍[6,12]。2006 年，品酒师被正式纳入国家职业技能任职资格序列[12]。

GB/T 33405—2016《白酒感官品评术语》[13]规定，品酒员（Taster）是指应用感官品评技术，评价酒体质量的专业人员；品酒师（Professional Taster）是指应用感官品评技术评价酒体质量，指导酿酒工艺、贮存和勾调，可进行酒体设计和新产品开发，并获得相应资质的专业人员。品酒员需具备较高的品酒能力与品评经验，如检出力（对色、香、味的辨别能力）、识别力（识别各香型白酒及其优缺点）、记忆力（训练、实践与广泛接触酒样后的重复性和再现性）、表现力（准确打分和语言描述能力）；具有实事求是和认真负责的工作态度，坚持质量第一的原则；熟悉产品标准、产品风格和工艺特点，通过品评找出质量差距、分析原因、促进质量提高；具有健康的身体并保持感觉器官的灵敏；坚持为社会服务的宗旨[6]。

具备以上条件的品酒员，还需进行准确性、重复性、再现性、质量差异[14]、3杯品评、顺位品评及计分品评等训练，并通过由上级主管部门或领导机关授权专家组的考核，从而检验其相关理论知识和实际评酒能力。随着白酒风味提升和消费者喜好的变化，品酒员还需适应时尚品位的发展，加强从生产工艺到感官体验相关改变的研究，不断提高品评技艺[15]。

2.2 白酒品评的方法、标准、规则

在五届全国评酒会中形成并沿用发展至今的白酒品评技术属于较为传统的感官评价体系，主要包括评酒的方法、步骤、标准、各香型白酒品评术语、评酒规则和品评技巧。

2.2.1 方法与步骤

根据评酒的目的、待测酒样的数量、品酒员人数的多少，可选择明评和暗评的评酒方法。明评，包括明酒明评和暗酒明评，明酒明评，是指对已知信息的白酒品评，讨论形成集体评价结果的评酒方式；暗酒明评，是指对未知信息的白酒品评，讨论形成集体评价结果的评酒方式；暗评，又称盲评，是指对未知信息的白酒品评，分别形成独立评价结果的评酒方式[6,13]。一般选择清洁整齐、空气新鲜、光线充足的评酒环境，适宜的评酒时间（一般认为工作日上午9~11时，下午3~5时），使用标准品酒杯，按照从无色到有色，由低度到高度，由低档到中高档和由清香、米香、凤香、其他香到酱香、浓香的香型顺序[6]进行酒样编组，以供品评。一般5个酒样为1轮次，每天上午、下午各安排2~3轮次。

白酒品评的内容主要包括色泽和外观、香气、口味口感与风格4个方面，相应的具体评酒步骤为观色、闻香、尝味、悟格。首先"眼观其色"，以白色评酒桌或白纸为背景，采用正视、俯视及仰视方式，观察酒样颜色与光泽度，后轻轻摇动酒杯，观察酒样透明度、有无悬浮物和沉淀物等。其次"鼻闻其香"，将酒杯置于鼻下，以匀速、舒缓的吸气方式嗅闻静止香气，再轻轻摇动酒杯，增大香气挥发聚集，再次嗅闻

并记录其香气情况，如需评价酒样空杯留香，则需将酒液倒空，放置一段时间后嗅闻。再次"口尝其味"，喝入少量酒样于口中，使其布满舌面，感受酒样口味口感特征，一般品尝次数不超过3次。最后，根据色、香、味三方面的特征感受，结合各白酒风格特点，做出总结性评价，判断其是否具备典型风格或独特风格，从而完成白酒品评的全过程[6,13,16]。

2.2.2　标准与术语

评酒的主要依据是产品质量标准，其中明确规定白酒感官标准技术要求包括色、香、味和风格4个部分。品酒员根据酒样的实际酒质情况，按照评分标准给予恰当的评分，排列出酒样的优劣名次。白酒品评计分标准和白酒品评记录表如表2和表3所示。

表2　　　　　　　　　　　白酒品评计分标准[6,11]

Table 2　　　　　　　　　Baijiu tasting scoring criteria[6,11]

色泽		香气		口味		风格	
项目	分数	项目	分数	项目	分数	项目	分数
无色透明	+10	具备固定香型的香气特点	+25	具有本香型的口味特点	+50	具有本品的特有风格	+15
浑浊	−4	放香不足	−2	欠绵软	−2	风格不突出	−5
沉淀	−2	香气不纯	−2	欠回甜	−2	偏格	−5
悬浮物	−2	香气不足	−2	淡薄	−2	错格	−5
带色（除微黄色外）	−2	带有异香	−3	冲辣	−3	—	—
—	—	有不愉快气味	−5	后味短	−2	—	—
—	—	有杂醇油气味	−5	后味淡	−2	—	—
—	—	有其他臭气	−7	后味苦	−3	—	—
—	—	—	—	涩味	−5	—	—
—	—	—	—	焦煳味	−3	—	—
—	—	—	—	辅料味	−5	—	—
—	—	—	—	梢子味	−5	—	—
—	—	—	—	杂醇油味	−5	—	—
—	—	—	—	糠腥味	−5	—	—
—	—	—	—	其他邪杂味	−6	—	—

注："+"表示加分，"−"表示扣分，"—"表示无数据。

表 3   白酒品评记录表[11]

Table 3   **Baijiu tasting record sheet[11]**

轮次：第×轮   ××××年××月××日   姓名：×××

酒样编号	评酒计分				总分（100分）	评语	顺位
	色（10分）	香（25分）	味（50分）	格（15分）			
1	—	—	—	—	—		
2	—	—	—	—	—		
3	—	—	—	—	—		

开展感官分析并将其规范化的前提是要求感官评价人员使用统一的工作语言，即术语和描述词。术语约定了感官分析的基本概念，描述词约定了食品颜色、外观、气味、口感等感官属性的有关描述，体现大部分人的感官体验和对所使用语言的认知[17]。GB/T 33405—2016《白酒感官品评术语》[13]中规定了白酒感官一般性术语、与分析方法有关的术语、与感官特性有关的术语。其中，与感官特性有关的术语即为感官描述词。表 4 中列举了五届全国评酒会期间形成与使用的酱香型白酒的品评术语与风格描述，品酒员根据酒质高低及特点正确运用这些术语以准确表达酒样特点。

表 4   酱香型白酒的品评术语与评语描述[6,11]

Table 4   **Tasting terminology and comment descriptions of Jiang-flavor Baijiu[6,11]**

类型	品评术语
色泽	微黄透明，浅黄透明，较黄透明
香气	酱香突出、较突出，酱香显著，酱香明显，酱香较小，具有酱香，酱香带焦香，酱香带窖香，酱香带异香，窖香露头，不具酱香，有其他香，幽雅细腻，较幽雅细腻，空杯留香幽雅持久，空杯留香持久，空杯留香久，空杯留香好，尚好，有空杯留香，无空杯留香
口味	绵柔醇厚，醇和，丰满，醇甜柔和，酱香味显著、明显，入口绵，入口平顺，入口冲，有异味，邪杂味较大，回味悠长、长、较长、短，回味欠净，后味长、短、淡，后味杂，焦煳味，涩，稍涩，苦涩，稍苦，酸味大、较大，生料味，霉味等
风格	风格突出、较突出，风格典型、较典型，风格显著，风格明显、较明显，风格尚好、一般，具酱香风格，典型性差、较差，偏格，错格等
评语	酱香突出，幽雅细腻，酒体醇厚，回味悠长，空杯留香持久

2.2.3 规则与技巧

以品酒员/品酒师及其感官功能为基础，选择适当的评酒方法，由工作人员对酒样编码、分组、制备，按色、香、味、格的品评步骤，参照白酒品评计分标准，在品评记录表中对酒样赋分，并利用该香型白酒的品评术语准确描述出酒样的感官属性，形成评语，这便是白酒品评技术的基本体系。评酒规则与品评技巧则分别从规范品酒员、工作人员行为和提高品酒员尝评能力的角度尽可能地减少品评的误差，在实践和理论两个水平上助推高质量的白酒品评。

评酒规则主要包括以下方面：评酒期间，品酒员保证休息，做到精力充沛，感觉器官灵敏，有效地参加评酒活动；避免饮食过饱，不吃刺激性强及过甜、过咸、油腻的食物；品酒员和工作人员不得使用香水、香粉和香味浓的香皂，评酒室内禁止带入芳香性的食品、化妆品和用具；评酒期间和休息时禁止饮酒；评酒前半小时禁止吸烟；评酒时保持安静，独立思考，暗评时不允许互相交谈和互看评酒结果；注意防止品评效应（因测试条件或评酒顺序等不同，出现生理和心理的效应，造成品评误差的现象）的影响；工作人员要严守保密制度，不得向品酒员暗示相关酒样情况；在准备室内进行酒样编号、洗杯、倒酒等准备工作；评酒时，非工作人员不得进入准备室和评酒室[6,11]。

白酒品评的技巧实质是品酒师对相关理论知识、基础训练、实践经验、12 种香型代表酒样和 17 个中国名白酒的感官标准与突出特点等各方面的“熟能生巧”，从而使品评从实践上升到技术理论的高度，更好地指导白酒品评的准确与快速[18]。首先，学习丰富的理论知识，如化学、微生物学、酿酒工艺学等基础理论，掌握白酒呈香呈味成分生成机理、结构性质、感官特征和变化规律，开阔眼界，熟悉各种香型白酒香味特征。其次，严格进行基础训练，以获得较高的品评能力并积累实践经验，如闻香阶段，按序反复嗅闻，先选出最好与最差的酒样，再将其余酒样反复比较，边记录边修正；尝味阶段，从香气淡的酒样开始，按闻香好坏依次反复尝味，每次做好记录，不断修正，最后可适当加大入口量，检查后味；如后续品评较乱，则以初评结果为准[6,18]。最后，优秀的品酒员应熟练记忆各种香型和各类名优酒的香味特点与整体风格，在需要时即可在脑海中调出来，使白酒品评达到事半功倍的效果。

3　白酒品评与现代感官科学

品评是当前任何仪器分析无法替代的鉴别白酒质量优劣的一门科学的检测技术，是国际国内用以鉴别食品内在质量的重要手段[16]。在国内一批德高望重的酿酒专家的努力下，我国白酒评酒事业随酿酒业一同发展，先后举办五届全国评酒会，构建了具有我国特色的白酒品评体系，选拔了一批技术素质和思想作风过硬的国家级白酒评委，评选的名优酒声誉深入人心，极大地推动了我国白酒工业的发展。但随着现代感官科学的传入及白酒生产工艺、酒体风味和市场需求的多样化发展，经验型的酒样制备与品评“方法”、建立在传统香型划分基础上白酒品评的“标准与术语”和基于品酒师对酒认可性感受而产生的个人偏好性打分等在内的白酒品评体系面临着科学性和真实性的冲击，尤其是商品经济强力渗透进品评行为，使品评活动失去权威性。为提高品评方法的准确性，完善白酒品评体系，部分专家学者从品评表、酒样编组编码、统计分析、计算机感官分析系统和消费者体验等角度展开白酒评酒方法科学化问题的探讨，相关科研工作人员逐步将现代化感官分析技术应用于中国白酒感官品质分析，取得了较好的研究效果。

3.1 白酒评酒方法科学化问题的探讨

1995 年，邓少平教授[19]指出国外多学科研究成果应用使食品感官分析精度和可靠性得到提高，而国内感官分析技术十分落后仍处于纯经验阶段的现状，提出了感官分析方法科学化的命题，讨论了感官剖面描述法的内容与意义，并将其应用于白酒品评感官分析。感官剖面描述法以图示形式反映复杂风味中的特性和强度，其包含了白酒感官评语由定性至定量的转化，用数据对质量优劣程度做出评价，给人一种较清晰的"量"的了解。"色、香、味、格"的强度以专家给定分值的平均值评价，"入口感""口感""后味""综合印象"基于专家评语，采用五点标度法进行评估，该研究方法实质是将传统白酒品评记录表中的打分和评语显性化"翻译"为感官剖面图。1997 年，邓少平教授[9]在实验心理学及感官分析的视角下，以相关实验结果为论据，从品评表、编组编码、统计分析和计算机感觉品评系统四个方面对中国白酒评酒方法的科学化问题展开探讨。品评表和品评方法是感官分析的核心问题，品评表及术语是沟通酒样、品酒员和数据处理人员的桥梁。如表 3 所示，品评表包含评分与评语，但在实际评酒中，基于各香型品评术语（表 4）形成的评语只起参考作用，在质量比较中无其他作用，实质上是一种单纯评分法（计分和扣分），其中存在着评分尺度过大、分辨能力低、项目设置虚化（如评分相对稳定的色泽项）、品酒员操作习惯难以规范和分值笼统难以反馈酒样品质的问题。编组编码涉及保密性和公正性，同时会带来生理和心理效应，即位置效应，可从提高品酒师品评能力、优化编码方式（如正交化编码、随机数编码、中性字编码）和随机送样与圆形摆样等方面克服。统计分析方面存在着评分的可信性问题，即是否符合正态分布，有无异常分；各酒样间差异是否显著，各轮次间尺度是否一致的问题；品酒员评分时是否表现出不正常心态，监督是否到位的问题。文章最后对应用计算机感官分析系统提高白酒品评准确性、减少工作量及误差、在线统计分析和约束品评纪律方面进行了展望。同年，周恒刚先生[20]阅读完这篇文章，对该文所指出的与时代不相适应的各项问题予以赞同，对评酒工作流于形式、被当作营利手段等严重阻碍评酒科学性、真实性的现象予以抨击，并指出评酒方法由经验型向科学型的转化迫在眉睫。

在充分反映人们对白酒的认知程度，尤其是对白酒风味和感官品质内涵的科学理解，尽可能保留多年形成的白酒品评操作技术和理念，以确保品评效果平稳过渡和体现品评表结构的简洁性、适用性、可操作性的基础上，经过框定白酒质量属性项、引入尺度描述和量值分布的技术手段，白酒品评实现了从评分表到尺度表的转变[21]。其中，确定 16 个白酒质量属性项，外观 2 项（色泽、透明度）、香气 4 项（纯正性、典型性、协调性、其他缺陷）、口味 7 项（不同香型有一定差别）、风格 3 项（酒体、风格、总体印象/个性）；尺度描述是根据不同属性项设置 3、5、7 的尺度，以提高分辨力，并在同一属性项确定主体描述词后，使用"极""较""稍""略""尚""不"等副词作为层次间隔的表现形式；量值分布则是尺度与分值的转化参数，也即计算机后台的统计参数。品酒员尝评酒样之后，依据各类感官感受，在各属性项中做标记即可，由计算机完成打分、计分和统计工作[12,21]。黑龙江酒业协会也设计了类似的 LCX-白酒品评法，每类酒对应一套感官指标存在明显区别的品评表，增加、细化感官指标，设置了酒样评比结果反馈表与评委准确度的统计系统，方便企业了解产品优缺点，有助于评委修正自己的偏差，实现了人评酒和酒考人的有机统一[22,23]。

领域内专家学者指出白酒传统品评体系的问题，以白酒评酒方法科学化为题进行探讨，并对白酒评酒的核心环节进行完善，如品评表尺度化、质量属性项（即术语、感官描述词）固定化、评委准确度公开化及采用计算机辅助进行数据统计分析等，囿于评酒活动中各香型白酒共性与个性、感官属性项独立性与关联性、品评表全面性与可操作性等几对的相对矛盾，实际评酒中仍存在一定局限，但上述诸多改良措施无疑使白酒评酒方法向科学化迈出了可喜的一步，也为后续科研学术界采用现代感官科学技术进行白酒感官品质分析奠定了深厚的基础。

3.2　酱香型白酒感官评价的研究现状

自 1989 年第五届全国评酒会结束后，由于白酒产业快速发展，新兴白酒种类及数量增多、市场经济的冲击、百分制结果难以反馈酒样品质和评酒活动具有一定的功利性等原因，全国性的评酒活动至今再未举办。但随五届全国评酒会形成的白酒品评方法与步骤、各香型白酒的感官标准与术语及品酒员/品酒师的选拔考核机制等白酒品评技术体系以标准或资格考试的形式得到了很好的传承，如 GB/T 10345—2022《白酒分析方法》[7]、GB/T 33405—2016《白酒感官品评术语》[13]、GB/T 33404—2016《白酒感官品评导则》[24] 和 GB/T 26760—2011《酱香型白酒》[25] 感官要求部分（以酱香型白酒为例）。

随着上述白酒传统品评体系以各类形式的很好传承，现代感官科学技术传入及国际标准化组织（International Organization for Standardization，ISO）中感官分析相关国际标准在国内的逐步转化，风味检测仪器和技术的逐步发展，以及白酒产业快速扩张造成的各香型白酒数量激增且酒质参差不齐的实际问题，白酒品评逐步由评酒界传统评酒形式向学术界科研实验形式过渡。在中国白酒品评的大框架下，针对各香型白酒感官品质的研究逐渐增多，以酱香型白酒为例，检索并整理其感官评价相关研究，如

表 5 所示。

表 5　　　　　　　　　　酱香型白酒感官评价相关研究概况

Table 5　　　Overview of studies on sensory evaluation of Jiang-flavor Baijiu

年份	文献标题	研究方法	研究结果
2007	应用模糊多属性决策法评定酱香型白酒的感官质量[26]	以酱酒感官评分标准为基础，建立品评小组（副教授 1 人、硕士 5 人、学士 2 人），应用模糊决策理论对酱酒色、香、味、格感官评价，确定酱酒最佳工艺条件	发酵时间对酱香风格有较大影响；发酵温度、曲料比、曲的配比对酱香型白酒酒质影响明显，并确定了麸曲酱香型白酒最佳工艺条件
2019	清酱香型白酒挥发性风味组分及香气特征[27]	对清酱香型白酒成品酒挥发性风味组分进行研究，应用顶空固相微萃取、液液微萃取结合气相色谱－质谱分析主要香气化合物组分，建立专业品评组（8 名研究生、2 名省级评委）和消费者品评组（100 名 3~5 年消费酒龄的消费者）进行感官分析，两个品评组使用不同的描述词和评分尺度	酒样的总酯含量高，赋予酒体花香、果香明显，香气幽雅、舒适的香气特征；杂醇油低，只占总醇的 7.3%；总酸含量适中，可平衡呈味、丰富后味悠长，同时在酒样中检测出了 18 种重要风味成分
2021	不同调味酒对酱香型白酒感官特征的作用[28]	采用感官品评并结合气相色谱、气相色谱－质谱等检测方法及多种统计学方法，对酱酒勾调中常用的 3 类调味酒的呈香呈味作用进行研究。其中，感官评价采用定量描述性感官评价法，评价小组（3 男 2 女，均为国家一级品酒师）采用 6 点法对 8 种感官特性（酱香、曲香、陈香、烟香、细腻感、醇厚度、干净度、辛辣感）进行强度打分	调味酒添加效果与添加量正相关；添加 3% 窖面酒、6% 老酒均可增强酱香、曲香、陈香、细腻感、干净度，均减弱辛辣感。添加窖底酒会增强干净度、辛辣感，减弱酱香、曲香、陈香、烟香、醇厚度
2021	不同酒瓶贮存酱香型白酒的酒体风味变化[29]	通过气相色谱与质谱检测方法，结合感官评价，分析经玻璃瓶和陶瓷瓶分别贮存 1 年、2 年、3 年后的不同酒精度酱香型白酒风味物质和感官质量的变化。其中，感官尝评由 5 名专业品酒师进行暗评	贮存期为 1 年和 2 年时，酒体各项指标基本稳定，满予 3 年时，陶瓷瓶较玻璃瓶贮存的酒体出现更明显的酸增酯减现象，醛类更快缩合，酒的陈化程度更好
2022	钓鱼台酱香型白酒风味轮构建及感官特性研究[30]	参照国内外酒类风味轮的建立方法及国际标准 ISO11035 感官描述语筛选方法，组成 10 人评价小组（含 5 名国家级评委，人均一级品酒师技能以上）对所选的 15 款钓鱼台酱香型白酒进行感官品评，生成、筛选、建立钓鱼台酱香型白酒风味描述语	共产生 49 种描述词，经筛选，建立钓鱼台酒风味描述语（香气 19 个、口味和口感 8 个）。作感官剖面图，发现上述描述语可准确展示 4 种不同风格的钓鱼台酱香型白酒感官特征及差异

续表

年份	文献标题	研究方法	研究结果
2022	酱香型白酒骨架成分对感官香气的影响[31]	收集不同厂家不同档次的酱香型白酒，由专业品评师（8人，其中国家级评委2人、省级评委6人）采用9点标度进行定量感官品评，利用多元线性回归模型建立感官品评结果与风味成分的关系	乙酸、丁酸乙酯、乙醛、甲醇、己酸乙酯、乙酸乙酯、乳酸乙酯、异丁醇等10种骨架成分与7种香气之间具有较强的相关性
2022	酱香型白酒异嗅味风味轮的构建及感官特性研究[32]	参照国内外酒类风味轮构建方法，对100余个酱香型白酒异嗅味代表性酒样进行感官描述性分析，绘制酱香型白酒异嗅味的风味轮，并采用多元统计筛选方法构建具有代表性的异嗅味描述词。其中，品评小组共18人，含5名具有10年以上白酒品评经验的专家（国家级评委、省级评委、一级品酒师）	借助30个参比样，定义了66个风味描述语（嗅觉、味觉和整体感官），绘制了酱香型白酒异嗅味的风味轮，筛选出12个异嗅味描述词，并运用定量描述性分析方法明晰了不同产区、不同等级酱香型白酒的特征风味
2022	酱香型白酒饮后舒适度与主要风味成分相关性分析[33]	招募28名志愿者，设计、收集饮后感受评价问卷（包括头部、脸部、心脏、口部、喉部、眼部、胃部、睡眠、睡后和其他感受），并对不同酱香型白酒的风味成分定量，结合问卷分析两者相关性	酱香型白酒中适当含量的醇类和酯类不会对白酒饮后舒适度造成很大影响，较高含量的正己醇、正丁醇会降低饮后舒适度
2022	不同甜香风味特征的酱香型白酒中挥发性物质分析[34]	运用感官品评方法（10名品酒员采用6点标度对甜香、酱香、陈香、酸香、苦味5个属性评分）选取不同甜香风味的酱香型白酒酒样，采用顶空固相微萃取结合气相色谱-质谱法剖析其中的挥发性组分，采用偏最小二乘判别分析法讨论不同酒样及其风味物质差异	3组不同甜香强度（4~5、3~4、0~3）样品共鉴定出68种风味物质，样品中含量最丰富化合物是具有甜香和水果香的酯类、芳香族类和醇类物质，且在甜香强度大于3的酒样中含量最高
2022	不同产地酱香型白酒化学风味和感官特征差异分析[35]	利用气相色谱-离子迁移谱联用技术、气相色谱-氢火焰离子检测器、顶空固相微萃取-气相色谱-质谱联用和感官评定手段研究国内4个不同产地的酱香型白酒风味成分和感官特征的差异。其中，评价小组由10名有相关研究经验的研究员组成，使用酱香、果香、粮香、醇香、甜香、酸香、青草香、窖香、曲香9个经讨论确定的描述词	共鉴定出152种挥发性化合物，主要为酯类、醇类、酮类、醛类物质；借助偏最小二乘判别分析从39种骨架物质中筛选出了17种差异标记物用以区分不同产地酱香型白酒。感官评定结果也显示4个产地的酒样风味特征存在差异性

通过分析表 5 中酱香型白酒感官评价相关研究内容，尤其是所选取的各类不同研究酒样及各种不同研究方法，可以总结出现代感官科学技术指导下的酱香型白酒感官品质分析的六大特点与创新点。

第一，标准的制定与实施体现行业需求与技术发展水平，并引领行业进一步创新发展。具体表现在基于对酱香型白酒的科学认识与各类质量指标要求，GB/T 26760—2011《酱香型白酒》[25]得以颁布与实施；GB/T 33405—2016《白酒感官品评术语》[13]规定品评的一般性术语、分析方法相关的术语和感官特性有关的术语，展示了白酒风味轮的轮廓，并提出了程度副词及相应标度；GB/T 33404—2016《白酒感官品评导则》[24]规定白酒感官品评环境条件、设施用具、人员基本要求、品评规范与结果统计等基本要求，并附录了白酒感官定量描述分析方法及评价结果异常值判断方法，这些均规范并引导着近年来酱香型白酒感官评价的相关研究。

第二，研究对象打破了以往评酒会为全面性而涵盖各香型白酒的桎梏，集中聚焦于酱香型白酒（不同产地、风格、品牌），研究结果的科学性和实用性得到提高。研究对象更改之后，原有的香型共性与个性、感官属性项独立性与关联性等之间的矛盾均迎刃而解。这既是站在过往各香型白酒品评及风味研究成果的基础之上，也是需面对的各香型白酒细分化市场的现实情况，一定条件下增加了品评的难度，但针对不同贮存条件、产地、风格乃至缺陷型酱香型白酒的感官特征及风味成分差异进行探索，客观上更是技术方法和认知思维上的进步。

第三，在沿用明评、暗评方式的基础上，逐步采用多种现代感官分析方法，如定量描述性分析、风味轮构建、多元统计筛选描述词（含 M 值法、聚类分析法、主成分分析法），并采用 6 点、9 点标度对选定感官属性进行强度赋值。其中，不同阶段研究中感官属性的变化尤为明显，从应用模糊决策理论对酱香型白酒的色、香、味、格进行赋分[26]，沿用传统评语式感官描述语[29]，到组织评价小组讨论与生成系列描述词[36]，采用 M 值等方法筛选得到具有较强表达品质与区分差异能力的描述词[30,32]，反映了酱香型白酒感官描述词朝着减少品评中"只可意会，不可言传"的壁垒、贴合实际应用及拉近酒体设计人员和消费者距离等方面的发展趋势[37]。

第四，评价小组人员不仅由具备职业资格的品酒师构成，还纳入了经培训的相关科研人员及具有一定酒龄的消费者。感官分析技术方法有两大类，分别是分析型感官评价和情感型感官评价，前者对评价小组的要求一般是经训练的初级、优选和专家评价员，后者则需招募未经培训的消费者实施消费者接受性与偏爱测试。系统学习白酒相关理论知识、接受各香型白酒品评训练并通过资格考试选拔出的品酒师不仅是以往评酒活动的基础，更是应用现代感官科学研究白酒感官品质的核心。消费者参与白酒感官分析时，选用的感官描述词和强度赋值方法均有相应的变化，以便更准确与科学地获取其对不同白酒的感知[27,33]。

第五，感官评价结果不再以评酒时的顺位、均分及评语形式出现，而以雷达图、风味轮图、聚类图、散点图和双标图等形式呈现，并在数据处理阶段引入了平行重复及剔除异常值的内涵。各类图像直观、清晰、全面地反映了不同酱香型白酒感官属性的内涵及强度，同类酱香型白酒所具备的感官轮廓，不同酱香型白酒感官描述词的相似程度以及不同酱香型白酒之间各自突出的品质属性。

第六，白酒感官品评与风味物质测定的结合更加紧密，同时运用两种方法研究酱香型白酒的相似与差异成为研究人员的普遍技术手段。香气成分检测与鉴定、科学划分白酒香型为白酒感官品评提供基础，感官评价作为白酒风味化学研究技术中的一部分，对重要风味化合物的确定具有重要作用，利用构建相关数学模型的思维及方法还可以建立感官结果与风味成分的关系，进而更加准确、科学地指导白酒的酿造及勾调等环节。

当前阶段，酱香型白酒相关研究在纵向上不断深入、横向上更为多元，现代感官科学指导下的白酒品评与白酒风味化学相结合，使人们对于酱香型白酒的感官品质内涵和微量风味成分有了更为全面与科学的了解。正如邓少平教授[19]所指出的"只有把分析型与偏爱型感官评价有机地结合起来，把感官分析和仪器分析有机地结合起来，才能对评价目标达到一个更深层次的认识"，亦如白酒专家曾祖训[38]所表达的：随着科学不断创新发展，随着社会生活方式的演变，生活质量的提高，欣赏美酒的主题也在不断发生变化，技术进步为酿酒的风味改善、品种增加提供可能和必然，而不同时代的社会生活方式中酒的社会功能也会不同，酒的风味面临不同的需求，生活方式引导酒业的发展方向，要提高酒质与层次，要向风味个性化、香型口味化、香味复合化、层次化等方向发展，以达到常品常新的境界。

3.3　国际酒类感官分析方法简介

中国白酒具有深厚的文化底蕴、传统固态酿造工艺、独特风味和感官体验，深受国内广大消费者的喜爱。但与世界上其他国家的其他酒类（蒸馏酒、葡萄酒、啤酒等）顺利进入我国酒类市场的情况相比，我国白酒的国际化之路依旧困难重重。这其中既有文化、法律、标准和推广方面的困难，也有风味、酒精度和品位方面的差异，如何让国外消费者接受白酒的味道和形成饮用习惯，是需要研究的课题。需了解国际酒类感官分析方法，并将其应用于中国白酒的品评中，以外国人能"听得懂"的表达方式传递中国白酒的风味属性及"雅""香""醇""美"等文化内涵，讲好中国白酒的感官故事。分别针对于专家评价员和消费者的定量描述分析法（Quantitative Descriptive Analysis, QDA）和适合项全选法（Check-All-That-Apply, CATA）是目前国际中常用的酒类感官分析方法，前者已逐步应用于中国白酒的品评中。

3.3.1 定量描述分析法（QDA）

QDA 是一种常见的描述性分析方法，能够全面描述产品的感官属性并对各个属性的强度进行表征，其对评价员水平有较高的要求，需长期进行训练且品评达到较稳定的标准[39]。运用 QDA，评价员可以通过评定样品的风味特征与风味强度，达到对样品感官特征初步定性和定量评价的目的，该方法经常作为风味轮建立的基础。

美国葡萄酒酿造与栽培协会的感官评价分委员会采用 QDA 对葡萄酒香气术语标准化体系展开研究，总结归纳了"葡萄酒香气轮"描述词，包括花香、木香、水果香、蔬菜味、泥土味、化学味等 10 个大类、28 个小类，共 95 个描述词；同时提出了各类香气标准参比样的制备方法，在不同酒厂之间建立了上述风味属性的统一认知，有助于葡萄酒行业商业和科研上的沟通与交流[40]。美国酿造化学家学会与欧洲啤酒工业大会下属的感官分析委员会合作采用 QDA 对啤酒的感官描述进行研究，构建了啤酒的"风味轮"描述词体系，其包括十四个大类，44 个主要描述词和 78 个次级描述词[41]。由调酒师和科学家组成的工作组运用 QDA 系统地梳理、总结并发布了威士忌的风味术语，包含 12 类香气（谷香、泥炭味、水果香、草味、花香、木香、甜香等），4 种口味（酸、甜、苦、咸）和 3 大类口感和鼻感（收敛、灼热、滑腻），统一了行业对威士忌风味的感官认识[42]。Lee 等[43]在现有的研究基础上改进了威士忌的风味参考属性，建立了威士忌风味轮，该风味轮由 14 个属性组成第一层，50 个感官描述词组成第二层，140 个更为细致描述词组成第三层，并对 30 多个属性配置了参考化合物，为威士忌的感官评价提供指导。

3.3.2 适合项全选法（CATA）

传统描述性分析方法能够准确体现产品间的感官属性差异之处及程度大小。但其需要高水平评价员作为基础，而高水平评价员的培养与训练需要较长时间和大量经费。传统的产品感官与风味设计主要取决于品酒师的个人经验、市场销售与反馈情况，忽视了广大消费者对于产品口味的需求和变化。在当前新品快速迭代的时代条件下，CATA 方法应运而生，该方法通过招募消费者进行感官实验，统计调查消费者偏好的产品感官特性信息，对新品的设计与升级有极高的参考价值，CATA 法也因其简单性和多功能性成为深受研究人员青睐的快速描述分析方法[44]。

该方法是将一组样品和一张 CATA 问卷提供给消费者，消费者品尝样品后，在 CATA 问卷中选择他们认为适合描述每个样品的所有描述词[45]。CATA 问卷调查是一种有效的快速评估方法，其最大的特点是只需要对小组成员进行最少的指导，而且相当容易理解[46]，它可以区分多个感官属性的复杂产品，目前该方法已被广泛应用于食品感官属性评价[47,48]。Lund 等[49]召集 14 位评价员组成感官评价小组，对来自 6

个国家的长相思葡萄酒进行了评价，得到了 16 个风味特征，与 104 名消费者的 CATA 结果进行比对分析，研究发现新西兰的长相思葡萄酒更受消费者喜爱，并提出了其受偏爱的具体特征。Moss 等[50]运用 CATA 研究消费者对葡萄酒的感官特性喜爱，消费者能区分各类葡萄酒品种、甜度、干燥度，以及酸度，并明确喜欢甜、带柑橘味、水果香和花香属性描述的葡萄酒，不喜欢带泥味和酸味属性的葡萄酒。Gómez-Corona 等[51]邀请 400 名消费者测量饮用工艺啤酒和工业啤酒的体验，并采用 CATA 评价他们的喜好，选择出更能描述他们饮酒经历的描述语。结果显示，在 CATA 收集到的描述语中，消费者对于精酿啤酒多采用认知性的描述语进行表达，而在工业啤酒中，感官和情感描述语被频繁使用，并通过多因素分析表明，感觉和认知系统与喜好的关系大于情感系统。

4　白酒品评发展的相关建议

中国白酒品评技术形成、发展、成熟于五届全国评酒会，并在专家学者有关白酒评酒方法科学化问题的探讨下得到完善。在品评体系很好传承、现代感官科学逐步传入、国内感官分析标准制定实施、风味组分检测仪器和白酒产业迅速扩张的背景下，科研学术界以同香型白酒为研究对象展开实验，对其进行感官品质分析和风味物质测定，并通过多种数学模型探索二者的关系，实验的科学性和实用性得到提高。同时，国际中其他蒸馏酒、葡萄酒、啤酒等酒类的新型感官分析方法及新颖结果呈现形式，也为中国白酒的国际化提供了以通用感官分析技术讲好中国白酒感官故事（感官属性、风味特征和文化内涵）的一种方式与可能。白酒品评技术贯穿白酒产业链全局，并显著影响白酒的酒体勾兑、口味调控和质量鉴评。下文将以品评科学化、准确化和可视化的导向，对白酒品评技术的发展提出几点建议。

4.1　现代感官分析方法的选择

感官分析中常用的检验方法有四类，分别是差别检验、标度和类别检验、描述性分析、接受性与偏爱测试[8]。目前应用于白酒感官评价中的主要是描述性分析中的定量描述分析法，但在实际应用中由于缺少描述词释义及参比样确定等环节，不同酒样在不同评价小组中产生的研究结果较难进行比对与交流。未来的白酒品评中，应根据不同的实验目的选择同香型或不同香型酒样，并从现代感官分析技术体系中选择适宜的方法进行感官评价与数据呈现，如上文所述的 CATA 法，及更多的快速感官描述性分析方法：投影地图法（Projective Mapping）[52]，开放式提问调查（Open-Ended Questions）[53]，归类法（Sorting）[54]，自选特性排序剖面法（Flash Profile, FP）[55]，中心点剖面法（Pivot Profile, PP）[56,57]等。同时，还可采用电子鼻电子舌等智能感官设备进行辅助分析[58,59]，并将其检测结果与感官品质分析、风味物质检测数据进行建模分析，以人的感官感知为主，智能感官设备校准为辅，深度探究感官与风味之间的相关性，各项技术深入融合、互相促进，并为白酒生产、贮存、勾调、质控与品质升级提供科学方案。

4.2 品酒师与评价小组的组成

评酒活动期间的品酒员/品酒师和白酒感官评价研究阶段的评价小组及其感官感知是白酒品评技术体系的基础。随五届全国评酒会举办而严格选拔的国家评委，对白酒行业起到了引领性和示范性的作用，各省、直辖市、自治区相关组织和大型企业参照白酒国家评委的选拔方法，建立了相应的白酒品评专家队伍。几十年来，获得品酒师职业资格及国家级、省级等各级白酒评委资格的人数逐渐增多，尤其是白酒国家评委，是活跃在当前白酒感官质量鉴评和酿酒工艺技术实践领域最高水平的专家团体，在企业高度重视下，他们为白酒的质量控制、技术创新和新品开发贡献了巨大的力量[60]。随着体验经济时期和个性化消费时代的到来，消费者的感官嗜好受到更多关注，邀请消费者参与白酒感官分析，获取其对不同白酒的偏爱与喜好程度，对于企业的生产工艺优化及酒体设计升级有着重要作用。在白酒的品评乃至生产、勾储、质控等领域有着扎实理论基础和实践经验的品酒师是分析型感官评价方法中评价员的最优选择，不同消费年龄、用酒价位、消费场景、饮酒频次、省市地区和职业背景的酒友是情感型感官评价方法中消费者的较好选择，依据不同实验目的构建合适的感官评价小组，产出高质量的感官结果，以更好地指导白酒产业的发展方向。在条件成熟时候，招募不同国家、收入水平及文化背景的国外消费者参与白酒感官评价实验，了解他们对于白酒风味的偏好和白酒文化的接受程度等信息，将在一定程度上推动中国白酒国际化发展。

4.3 感官描述词的解析与重构

与白酒感官特性有关的术语/感官描述词大致经历了以下的发展阶段：随五届全国评酒会形成，包含于白酒品评计分标准（色、香、味、格）中，分香型以评语式的综合描述形式存在；在专家学者针对白酒评酒科学化问题进行探讨的阶段，以质量属性项形式（色泽、透明度、典型性、纯正性、协调性等）在尺度表中得到固定；后以术语和感官要求的形式在 GB/T 33405—2016《白酒感官品评术语》[13] 和 GB/T 26760—2011《酱香型白酒》[25]（以酱香型白酒为例）中进行规范；在科研学术界对同香型不同种类白酒研究期间，通过评价小组对酒样的品评，生成、筛选、建立具有表达酒样感官轮廓且具备一定样品区分能力的描述词组，同香型白酒描述词的数量逐渐增多。另外，随着全国性评酒活动的取消和市场经济的发展，各酒厂出于产品宣传的需要，各自为政开展白酒感官品质表达，鱼龙混杂的白酒市场中，各类白酒感官描述词野蛮生长，诞生了很多评酒界与学术界原有感官描述词的近义及相关词汇，甚至出现了一些"创造词汇"，其特点是词义上与白酒感官品质相关度较低，但个别字眼能为白酒品质披上一层神秘面纱，朦胧美之下使人们对其充满无限遐想空间。这使本就存在一定"只可意会，不可言传"的白酒感官描述词，越来越难以反映不同白酒感官品质上的真实差异。白酒感官描述词亟需在科学性、直观性等原则指导下进行释义解析、聚类合并和体系重构等工作。由于各香型白酒的品牌、种类和数量激增，宜首先基于不同香型白酒建立各自感官描述词科学分类体系，再将其共性与个性进行分析、研究和验证，最终形成中国白酒感官品质描述词的整体科学体系。

5　结语

白酒的品评原指品酒员通过眼、鼻、口等感觉器官，对白酒样品的色泽和外观、香气、口味口感和风格特征进行分析评价，其对于酒质分级、勾调储存、酒体设计和质量鉴评有着重要作用。中国白酒品评技术体系形成于全国五届评酒会，在历代白酒专家、品酒师和科研人员的不断完善中发展。在此基础上，应行业需求与技术发展，积极推动白酒品评与现代感官科学相结合，依据不同研究目标选择相应感官分析方法与数据可视化形式，选择符合要求的品酒师或消费者组建评价小组进行品评，使用科学、准确、显性的感官描述词或体验描述词对不同酒样进行感官品质表达，为中国白酒的质量控制、风味升级和国际化之路奠定扎实的技术基础。

参考文献

[1] SUN Y, MA Y, CHEN S, et al. Exploring the mystery of the sweetness of Baijiu by sensory evaluation, compositional analysis and multivariate data analysis [J]. Foods, 2021, 10 (11): 2843.

[2] 徐岩, 范文来, 葛向阳, 等. 科学认识中国白酒中的生物活性成分 [J]. 酿酒科技, 2013 (9): 1-6.

[3] 霍嘉颖, 黄明泉, 孙宝国, 等. 中国白酒中功能因子研究进展 [J]. 酿酒科技, 2017 (9): 17-23.

[4] 李玉勤, 葛向阳, 孙庆海. 白酒品评浅析 [J]. 酿酒, 2017, 44 (2): 33-35.

[5] 沈怡方. 白酒的香型、风格与流派 [J]. 酿酒, 2003 (1): 1-2.

[6] 沈怡方. 白酒生产技术全书 [M]. 北京: 中国轻工业出版社, 2023.

[7] GB/T10345—2022 白酒分析方法 [S].

[8] 赵镭，刘文．感官分析技术应用指南 [M]．北京：中国轻工业出版社，2020.

[9] 邓少平．中国白酒评酒方法的科学化问题 [J]．酿酒，1997 (2)：3-6.

[10] 栗永清．中国白酒感官品评方法的诞生、完善与进步 [J]．酿酒，2018，45 (6)：4-7.

[11] 吴广黔．白酒的品评 [M]．北京：中国轻工业出版社，2008.

[12] 沈怡方．中国白酒感官品质及品评技术历史与发展 [J]．酿酒，2006 (4)：3-4.

[13] GB/T 33405—2016 白酒感官品评术语 [S].

[14] 唐贤华．白酒感官品评训练 [J]．酿酒科技，2019 (6)：65-68+74.

[15] 史长生．浅论如何提高白酒感官品评质量 [J]．现代食品，2021 (19)：47-51.

[16] 徐占成，张奶英，唐清兰，等．中国白酒品评技术回顾与展望 [J]．酿酒，2019，46 (1)：23-28.

[17] 赵镭，李志，汪厚银，等．食品感官分析术语及描述词的良好释义与表达范式 [J]．标准科学，2014 (8)：64-66.

[18] 吴广黔，曹文涛．白酒品评技巧的心得体会 [J]．酿酒科技，2019 (6)：78-81.

[19] 邓少平，朱学春，王逸凝．感官剖面描述法在白酒品评中的应用 [J]．南昌大学学报（理科版），1995 (4)：369-373.

[20] 周恒刚．读"中国白酒评酒方法的科学化问题"有感 [J]．酿酒，1997 (3)：5.

[21] 邓少平．白酒感官尺度品评表的结构设计与内涵 [J]．酿酒科技，2004 (2)：22-24.

[22] 季树太，张锐．LCX 白酒品评系统的成功应用 [J]．酿酒，2001 (2)：99-100.

[23] 栗伟．白酒品评方法的改革与创新 [J]．酿酒，2002 (3)：11-12.

[24] GB/T 33404—2016 白酒感官品评导则 [S].

[25] GB/T 26760—2011 酱香型白酒 [S].

[26] 马荣山，刘婷，郭威．应用模糊多属性决策法评定酱香型白酒的感官质量 [J]．酿酒科技，2007 (11)：34-37.

[27] 马宇，黄永光．清酱香型白酒挥发性风味组分及香气特征 [J]．食品科学，2019，40 (20)：241-248.

[28] 王丽，王凡，唐平，等．不同调味酒对酱香型白酒感官特征的作用 [J]．食

品与发酵工业，2021，47（23）：125-133.

［29］何利，廖永红，陈波，等．不同酒瓶贮存酱香型白酒的酒体风味变化［J］.
酿酒科技，2021（4）：61-64.

［30］郭松波，张娇娇，韩兴林，等．钓鱼台酱香型白酒风味轮构建及感官特性研
究［J］.中国酿造，2022，41（9）：49-54.

［31］梁慧珍，李细芬，陈鹏，等．酱香型白酒骨架成分对感官香气的影响［J］.
酿酒，2022，49（3）：38-42.

［32］李世平．酱香型白酒异嗅味风味轮的构建及感官特性研究［J］.酿酒科技，
2022（8）：84-89.

［33］赵文梅，姚逸萍，陈禹锜，等．酱香型白酒饮后舒适度与主要风味成分相关
性分析［J］.酿酒科技，2022（8）：59-64.

［34］莫新良，杨亮，吴德光，等．不同甜香风味特征的酱香型白酒中挥发性物质
分析［J］.食品工业科技，2022，43（18）：311-321.

［35］张卜升，袁丛丛，高杏，等．不同产地酱香型白酒化学风味和感官特征差异
分析［J］.食品科学，2023，44（12）：235-243.

［36］韩月然，张正飞，段良远，等．不同种类酱香型白酒的感官评价分析研究
［J］.酿酒科技，2022（3）：71-76.

［37］郝保红，任慧杰．白酒感官述语的创新与应用［J］.酿酒，2021，48（4）：
113-115.

［38］曾祖训．谈白酒感官质量品评［J］.酿酒，2004（4）：1-2.

［39］Stone H, Sidel J, Oliver S, et al. Sensory evaluation by quantitative description
analysis［J］. Food Technol, 1974, 28：24-34.

［40］Noble A C, Arnold R A, Masuda B M, et al. Progress towards a standardized
system of wine aroma terminology［J］. American Journal of Enology and Viticulture, 1984,
35（2）：4-6.

［41］Meilgaard M C, Dalgliesh C E, Clapperton J F, et al. Beer flavor terminology
［J］. American Society of Brewing Chemists, 1979, 37：47-52.

［42］Shortreen W, Richard P, Swan J S, Burtles S, et al. The flavour terminology of
scotch whisky［J］. Brew. Guard. 1979, 108：55, 57, 59, 61-62.

［43］Lee K Y M, Paterson A, Piggott J R, et al. Origins of flavour in whiskies and a
revised flavour wheel：a review［J］. Inst. Brew, 2001, 107, 287-313.

［44］Meyners M, Castura J C. Check-All-That-Apply Questions［M］. Boca Raton：
CRC Press, 2014.

［45］Dooley L, Lee Y S, Meullenet J F. The application of check-all-that-apply

（CATA）consumer profiling to preference mapping of vanilla ice cream and its comparison to classical external preference mapping［J］. Food Quality & Preference, 2010, 21（4）: 394-401.

［46］Lado J, VIcente E, Manzzioni A, et al. Application of a check-all-that-apply question for the evaluation of strawberry cultivars from a breeding program［J］. Journal of the Science of Food and Agriculture, 2010, 90（13）: 2268-2275.

［47］MEndes Da SIlva T, Peano C, Giuggioli N R. Application of check-all-that-apply and non-metric partial least squares regression to evaluate attribute' perception and consumer liking of apples［J］. Journal of Sensory Studies, 2021, 36（5）: e12685.

［48］Henrique N A, Deliza R, Rosenthal A. Consumer sensory characterization of cooked ham using the check-all-that-apply（CATA）methodology［J］. Food Engineering Reviews, 2015, 7（2）: 265-273.

［49］Lund C M, Thompson M K, Benkwitz F, et al. New Zealand Sauvignon blanc distinct flavor characteristics: Sensory, chemical, and consumer aspects［J］. American Journal of Enology and Viticulture, 2009, 60（1）: 1.

［50］Moss R, Barker S, Mcsweeney M B. Using check-all-that-apply to evaluate wine and food pairings: An investigation with white wines［J］. Journal of Sensory Studies, 2022, 37（1）: e12720.

［51］Gómez-Corona C, Chollet S, Escalona-Buendí A H B, et al. Measuring the drinking experience of beer in real context situations. The impact of affects, senses, and cognition［J］. Food Quality and Preference, 2017, 60: 113-122.

［52］苏庆宇, 常晓敏, 刘雅舟, 等. 投影地图法在食品研究与开发中的研究现状［J］. 食品工业科技, 2022, 43（16）: 390-399.

［53］单冰淇, 刘松昱, 王春光, 等. 开放式提问调查在食品研究与开发中的研究现状［J］. 食品工业科技, 2022, 43（12）: 468-474.

［54］刘松昱, 单冰淇, 周小苗, 等. 归类法在食品研究与开发中的应用及研究现状［J］. 食品工业科技, 2022, 43（16）: 458-466.

［55］陈亦新, 兰义宾, 问亚琴, 等. 自选特性排序剖面法在食品研究与开发中的应用及研究现状［J］. 食品工业科技, 2022, 43（13）: 475-483.

［56］Thuillier B, Valentin D, Marchal R, et al. Pivot© profile: A new descriptive method based on free description［J/OL］. Food Quality and Preference, 2015, 42: 66-77.

［57］Longo R, Pearson W, Merry A, et al. Preliminary study of Australian pinot noir wines by colour and volatile analyses, and the pivot© profile method using wine professionals

[J]. Foods, 2020, 9 (9): 1142.

[58] 罗琪, 张贵宇, 庹先国, 等. 电子鼻在成品白酒检测中的应用研究进展 [J]. 粮食与油脂, 2022, 35 (4): 4-7.

[59] 林先丽, 张晓娟, 李晨, 等. 基于质谱和电子舌的不同质量酱香型白酒判别分析 [J]. 食品科学: 1-17.

[60] 马勇, 王贵玉, 熊小毛. 行业盛会 历史丰碑——第五届全国评酒会综述 [J]. 酿酒科技, 2019 (5): 17-21.

质子转移反应质谱在白酒风味分析中的应用前景与挑战

相里冉，马玥，徐岩

（江南大学生物工程学院，江苏无锡 214122）

摘 要：在食用过程中，食物中的挥发性化合物逐渐从口腔中释放出来，通过鼻后通路到达嗅上皮并与嗅觉受体结合，在此过程中，化合物在口腔及鼻后腔的浓度随着时间的变化而变化，因此风味的感知是一个动态过程。质子转移反应质谱（PTR-MS）技术是一种直接进样质谱法，该方法可以实时检测鼻腔中香气化合物的浓度变化，旨在获得反映食物消费过程中实时香气释放模式的数据。将动态感官分析方法与质子转移反应质谱相结合，可以检测白酒中关键香气化合物的释放规律，并且探究白酒在饮用过程中风味特征的变化。但是，由于白酒中香气化合物数量多等原因，还需要进一步完善 PTR-MS 对白酒风味化合物的检测方法。

关键词：质子转移反应质谱，时间性全部适用检查，白酒，风味化合物

Application of PTR-MS in the detection of food flavor compounds and challenges in Baijiu

XIANG Liran, MA Yue, XU Yan

（School of Biotechnology, Jiangnan University, Jiangsu Wuxi 214122, China）

Abstract: During consumption, volatile compounds in food are gradually released from the oral cavity, reach the olfactory epithelium through the retro-nasal pathway and bind to olfactory receptors. During this process, the concentration of aroma molecular compounds in the oral cavity and retro-nasal cavity varies over time, so the perception of flavor is a dynamic process. The proton transfer reaction mass spectrometry(PTR-MS) technique is a direct-

作者简介：相里冉，女，在读硕士研究生，研究方向为白酒风味化学；邮箱：6220210030＠stu. jiangnan. edu. cn；联系电话：13994836216。

通信作者：徐岩，男，教授；邮箱：yxu＠jiangnan. edu. cn。

injection mass spectrometry method that detects changes in the concentration of aroma compounds in the nasal cavity in real time, aiming at obtaining data reflecting real-time aroma release patterns during food consumption. Combining dynamic sensory analysis methods with proton transfer reaction mass spectrometry can detect the release patterns of key aroma compounds in Baijiu and explore the changes in flavor profiles of Baijiu during consumption. However, due to the large number of aroma compounds in Baijiu and other reasons, further refinement of the PTR-MS method for the detection of flavor compounds in Baijiu is needed.

Key words: Proton transfer reaction mass spectrometry, Temporal Check-All-That-Apply, Baijiu, Flavor compounds

1　前言

酒的香气感知是一个动态连续的过程，气味化合物也会在口腔食品加工过程中释放到口腔中，并通过鼻咽途径到达嗅觉上皮。这条路线通常被称为鼻后路径。为了获得对风味的真正理解，香气感知必须与动态研究方法相匹配，即包含时间成分，以获得更完整的风味感知。由于风味物质在口腔中挥发释放的变化过程，受到人类口腔温度、唾液和呼吸气流的作用，具有动态变化和浓度较低的特点，采用常规的检测技术难以实时采集和分析。因此，我们需要找到一种可以在线连续检测口腔或鼻腔中风味物质释放的变化过程的技术，并与动感感官技术结合进行综合分析，从而更加系统地剖析葡萄酒消费过程中的风味感知。

2　白酒风味感知

白酒是我国特有的传统固态蒸馏酒，也是中国最受欢迎的酒精饮料之一，在中国传统文化中具有独特的地位。白酒风味是衡量白酒品质的重要指标。全面解析酒体中的香气成分可为合理选取原料曲种、优化酿造工艺、改进酒体风味品质、提升酒企生产效益提供重要的理论依据。以风味化学分析为基准，目前成功在白酒中检测出挥发性微量化合物一千多种[1]。近年来，对于白酒风味的研究大多采用传统静态感官分析与仪器分析相结合的方式。

喝酒精饮料时的感官感知由多种感觉参与形成，包括味觉、嗅觉和肢体感觉[2]。鼻前（Ortho-nasal）和鼻后（Retro-nasal）通路是将香气化合物输送到嗅觉上皮以产生香气感知的两种主要途径[3]。人体在饮用酒精饮品过程中，芳香化合物逐渐从食物释放到口腔中的空气中，并通过吞咽和呼吸经由鼻咽以所谓的鼻后途径递送到鼻上部的嗅觉上皮[4]。因此，嗅觉受体处鼻后芳香化合物的浓度随时间连续变化，从感知开始直到消退。鼻后感觉（香气释放和感知）在进食的完成阶段起着重要作用，因此，有必要找出导致白酒鼻后感觉的关键气味，并监测其在食用白酒期间挥发性有机化合物（VOC）的动态释放规律。风味物质在口腔释放的差异能影响人们品尝食物时的味道。直接检测人们食用时感知到的挥发性物质是很困难的，一种解决方法是采用鼻腔空间（Nosespace）分析方法，检测人们食用样品时鼻腔呼气中的挥发物，这是最接近人体感知的实验方法[5]。在香芹酮实验中，尽管绝对测量在个体之间变化很大，鼻空间中传递的香气含量与产品中的香芹酮浓度成正比。

2.1 动态仪器分析方法

白酒中的主要成分包含水和乙醇，约占总量的98%，但其风格特点主要取决于含量仅在2%左右的VOC的释放。迄今为止，对白酒风味的研究主要集中在静态样品中风味化合物的组成上。白酒饮用过程中的风味感知是白酒风味研究的一个新方面。从而更好地实现白酒感知过程中香气化合物与样品特征香气间的关联，并明确在饮用过程中驱动化合物释放模式的主要特性。

食品中检测VOC的国家标准是气相色谱法（GC）与质谱法（MS）相结合。然而GC-MS无法检测食品中VOC的动态变化规律。因此需要找到一种能够进行实时分析的技术，同时进行化合物定性和定量分析。近年来，直接进样质谱法（DI-MS）的使用显著增加，特别是质子转移反应质谱法（PTR-MS）。PTR-MS极低的检测限和高时间分辨率可实现实时香气释放分析。通过个体事物感知和测量的鼻内香气浓度之间的相关性，可以获得香气设计和风味研究的见解。使用质子转移的软化学电离技术，例如大气压化学电离（APCI）、质子转移反应（PTR）或选择离子流管（SIFT）与质谱（MS）结合，能够实时监测鼻子里呼出的气中芳香化合物。

PTR-MS是一种在线测量微量挥发性有机化合物的新方法[6]，其中质子供体是H_3O^+，由于H_3O^+的质子亲和力低于大多数VOC的质子亲和力，因此它们可以被电离，这导致产生质子化分子离子（VOC）H^+，从而实现实时直接分析，并揭示时间分辨消费过程中的化学信息[7]。

PTR-MS技术越来越多地用于食品分析中[8]，例如葡萄酒的体内动态香气释放[9]，Ola Lasekan等发现在食用棕榈酒后，观察到测试人员呼出的呼气中化合物的强度随时间显著变化[10]。其快速无损的检测方法在食品分析中表现出了巨大潜力，研究目标涵盖了蔬菜、水果、饮料、加工食品、肉制品等各类食品，通过分析它们释放的VOCs情况，可以区分不同产地或加工工艺的食品样本，也可以了解食品特性与VOCs之间的关系，从而帮助监控食品质量，改善食品品质。表1比较了GC-MS与PTR-MS的优点和缺点。

表 1		PTR-MS 和 GC-MS 的比较	
Table 1		Comparison of GC-MS and PTR-MS techniques	
技术	优点	缺点	参考文献
气相色谱质谱法 （GC-MS）	高分辨率和高敏感度 不受杂峰干扰	测试条件有限 不适合实时分析	
质子转移反应质谱法 （PTR-MS）	实时分析 无需样本前处理 直接测量大多数 VOCs 浓度 频谱图易识别 高分辨率和高敏感度 快速检测	对实验室条件要求高 检测到的化合物少	葡萄汁[11] 啤酒[12]

2.2　动态感官分析方法

在过去开展的分析葡萄酒香气的研究中，研究者多选择以定量描述分析（QDA）为代表的传统的静态感官分析方法对白酒的整体香气特征进行评价。但是对于评估白酒入口后的香气感知，由于在整个评估过程中，口中感知到的香气，即鼻后香气随着时间的推移会产生明显的变化，使用传统的定量描述分析意味着评价员在给出整体评价时并不能真实反映白酒的实时感知情况，这就会造成关键感官特性差异信息的丢失。随着感官科学的发展及感官科学家基于心理模型对研究方法的开发，动态感官方法应运而生。TI 是第一个被提出的跟踪食物消费时间过程中感官属性（一个香气属性）的强度演化的方法。但是目前最常用的动态感官分析方法是暂时性感官支配测试（TDS）和时间性全部适用检查（TCATA）。TDS 确定的是评价员的主导感官属性，它要求评价员在每个特定时间点选出清单给出的属性中那些最具决定性的属性。该方法在属性筛选上虽然很高效，但是每个样品的重现实验相对具有挑战，且在数据统计中较难给出样品的属性强度。而 TCATA 提供的是在给定时间感知到的全部感官属性的详细描述，它是动态描述分析中相对较新的方法，评价员会在系统中看到一串属性清单，在评测过程中，评价员需要在特定时间做出是否可以感知到样品该属性的选择。在进行评测的过程中，评价员不止需要关注那些决定性的属性，那些细微的属性也需要关注。虽然 TDS 已被广泛地应用于食品入口后感官特征的动态评估，但是使用该方法，评价员在评价过程中，可能受到光环效应（Halo-Dumping）的影响，该效应由于受到他们能够传达的关于他们感知的内容的限制，从而潜意识地夸大他们对另一个属性的强度等级，严重影响其他属性强度的评估，但使用 TCATA，会更好地减少该效应的干扰。将 TDS 与 TCATA 结合，可以更好地获得不同方面的感官特征随时间的变化特征并提高数据的准确性。

2.3 香气释放与感官评价同时进行

静态感官分析方法（如 QDA）适合区别产品之间的差别，但是由于与香气释放的研究无法同时进行，因此不适用于研究白酒在饮用过程中香气特征的变化。为了清楚地建立鼻腔体内香气释放与香气感知之间的联系，并尽可能避免偏差，可以将动态感官分析方法与动态仪器分析方法相结合。Lu Chen[13]采用 TCATA（Temporal Check-All-That-Apply）方法对白酒的感官动态变化进行表征，并且利用质子转移反应飞行时间质谱（PTR-TOFMS）检测在吞咽过程中化合物在鼻腔中的浓度变化规律。发现这些化合物对白酒感知的贡献与其化合物类型和疏水性有关。其中乳酸乙酯、苯乙醛、辛酸、己酸乙酯和庚酸乙酯被认为是白酒饮用过程中影响感官变化的关键香气化合物。Deleris[14]通过 TDS 评估了两种方式（咽下和吐出）消费伏特加时的动态香气感知，并通过质子转移反应质谱法（PTR-MS）同时进行鼻空间分析，以评估鼻腔中的香气释放。

3 白酒风味化合物检测中面临的挑战

过去的实验中，同时进行的动态仪器分析和感官分析揭示了香气释放和香气感知之间的几种关系，这些关系受到食物结构和质地[15]、感知的跨模态相互作用[16]以及释放和感知行为的个体差异的调节。

然而，同时进行的这些分析的主要缺点是，一方面，由于工具上的限制，只能在特定连续的期间进行。通常由十几名评价小组成员进行，加上必要的重复实验，实验数据采集可能相当漫长。此外，用于建立关系的感官和仪器数据通常被视为整个小组的平均数据，这部分阻止了考虑现象的真实时间性和个体间的可变性。这将是未来香气释放与感官评价同时进行的实验探究中的挑战。

另一方面，由于所涉及机制的多样性和复杂性，所有香气化合物在所选的 PTR-MS 方法的操作条件下都发生了很大程度的碎片化，并且大多数碎片是几个分子所共有的；四极质量分析仪进行的有针对性的分析可以监测代表几种挥发物的有限数量的离子，具体对应哪个香气化合物还有待进一步校对。

同时，由于白酒相较于葡萄酒、伏特加等酒精饮品来说，酒精度数偏高。因此，PTR-MS 仪器在检测白酒中化合物浓度变化时的稳定性还有待进一步探究。

参考文献

[1] Wang J S, Chen H, Wu Y S, et al. Uncover the flavor code of strong-aroma Baijiu: Research progress on the revelation of aroma compounds in strong - aroma Baijiu

by means of modern separation technology and molecular sensory evaluation [J]. Journal of Food Composition and Analysis, 2022, 109: 104499-104516.

[2] Pu D D, Duan W, Huang Y, et al. Characterization of the key odorants contributing to retronasal olfaction during bread consumption [J]. Food Chemistry, 2020, 318: 126520-126529.

[3] Koc H, Vinyard C J, Essick G K, et al. Food oral processing: Conversion of food structure to textural perception [M] //Doyle M P, Klaenhammer T R. Annual Review of Food Science and Technology, 2013, 4: 237-266.

[4] Buettner A, Beauchamp J. Chemical input-sensory output: Diverse modes of physiology-flavour interaction [J]. Food Quality and Preference, 2010, 21 (8): 915-924.

[5] Shen D, Zhao X, Sun Y, et al. A review of the application of proton transfer reaction mass spectrometry in the analysis of volatile organic compounds in foods [J]. Food Science, 2017, 38 (23): 289-297.

[6] Jin S P, Li J Q, Han H Y, et al. Proton transfer reaction mass spectrometry for online detection of trace volatile organic compounds [J]. Progress in Chemistry, 2007, 19 (6): 996-1006.

[7] Majchrzak T, Wojnowski W, Wasik A. Revealing dynamic changes of the volatile profile of food samples using PTR-MS [J]. Food Chemistry, 2021, 364: 130404-130416.

[8] Hansel A, Jordan A, Holzinger R, et al. Proton-transfer reaction Mass-Spectrometry-Online Trace Gas-Analysis at the PPB level [J]. International Journal of Mass Spectrometry, 1995, 149: 609-619.

[9] Semon E, Arvisenet G, Guichard E, et al. Modified proton transfer reaction mass spectrometry (PTR-MS) operating conditions for in vitro and in vivo analysis of wine aroma [J]. Journal of Mass Spectrometry, 2018, 53 (1): 65-77.

[10] Lasekan O, Otto S. In vivo analysis of palm wine (Elaeis guineensis) volatile organic compounds (VOCs) by proton transfer reaction-mass spectrometry [J]. International Journal of Mass Spectrometry, 2009, 282 (1-2): 45-49.

[11] Dimitri G, Van Ruth S M, Sacchetti G, et al. PTR-MS monitoring of volatiles fingerprint evolution during grape must cooking [J]. Lwt-Food Science and Technology, 2013, 51 (1): 356-360.

[12] Richter T M, Silcock P, Algatta A, et al. Evaluation of PTR-ToF-MS as a tool to track the behavior of hop-derived compounds during the fermentation of beer [J]. Food

Research International, 2018, 111: 582-589.

[13] Lu C, Ruyu Y, Yahui Z, et al. Characterization of the aroma release from retronasal cavity and flavor perception during Baijiu consumption by Vocus-PTR-MS, GC * GC-MS, and TCATA analysis [J]. LWT--Food Science and Technology, 2023, 174: 114430.

[14] Deleris I, Saint-eve A, Guo Y L, et al. Impact of swallowing on the dynamics of aroma release and perception during the consumption of alcoholic beverages [J]. Chemical Senses, 2011, 36 (8): 701-713.

[15] Chen X, Zhang W A, Quek S Y, et al. Flavor-food ingredient interactions in fortified or reformulated novel food: Binding behaviors, manipulation strategies, sensory impacts, and future trends in delicious and healthy food design [J]. Comprehensive Reviews in Food Science and Food Safety, 2023, 22 (5): 4004-4029.

[16] Noble A C. Taste-aroma interactions [J]. Trends in Food Science & Technology, 1996, 7 (12): 439-444.

HS-SPME-ARROW 结合 GC-MS-SIM 技术
检测高温大曲中挥发性风味成分

王金龙，尹延顺，程平言，田栋伟，胡建锋，汪地强

（贵州习酒股份有限公司，贵州遵义 564622）

摘 要： 为快速、全面地解析大曲的风味成分，本研究采用箭型顶空固相微萃取（HS-SPME-ARROW）结合气相色谱-质谱联用的选择离子监测（GC-MS-SIM）技术建立了高温大曲挥发性风味成分的检测方法，并优化前处理条件。结果表明：采用 120μm DVB/Carbon WR/PDMS 纤维头，在萃取温度 50℃，萃取时间 25min，加 3mL 饱和食盐水的条件下，该方法可以有效地定性定量大曲中 75 种挥发性风味组分，包括 18 种酯、14 种酸、8 种醇、9 种醛、6 种酮、9 种吡嗪、2 种呋喃、2 种酚及 7 种其他物质。在方法学考察方面，其精密度和回收率分别在 0.01% ~ 9.36% 和 93.24% ~ 107.85%，表明该方法具有良好的重复性和回收率，能够满足检测分析需求。与现有报道的检测方法相比，该方法前处理简单、监控指标丰富，数据处理便捷，适用于企业大曲风味的快速检测分析。此外，将检测数据结合聚类分析技术能够实现白曲、黄曲和黑曲的直观区分，可为大曲品质判断提供有力的技术支撑。

关键词： 高温大曲，HS-SPME-ARROW，气相色谱-质谱（GC-MS），风味成分

作者简介：王金龙（1992—），男，工程师，硕士，研究方向为白酒风味研究；邮箱：970591022@qq.com；联系电话：18285122895。

通信作者：汪地强（1976—），男，工程技术应用研究员，博士，研究方向为白酒酿造、品评及风味研究等；邮箱：diqiangwang@163.com；联系电话：13511856690。

Detection of volatile flavor components in high−temperature Daqu by arrow shaped headspace solid−phase microextraction combined with gas chromatography−mass spectrometry

WANG Jinlong, YIN Yanshun, CHENG Pingyan,

TIAN Dongwei, HU Jianfeng, WANG Diqiang

(Guizhou Xijiu Co. , Ltd, Guizhou Zunyi 564622, China)

Abstract: To quickly and comprehensively analyze the flavor components of Daqu, this study established a detection method for volatile flavor components in high−temperature Daqu using arrow shaped headspace solid−phase microextraction(HS−SPME−ARROW) combined with gas chromatography−mass spectrometry with selective ion monitoring(GC−MS−SIM) technology, and the pretrea−tment conditions were optimized. The results indicate that using $120\mu m$ DVB/Carbon WR/PDMS fiber head was used to analyze Daqu under the conditions of extraction temperature of 50℃, extraction time of 25 minutes, and addition of 3mL of sat−urated salt water. The 75 volatile flavor components in Daqu can be effectively qualitatively and quantitatively analyzed. , including 18 esters, 14 acids, 8 alcohols, 9 aldehydes, 6 ke−tones, 9 pyrazines, 2 furans, 2 phenols, and 7 other substances. In terms of methodological investigation, its precision and recovery rates range from 0. 01% to 9. 36% and 93. 24% to 107. 85%, respectively, indicating that the method has good repeatability and recovery rate, and can meet the requirements of detection and analysis. Compared with existing quantita−tive methods reported, this method has simple preprocessing, rich monitoring indicators, and convenient data processing, making it suitable for rapid detection and analysis of Daqu flavor in enterprises. In addition, combining detection data with clustering analysis technology can achieve intuitive differentiation of white Daqu, yellow Daqu, and black Daqu, providing strong technical support for quality judgment of Daqu.

Key words: High temperature Daqu, HS−SPME−ARROW, Gas chromatography−mass spectrometry(GC−MS), Flavor compounds

1 前言

大曲是白酒酿造过程中所需的糖化发酵剂和生香剂[1-3]，由大麦、小麦、豌豆等谷物经粉碎、拌料、接种、成型等工序后在曲房内发酵而成，人们通常根据发酵温度将其分为高温大曲、中温大曲和低温大曲，并应用在独特工艺中，酿造出不同香型的白酒[4-5]。高温大曲是酱香型白酒酿造用曲，车间专业人员会根据发酵情况将其分为白曲、黄曲和黑曲，并在酿酒中按照特定比例使用[6-8]。目前行业对于白曲、黄曲和黑曲的鉴定通常仅从感官经验或参照常规理化指标进行判别，缺乏如大曲风味等可视化数据支撑，导致各批次的大曲判别存在一定的差异，从而会影响所酿造白酒酒体的稳定性[9]。因此，在大曲用于酿酒前对大曲风味组分全面解析非常重要。

大曲是固态样品，对其风味组分解析通常需要科学的分离及浓缩步骤[10-12]，目前对大曲风味进行富集浓缩主要有顶空固相微萃取和液液微萃取两种方式，其中顶空固相微萃取因操作方便、消耗试剂少等特点被广泛应用于大曲中的香气化合物分析，但也因萃取头吸附能力的限制以及重现性差的问题而不适于精确定量的分析需求[13-15]。液液微萃取尽管具有富集倍数大、重现性高等优点，却因前处理耗时、检测指标少以及容易出现乳化问题而未被广泛使用于大曲分析[16]。随着箭型的 HS-SPME-ARROW 的应用，其萃取体积比同材料的传统 SPME 高 24 倍[17-19]，不仅对风味成分富集量更多，而且解决了该技术在检测样品时重现性不高的问题，给大曲的微量成分研究分析带来了应用前景。

大曲风味成分的定量分析近些年来成为高校或白酒行业的研究热点，但基于 HS-SPME-ARROW 和气相色谱-质谱联用的 GC-MS-SIM 技术建立大曲风味成分的分析方法鲜有报道，基于此，本研究以习酒高温大曲为研究对象，采用 HS-SPME-ARROW 结合 GC-MS-SIM，建立了高温大曲挥发性风味成分的定量检测方法，该方法能够检测大曲中 75 种风味组分，涵盖酯、酸、醇、醛、酮及吡嗪等 9 个大类，并结合聚类分析能够快速实现白曲、黄曲和黑曲的准确区分，为白酒酿造工艺的稳定性提供了保障。此外，该方法建立后可用于企业的大曲在发酵和储存过程中挥发性风味成分变化数据跟踪，为大曲质量评价及微生物的风味物质代谢研究提供了技术支撑。

2　材料与方法

2.1　材料与试剂

2.1.1　材料

高温大曲：来源制曲车间，聚类分析所用的白曲（W1~W5）、黄曲（Y1~Y5）和黑曲（B1~B5）由车间工艺员进行感官确定；试验所用曲由白曲、黄曲和黑曲按 5%、85% 和 10% 的比例混合而成。

2.1.2　试剂

2-乙基丁酸（纯度均≥99%）（上海安谱实验科技股份有限公司）；异丁醛、乙酸乙酯、异戊醛、异戊醇、己酸乙酯、2-甲基吡嗪、2,5-二甲基吡嗪、2,6-二甲基吡嗪、乳酸乙酯、2,3-二甲基吡嗪、2-乙基-6-甲基吡嗪、3-辛醇、2,3,5-三甲基吡嗪、乙酸、2,3-二甲基-5-乙基吡嗪、四甲基吡嗪、苯甲醛、异丁酸、2,3-丁二醇、苯乙醛、异戊酸、苯乙酸乙酯、3,3-二甲基丙烯酸、己酸、苯乙醇、苯酚、棕榈酸乙酯、苯乙酸等标品（纯度均≥98%）（上海阿拉丁生化科技股份有限公司）；氯化钠（分析纯）（国药集团化学试剂有限公司）。

2.2 仪器与设备

8890A-5795B型气相色谱-质谱联用仪（美国安捷伦科技有限公司）；FFAP色谱柱（60m×0.25mm×0.25μm，美国安捷伦科技有限公司）；100μm聚二甲基硅氧烷（PDMS），100μm聚丙烯酸酯（PA），120μm二乙烯基苯/聚二甲基硅氧烷（DVB/PDMS），120μm二乙烯基苯/宽碳范围/聚二甲基硅氧烷（DVB/Carbon WR/PDMS）箭型固相微萃取萃取头（美国Supelco公司）；OEM型电子精密天平［奥豪斯国际贸易（上海）有限公司］；超纯水系统（上海和泰仪器有限公司）。

2.3 方法

2.3.1 样品前处理

采用五点法取样[17]，粉碎后过40目筛，置于样品瓶中4℃保存待测。

2.3.2 顶空固相微萃取

使用前设置仪器参数将萃取头在老化站250℃条件下老化15min。准确称取3g的大曲样品置于20mL顶空瓶中，加入适量含内标（2-乙基丁酸）的饱和食盐水浸润，在特定的条件下使用萃取头吸附一定时间，待化合物充分富集后转至GC-MS仪器进行解吸和分析，解析时间5min。

2.3.3 气相色谱-质谱分析条件

气相条件：毛细管柱DB-FFAP（60m×0.25mm×0.25μm），载气He，流量1.0mL/min；不分流；升温程序为初始温度40℃，保持3min，然后以3℃/min升至150℃，保持10min，再以10℃/min升至250℃，保持10min。

质谱分析条件（SIM）：电子轰击电离（EI）离子源，电子能70eV，离子源温度230℃，四级杆温度150℃，接口温度250℃，传输线温度250℃，扫描范围30～350amu，扫描频率5.1 spestra/s。

2.3.4 萃取条件优化

在方法2.3.1和2.3.2的基础上对高温大曲进行前处理，以有效化合物数量和总峰面积作为量化指标，分别考察萃取头（100μm PDMS、100μm PA、120μm DVB/PDMS、120μm DVB/Carbon WR/PDMS）、萃取温度（30、40、50、60、70℃）、萃取时间（15、20、25、30、35min）、萃取方式（A：3g大曲；B：3g大曲+3mL超纯水；

C：3g 大曲+3mL 饱和食盐水）等不同条件对萃取效果的影响。

2.3.5　定性定量分析

定性：未知化合物经 NIST20 谱库相匹配（匹配度均大于 800）和标准品进行定性。

定量：选择 2-乙基丁酸作为内标，终浓度 20.8mg/kg，大曲样品中有效检出的挥发性风味物质的浓度按照以下方法计算。

$$C = \frac{C_{is} \times A_c}{A_{is}}$$

式中　C——大曲中的挥发性风味物质的浓度，mg/kg

C_{is}——大曲中内标的终浓度，mg/kg

A_c——大曲挥发性风味物质的峰面积

A_{is}——内标物质的峰面积

3　结果与分析

3.1　固相萃取头的优选

萃取头是带吸附涂层的金属头，不同材质涂层的萃取头对样品风味物质的萃取存在差异[20]，选用 4 种不同萃取头，在相同参数条件下开展大曲分析试验，结果见表 1。从表中对比可以看出，使用 120μm DVB/Carbon WR/PDMS 萃取头其总峰面积为 10.42×10⁷，约是 100μm PDMS 总峰面积的 5.3 倍，100μm PA 的 7.2 倍和 120μm DVB/PDMS 的 2.3 倍。在化合物个数方面，使用 120μm DVB/Carbon WR/PDMS 萃取头检出了 75 种，120μm DVB/PDMS 检出了 58 种，而单一组分涂层的 100μm PA 和 100μm PDMS 分别检出 42 和 47 种，说明不同涂层萃取头对所分析的化合物有选择性且多涂层比单一涂层富集化合物多[21]，就大曲样品分析而言，多涂层的 120μm DVB/Carbon WR/PDMS 萃取头不仅分离出比较多的有效化合物，而且总峰面积也最高，因次，选择 120μm DVB/Carbon WR/PDMS 作为试验所用萃取头。

表 1　　　　　　　　　　　使用不同萃取头的结果
Table 1　　　　　　　Results of using different extraction heads

萃取头	总峰面积/×10⁷	化合物数/个
100μm PDMS	1.96	47
100μm PA	1.44	42
120μm DVB/PDMS	4.53	58
120μm DVB/Carbon WR/PDMS	10.42	75

3.2 萃取温度的优选

萃取温度对萃取头富集化合物至关重要,对顶空固相微萃取条件来说,温度升高化合物容易从样品中分离出来,有利于一些微量化合物的富集,但温度过高又会造成萃取头固有组分的解吸,从而降低其吸附能力[19]。在优选的萃取头使用下开展 5 个梯度萃取温度的大曲分析试验,结果见图 1。由图 1 可知,随着萃取温度逐渐提高,总峰面积和有效化合物个数有所增加,当萃取温度到达 50℃时,总峰面积和有效化合物个数达到最大峰值,继续将萃取温度提高到 60℃,总峰面积几乎不变,而检出的有效化合物个数明显减少,鉴于此,选择 50℃作为试验所用的萃取温度。

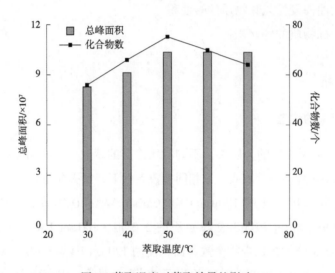

图 1　萃取温度对萃取效果的影响

Fig. 1　Effect of temperature on volatile extraction

3.3 萃取时间的优选

萃取时间是顶空固相微萃取条件的重要参数,萃取时间过短,萃取头对化合物的吸附量不充分,而吸附时间过长,增加仪器对样品的分析时间,不利于快速批量的检测分析[22]。在优选的萃取头和萃取温度的条件下开展大曲分析试验,比较不同吸附时间对吸附效果的影响,结果见图 2。由图 2 可知,设置的萃取时间对萃取化合物数量影响不明显,而对萃取物总峰面积影响较大,主要体现在 15~25min 阶段,萃取物总峰面积随着萃取时间增加明显递增,在 25min 后,总峰面积增幅趋于平衡,其原因可能是存在吸附–解吸附平衡现象[21]。鉴于此,选择 25min 作为试验所用的萃取时间。

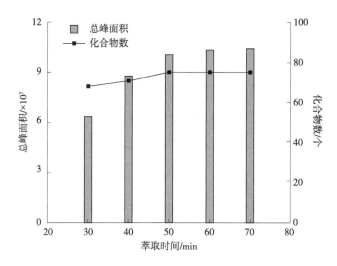

图 2　萃取时间对萃取效果的影响

Fig. 2　Effect of time on volatile extraction

3.4　萃取方式的优选

萃取方式是顶空固相微萃取条件的重要处理手段，通常对固体样品处理包括直接顶空或者加溶液浸润后顶空，以改善萃取头对某些特殊组分的吸附[23]。本研究在优选的萃取头、萃取温度和萃取时间条件下开展大曲分析试验，比较 A（3g 大曲）、B（3g 大曲+3mL 超纯水）、C（3g 大曲+3mL 饱和食盐水）三种不同的顶空萃取方式对萃取效率的影响，结果见表 2。

表 2　　　　　　　　　　　　　　使用不同萃取方式的结果

Table 2　　　　　　　　　　Results of using different extraction away

萃取方式	总峰面积/×10⁷	化合物数/个
A：3g 大曲	16.32	52
B：3g 大曲+3mL 超纯水	10.11	49
C：3g 大曲+3mL 饱和食盐水	10.46	75

由表 2 可知，A、B、C 三种萃取方式总峰面积分别为 $16.32×10^7$、$10.11×10^7$ 和 $10.46×10^7$，直接萃取的方式 A 的检出化合物的总峰面积最大，几乎是方式 B 的 1.61 倍，方式 C 的 1.56 倍，而浸润的方式 B 和 C 处理的化合物的总峰面积均较小，可能原因是加水容易形成化合物-水的结合体系，从而阻碍了挥发性香味物质的大量逸出，从而影响了萃取的吸附量。然而，在有效化合物数目呈现方面，加饱和食盐水浸润的方式 C 化合物个数为 75 个，明显比方式 B 的 49 个和方式 A 的 52 个多，这可能是饱和食盐水起着盐析作用，一些特殊化合物（如杂环类等）析出而被萃取头捕捉

吸附而被有效检出。鉴于此，为了能实现更多指标的跟踪，诠释白酒风味成分的来源及演化规律，本研究选择 3g 大曲+3mL 饱和食盐水作为试验所用的萃取处理方式。

3.5 定量方法的有效性验证

采用优选的参数按照 2.3.2 和 2.3.3 的操作条件对大曲进行检测分析，结果见图 3 和表 3。由图 3 和表 3 可知，气相色谱质谱仪器使用单离子检测扫描（SIM）模式的谱图基线平稳，各化合物峰有效分开，能有效实现 75 种大曲风味物质的定量检测，包括 18 种酯、14 种酸、8 种醇、9 种醛、6 种酮、9 种吡嗪、2 种呋喃、2 种酚及 7 种其他物质，其含量占比分别为 16.25%、37.35%、13.34%、3.81%、1.13%、26.14%、0.10%、0.88% 和 1.00%，含量较多的前三类物质是酸类、吡嗪类和酯类，在酸类中异戊酸含量最高，在吡嗪中四甲基吡嗪含量最高，在酯类中乙酸乙酯含量最高，检出的大多数物质会随着工艺进入白酒中，为酒体呈现出来的香和味提供着不可替代的作用。

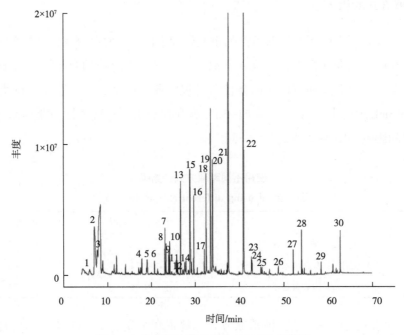

图 3 大曲中挥发性成分的 GC-MS 色谱图

Fig. 3 GC-MS chromatograms of volatiles in Daqu sample

主要化合物峰标记：1—异丁醛 2—乙酸乙酯 3—异戊醛 4—异戊醇 5—己酸乙酯 6—2-甲基吡嗪 7—2,5-二甲基吡嗪 8—2,6-二甲基吡嗪 9—乳酸乙酯 10—2,3-二甲基吡嗪 11—2-乙基-6-甲基吡嗪 12—3-辛醇 13—2,3,5-三甲基吡嗪 14—乙酸 15—2,3-二甲基-5-乙基吡嗪 16—四甲基吡嗪 17—苯甲醛 18—异丁酸 19—2,3-丁二醇 20—苯乙醛 21—异戊酸 22—2-乙基丁酸（内标） 23—苯乙酸乙酯 24—3,3-二甲基丙烯酸 25—己酸 26—苯乙醇 27—2-乙酰基吡咯 28—苯酚 29—棕榈酸乙酯 30—苯乙酸

表3　　　　　大曲样品中鉴定的挥发性风味成分和含量（$n=5$）

Table 3　　Identified volatiles and their contents in Daqu sample（$n=5$）

化合物 名称	保留时间/ min	定性及定量 离子（m/z）	含量/ （μg/kg）	相对标准 偏差/%
乙酸乙酯	6.99	43, 61	9733.98	2.57
丙酸乙酯	8.59	57, 102	211.81	3.25
丁酸乙酯	10.96	71, 43	86.42	3.54
2-甲基丁酸乙酯	11.49	57, 102	147.61	4.29
异戊酸乙酯	12.06	88, 57	337.81	4.29
2-乙基丁酸乙酯	14.20	71, 116	41.64	3.59
异己酸乙酯	17.03	88, 101	59.00	3.71
己酸乙酯	18.96	88, 99	479.54	1.47
5-甲基己酸乙酯	21.35	88, 95	36.32	0.46
乳酸乙酯	23.99	45, 75	588.69	2.09
辛酸乙酯	27.84	88, 101	147.90	3.53
丁二酸二乙酯	37.78	101, 129	9.92	1.97
苯乙酸乙酯	42.13	91, 164	2269.29	2.45
泛酸内酯	53.90	71, 43	33.03	1.41
肉豆蔻酸乙酯	54.12	88, 101	19.17	0.81
棕榈酸乙酯	58.25	88, 101	632.34	1.27
反油酸乙酯	61.21	55, 69	41.34	0.70
亚油酸乙酯	61.83	81, 67	158.11	0.62
酯类合计（18）			15033.92 （占总量16.25%）	
α-酮戊二酸	13.14	101, 73	12.91	3.54
乙酸	28.82	60, 45	914.33	0.09
异丁酸	33.42	43, 73	9530.69	0.43
异戊酸	37.38	60, 87	21665.92	0.59
3,3-二甲基丙烯酸	42.57	100, 82	863.63	0.15
异己酸	42.72	57, 73	217.98	0.46
己酸	44.72	60, 73	390.55	0.65
反式-2,3-二甲基丙烯酸	44.98	100, 55	98.70	0.16

续表

化合物名称	保留时间/min	定性及定量离子（m/z）	含量/（μg/kg）	相对标准偏差/%
异庚酸	47.98	60, 73	18.24	0.56
庚酸	50.84	60, 73	15.94	0.67
壬酸	56.84	60, 73	22.85	0.84
苯甲酸	60.97	105, 121	55.42	0.49
苯乙酸	62.57	91, 136	737.39	1.78
棕榈酸	67.83	73, 129	12.54	0.94
酸类合计（14）			34544.18（占总量 37.35%）	
异戊醇	17.90	55, 70	1468.59	2.37
3-辛醇	26.02	59, 83	2925.77	2.98
1-辛烯-3-醇	28.46	57, 43	186.89	2.40
2-十四醇	32.09	45, 43	13.47	2.66
2,3-丁二醇	33.42	45, 57	1782.82	0.40
2-丁基-1-辛醇	34.64	57, 43	18.48	0.08
苯甲醇	46.56	108, 79	177.12	1.69
苯乙醇	48.54	91, 122	5768.21	1.57
醇类合计（8）			12341.35（占总量 13.34%）	
异丁醛	5.91	43, 72	388.08	2.52
异戊醛	7.62	44, 58	539.09	3.13
己醛	12.63	56, 44	58.12	4.41
苯甲醛	31.95	106, 77	1080.21	1.44
苯乙醛	36.75	91, 120	969.61	2.82
2-苯基-2-丁烯醛	49.91	117, 146	18.55	1.67
2-吡咯甲醛	53.73	95, 66	411.97	0.97
5-甲基-2-苯基-2-己烯醛	54.96	117, 188	11.08	2.02
N-甲基-2-吡咯甲醛	55.78	109, 53	49.43	0.61
醛类合计（9）			3526.14（占总量 3.81%）	

续表

化合物名称	保留时间/min	定性及定量离子（m/z）	含量/（μg/kg）	相对标准偏差/%
3-辛酮	19.93	43，57	299.05	1.89
5-甲基-3-庚酮	20.59	43，57	274.08	9.36
3-羟基-2-丁酮	21.55	45，43	36.4	2.53
苯乙酮	37.02	105，77	107.07	1.43
苯基丙酮	39.89	91，134	321.15	1.42
α-吡咯烷酮	54.24	85，42	6.99	0.73
酮类合计（6）			1044.74（占总量1.13%）	
2-甲基吡嗪	20.69	94，67	978.61	1.71
2,5-二甲基吡嗪	23.13	108，42	2709.78	1.57
2,6-二甲基吡嗪	23.38	108，42	2867.99	1.65
2,3-二甲基吡嗪	24.22	108，67	2293.35	1.65
2-乙基-6-甲基吡嗪	25.82	121，91	659.73	1.51
2,3,5-三甲基吡嗪	26.67	122，42	7257.10	1.53
2,3-二甲基-5-乙基吡嗪	29.05	135，108	833.06	1.42
四甲基吡嗪	29.61	136，54	7192.03	1.51
2-甲基-6-乙烯基吡嗪	30.37	120，52	367.92	1.23
吡嗪类合计（9）			24180.96（占总量26.14%）	
2-戊基呋喃	18.79	81，138	50.52	4.57
3-苯基呋喃	45.42	144，115	43.76	2.76
呋喃类合计（2）			94.28（占总量0.10%）	
愈创木酚	45.73	108，124	139.28	1.44
苯酚	53.06	94，66	671.39	1.59
酚类合计（2）			810.67（占总量0.88%）	
1,3-二甲基苯	14.81	43，71	16.23	0.01
对二甲苯	14.53	91，106	7.95	0.26

续表

化合物 名称	保留时间/ min	定性及定量 离子（m/z）	含量/ （μg/kg）	相对标准 偏差/%
邻二甲苯	16.75	91, 106	10.39	0.66
二甲基三硫	25.65	125, 79	58.69	5.60
邻苯二甲醚	39.78	138, 123	232.48	1.43
2-乙酰基吡咯	51.87	94, 109	594.11	1.16
丁二酰亚胺	61.47	99, 56	3.70	1.13
其他类合计（7）			923.55 （占总量1.00%）	

参照标准对该方法的重复性和准确性进行考察[24,25]。在重复性方面，将混合曲分别进行 5 次分析，结果见表 3。由表 3 可知，组分含量的相对标准偏差（Relative Standard Deviation，RSD）在 0.01%～9.36%，均低于 10%，说明该定量方法重复性良好。在回收率考察方面，选定几种主要物质加入上述大曲中开展定量加标试验，结果见表 4。由表 4 可知，大曲样品中加入的这几种主要风味化合物的回收率范围在 93.24%～107.85%，回收率均较高，说明该法具有很好可靠性和准确性，可满足定量分析要求。

表 4　　　　　　　　　大曲样品中部分挥发性风味成分的回收率

Table 4　　Recoveries of several of identified volatiles from spiked Daqu sample

化合物	大曲/（μg/kg）	加样量/（μg/kg）	检测量/（μg/kg）	回收率/%
乙酸乙酯	9733.98	500.00	10273.25	107.85%
异戊醇	1468.59	500.00	1983.64	103.01%
乙酸	914.33	500.00	1411.82	99.50%
四甲基吡嗪	7192.03	500.00	7658.22	93.24%
苯甲醛	1080.21	500.00	1560.96	96.15%
苯乙醇	5768.21	500.00	6258.33	98.02%
苯酚	671.39	500.00	1186.19	102.96%

将此方法与现有大曲风味检测方法进行对比，结果见表 5，由表 5 可知，使用液液微萃取（LLME）结合气相色谱-质谱（GC-MS）联用技术用曲量大，前处理复杂，提取的大曲浸泡液容易乳化，有机溶剂用量大，检测指标较少。使用顶空固相微

萃取（HS-SPME）结合气相色谱-质谱（GC-MS）联用技术萃取头涂层少，重复性差，数据处理困难。本方法采用箭型顶空固相微萃取（HS-SPME-ARROW）结合气相色谱-质谱联用的选择离子监测（GC-MS-SIM）技术，不仅具备传统 SPME 的前处理简单的优点，而且检测指标丰富，重复性较好，数据处理便捷，适用于企业大曲风味的快速检测分析。

表5　　　　　　　　　　　　　　大曲风味检测方法比较

Table 5　　　　　　　　Comparison of daqu flavor detection methods

关键技术	检测风味数量	方法的特点	参考文献
液液微萃取（LLME）结合气相色谱-质谱（GC-MS）联用	25 种	实现精确定性定量，方法的重复性好，成本低。但用曲量大，前处理复杂，提取的大曲浸泡液容易乳化，有机溶剂用量大，检测指标较少	[16]
多次顶空固相微萃取（MHS-SPME）结合气相色谱-质谱（GC-MS）联用	21 种	前处理简单，实现精确定性定量，但检测指标较少，多次顶空固相微萃取较为耗时	[26]
顶空固相微萃取（HS-SPME）结合气相色谱-质谱（GC-MS）联用	60 种	前处理简单，检测指标丰富，吸附和解析均是自动化，但萃取头涂层少，重复性差	[27]
箭型顶空固相微萃取（HS-SPME-ARROW）结合气相色谱-质谱联用的选择离子监测（GC-MS-SIM）	75 种	萃取头涂层厚，具备传统 SPME 的优点，且萃取体积比传统 SPME 高 24 倍，重复性较好。此外，使用选择离子监测技术，数据分析更便捷	本方法

3.6　大曲的聚类分析

层次聚类分析（Hierarchical Cluster Analysis，HCA）是按照研究对象数据点间的相似度创建的有层次的嵌套聚类方法，是一种将研究对象分为相对同质群组的统计分析技术[28,29]。本试验以 75 种可检测的风味物质的含量为变量，开展白曲（W1～W5）、黄曲（Y1～Y5）和黑曲（B1～B5）的层次聚类分析（HCA），结果见图4。由图 4 可知，各大曲样能够实现有效的归类并较为直观地展现出来，便于准确地区分各判定，如黄曲样 Y4 被感官判定为黄曲，但按照相似度被聚类到黑曲类中，说明感官判定不够精准。基于此，应用大曲风味物质检测数据结合统计学分析能够避免感官带来的大曲品质的判断误差，为后续大曲拌料工序提供稳定的质量保障。

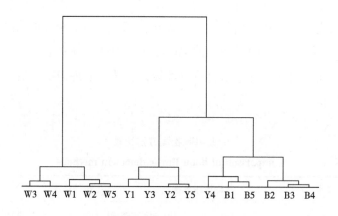

图 4　大曲样品聚类分析

Fig. 4　Cluster analysis of Daqu samples

4　结论

本研究以酱香型高温大曲为研究对象，以 2-乙基丁酸为内标，采用箭型顶空固相微萃取结合气相色谱-质谱的选择离子监测技术，率先建立了高温大曲挥发性风味成分的定性定量方法，并通过优化操作的参数条件成功地定量分析了大曲中 75 种风味物质，包括 18 种酯、14 种酸、8 种醇、9 种醛、6 种酮、9 种吡嗪、2 种呋喃、2 种酚及 7 种其他物质，其含量占比分别为 16.25%、37.35%、13.34%、3.81%、1.13%、26.14%、0.10%、0.88% 和 1.00%，所建方法精密度试验相对标准偏差（RSD）均低于 10.00%，加标回收率为 93.24% ~ 107.85%，可满足对大曲检测分析需求。此外，该方法结合统计学分析能够快速实现黄曲、黑曲和白曲的区分，避免感官评价造成的误差，为进一步剖析大曲关键风味特征及完善大曲质量评价方法提供了科学依据。

参考文献

[1] Zhang C Z, Chui W Q, et al. Characterization of the aroma-active compounds in Daqu：a tradition Chinese liquor starter [J]. European Food Research and Technology，2012，234（1）：69-76.

[2] 周晨曦，郑福平，李贺贺，等. 白酒大曲风味物质研究进展 [J]. 中国酿造，2019，38（05）：6-12.

[3] 陈宗校，林琳，韩莹，等. 基于风味物质组成的高温功能大曲应用方法 [J]. 中国酿造，2017，36（01）：98-101.

［4］Fan G S, Sun B G, Fu Z L, et al. Analysis of physicochemical indices, volatile flavor components, and microbial commnty of a light-flavor Daqu ［J］. Journal of the American Society of Brewing Chemists, 2018, 76 (3)：209-218.

［5］石亚林, 范文来, 徐岩. 不同香型白酒大曲及其发酵过程中游离态糖和糖醇的研究［J］. 食品与发酵工业, 2016, 42 (7)：188-192.

［6］Deng L, Mao X, Liu D, et al. Comparative analysis of physicochemical properties and microbial composition in high-temperature Daqu with different colors ［J］. Frontiers in Microbiology, 2020, 30 (11)：1-13.

［7］王颖, 邱勇, 王隆, 等. 不同产区酱香型高温大曲黑、白、黄曲的理化、挥发性成分差异性分析［J］. 中国调味品, 2022, 47 (06)：155-159.

［8］彭璐, 明红梅, 董异, 等. 不同曲层中高温大曲质量差异性研究［J］. 食品与发酵工业, 2020, 46 (3)：58-94.

［9］炊伟强. 大曲传统感官评价与其内在质量、理化指标的关系［D］. 无锡：江南大学, 2010.

［10］凌与听, 陈双, 徐岩, 等. 采用顶空固相微萃取结合全二维气相色谱-飞行时间质谱技术解析不同陈酿时间古井贡酒挥发性组分特征［J］. 食品与发酵工业, 2022, 48 (17)：241-248.

［11］Le V D, Zheng X W, Chen J Y, et al. Characterization of volatile compounds in Fen-Daqu a traditional Chinese liquor fermentation starter ［J］. J. Inst. Brew, 2012, 118 (1)：107-113.

［12］王丽华, 李建飞. 超声提取和固相微萃取在提取白酒大曲成分方面的应用［J］. 酿酒, 2010, 37 (5)：23-25.

［13］林文轩, 敖灵, 董蔚, 等. 白酒风味物质前处理方法的研究进展［J］. 食品与发酵工业, 2021, 47 (15)：307-314.

［14］王利萍, 郎莹, 邱树毅, 等. 顶空固相微萃取结合气质联用仪分析五种酱香型白酒大曲中的风味化合物［J］. 广东化工, 2022, 49 (17)：182-186.

［15］崔新莹, 吕志远, 张梦梦, 等. 基于主成分分析法的中高温大曲香气物质评价模型的建立［J］. 食品安全质量检测学报, 2023, 14 (07)：279-287.

［16］杨理章, 倪德让, 杨玉波, 等. 液液微萃取结合气质联用技术分析高温大曲中风味物质［J］. 中国酿造, 2022, 41 (08)：223-228.

［17］Zhang X Y, Wang C C, Wang L L, et al. Optimization and validation of a head space solid-phase microextraction-arrow gas chromatography-mass spectrometry method using central composite design for determination of aroma compounds in Chinese liquor (Baijiu) ［J］. Journal of Chromatography A, 2019, 46 (05)：1-12.

[18] 樊杉杉, 唐洁, 乐细选, 等. 基于 HS-SPME-Arrow-GC-MS 和化学计量学的小曲清香型原酒等级判别 [J]. 食品与发酵工业, 2021, 47 (13): 254-260.

[19] 吕建霞, 赵一哲, 吴一荻, 等. 箭型固相微萃取技术与 GC-MS/MS 联用方法用于水中异味化合物的检测 [J]. 环境化学, 2023, 42 (03): 1007-1016.

[20] Mo X L, Xu Y, Fan W L. Characterization of aroma compounds in Chinese Rice Wine Qu by solvent-assisted flavor evaporation and headspace solid-phase microextraction [J]. Journal of Agricultural and Food Chemistry, 2010, 58 (4): 2462-2469.

[21] 李少辉, 赵巍, 张爱霞, 等. 5 种不同萃取头对小米白酒挥发性成分的分析比较 [J]. 食品科技, 2022, 47 (03): 290-296.

[22] 李少辉, 赵巍, 张爱霞, 等. 不同萃取头固相微萃取分析小米清酒挥发性成分的研究 [J]. 中国酿造, 2018, 37 (12): 175-179.

[23] 孟维一, 黄明泉, 孙宝国, 等. HS-SPME 结合 GC-O-MS 技术分析不同大曲中的香气活性化合物 [J]. 食品工业科技, 2017, 38 (06): 54-61.

[24] GB/T 5009.1—2003 食品卫生检验方法 理化部分 总则 [S].

[25] GB/T 27404—2008 实验室质量控制规范 食品理化检测 [S].

[26] 王哲, 王松, 廖鹏飞等. HS-SPME 结合 GC-MS/O 对浓香型白酒大曲风味分析 [C]. 中国食品科学技术学会. 2022, 524-525.

[27] 张清玫, 赵鑫锐, 李江华, 等. 不同香型白酒大曲微生物群落及其与风味的相关性 [J]. 食品与发酵工业, 2022, 48 (10): 1-8.

[28] 卓俊纳, 吴卫宇, 刘茗铭, 等. 基于 GC-QTOF MS 结合化学计量学的三种香型白酒鉴别方法研究 [J]. 中国酿造, 2022, 41 (10): 219-225.

[29] 胡雪, 李锦松, 唐永清, 等. 基于 GC-MS 结合化学计量学的浓香型白酒分类方法 [J]. 食品与发酵工业, 2021, 47 (08): 212-217.

基于 HS-SPME-GC-MS、OAV 值和感官评价表征三种香型白酒和不同质量等级馥合香型白酒的品质特点

李娜[1]，程伟[1]，薛锡佳[1]，兰伟[2]，曾化伟[3]，李瑞龙[2]，

潘天全[1]，代森[1]，巩子路[1]，韩旭[1]

（1. 安徽金种子酒业股份有限公司，安徽阜阳　236023；

2. 阜阳师范大学生物与食品工程学院，安徽阜阳　236037；

3. 淮北师范大学生命科学学院，安徽淮北　235000）

摘　要：白酒的感官风味特性及其特征风味化合物组成是认识、判别白酒香型类别和鉴定白酒品质的重要基础，当前关于不同香型白酒和不同质量等级馥合香型白酒感官和风味化合物的研究尚不充分。本研究以酱香、芝麻香、浓香等3种香型白酒和3种不同质量等级的馥合香型白酒为研究对象，采用感官风味评价法结合顶空固相微萃取-气相色谱-质谱联用法（HS-SPME-GC-MS）对3种香型白酒和3种不同质量等级的馥合香型白酒中的主要挥发性化合物进行分析，利用香气活度值（OAV）筛选特征挥发性化合物，并经偏最小二乘判别分析建立数学模型。结果表明：3种香型白酒和3种不同质量等级的馥合香型白酒的风味轮廓存在明显差异；样品中共检测到193种主要挥发性化合物，其中有66种特征风味化合物；丁酸乙酯、异戊酸乙酯、4-甲基戊酸乙酯、异戊醛对酱香型白酒风味贡献大；辛酸乙酯、4-甲基戊酸乙酯、戊酸乙酯、1-辛烯-3醇对芝麻香型白酒风味贡献大；己酸乙酯、2-戊酮和2-壬酮是浓香型白酒特征风味形成的重要化合物；辛酸乙酯、己酸乙酯、戊酸乙酯、二甲基三硫、4-甲基戊酸乙酯和丁酸乙酯则显著贡献了馥合香型白酒的特征风味。本研究揭示并比较了3种香型白酒和3种不同质量等级馥合香型白酒的感官风味和化合物特征及差异，为探索白酒风味特征的相关研究提供依据，同时为明确并区分不同质量等级的馥合香型白酒提供数据支持。

关键词：馥合香型白酒，顶空固相微萃取，气相色谱-质谱，风味，感官评价

基金项目：2023年度安徽省重点研究与开发计划项目；2023年度企业博士后科研工作站计划项目。

作者简介：李娜（1993—），女，工程师，大学本科；研究方向为酿酒生产与分析检测技术；邮箱：2452397097@qq.com；联系电话：18365297578。

通信作者：程伟（1984—），男，高级工程师，博士研究生；研究方向为发酵工程与酿酒生产技术；邮箱：564853735@qq.com；联系电话：13805585071。

HS-SPME-GC-MS combined with OAV and sensory evaluation to represent the quality characteristics of three aroma types of Baijiu and different quality grades of compound flavor Baijiu

LI Na[1], CHENG Wei[1], XUE Xijia[1], LAN Wei[2], ZENG Huawei[3], LI Runlong[2],

PAN Tianquan[1], DAI Sen[1], GONG Zilu[1], HAN Xu[1]

(1. Jinzhongzi Distillery Co. , Ltd. , Anhui Fuyang 236023, China;

2. School of Biology and Food Engineering, Fuyang Normal University,

Anhui Fuyang 236037, China;

3. School of Life Sciences, Huaibei Normal University, Anhui Huaibei 235000, China)

Abstract: The sensory flavor characteristics of Baijiu and the composition of its characteristic flavor compounds are the important basis for recognizing and distinguishing the flavor types of Baijiu and identifying the quality of Baijiu. However, the research on the sensory and flavor compounds of Baijiu with different flavor types and different quality grades are insufficient. In this study, Maotai flavor, Sesame flavor, and Luzhou flavor Baijiu and three compound flavor Baijiu with different quality levels were taken. The main volatile compounds in those Baijiu samples were analyzed by sensory flavor evaluation, headspace solid phase microextraction gas chromatography-mass spectrometry(HS-SPME-GC-MS). Using aroma activity value(OAV) to screen characteristic volatile compounds, and establishing a mathematical model through partial least squares discriminant analysis. The results showed that there were significant differences in flavor compounds between the three flavor styles of Baijiu and compound flavor Baijiu. All samples contain a total of 193 main volatile compounds, including 66 characteristic flavor compounds. Ethyl caproate, ethyl caproate, dimethyl trisulfide, 4-methyl valerate ethyl ester contributed greatly to the flavor of compound flavor Baijiu. Ethyl butyrate, ethyl isovalerate, ethyl 4-methylvalerate and isovaleraldehyde contributed greatly to the flavor of Maotai flavor Baijiu. Ethyl octanoate, ethyl 4-methylvalerate, ethyl valerate, 1-octene-3-ol contributed greatly to the flavor of sesame flavor Baijiu. Ethyl hexanoate, 2-pentanone and 2-nonone are important compounds in the formation of the characteristic flavor of Luzhou flavor Baijiu. Ethyl caproate, ethyl caproate, ethyl valerate, dimethyl trisulfide, ethyl 4-methyl valerate and ethyl butyrate significantly contributed to the characteristic flavor of compound flavor Baijiu. This study revealed and compared the diversity characteristics and differences of sensory flavor and compounds of three kinds of flavor Baijiu and three kinds of compound flavor Baijiu with different quality grades, providing theoretical basis for exploring the research of Baijiu flavor characteristics, and providing data support for clarifying and distinguishing different quality grades of compound flavor Baijiu.

Key words: Compound flavor Baijiu, Headspace solid－phase microextraction, Gas chromatography－mass spectrometry, Flavor, Sensory evaluation

1 前言

中国白酒以香型不同划分为 12 种，在传统香型的基础上尝试多种香型白酒酿造工艺融合，碰撞出新型口感和风味的白酒成为新的趋势。近年来，我国众多酒企将浓、清、酱三大基本香型工艺集成创新酿制出具有"浓、清、酱"等风格的馥合香型白酒，使产品口感层次更加丰富、细腻和优雅[1]。不同香型白酒拥有截然不同的风味，以感官品评为基础，辅以理化检测，感官上表现为香、味、格的分数不同，化学上表现为酒中的微量香气成分及其相互间的量比关系不同[2]。目前，已有较多研究对白酒的感官和风味进行阐述，如郭松波[3]等利用风味轮的构建以及聚类分析等对 15 款钓鱼台酱香型白酒样品进行剖析，筛选建立由 19 个香气描述词、8 个口味和口感描述词的钓鱼台酱香型白酒风味描述语。凌与听[4]利用顶空固相微萃取结合全二维气相色谱-飞行时间质谱技术，采用定量描述分析结合 OAV 对不同陈酿时间的皖北浓香型白酒风味物质进行分析，明确了不同陈酿时间白酒之间的关联性。但对于香气复合型白酒感官评价和挥发性组分特征性物质的分析较少[5,6]。

本研究通过感官评价、顶空固相微萃取-气相色谱-质谱联用法（Headspace－Solid Phase Microextraction－Gas Chromatography－Mass Spectrometry，HS－SPME－GC－MS），结合主要挥发性化合物香气活度值（Odor Activity Value，OAV）、偏最小二乘判别分析（Partial Least Squares Discrimination Analysis，PLS-DA），全面解析 3 种不同质量等级的馥合香型白酒和酱香、浓香、芝麻香型白酒中的风味化合物的结构组成，并建立特征化合物与感官风味之间的相关性评价模型，从而揭示馥合香型白酒的风味特征。

2 材料与方法

2.1 材料、试剂与仪器

实验酒样：不同质量等级的馥合香型原酒，特级酒（以下称为 FA-T，酒精度 65%vol），优级酒（以下称为 FA-Y，酒精度 62%vol），普级酒（以下称为 FA-P，酒精度 58% vol),浓香型白酒(以下称为 NX,酒精度 63% vol):安徽金种子酒业股份有限公司机械化酿酒车间。酱香型白酒(以下称为 JX,酒精度 53% vol),芝麻香型白酒(以下称为 ZMX,酒精度 61% vol)。市购。

试剂:正构烷烃类混标($C_7 \sim C_{37}$,坛墨质检标准物质中心);乙酸正戊酯色谱纯,阿拉丁);氯化钠(分析纯,国药集团化学试剂有限公司)。

仪器设备:安捷伦气相色谱-质谱联用仪(GC-MS,5975C+7890A,EI 源);57330-U 手动 SPME 进样器、50/30μmDVB/CAR/PDMS 固相微萃取头(美国 Supelco 公司);Gerstel 样品前处理平台,全自动 SPME 进样器(德国 Gerstel 公司)。

2.2　实验方法

2.2.1　不同香型白酒的感官评价

参考 GB/T 10345—2007《白酒分析方法》及相关文献方法[7],成立由 11 名品酒师组成的白酒感官品评小组,所有感官评价员(21~45 岁)均身体健康、经过专业培训且具有 2 年以上白酒品评经验,其中国家级白酒评委 3 人、一级白酒品酒师 5 人以及研究生 3 人。采用"白酒风味轮"感官术语对不同白酒样品感官的特征进行描述,以 5 点尺度来表征感受强度;其中,"0"表示无感觉,"5"表示感受最强。感官评价员对每个白酒样品重复进行 3 次评价,单个样品的评价结果为每个感官评价员 3 次品评结果的加权平均值,根据品评结果绘制感官剖面图进行风味评价[8]。

2.2.2　酒样的前处理

用去离子水分别将各酒样的酒精度稀释到 10% vol,置于普通冰箱 4℃低温、密封、避光保存。

2.2.3　HS-SPME-GC-MS 检测

取前处理后的酒样 5.0mL 于 20mL 的顶空瓶中,加入 1.8g NaCl,放入磁力搅拌转子,添加 10μL 内标物质(质量浓度为 0.3694g/L 的乙酸正戊酯),旋紧瓶盖,置于自动进样处理台上。

GC 条件:安捷伦 DB-FFAP 石英毛细管柱(60m×0.25mm×0.25μm),He 作为载气,纯度≥99.999%,流速控制为 1.0mL/min。采取程序升温方案:起始温度 40℃,维持 2min,以 2℃/min 速度升至 100℃,再以 4℃/min 升至 230℃/min,维持 3min。汽化室温度为 240℃,分流:5:1。

MS 条件:选择电子轰击电离离子源(EI),电子倍增器电压为 350V,电子能为 70eV,发射电流为 200μA,接口温度为 240℃,离子源温度为 200℃,质量范围控制在 m/z 33~450amu。

2.2.4　定性、定量分析方法

定性方法:通过对 GC-MS 总离子流色谱图与美国国家标准技术研究所(National

Institute of Standards and Technology，NIST）11 质谱库中的化合物进行比对（匹配度≥80%）；同时，将正构烷烃（$C_7 \sim C_{37}$）标准品进行 GC-MS 分析，根据保留时间计算保留指数（Retention Index，RI）与文献报道的保留指数进行对比定性，其中保留指数按照 VANDENDOOL H[9] 等定义的方法进行计算：

$$RIx = 100n + 100 \frac{T(i) - T(n)}{T(n+1) - T(n)} \tag{1}$$

式中　　　　　　　RIx——待测组分的保留指数

$T(i)$ ——待测组分的保留时间，min

n 和 $n+1$——分别表示正构烷烃的碳原子个数，个

$T(n)$ 和 $T(n+1)$——分别表示待测组分出峰前后相邻的两个正构烷烃的保留时间，min

定量方法：采用内标法对样品中挥发性成分进行定量分析，通过待测挥发性组分与内标峰面积之比进行半定量。

$$C = A_c/A_{is} \cdot C_{is} \tag{2}$$

式中　C——待测挥发性组分的质量浓度，μg/mL

C_{is}——内标物质的质量浓度，μg/mL

A_c——待测挥发性组分的峰面积

A_{is}——内标物质的峰面积

2.2.5　风味物质的 OAV 分析

$$OAV = \frac{C_i}{OT_i} \tag{3}$$

式中　C_i——各化合物的含量，μg/L

OT_i——该化合物在空气中的嗅觉阈值，μg/L[10]

2.2.6　数据分析

利用 WPS Office Excel 对数据进行处理，使用 Origin 软件和 Hiplot 网站进行绘图，采用 SIMCA14.1 软件对感官风味和挥发性组分进行 PCA、PLS-DA 分析。

3　结果与分析

3.1　不同白酒样品的感官风味特征及其差异分析

基于不同香型、不同质量等级白酒感官评价方法，从图 1 可以看出，6 个样品感官风味轮廓存在明显差异。馥合香型特级白酒整体花香、窖香、酯香较为突出，入口香辣、酒体醇厚丰满、空杯留香持久、回味悠长、风格典型；馥合香型优级白酒带有醇香、窖香和酱香，入口辛辣、略带酸味、窖泥味，酒体醇厚、诸味协调；馥合香型

普级白酒整体香味较弱，以酱香、烘焙香和醇香为主，柔和典雅、空杯留香持久；酱香型白酒整体酱香、烘焙香和酯香较为突出，入口香辣，有明显的酸味，酒体醇厚丰满，空杯留香持久、余味悠长；芝麻香型白酒整体酯香浓郁，带有醇香、酱香、烘焙香，入口略带酸味、后味稍有苦味，酒体醇和细腻、香气协调、风格典雅；浓香型白酒窖香浓郁，醇香、花香、酯香搭配协调，入口苦、落口绵，酒体醇厚丰满、爽净回甜，尾净余长。

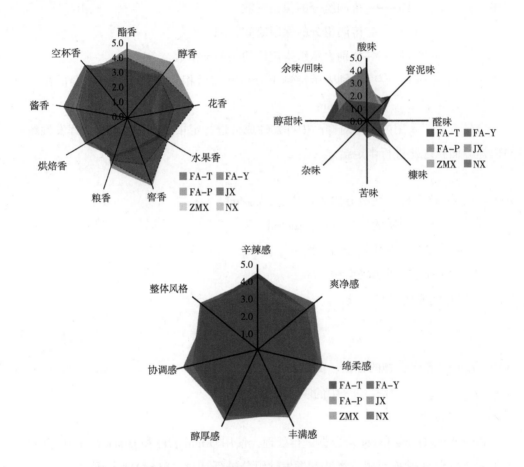

图 1 3 种香型白酒和 3 种不同质量等级馥合香型白酒的感官评价结果比较

Fig. 1 Comparison of sensory evaluation results of three flavor Baijiu
and three kinds of compound flavor Baijiu with different quality grades

3.2 基于 HS-SPME-GC-MS 对不同白酒样品挥发性风味化合物的定性定量分析

采用 HS-SPME-GC-MS 分别对 6 个酒样进行检测，共检测出挥发性化合物 193 种。如图 2 （1）（2）所示，馥合香型普级原酒挥发性化合物种类数最多（126 种），含量为（9785.51±170.86）μg/mL；馥合香型优级白酒挥发性化合物有 113 种，含量为（10101.52±178.69）μg/mL；馥合香型特级白酒挥发性化合物有106种，含量为（13638.47±354.62）μg/mL；酱香型白酒挥发性化合物有106种，含量最低为（4071.36±64.35）μg/mL；芝麻香型白酒挥发性化合物有109种，含量为（4412.61±58.66）μg/mL；浓香型白酒挥发性化合物种类数最少（85种），含量最高为（14489.48±289.12）μg/mL。

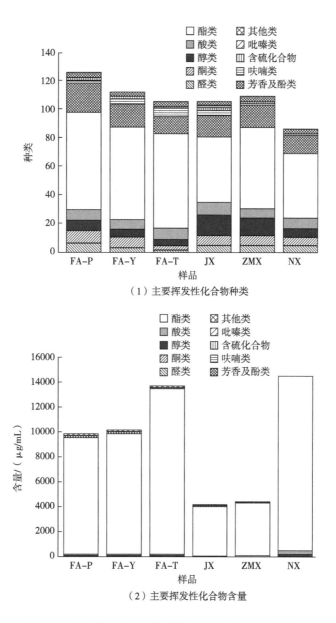

（1）主要挥发性化合物种类

（2）主要挥发性化合物含量

图2　3种香型白酒和3种不同质量等级馥合香型白酒
挥发性风味化合物检测结果的分类对比图

Fig. 2　Classification and comparison chart of volatile flavor compounds test results of three
flavor Baijiu and three kinds of compound flavor Baijiu with different quality grades

酯类是一种具有芳香性的化合物，多呈现果香，在白酒中起到呈香、增加酒的香气作用[11]。馥合香普级白酒主要含有乙酸乙酯 [（4580.00±26.12）μg/mL]、丁酸乙酯 [（170.06±3.41）μg/mL]、戊酸乙酯 [（125.30±9.79）μg/mL]、己酸乙酯 [（530.00±73.50）μg/mL]、乳酸乙酯 [（2170.00±30.30）μg/mL]、庚酸乙酯 [（86.26±0.40）μg/mL]、己酸丁酯 [（75.77±0.46）μg/mL]、辛酸乙酯 [（224.11±2.29）μg/mL]、癸酸乙酯 [（100.65±1.04）μg/mL]；馥合香型优级白酒主要含有乙酸乙酯 [（4780.00±24.31）μg/mL]、丁酸乙酯 [（190.00±5.12）μg/mL]、戊酸乙酯 [（199.82±11.02）μg/mL]、己酸乙酯 [（350.00±25.11）μg/mL]、乳酸乙酯 [（2580.00±29.35）μg/mL]、庚酸乙酯 [（110.69±6.29）μg/mL]、己酸丁酯 [（115.72±3.75）μg/mL]、辛酸乙酯 [（254.38±4.61）μg/mL]、癸酸乙酯 [（135.76±6.44）μg/mL]；馥合香型特级原酒主要含有乙酸乙酯 [（5630.00±33.02）μg/mL]、丁酸乙酯 [（330.00±11.31）μg/mL]、戊酸乙酯 [（563.37±28.02）μg/mL]、己酸乙酯 [（1330.00±60.20）μg/mL]、乳酸乙酯 [（2170.00±24.11）μg/mL]、庚酸乙酯 [（442.46±35.54）μg/mL]、己酸丁酯 [（477.33±41.03）μg/mL]、辛酸乙酯 [（485.10±42.38）μg/mL]、己酸异戊酯 [（147.99±13.40）μg/mL]、己酸戊酯 [（152.99±11.48）μg/mL]、己酸己酯 [（277.26±29.89）μg/mL]，其中，馥合香型普级、优级白酒主要挥发性化合物相同，馥合香型特级白酒新增主要挥发性化合物己酸丁酯、己酸异戊酯、己酸戊酯、己酸己酯。

酱香型白酒主要含有乙酸乙酯 [（2450.00±20.01）μg/mL]、丁酸乙酯 [（90.00±2.22）μg/mL]、己酸乙酯 [（262.39±19.18）μg/mL]、乳酸乙酯 [（980.00±12.78）μg/mL]。芝麻香型白酒主要含有乙酸乙酯 [（3260.00±18.12）μg/mL]、丁酸乙酯 [（100.00±4.01）μg/mL]、己酸乙酯 [（250.00±14.30）μg/mL]、庚酸乙酯 [（69.04±3.34）μg/mL]、辛酸乙酯 [（116.75±1.10）μg/mL]；其中，乙酸乙酯、丁酸乙酯含量和酱香型白酒相近。浓香型白酒主要包含乙酸乙酯 [（5530.00±35.55）μg/mL]、丁酸乙酯 [（720.00±20.33）μg/mL]、戊酸乙酯 [（69.36±4.23）μg/mL]、己酸乙酯 [（2970.00±34.25）μg/mL]、乳酸乙酯 [（3180.00±35.14）μg/mL]、己酸丙酯 [（65.23±15.43）μg/mL]、庚酸乙酯 [（276.14±64.99）μg/mL]、辛酸乙酯 [（613.03±42.94）μg/mL]、己酸异戊酯 [（66.80±3.02）μg/mL]、己酸己酯 [（181.34±4.37）μg/mL]、癸酸乙酯 [（69.91±1.95）μg/mL]；其中，乙酸乙酯的含量同馥合香型特级白酒相近。

醇类是白酒中重要的芳香成分，也是呈味物质[12]。浓香型白酒醇类化合物含量最高 [（191.83±17.03）μg/mL]，其后依次为馥合香型特级白酒 [（132.41±10.11）μg/mL]、馥合香型优级白酒 [（104.56±8.98）μg/mL]、馥合香型普级白酒 [（88.67±3.89）μg/mL]、芝麻香型白酒 [（53.14±6.56）μg/mL]、酱香型白酒

[（39.31±2.40）μg/mL]，3 种香型和 3 种不同质量等级馥合香型白酒中正丁醇、正己醇、异丁醇、异戊醇的含量均较高。白酒中的高级醇以异丁醇和异戊醇为主，适量的高级醇能够使酒体中诸味协调，突出主体香，过少会缺乏传统的白酒风味，过多会增加白酒的苦味、涩味和辣味[12]。

酸类化合物是形成酯类化合物的前体物质，也是白酒中重要的呈香物质，适量的酸能够使酒体丰满、醇厚、回味悠长，在酒中起调味的缓冲作用[12,13]。酸类化合物含量最高的为浓香型白酒 [（328.41 ± 18.49）μg/mL]，最低的为酱香型白酒 [（40.52±4.08）μg/mL]，其他 4 种白酒样品的含量分别为馥合香型普级白酒 [（47.50±1.12）μg/mL]、馥合香型优级白酒 [（53.14±2.94）μg/mL]、馥合香型特级白酒 [（89.14±8.54）μg/mL]、芝麻香型白酒 [（88.96±7.48）μg/mL]。6 种酒样中均含有乙酸、丁酸、己酸、庚酸、辛酸和壬酸；其中，仅在酱香型白酒检测到的γ-亚麻酸，其具有抗心血管疾病、调节免疫系统、抗癌、抗炎症的作用[14]。

醛类和酮类化合物在白酒中的香气起到释放、缓冲和平衡的作用[15,16]。6 种白酒样品中醛类化合物主要有异戊醛（含量 1.50~11.72μg/mL）、正己醛（含量 0.19~4.56μg/mL）、壬醛（含量 0.58~3.40μg/mL）和反式-2-癸烯醛（含量 0.21~2.75μg/mL）；其中，4 种醛类高度稀释时呈现青草香、果香、花香。酮类化合物主要有 2-壬酮（含量 0.75~5.94μg/mL）、2-十一酮（含量 0.58~7.96μg/mL），2 种酮类稀释后呈果香和油脂香；其中，醛类化合物在 3 种不同质量等级馥合香型白酒中和浓香型白酒中的含量均较高且相近，酮类化合物在馥合香型普级白酒和优级白酒中的含量最高，其次为馥合香型特级白酒和浓香型白酒。馥合香型白酒和浓香型白酒的相似性可能与馥合香型白酒在酿造过程以浓香型白酒酿造工艺为基础有关。

芳香及酚类化合物对酒体贡献马厩味、烟熏味、丁香味和花香味等，是白酒中重要的呈香物质，也是异嗅物质[17]。馥合香型白酒芳香及酚类化合物含量为 151.37~166.71μg/mL，酱香型白酒芳香及酚类化合物含量为（38.91±3.02）μg/mL，芝麻香型白酒芳香及酚类化合物含量为（51.41±3.54）μg/mL，浓香型白酒芳香及酚类化合物含量为（63.14±4.26）μg/mL。馥合香型白酒高含量的芳香及酚类化合物可能与其融合多种香型白酒酿造工艺的方式有关，是馥合香型白酒区别于其他香型白酒的显著特点。

呋喃类化合物是指一种含四个碳原子和一个氧的五元芳香环组成的化合物，是白酒中重要的一种呈香物质。有研究表明，呋喃类化合物也是酱香型白酒中较其他香型白酒含量较高，对香气呈现具有重要作用的一类化合物[18]。馥合香型普级白酒呋喃类化合物含量为（16.90±0.96）μg/mL，馥合香型优级白酒呋喃类化合物含量为（12.58±0.81）μg/mL，馥合香型特级白酒呋喃类化合物含量最高 [（29.38±

2.58) μg/mL],酱香型白酒呋喃类化合物含量为(16.99±2.54) μg/mL,芝麻香型白酒呋喃类化合物含量为(13.42±1.29) μg/mL,浓香型白酒呋喃类化合物含量最低 [(7.02±1.28) μg/mL]。同时,馥合香型白酒呋喃类化合物的含量与酱香型白酒相近,馥合香型特级白酒具有较高含量的呋喃类化合物是因为其糠醛含量高达(20.37±2.18) μg/mL。另外,馥合香型普级白酒、馥合香型优级白酒、馥合香型特级白酒、酱香型白酒、芝麻香型白酒中糠醛的含量均大于 7.00μg/mL。研究表明,呋喃类化合物主要存在于馥合香型白酒、酱香型白酒和芝麻香型白酒中,是赋予酒体焦香、烘焙香的重要物质[19],这与感官品评得到的结果一致。

含硫化合物和吡嗪类化合物由于其在白酒中极低的风味阈值和特殊的香气特征被越来越多的学者重视,与此相关的文献众多[20-22]。由馥合香型白酒二甲基三硫化合物(含量 0.91~2.13μg/mL)、酱香型白酒 2-萘硫醇 [含量(0.05±0.00) μg/mL]、芝麻香型白酒 [含量(0.07±0.01) μg/mL]、酱香型白酒三甲基吡嗪 [含量(0.23±0.01) μg/mL]、2,5-二甲基-3-正戊基吡嗪 [含量(0.82±0.15) μg/mL] 能够看出含硫化合物和吡嗪类化合物主要存在于酱香型白酒中,对酒体呈现烘烤香、焦香具有重要影响。

3.3 对不同白酒样品特征化合物与感官风味的相关性分析

对 6 个酒样挥发性化合物的 OAV 进行分析对比,得到 OAV>1 的挥发性化合物共 66 种,其在酒中的定性定量结果如表 1 所示。将这 66 种重要挥发性成分进行热图聚类分析和花瓣图分析,如图 3(1)(2) 所示,3 种质量等级馥合香白酒挥发组分的差异性较小,馥合香型白酒和浓香型、酱香型、芝麻香型之间存在明显差异;其中 6 个酒样中共有 33 种特征性化合物 [图 3(2)]。

基于不同香型白酒和不同质量等级馥合香型白酒特征性风味化合物的组成,利用主成分对 66 种特征化合物进行聚类分析,主成分分析是一种从众多原始指标之间的相互关系入手,寻找少数综合指标以概括原始指标信息的多元统计方法[37]。图 4 显示,A 代表 3 种香型白酒和 3 种不同质量等级馥合香型白酒,B 代表感官变量,其中 $R^2X=0.846$ 表明该模型能反映 84.6% 数据的变化。结果表明,3 种不同香型白酒和 3 种不同质量等级馥合香型白酒具有明显差异。馥合香型普级白酒、馥合香型优级白酒与空杯香、醇香、酯香、酱香和粮香集中于第一象限;酱香型白酒、芝麻香型白酒与酱香、烘焙香集中于第二象限;馥合香型特级白酒、浓香型白酒与花香、窖香、水果香、粮香集中于第四象限。综上所述,馥合香型特级白酒风格接近于浓香型白酒,馥合香型普级白酒风格接近于酱香型、芝麻香型白酒,馥合香型优级白酒与馥合香型普级白酒风格相近,这与上述风味轮中的感官描述相一致。

表1　对3种香型白酒和3种不同质量等级覆合香型白酒中OAV>1的特征挥发性化合物的定量结果

Table 1　Quantitative results of characteristic volatile compounds with OAV>1 in three flavor Baijiu and three kinds of compound flavor Baijiu with different quality grades

单位：μg/mL

序号	RI	物质	鉴定方法	FA-P	FA-Y	FA-T	JX	ZMX	NX	阈值/(μg/L)	参考文献	OAV					
												FA-P	FA-Y	FA-T	JX	ZMX	NX
1	924	异戊醛	MS，RI	5.36±0.18	7.19±0.36	11.72±0.48	1.50±0.19	0.58±0.01	2.93±1.47	16.51	23	324.68	435.4	709.64	90.59	205.17	177.45
2	1084	正己醛	MS，RI	4.56±0.51	ND	ND	0.19±0.01	0.44±0.01	1.92±0.35	25.48	23	0.18	ND	ND	7.46	17.19	75.48
3	1393	壬醛	MS，RI	3.40±0.37	2.52±0.09	ND	0.66±0.04	0.58±0.01	8.44±0.83	122.45	23	27.74	20.55	ND	5.40	4.70	68.91
4	1430	(E)-2-辛烯醛	MS，RI	ND	ND	ND	ND	ND	0.55±0.11	15.10	24	ND	ND	ND	ND	ND	36.26
5	1536	反式-2-壬烯醛	MS，RI	ND	ND	2.21±0.16	ND	ND	ND	50.51	25	ND	ND	43.80	ND	ND	ND
6	1644	反式-2-癸烯醛	MS，RI	2.64±0.41	2.75±0.18	ND	0.21±0.07	ND	0.84±0.04	12.10	24	217.80	227.60	ND	17.47	ND	69.72
7	1813	(E,E)-2,4-癸二烯醛	MS，RI	1.53±0.20	ND	ND	ND	ND	ND	7.71	24	198.01	ND	ND	ND	ND	ND
8	948	2-戊酮	MS，RI	ND	ND	ND	ND	ND	3.18±0.19	1.38	26	ND	ND	ND	ND	ND	2301.42
9	1258	3-辛酮	MS，RI	2.49±0.04	ND	ND	0.18±0.02	0.59±0.05	ND	500.00	24	4.97	ND	ND	0.36	1.18	ND

续表

序号	RI	物质	鉴定方法	FA-P	FA-Y	FA-T	JX	ZMX	NX	阈值/(μg/L)	参考文献	OAV					
												FA-P	FA-Y	FA-T	JX	ZMX	NX
10	1388	2-壬酮	MS、RI	4.36±0.01	5.94±0.09	6.38±0.52	1.16±0.05	0.75±0.03	2.37±0.14	483.00	27	9.03	12.30	13.21	2.41	1.56	4.90
11	1596	2-十一酮	MS、RI	6.86±0.34	7.96±0.28	4.20±0.41	0.75±0.04	0.58±0.02	1.87±0.24	400.00	28	17.15	19.91	10.51	1.88	1.44	4.66
12	1142	正丁醇	MS、RI	10.14±3.12	ND	ND	1.00±0.09	3.44±0.32	11.07±1.66	2733.35	23	3.71	ND	ND	0.36	1.26	4.05
13	1250	正戊醇	MS、RI	55.11±1.17	3.79±0.42	ND	0.66±0.04	0.84±0.14	65.05±5.09	4000.00	23	0.64	0.95	ND	0.16	0.21	16.26
14	1350	正己醇	MS、RI	7.43±3.02	12.94±1.29	28.68±3.20	9.91±0.05	ND	65.05±9.61	8000.00	23	0.93	1.62	3.58	1.24	ND	8.13
15	1447	1-辛烯-3-醇	MS、RI	7.43±0.15	0.96±0.08	1.07±0.07	ND	0.22±0.03	1.19±0.02	6.12	29	226.93	156.16	174.86	ND	388.06	193.91
16	1553	1-辛醇	MS、RI	0.93±0.10	ND	6.68±0.39	ND	ND	ND	120.00	8	27.73	ND	55.64	ND	ND	ND
17	1517	芳樟醇	MS、RI	ND	ND	ND	0.18±0.02	ND	ND	7.40	30	ND	ND	ND	24.43	ND	ND
18	1628	丁酸	MS、RI	5.17±0.23	5.00±0.38	8.63±0.65	1.58±0.04	3.35±0.16	ND	964.64	23	5.36	5.18	8.94	1.64	3.47	ND
19	1844	己酸	MS、RI	16.63±0.33	13.68±1.31	56.22±6.43	30.66±3.24	71.14±5.62	227.16±5.66	2517.16	23	6.61	5.44	22.33	12.18	28.26	90.25

续表

序号	RI	物质	鉴定方法	FA-P	FA-Y	FA-T	JX	ZMX	NX	阈值/(μg/L)	参考文献	OAV FA-P	FA-Y	FA-T	JX	ZMX	NX
20	1951	庚酸	MS、RI	1.30±0.05	1.36±0.04	5.70±0.61	1.76±0.15	3.00±0.21	20.75±4.05	13821.32	23	0.09	0.10	0.41	0.13	0.22	1.50
21	2057	辛酸	MS、RI	3.32±0.38	6.17±0.46	8.20±0.81	3.57±0.02	7.32±0.51	70.12±7.39	13821.32	23	0.24	0.45	0.59	0.26	0.53	5.07
22	2164	壬酸	MS、RI	0.42±0.04	7.82±0.42	1.83±0.19	0.14±0.01	0.24±0.00	0.99±0.05	3559.23	23	0.12	2.20	0.51	0.04	0.07	0.28
23	901	乙酸乙酯	MS、RI	4580.00±26.12	4780.00±24.31	5630.00±33.02	2450.00±20.01	2170.00±18.12	5530.00±35.55	32551.60	23	140.70	146.84	172.96	75.27	66.66	169.88
24	970	2-甲基丙酸乙酯	MS、RI	6.39±0.46	9.04±0.73	10.47±0.74	1.45±0.19	2.97±0.26	4.27±0.56	57.47	23	111.06	157.24	182.15	25.26	51.63	74.26
25	1017	乙酸异丁酯	MS、RI	1.39±0.26	2.05±0.27	3.87±0.42	0.06±0.01	0.19±0.01	ND	922.00	24	1.51	2.22	4.19	0.07	0.20	ND
26	1040	丁酸乙酯	MS、RI	170.00±3.41	190.00±5.12	330.00±11.31	90.00±2.22	100.00±4.01	720.00±20.33	81.50	23	2085.89	2331.29	4049.08	1104.29	1226.99	8834.36
27	1052	2-甲基丁酸乙酯	MS、RI	6.53±0.34	9.22±0.62	15.99±1.12	1.30±0.11	3.00±0.21	2.77±0.35	18.00	28	362.65	512.10	888.13	72.28	163.93	153.40
28	1068	3-甲基丁酸乙酯	MS、RI	13.03±1.41	15.09±1.45	18.72±1.55	3.97±0.56	5.95±0.43	5.61±0.39	6.89	23	1891.80	2190.45	2716.49	575.73	862.85	813.66
29	1073	乙酸丁酯	MS、RI	ND	22.78±3.84	25.73±4.04	ND	ND	ND	4600.00	23	ND	4.95	5.59	ND	ND	ND

续表

序号	RI	物质	鉴定方法	FA-P	FA-Y	FA-T	JX	ZMX	NX	阈值/(μg/L)	参考文献	OAV FA-P	FA-Y	FA-T	JX	ZMX	NX
30	1123	乙酸异戊酯	MS, RI	53.53±4.42	64.05±4.85	ND	1.32±0.11	ND	ND	93.93	23	569.93	681.89	ND	14.05	ND	ND
31	1137	戊酸乙酯	MS, RI	125.30±9.79	199.82±11.02	563.37±28.02	12.83±0.10	33.51±2.03	69.36±4.23	26.78	23	4678.71	7461.38	21037.05	478.94	1251.34	2589.92
32	1189	己酸甲酯	MS, RI	0.56±0.12	1.37±0.12	ND	0.21±0.01	0.58±0.03	1.20±0.14	130.00	24	4.31	10.57	ND	1.65	4.45	9.22
33	1193	4-甲基戊酸乙酯	MS, RI	5.62±0.91	10.00±1.98	20.29±2.55	0.90±0.18	1.64±0.24	3.37±0.45	6.00	36	937.18	1667.68	3381.91	149.59	273.99	562.33
34	1247	己酸乙酯	MS, RI	530.00±73.50	350.00±25.11	1330.00±60.20	262.39±19.18	250.00±14.30	2970.00±34.25	55.33	23	95978.89	6325.68	24037.59	4742.35	4518.34	53677.93
35	1364	乳酸乙酯	MS, RI	2820.00±30.30	2580.00±29.35	2170.00±24.11	980.00±12.78	1240.00±20.99	3180.00±35.14	128083.80	23	22.02	20.14	16.94	7.65	9.68	24.83
36	1267	丁酸-3-甲基丁酯	MS, RI	14.72±0.10	24.96±1.10	42.52±2.17	0.62±0.06	4.00±0.25	5.64±1.08	915.00	27	16.09	27.28	46.47	0.67	4.37	6.16
37	1274	乙酸己酯	MS, RI	7.75±0.25	14.65±0.18	40.55±0.01	0.51±0.03	1.10±0.05	6.71±1.87	5560.00	27	1.39	2.64	7.29	0.09	0.20	1.21
38	1360	异戊酸异戊酯	MS, RI	0.51±0.10	0.65±0.03	ND	0.08±0.01	0.15±0.02	ND	20.00	30	25.44	32.26	ND	4.17	7.46	ND
39	1318	己酸丙酯	MS, RI	35.50±0.48	55.10±2.67	330.20±24.63	4.51±0.17	12.19±0.80	65.23±15.43	12783.77	23	2.78	4.31	25.83	0.35	0.95	5.10

续表

序号	RI	物质	鉴定方法	FA-P	FA-Y	FA-T	JX	ZMX	NX	阈值/(μg/L)	参考文献	OAV FA-P	OAV FA-Y	OAV FA-T	OAV JX	OAV ZMX	OAV NX
40	1335	庚酸乙酯	MS、RI	86.26±0.40	110.69±6.29	442.46±35.54	27.23±0.29	69.04±3.34	276.14±64.99	13153.17	23	6.56	8.42	33.64	2.07	5.25	20.99
41	1321	己酸异丁酯	MS、RI	8.90±0.03	13.08±0.43	60.70±5.57	ND	6.30±0.08	13.41±2.61	5250.31	31	1.69	2.49	11.56	ND	1.20	2.55
42	1411	己酸丁酯	MS、RI	75.77±0.46	115.72±3.75	473.33±41.03	2.81±0.01	23.76±0.70	14.42±1.14	678.00	26	111.42	170.18	696.08	4.13	34.94	4.35
43	1413	丁酸己酯	MS、RI	14.78±0.29	20.69±0.07	38.60±3.74	0.63±0.02	4.41±0.22	ND	250.00	26	59.14	82.77	154.40	2.53	17.65	ND
44	1419	庚酸丙酯	MS、RI	3.18±0.01	4.04±0.15	22.55±1.78	ND	0.45±0.01	4.39±0.24	8620.00	24	0.37	0.47	2.62	ND	0.05	0.51
45	1385	辛酸乙酯	MS、RI	224.11±2.29	254.38±4.61	485.10±42.38	48.20±1.46	116.75±1.10	613.03±42.94	12.87	23	17413.60	19765.55	37692.16	3744.80	9071.58	47632.27
46	1459	己酸异戊酯	MS、RI	34.25±1.23	49.00±1.05	147.99±13.40	3.88±0.83	23.50±0.20	66.80±3.02	1400.00	32	24.46	35.00	105.71	2.77	16.78	47.71
47	1473	乙酸辛酯	MS、RI	1.91±0.06	3.17±0.16	2.83±0.28	ND	ND	ND	47.00	30	40.68	67.50	60.28	ND	ND	ND
48	1508	己酸戊酯	MS、RI	27.17±0.25	40.44±2.23	152.99±11.48	ND	5.73±0.17	26.05±0.02	13802.33	35	1.97	2.93	11.08	ND	0.42	1.89
49	1535	壬酸乙酯	MS、RI	44.93±0.44	52.79±3.85	30.77±3.46	3.26±0.15	6.89±0.40	30.81±1.11	3150.61	34	14.26	16.76	9.77	1.03	2.19	9.78

续表

序号	RI	物质	鉴定方法	FA-P	FA-Y	FA-T	JX	ZMX	NX	阈值/(μg/L)	参考文献	OAV					
												FA-P	FA-Y	FA-T	JX	ZMX	NX
50	1575	乙酸壬酯	MS、RI	0.96±0.02	1.01±0.10	0.40±0.04	ND	ND	ND	57.00	24	16.89	17.64	7.10	ND	ND	ND
51	1607	己酸己酯	MS、RI	63.32±0.66	92.85±8.85	277.26±29.89	2.97±1.19	44.09±1.38	181.34±4.37	1890.00	35	33.50	49.13	146.70	1.57	23.33	95.94
52	1638	癸酸乙酯	MS、RI	100.65±1.04	135.76±6.44	48.00±3.53	7.37±2.66	17.77±0.52	69.91±1.95	1122.30	23	89.68	120.97	42.77	6.57	15.84	62.30
53	1656	辛酸-3-甲基丁酯	MS、RI	8.32±0.39	9.41±0.73	7.49±0.74	ND	2.18±0.05	9.01±0.12	600.00	24	13.87	15.69	12.48	ND	3.64	15.02
54	1737	十一酸乙酯	MS、RI	5.78±0.11	ND	ND	ND	ND	1.29±0.58	1000.00	24	5.78	ND	ND	ND	ND	0.27
55	1841	月桂酸乙酯	MS、RI	31.85±0.52	46.11±4.57	7.56±1.05	ND	ND	ND	500.00	32	63.69	92.22	15.12	ND	ND	ND
56	2044	肉豆蔻酸乙酯	MS、RI	18.67±0.34	24.61±2.40	8.15±0.82	1.24±0.10	3.18±0.35	5.93±1.26	500.00	32	37.33	49.23	16.31	2.48	6.36	2.16
57	2250	棕榈酸乙酯	MS、RI	59.14±1.59	107.07±8.64	46.91±1.95	4.51±0.60	6.13±1.72	9.56±1.90	39299.00	32	1.50	2.72	1.19	0.11	0.16	0.06
58	2474	油酸乙酯	MS、RI	4.62±0.05	8.48±0.89	3.06±0.36	0.35±0.11	0.29±0.11	0.46±0.05	3500.00	26	1.32	2.42	0.87	0.10	0.08	0.02
59	2522	亚油酸乙酯	MS、RI	2.08±0.06	6.38±0.55	0.58±0.04	0.11±0.00	ND	ND	4000.00	26	0.52	1.59	0.14	0.03	ND	ND

续表

序号	RI	物质	鉴定方法	FA-P	FA-Y	FA-T	JX	ZMX	NX	阈值/(μg/L)	参考文献	OAV FA-P	FA-Y	FA-T	JX	ZMX	NX
60	1528	苯甲醛	MS、RI	11.26±1.02	13.37±1.41	10.73±0.07	6.95±0.66	5.95±0.49	ND	4203.10	23	2.68	3.18	2.55	1.65	1.42	ND
61	1670	苯甲酸乙酯	MS、RI	9.16±0.44	10.71±0.70	10.56±1.13	6.51±0.18	13.17±1.05	7.33±1.25	1433.65	23	6.39	7.47	7.37	4.54	9.18	0.71
62	1746	萘	MS、RI	5.07±0.08	ND	ND	0.54±0.11	1.75±0.21	ND	159.30	23	31.83	ND	ND	3.38	11.16	ND
63	1790	苯乙酸乙酯	MS、RI	36.74±1.66	42.19±3.98	34.03±2.89	13.56±1.04	12.45±0.88	12.77±0.32	406.83	23	90.31	103.72	83.64	33.33	30.59	5.07
64	1819	乙酸苯乙酯	MS、RI	22.46±0.79	24.71±2.91	15.69±1.81	0.70±0.07	0.73±0.04	1.23±0.08	909.00	23	24.70	27.18	17.26	0.77	0.80	0.22
65	1889	苯丙酸乙酯	MS、RI	34.71±2.56	42.81±5.77	66.85±5.43	5.90±0.54	12.36±0.74	39.97±2.85	125.00	34	277.70	342.48	534.84	47.17	98.90	50.77
66	1381	二甲基三硫	MS、RI	2.13±0.09	0.91±0.04	2.07±0.24	ND	ND	ND	0.36	23	5920.98	2514.01	5762.22	ND	ND	ND

注：ND 表示未检测到。

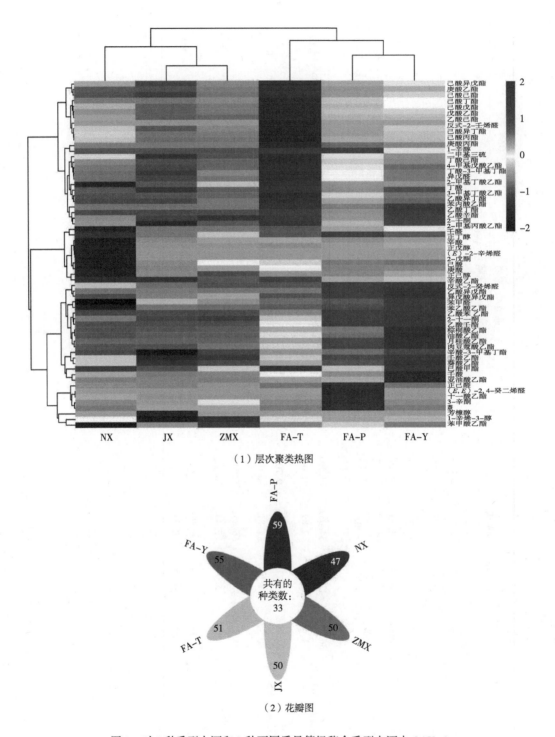

（1）层次聚类热图

（2）花瓣图

图 3　对 3 种香型白酒和 3 种不同质量等级馥合香型白酒中 OAV>1
的特征挥发性化合物对比分析图

Fig. 3　Comparative analysis diagram of characteristic volatile compounds with OAV>1
in three flavor Baijiu and three kinds of compound flavor Baijiu with different quality grades

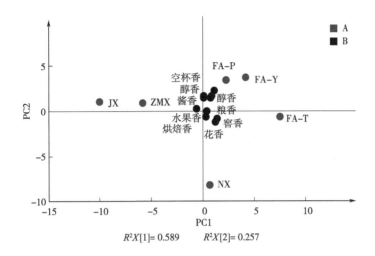

图 4　对 3 种香型白酒和 3 种不同质量等级馥合香型白酒特征挥发性化合物 PCA 分析结果

Fig. 4　PCA analysis results of characteristic volatile compounds in three flavor Baijiu and three kinds of compound flavor Baijiu with different quality grades

对 3 种香型白酒和 3 种不同质量等级馥合香白酒 OAV>1 的 66 种挥发性化合物进行 PLS-DA 分析（图 5），结合 OAV 与 PLS-DA 结果分析可知，VIP>1 的挥发性化合物共 17 种，其中，高含量的酯类物质占主要地位。呈花香、水果香、酯香的丁酸乙酯（2085.89～4049.08）、辛酸乙酯（17413.60～37692.16）、戊酸乙酯（4678.71～21037.05）、乙酸异戊酯（569.93～681.89）、己酸丁酯（111.42～696.08）；呈洋葱味、大蒜味的二甲基三硫（2514.01～5920.98），呈蘑菇香的 1-辛烯-3-醇（156.16～226.93），稀释后呈巧克力、可可样香味的异戊醛（324.68～709.64）对 3 种不同质量等级馥合香型白酒的风味贡献度均高于其他 3 种香型白酒。酱香型白酒中独特的风味贡献物质为呈水果香、花香的辛酸乙酯（3744.80）、丁酸乙酯（1104.29）、4-甲基戊酸乙酯（149.59）、3-甲基丁酸乙酯（575.73），稀释后呈巧克力、可可样香味的异戊醛（90.59），呈铃兰花香气的芳樟醇（24.43），呈橙子、肉香的反式-2-癸烯醛（17.47），使酒体呈现其独特的风味。

　　另外，芝麻香型白酒中独特的风味贡献物质为呈水果香的辛酸乙酯（9071.58）、2-甲基丁酸乙酯（163.93），苯丙酸乙酯（98.90），呈蘑菇香的 1-辛烯-3-醇（388.06），稀释后呈巧克力、可可样香味的异戊醛（205.17），与酱香型白酒相似的风味化合物使芝麻香型白酒风味在酱香风味的基础上形成自己独特的风格特点。浓香型白酒中独特的风味贡献物质为呈水果香和花香的己酸乙酯（53677.93），呈辛辣的花香味和水果香气的 2-戊酮（2301.43），呈椰香、奶油香的 2-壬酮（4.90），呈醇

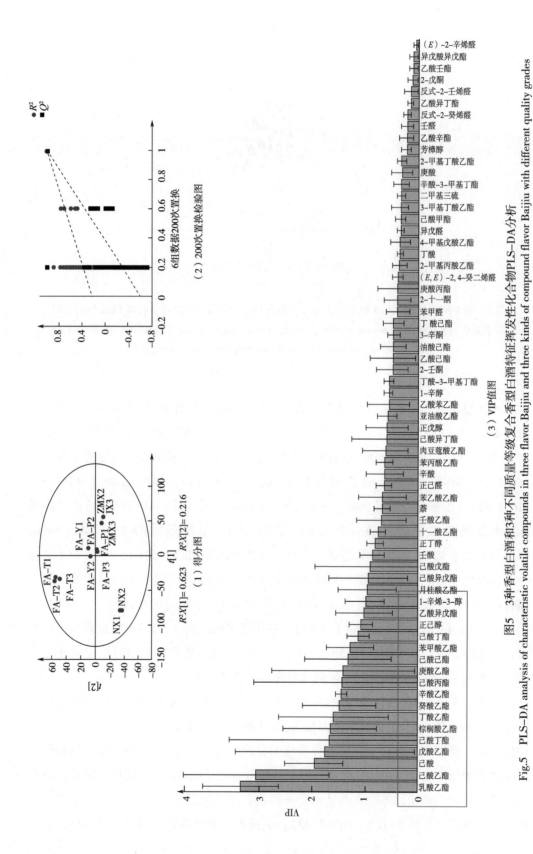

图5　3种香型白酒和3种不同质量等级白酒特征挥发性化合物PLS-DA分析

Fig.5　PLS-DA analysis of characteristic volatile compounds in three flavor Baijiu and three kinds of compound flavor Baijiu with different quality grades

香的正丁醇（4.05），以己酸乙酯为主体香，多种化合物互相作用形成甜香、醇香、酯香的特殊风味。

4 结论

本研究以酱香、芝麻香、浓香3种香型白酒和3种不同质量等级的馥合香型白酒为研究对象，采用感官风味评价法结合顶空固相微萃取–气相色谱–质谱联用法（HS-SPME-GC-MS）对白酒样品中的主要挥发性化合物进行分析，利用香气活度值（OAV）筛选特征挥发性化合物，并经主成分分析、偏最小二乘判别分析，得到的结论主要有：①3种香型白酒和3种不同质量等级的馥合香型白酒的风味轮廓存在明显差异；其中，馥合香型特级白酒风味接近于浓香型白酒，馥合香型普级和优级白酒风味接近于酱香和芝麻香型白酒；②样品中共检测到193种主要挥发性化合物，其中有66种特征风味化合物；丁酸乙酯、4-甲基戊酸乙酯、异戊醛对酱香型白酒风味贡献大，三甲基吡嗪、萘硫醇对酱香型白酒风味具有同样重要作用；辛酸乙酯、4-甲基戊酸乙酯、戊酸乙酯、1-辛烯-3醇对芝麻香型白酒风味贡献大；己酸乙酯、2-戊酮和2-壬酮是浓香型白酒特征风味形成的重要化合物；③乙酸乙酯、乳酸乙酯、己酸乙酯、丁酸乙酯、己酸、苯乙酸乙酯和正己醇是馥合香型白酒中的特征性风味化合物；同时，辛酸乙酯、己酸乙酯、戊酸乙酯、二甲基三硫、4-甲基戊酸乙酯和丁酸乙酯则显著贡献了馥合香型白酒的特征风味。本研究为探索白酒风味特征的相关研究提供理论依据，同时为明确不同质量等级的馥合香型白酒提供数据支持。

参考文献

［1］Cheng W, Chen X F, Zhou D, et al. Applications and prospects of the automation of compound flavor Baijiu production by solid-state fermentation ［J］. International Journal of Food Engineering, 2022, 18 (12)：737-749.

［2］张卜升，袁丛丛，高杏，等. 不同产地酱香型白酒化学风味和感官特征差异分析 ［J］. 食品科学，2023，44 (12)：235-243.

［3］郭松波，张娇娇，韩兴林，等. 钓鱼台酱香型白酒风味轮构建及感官特性研究 ［J］. 中国酿造，2022，41 (09)：49-54.

［4］万红贵，张建，袁建峰，等. 生物制备 γ-亚麻酸研究进展 ［J］. 中国酿造，2012，31 (02)：12-16.

［5］凌与听. 不同陈酿时间浓香型皖北名酒挥发性风味特征解析 ［D］. 无锡：江南大学，2022.

［6］郭雪峰，程玉鑫，黄永光，等. 不同香型白酒感官风味及挥发性化合物结

构特征 [J]. 食品科学, 2022, 43 (21)：43-54.

[7] 梁磊, 张自军, 马建辉. 滨河九粮堆积馥合香工艺对酒体风味的影响 [J]. 中国食品工业, 2022 (08)：107-110.

[8] Lezaeta A, Bordeu E, Agosin E, et al. White wines aroma recovery and enrichment：sensory-led aroma selection and consumer perception [J]. Food Research International, 2018, 108：595-603.

[9] 国家技术监督局. GB/T 12313-1990 感官分析方法风味剖面检验 [S]. 北京：中国标准出版社, 1990.

[10] Vandendool H, Kratz P D. A generalization of the retention index system including linear temperature programmed gas-liquid partition chromatography [J]. Journal of Chromatography, 1963 (11)：463-471.

[11] 杨馥秀, 周考文. 顶空固相微萃取结合气相色谱-质谱联用对水塔陈醋挥发性风味成分的分析 [J]. 食品科学, 2020, 41 (14)：225-261.

[12] 李莉, 王秋叶, 盛夏, 等. 白酒中酯类对酒质的影响 [J]. 科技工业技术, 2016 (36)：124.

[13] 贾巧唤, 任石苟. 浅述酸、酯、醇等成分对白酒的影响 [J]. 食品工程, 2008 (04)：12-13.

[14] 汤道文, 谢玉球, 朱法余, 等. 白酒中的微量成分及与白酒风味技术发展的关系 [J]. 酿酒科技, 2010 (5)：78-81.

[15] 郝莉花, 巩凡, 潘鹏云, 等. 气相色谱法测定不同香型白酒中 5 种醛类化合物的含量 [J]. 2022, 32 (20)：2433-2436.

[16] 董新罗, 刘建学, 韩四海, 等. 白酒基酒中酮类物质的近红外光谱检测方法 [J]. 2020, 39 (11)：1427-1432.

[17] 杨康卓, 刘芳, 何张兰, 等. 五粮液原酒中特殊芳香族化合物的空间分布 [J]. 酿酒科技, 2021 (05)：22-26.

[18] 郭松波. 酱香型白酒风味和引用品质特征的研究 [D]. 天津：天津科技大学, 2021.

[19] 许佩勤, 方毅斐, 庄俊钰, 等. 白酒中吡嗪、呋喃类化合物的分析方法研究 [J]. 食品与发酵科技, 2017, 53 (2)：85-93.

[20] 沙莎. 白酒中挥发性含硫化合物及其风味贡献研究 [D]. 无锡：江南大学, 2017.

[21] 王露露. 酱香型白酒中呈"盐菜味"异嗅味关键香气化合物解析 [D]. 无锡：江南大学, 2020.

[22] Chen S, Sha S, Qian M, et al. Characterization of volatile sulfur compounds in

Moutai liquors by headspace solid-phase microextraction gas chromatography-pulsed flame photometric detection and odor activity value [J]. Journal of Food Science, 2017, 82 (12): 2816-2822.

[23] 范文来, 徐岩. 白酒79个风味化合物嗅觉阈值测定 [J]. 酿酒, 2011, 38 (4): 80-84.

[24] 范文来, 徐岩. 酒类风味化学 [M]. 北京: 中国轻工业出版社, 2014.

[25] 张灿. 中国白酒中异嗅物质研究 [D]. 无锡: 江南大学, 2013.

[26] 刘发洋, 李璐, 游奇, 等. 基于OAV分析多粮浓香型调味酒陈酿过程中风味物质的变化 [J]. 中国酿造, 2023, 42 (05): 237-242.

[27] Wang X, Fan W, Xu Y. Comparison on aroma compounds in Chinese soy sauce and strong aroma type liquors by gas chromatography-olfactometry, chemical quantitative and odor activity values analysis [J]. European Food Research and Technology, 2014, 239 (5): 813-825.

[28] 聂庆庆, 范文来, 徐岩, 等. 洋河绵柔型白酒香气成分研究 [J]. 食品工业科技, 2012, 33 (12): 68-74.

[29] Gao W J, Fan W L, Xu Y. Characterization of the key odorants in light aroma type chinese liquor by gas chromatography-olfactometry, quantitative measurements, aroma recombination, and omission studies [J]. Journal of agricultural and food chemistry, 2014, 62 (25): 5796-5804.

[30] 张倩, 李沁娅, 黄明泉, 等. 2种芝麻香型白酒中香气活性成分分析 [J]. 食品科学, 2019, 40 (14): 214-222.

[31] Zhao D R, Shi D M, Shun J Y, et al. Characterization of key aroma compounds in Gujinggong Chinese Baijiu by gas chromatography-olfactometry, quantitative measurements, and sensory evaluation [J]. Food Research International, 2018 (105): 616-627.

[32] 田静, 莫晓慧, 赵耀, 等. 紫糯麦-糯高粱复合原粮浓香型白酒的风味物质及危害成分分析 [J]. 食品工业科技, 2023, 44 (04): 96-107.

[33] 周庆云. 芝麻香型白酒风味物质研究 [D]. 无锡: 江南大学, 2015.

[34] Gao W, Fan W, Xu Y. Characterization of the key odorants in light aroma type Chinese liquor by gas chromatography-olfactometry, quantitative measurements, aroma recombination, and omission studies [J]. Journal of Agricultural and Food Chemistry, 2014, 62 (25): 5796-5804.

[35] Wang X, Fan W, Xu Y. Comparison on aroma compounds in Chinese soy sauce and strong aroma type liquors by gas chromatography-olfactometry, chemical quantitative and odor activity values analysis [J]. European Food Research and Technology, 2014, 239

（5）：813-825.

[36] 董蔚.浓香型白酒"窖香"特征风味物质解析及其生成途径的研究 [D].广州：华南理工大学，2020.

[37] 何佳，黄文康，马相峰，等.基于主成分分析与 PLS-DA 分析研究浙麦冬道地性与等级评价标准 [J].中国药学杂志，2021，56（04）：285-292.

国外酒杯对饮料酒品质影响

郜子航，范文来

（江南大学生物工程学院酿造微生物与应用酶学研究室，江苏无锡　214122）

摘　要：盛放饮料的容器发生改变时，人们感受到的香气、味觉和口感也会随之发生改变。本文根据国外对不同形状酒杯对人们感官影响的研究，总结了酒杯对于饮用前视觉期望、饮用时的感官体验以及饮料酒摄入量和速度的影响，分析得出了相对应的主观和客观原因，这对于饮料酒的饮用体验、人体健康以及酒杯形状的设计和营销有重要意义。

关键词：酒杯，饮料酒，感官，视觉期望，健康，风味

Foreign study on the impact of wine glasses on the quality of beverage wine

GAO Zihang, FAN Wenlai

（School of Biotechnology, Jiangnan University, Jiangsu Wuxi 214122, China）

Abstract：When the container used to hold beverages changes, the aroma, taste, and taste that people experience will also change accordingly. Based on foreign research on the sensory impact of different shaped wine glasses on people, this article summarizes the impact of wine glasses on visual expectations before drinking, sensory experience during drinking, and the intake and speed of beverage alcohol. The corresponding subjective and objective reasons are analyzed, which is of great significance for the drinking experience of beverage alcohol, human health, and the design and marketing of wine cup shape.

资金资助：本项目获得国家重点研发计划（National Key R&D Program, 2022YFD2101201）和广西科技重大专项（Province Key R&D Program of Guangxi under No. AA21077004-1）资金支持。

作者简介：郜子航（1999—），男，山西晋城，江南大学发酵工程研究生；研究方向为酿酒工程；邮箱：727128161@ qq. com；联系电话：15034381207。

通信作者：范文来（1966—），男，硕士，江南大学研究员，研究方向为酿酒工程与发酵工程。

Key words：Wine glass，Beverage wine，Sensory，Visual expectation，Health，Flavor

1 前言

酒杯的形状会影响人们的饮用体验。人们需要选择适宜的酒杯来饮用不同的饮料酒或满足个体对于饮酒的不同需求。为了探索其内在机制，国外的研究人员进行了多方面的实验，分析对比了人们对不同酒杯产生的视觉期望即不同酒杯对饮用者主观方面造成的影响，以及在饮用过程中不同酒杯实际的客观影响，得出了相应的结论。而人们对饮酒健康和人身安全的关注度越来越高，研究人员也在酒杯对摄入量和摄入速度的影响方面做了相关探索。

2 不同形状酒杯对饮用视觉期望的影响

人们习惯于将看到的东西与自己的感官结合起来，在味觉的感知方面，容器的外观也会影响我们对于食物的期望，进而影响我们食用的感官体验。当我们的心理预期与实际感官相差不大时，食物容器的组合与味觉的联系将会被确定下来[1]。进而影响我们之后的食用习惯，甚至影响我们的消费行为[2]。

在饮料方面也是如此，Bryan Raudenbush 等[3]邀请了 61 名参与者，对橙汁、啤酒以及热巧克力与果汁杯，啤酒瓶以及咖啡杯之间不同的组合进行愉悦度评分，结果证明同样的饮料在不同的容器中给人的感官不同，当饮料出现在与人们期望相符的容器中评分最高，这是因为这种组合更符合人们的习惯和饮用期望，而违反消费者的期望会对消费者的感官产生负面影响，带来较差的饮用体验。

基于此实验，为了探究酒杯形状对于饮料酒饮用前视觉期望的影响，Wan 等[4, 5]设计了一系列的线上实验，选择了不同颜色的饮料酒（鸡尾酒、葡萄酒），四种形状的酒杯（图 1），邀请了不同地区的人群进行试验，他们将从 24 种口味中选择一种来描述不同酒杯与液体的组合。

结果表明，人们对某些颜色液体的味道期望会受到容器变化的影响（如红色饮料在酒杯和塑料杯中总被认为是草莓味，而在鸡尾酒杯中却会被认为是草莓、覆盆子、蔓越莓多种味道），而另一部分则不会（如不管这些饮料在哪个容器里，绿色和黄色饮料总被认为是猕猴桃和柠檬口味）。此外，不同的人群对相同的饮料颜色的期望不同，如日本人通常把蓝色饮料与薄荷联系在一起，而挪威人习惯与蓝莓联系在一起。Charles 等[6]的研究中也有类似的现象：虽然英国人将棕色饮料与可乐味道联系在一起，但许多中国台湾地区消费者将这种颜色与葡萄味道联系在一起。这些研究表明，酒杯的形状和饮料的颜色对消费者的期望有显著复合影响，并因其文化和出生地

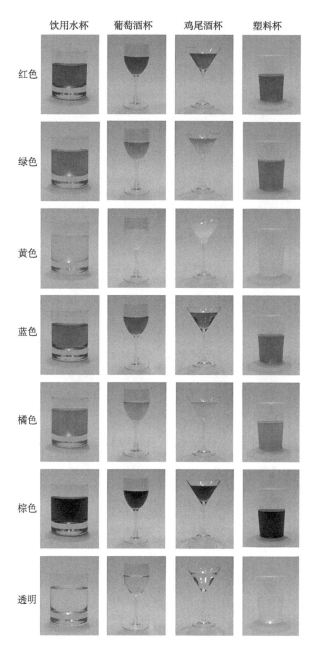

图 1　不同颜色饮料酒和酒杯组合

Fig. 1　Combination of different colored drinks, wines and glasses

而异。

　　在啤酒饮用方面也是如此，为了确定不同精酿啤酒的适宜饮用杯，Ribeiro 等[7]选择了七种不同的啤酒杯以及五款精酿啤酒（图 2），拍照之后线上提供给参与者（由 252 名消费者以及 19 名专家组成），调查了他们的基本信息和消费习惯，并且让他们针对其中一款啤酒的不同酒杯组合进行喜好度排序。

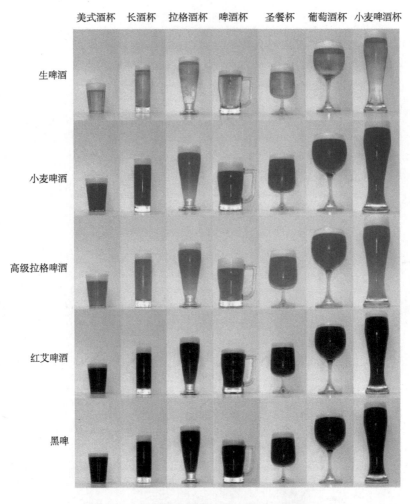

图 2　不同精酿啤酒和不同酒杯的组合

Fig. 2　Groups of different craft beers and different glasses

实验结果显示每种精酿啤酒均对应着一种或几种啤酒杯使其给人以更高的饮用期望。同时，日常消费者和专家给出的结果非常相似，这很有可能是一个地区风俗习惯的影响或者都受到酒杯组合的营销造成的。

相比之下，Delwiche 等[8]选择了四款葡萄酒杯（图 3）从另一个角度研究了此现象，实验方法的不同之处在于此次实验过程要求受试者蒙住双眼进行嗅闻和品评。

结果显示，波尔多酒杯香气强度最低，其他杯型以及属性之间的差异非常有限。这是因为波尔多杯更高，整体容量也更大。因此，当葡萄酒出现在波尔多酒杯中时，它离受试者的鼻子最远，而且由于杯子大，挥发物可能是最稀释的，过大的物理因素差距才导致了香气强度结果的不同。蒙上双眼之后酒杯间的差异微乎其微，这极有可能是因为消除了视觉期望所带来的影响。

因此，酒杯形状对消费者主观的影响至关重要。餐厅或酒吧老板可以调查研究当

图 3　从左到右依次是方形酒杯、开放式球形酒杯、霞多丽酒杯和波尔多酒杯

Fig. 3　From left to right, there are square wine glasses, open spherical wine glasses, Chardonnay wine glasses, and Bordeaux wine glasses in sequence

地消费者的饮用习惯，了解相关市场的营销广告或是推出新型的饮用组合并加以说明引导消费者期望。从而保证消费者的满意度，提高消费者的饮用体验。

3　不同形状酒杯对饮料酒品质的影响

3.1　二氧化碳含量及属性

在客观实际方面，不同物理参数的酒杯也确实会对饮料酒的品质产生影响。二氧化碳会激活酸味受体细胞中的酶，引起不愉快的刺痛感，过高的二氧化碳含量会影响口感。在品评啤酒时，泡沫的细腻持久性也是非常重要的标准。Mirabito 等[9]选择了直型饮水杯和曲面啤酒杯（图 4）来探究酒杯形状对啤酒味道的影响。他们邀请了 53 名受试者参与实验，使用了五种描述词来评估啤酒的整体强度、苦味、甜味、果味和愉悦度。

研究结果表明啤酒在曲面杯中的果味感知会更加强烈，这一现象可以用我们以上提到的视觉期望所解释。此外，人们还认为啤酒在曲面杯中要比直形杯中感受强烈很多。这是由于饮用过程中曲面杯的接触面积更大，二氧化碳更容易释

图 4　直型杯（左）和曲面杯（右）

Fig. 4　Straight cup (left) and curved glass cup (right)

放，更容易被感知。

二氧化碳对于起泡葡萄酒也极为重要，除了对口腔刺激感有影响之外，葡萄酒的倾倒和旋转均会影响二氧化碳的释放，而二氧化碳释放也会携带部分香气物质散发。Beaumont 等[10]的一系列实验测量了向不同酒杯（图 5）中倾倒同一起泡酒的过程中二氧化碳的损失量。结果显示图 5 中杯（4）损失最少而杯（2）损失最多，这主要是因为杯（4）的填充高度与开口直径都比较小，二氧化碳释放并脱离液相的程度低。相反杯（2）填充高度与开口直径过大，二氧化碳容易逸散。

图 5　四种不同起泡酒杯

Fig. 5　Four different sparkling glasses

此外，Beaumont 等还通过（PIV）粒子图像测速分析，记录了二氧化碳从两相结合处释放与空气融合的时间。结果显示旋转强度较高的玻璃杯能够加快释放速度，使香气物质更快地随二氧化碳逸散，降低了闻香体验；同时泡沫和谐持久度较差，降低了视觉体验。

3.2　香气物质及口味

为了探究酒杯形状对葡萄酒香气感知的影响，Cliff 等[11]选择了蛋形 ISO（葡萄酒标准品酒杯）酒杯、勃艮第碗状酒杯、霞多丽郁金香形酒杯（图 6）以及一款雷司令白葡萄酒和赤霞珠红葡萄酒。邀请了 18 名相关专业学生参与实验。受试者被蒙上眼睛分别对不同酒杯盛装的酒样的香气强度进行打分。

结果表明酒杯的直径与开口比越大，香气强度就越强，这是由于较大的杯体直径有助于香气化合物的挥发，而较小的开口有助于成分的保留，减少逸散，总体上有助于香气的展现。

图 6　蛋形 ISO 酒杯（左）、勃艮第碗状酒杯（中）和霞多丽郁金香形酒杯（右）

Fig. 6　Egg shaped ISO glass（left），Burgundy bowl shaped glass（center），

and Chardonnay tulip shaped glass（right）

　　类似的，Delwiche 等[12]选择了九种不同的葡萄酒杯（图 7），邀请了九名专业品酒师对六种产自里贝罗的烤葡萄酒进行了品评实验，分别从视觉、嗅觉、味觉三个方面打分，并且给酒杯形状整体和谐度打分。

图 7　九种葡萄酒杯（从左至右依次为 A-I）

Fig. 7　Nine types of wine glasses（A-I from left to right）

　　结果显示酒杯形状对烤制酒的感官特性有显著影响，其中 G 杯的香气强度、整体强度和质量均为最高，综合评定其为品酒师最喜欢的烤制酒饮用杯。G 杯的空腔面积较大同时收敛性很强，即酒杯的直径与开口比越大，香气强度就越强，这与 Cliff 等的结论相符。

4 不同形状酒杯对摄入速度及摄入量的影响

4.1 实验室条件下的相关研究

4.1.1 摄入速度

Attwood 等[13]选择了一种直型酒杯以及曲面酒杯（图8），邀请了 160 名参与者进行实验，要求他们在观看自然纪录片的同时按照自己的节奏饮用，同时记录整个过程[包括总饮酒时间、总饮酒间隔（即两口之间的时间）、持续时间及喝的总次数]。

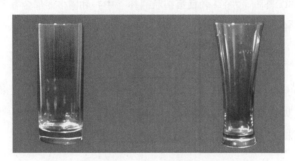

图 8　直型酒杯（左）和曲面酒杯（右）

Fig. 8　Straight glass cup（left）and curved glass cup（right）

结果表明当盛满杯液体时，用直型酒杯喝酒精饮料的速度比用曲面酒杯喝酒精饮料的速度要慢。后续通过一系列对酒杯容量的判断实验表明，摄入速度的差异是因为人们通常通过高度来判断容量，所以对于曲面酒杯容积的判断有误，导致了受试者开始的饮用速度过快并且这种速度被确定下来，最后总饮酒时间会变得更短。

此外 Troy 等[14]使用了两个相同的杯子（一个标注容量一个不标注）（图9）来进行了类似实验，记录了总饮酒时间，他们发现有标注容量的杯子饮用更慢。对比以

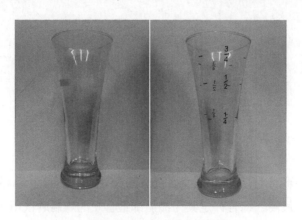

图 9　两种相同酒杯（标注容量与不标注容量）

Fig. 9　Two identical wine glasses（labeled with capacity and not labeled）

上的实验，我们很容易发现饮用速度的差异是容量判断失误导致的。

4.1.2　摄入量

在摄入量方面，Langfeld 等[15]记录了 72 名参与者分别使用两种杯子（图 10）饮用同一种饮料的过程，结果表明 10min 内直型杯的摄入量显著低于斜口杯，而饮用次数没有明显差异，即使用直型杯时受试者每一口的摄入量较高。

图 10　直型杯（左）与斜口杯（右）

Fig. 10　Straight cup（left）and diagonal cup（right）

之后，Langfeld 在受试者的上下唇面放置表面电极来探索人们在不同酒杯的饮用过程中的面部变化（图 11），肌电图显示在使用直型杯饮用时人们会做更多的噘起嘴唇动作，这导致了他们每一口的摄入量都低于斜口杯。

图 11　表面电极实验

Fig. 11　Surface electrode experiment

4.2 消费环境下

之前关于酒杯形状对消费者判断和行为的影响研究都是在实验室环境中进行的，这与消费者真实的饮用过程还有很大区别。为了调查现实状态中的情况，Cliceri等[16]邀请了 123 名消费者在一家餐厅中进行饮用实验，Cliceri 为参与者提供了与平时一致的用餐环境并向他们提供 A、B 其中一款杯子（图 12），要求受试者在饮用之后评估满意度。

图 12　两款餐厅饮用杯
Fig. 12　Two restaurant drinking cups

结果显示，消费者对于 B 类酒杯饮品的满意度显著高于 A 类酒杯。这是因为在实际环境中，人们更加注重物理感受，在饮用时会认为水平面更大的 A 类酒杯容量较大，但是实际容量会低于消费者的期望容量，进而降低消费者的饮用体验。相反实验室条件中，受试者会认为更高的 B 类酒杯容量较大，这是因为人们倾向于将注意力集中在液体所达到的高度上，而不是酒杯的宽度。人们也倾向于估计高而细长的酒杯比相同体积的宽酒杯含有更多的液体，从而造成 B 类酒杯体验感的下降。

5　展望

早有研究证明容器的形状会影响人们对于食物的感官体验，通过更加深入具体的研究我们发现，如果酒杯的形状存在着较大的物理差距，会直接对饮料酒的品质以及人的感官产生重大影响，除此之外，不同的酒杯也会影响着人们饮用的视觉期望，而对实际的体验产生影响，这种效应与人们的生活习惯以及风俗文化相关。而随着人们越来越重视身体健康以及饮酒安全，近些年的研究也集中在不同杯型对于饮料酒的摄入量和摄入速度的影响上，原因主要是酒杯的形状会影响人们的视觉期望以及对容量的把控，同时酒杯的规格尺寸与嘴唇的交互作用也会对摄入量造成影响。研究人员在人为设置的实验室条件下已经做了较为全面的研究，之后的探索或许会在消费环境如酒吧、餐厅中进行。而如何模拟出日常环境并且合理有效地进行实验将成为实验的重点，同时如何抹除受试者在实验与消费之间的心理误差也是需要重视的问题。

参考文献

［1］Doorn G V, Timora J, Watson S, et al. The visual appearance of beer: a review concerning visually-determined expectations and their consequences for perception ［J］. Food Research International, 2019, 126: 108661.

［2］Piqueras-fiszman B, Spence C C. Pleasantness, and consumption behaviour within a meal ［J］. Appetite, 2014, 75: 165-172.

［3］Raudenbush B, Meyer B, Eppich W, et al. Ratings of pleasantness and intensity for beverages served in containers congruent and incongruent with expectancy ［J］. Perceptual and Motor Skills, 2002, 94 (2): 671-674.

［4］Xiaoang W, Woods A T, Kyoung-hwan S, et al. When the shape of the glass influences the flavour associated with a coloured beverage: evidence from consumers in three countries ［J］. Food Quality and Preference, 2015, 39: 109-116.

［5］Xiaoang W, Woods A T, Jacquot M, et al. The effects of receptacle on the expected flavor of a colored beverage: cross-cultural comparison among French, Japanese, and Norwegian consumers ［J］. Journal of Sensory Studies, 2016, 31 (3): 233-244.

［6］Spence C, Levitan C A, Shankar M U, et al. Does food color influence taste and flavor perception in humans? ［J］. Chemosensory Perception, 2010, 3 (1): 68-84.

［7］Ribeiro M N, Carvalho I A, De Sousa M M M, et al. Visual expectation of craft beers in different glass shapes ［J］. Journal of Sensory Studies, 2021, 36 (1): e12618.

［8］J F, Delwiche, M L, et al. Influence of glass shape on wine aroma ［J］. Journal of Sensory Studies, 2002.

［9］Mirabito A, Oliphant M, Doorn G V, et al. Glass shape influences the flavour of beer ［J］. Food Quality and Preference, 2017, 62: 257-261.

［10］Fabien B, Clara C, Ellie A, et al. The role of glass shapes on the release of Dissolved CO_2 in Effervescent Wine ［J］. Current Research in Nutrition and Food Science, 2019, 7 (1): 227-235.

［11］Cliff M A. Influence of wine glass shape on perceived aroma and colour intensity in wines ［J］. Journal of Wine Research, 2001, 12 (1): 39-46.

［12］Vilanova M，Vidal P，Cortes S. Effect of the glass shape on flavor perception of "TOASTED WINE" from Ribeiro（NW Spain）［J］. Journal of Sensory Studies，2008，23（1）：114-124.

［13］Attwood A S，Scott-samuel N E，Stothart G，et al. Glass shape influences consumption rate for alcoholic beverages［J］. PLoS ONE，2017，7（8）：e43007.

［14］Troy D M，Attwood A S，Maynard O M，et al. Effect of glass markings on drinking rate in social alcohol drinkers［J］. The European Journal of Public Health，Vol. 27，No. 2：352-356.

［15］Tess L，Rachel P，T G P，et al. Glass shape influences drinking behaviours in three laboratory experiments［J］. Scientific reports，2020，10（1）：13362.

［16］Cliceri D，Petit E，Garrel C，et al. Effect of glass shape on subjective and behavioral consumer responses in a real-life context of drinking consumption［J］. Food Quality and Preference，2018，64：187-191.

清香型四种白酒挥发性组分构成规律分析

刁华娟[1,2,3]，姜东明[1,2,3]，王新磊[1,2,3]

(1. 河北衡水老白干酒业股份有限公司，河北衡水　053000；

2. 河北省白酒酿造技术创新中心，河北衡水　053000；

3. 河北省固态发酵酿酒产业技术研究院，河北衡水　053000)

摘　要：采用气相色谱法测定分析清香型四种白酒中挥发性风味物质含量，利用多元统计分析方法揭示四种白酒的挥发性组分的成分特点和差异特征。结果表明，四种白酒检出挥发性组分数量红星最多，宝丰酒最少。牛栏山乙酸乙酯含量最高，汾酒乳酸乙酯含量最高，四种白酒酯类物质含量排序：红星>汾酒>牛栏山>宝丰酒，醇类物质含量排序：汾酒<红星<牛栏山<宝丰酒。酸类物质含量最高的是牛栏山，含量最低的是宝丰酒。醛类物质含量最高的是宝丰酒，最低的是牛栏山。醇醛酸酯含量关系为总酯>总酸>总醇>总醛或总酯>总醇>总酸>总醛。热图分析表明四种白酒中风味物质含量有显著差异，具有独特性，红星含量偏高的成分较多，汾酒中乙醛、乙缩醛、乙酸、乳酸乙酯等含量较高，宝丰酒中异丁醇、异戊醇、活性戊醇等相对含量较高，牛栏山中乙酸乙酯、乙酸异戊酯、3-甲基丁酸乙酯等含量较高。该研究为分析清香型不同品牌白酒的风味组分构成提供数据支持。

关键词：清香型，挥发性组分，构成规律

作者简介：刁华娟（1986—），女，工程师，硕士研究生，研究方向为白酒风味化学；邮箱：475510836@qq.com；联系电话：18932800028。

通信作者：王新磊（1985—），女，高级工程师，博士，研究方向为白酒风味化学；邮箱：wangxinlei819@163.com；电话：0318-2103526。

Analysis of composition rules of volatile components in four kinds of Qingxiangxing Baijiu

DIAO Huajuan[1,2,3], JIANG Dongming[1,2,3], WANG Xinlei[1,2,3]

(1. Hebei Hengshui Laobaigan Liquor Co. , Ltd. , Hebei Hengshui 053000, China;

2. Hebei Baijiu Making Technology Innovation Center, Hebei Hengshui 053000, China;

3. Hebei Solid State Fermentation Making Industry Technology

Research Institute, Hebei Hengshui 053000, China)

Abstract: The contents of volatile flavor substances in four kinds of Qingxiangxing Baijiu were determined by gas chromatography, and the composition characteristics and differences of volatile flavor components in four kinds of liquor were revealed by multivariate statistical analysis. The results showed that the amount of volatile components detected in four kinds of liquor was the highest in Hongxing and the lowest in Baofeng. Niulanshan has the highest content of ethyl acetate, Fenjiu has the highest content of ethyl lactate, the contents of four kinds of liquor esters are sorted: Hongxing > Fenjiu > Niulanshan > Baofeng, the contents of alcohol substances are sorted: Fenjiu < Hongxing < Niulanshan < Baofeng. The highest content of acid substances is Niulanshan, the lowest content is Baofeng. The highest aldehyde content is Baofeng, the lowest is Niulanshan. The content relationship of alcohol, aldehyde, acids and esters is total ester > total acid > total alcohol > total aldehyde or total ester > total alcohol > total acid > total aldehyde. Heat map analysis showed that there were significant differences in the content of flavor substances in the four kinds of liquor, which was unique. There were more components with high content of Hongxing. The contents of acetaldehyde, acetal, acetic acid and ethyl lactate are higher in Fenjiu. The content of isobutanol, isoamyl alcohol and active amyl alcohol in Baofeng is relatively high, and the content of ethyl acetate, isoamyl acetate and ethyl isovalerate in Niulanshan is relatively high. This study provides data support for analyzing flavor components of different brands of Qingxiangxing Baijiu.

Key words: Qingxiangxing Baijiu, Volatile constituent, Form law

1 前言

中国白酒历史悠久，因各地独特的自然环境及原料和工艺形成了独特的白酒风格[1]，根据主要香气成分和风格逐渐演化出 12 种香型，其中清香型、浓香型、酱香型和米香型是四种基本的香型，12 种香型白酒的演化见图 1[2-5]。清香型白酒具有香气清香纯正、酒体醇甜柔和、自然协调、余味爽净的独特风格[4,6-10]。

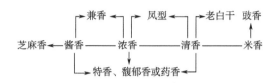

图 1　中国 12 种香型白酒的演化

Fig. 1　Evolution of the Chinese Baijiu with 12 flavor types

　　近些年来，学者们对清香型白酒的香气组分进行了比较详细的研究。范文来等[11]通过对汾酒、二锅头、宝丰酒等原酒中微量成分的分析与对比，认为乙酸乙酯、乳酸乙酯和 β-DMST、TDMTDL、STMD 等化合物共同构成了清香型白酒的特征香气成分，并且应用差异成分可以对清香型白酒原产地进行区分。徐岩等[12]首次发现并提出萜烯类物质对清香类型白酒风味贡献的重要性。Gao 等[13]采用气相色谱-质谱联用技术（Gas Chromatography Mass Spectrometry，GC-MS）结合闻香仪（Gas Chromatography Olfactometry，GC-O）证实了 β-大马酮和乙酸乙酯是清香型白酒的关键香气组分，并指出乳酸乙酯、土臭素、乙酸和 2-甲基丙酸对清香型白酒整体香气有重要意义。魏志阳等[14]建立了高效液相色谱法（High Performance Liquid Chromatography，HPLC）同时测定酒醅中乳酸、乙酸、乳酸乙酯和乙酸乙酯的方法。王雪山[15]结合 HS-SPME-GC-MS（Headspace Solid Phase Microextraction Gas Chromatography Mass Spectrometry）、HPLC 和 UPLC（Ultra-performance Liquid Chromatography）技术对老新厂区酒醅中的风味物质进行检测，指出环境微生物改变会使得酒醅发酵过程中的代谢图谱发生变化。杨平[16]首次采用光子晶体作为阵列载体构建荧光传感阵列对不同品牌白酒进行检测。李颖星[17]采用 HS-SPME-GC×GC-TOFMS（Comprehensive Two-Dimensional Gas Chromatography/Time-of-flight Mass Spectrometry）在 6 种清香型酒样中检测到酯类、醇类、酸类、酮类、酚类、醛类、含硫化合物、烷烃、醚、含氮化合物、烯烃、咪唑、吡嗪、呋喃、氨基酸、糖类、抗生素、杂环、苯、含硅化合物、萘等风味化合物。张卜升等[18]利用气相色谱-离子迁移谱法（Gas Chromatography-ion Mobility Spectrometry，GC-IMS）、气相色谱-氢火焰离子检测器（Gas Chromatography-flame Ionization Detector，GC-FID）、电子鼻（E-nose）结合感官评定的方法对清、浓、酱三种香型白酒的挥发性风味成分进行了分析，对比指出清香型白酒中香气成分含量较少，特征性强。

　　本研究采用气相色谱内标法结合多元统计分析方法对清香型四种白酒挥发性组分

进行分析，探讨了清香型四种不同品牌白酒香气成分的构成规律特点及其量比关系，为分析同类型不同品牌白酒风味不同的原因提供数据支持。

2 材料与方法

2.1 材料与试剂

4种市售清香型白酒酒样：汾酒、红星、宝丰酒、牛栏山；甲酸乙酯、异丁醛、乙酸乙酯、乙缩醛、甲醇、异戊醛、叔戊醇、仲丁醇、丁酸乙酯、正丙醇、2-甲基丁酸乙酯、3-甲基丁酸乙酯、己醛、异丁醇、乙酸异戊酯、戊酸乙酯、乙酸正戊酯、异戊醇、活性戊醇、己酸乙酯、正戊醇、庚酸乙酯、乳酸乙酯、辛酸乙酯、乙酸、糠醛、苯甲醛、壬酸乙酯、丙酸、异丁酸、丁酸、癸酸乙酯、丁二酸二乙酯、戊酸、2-乙基丁酸、苯乙酸乙酯、己酸、十二酸乙酯、庚酸、β-苯乙醇、辛酸、十四酸乙酯、壬酸、棕榈酸乙酯（均为色谱纯，北京百灵威科技有限公司）；乙醛、油酸乙酯、亚油酸乙酯（均为色谱纯，北京科展生物科技有限公司）；乙醇（ACS/HPLC级，纯度99.9%，北京百灵威科技有限公司）；娃哈哈纯净水（杭州娃哈哈集团公司）。

2.2 仪器与设备

Agilent 7890B 气相色谱仪（附氢火焰离子化检测器，Agilent G4513A 自动进样器，美国安捷伦科技有限公司）；BSA1245 电子天平［赛多利斯科学仪器（北京）有限公司］；IKA vortex3 漩涡混合器（德国 IKA 公司）；Eppendorf 移液器（德国艾本德公司）。

2.3 方法

2.3.1 气相色谱条件

ZB-WAXplus 色谱柱（60m×250μm×0.25μm）；色谱柱温度：初温 40℃，保持 8min，以 4.0℃/min 升至 150℃，以 6.5℃/min 升至 210℃，保持 25min；检测器温度 250℃，进样口温度 240℃，载气流量 1.0mL/min，进样量 1.0μL，分流比 20∶1，载气为 N_2（纯度≥99.999%）。

2.3.2 定量方法（内标法）

三内标溶液的配制：称取叔戊醇 0.7074g、乙酸正戊酯 0.7658g、2-乙基丁酸 0.8010g，用体积分数为 60% 的乙醇溶液定容于 50mL 容量瓶中，内标溶液应在 4℃ 以下保存，备用，吸取 10μL 内标溶液于 1mL 酒样中，在 IKA vortex3 涡旋混合器上混合 1min，得到终浓度叔戊醇 14.080mg/100mL、乙酸正戊酯 15.080mg/100mL、2-乙基丁酸 15.860mg/100mL，直接进样进行检测分析。

2.3.3　标准曲线的绘制方法

混合标准溶液的配制：分别称取适量的甲酸乙酯、异丁醛、乙酸乙酯、乙缩醛、甲醇、异戊醛、仲丁醇、丁酸乙酯、正丙醇、2-甲基丁酸乙酯、3-甲基丁酸乙酯、己醛、异丁醇、乙酸异戊酯、戊酸乙酯、异戊醇、活性戊醇、己酸乙酯、正戊醇、庚酸乙酯、乳酸乙酯、辛酸乙酯、乙酸、糠醛、壬酸乙酯、丙酸、异丁酸、丁酸、癸酸乙酯、丁二酸二乙酯、苯乙酸乙酯、己酸、十二酸乙酯、庚酸、β-苯乙醇、辛酸、十四酸乙酯、壬酸、棕榈酸乙酯、乙醛、油酸乙酯、亚油酸乙酯，吸取适量的苯甲醛、戊酸，用 99.9%乙醇溶液定容于 100mL 容量瓶中，得到各物质的混合标准溶液，备用。

标准使用液的制备：将混合标准溶液用体积分数为 60%的乙醇溶液依次稀释 9 个梯度（分别稀释 0、2^{-1}、4^{-1}、8^{-1}、10^{-1}、20^{-1}、40^{-1}、80^{-1}、100^{-1}），得到标准使用液 S0、S1、S2、S3、S4、S5、S6、S7、S8，每个梯度吸取 1mL 加入 10μL 内标溶液，在涡旋混合器上混合 1min，直接进样分析。

采用软件 Aglient OpenLab Data Analysis，以相对响应对相对含量进行线性回归制作标准曲线，内标$_1$叔戊醇定量乙缩醛、甲醇、仲丁醇、正丙醇、异丁醇、异戊醇+活性戊醇、正戊醇、β-苯乙醇，内标$_2$乙酸正戊酯定量乙醛、甲酸乙酯、异丁醛、乙酸乙酯、异戊醛、丁酸乙酯、2-甲基丁酸乙酯、3-甲基丁酸乙酯、己醛、乙酸异戊酯、戊酸乙酯、己酸乙酯、庚酸乙酯、乳酸乙酯、辛酸乙酯、糠醛、壬酸乙酯、苯甲醛、癸酸乙酯、丁二酸二乙酯、苯乙酸乙酯、十二酸乙酯，内标$_3$2-乙基丁酸定量乙酸、丙酸、异丁酸、丁酸、戊酸、己酸、庚酸、辛酸、十四酸乙酯、壬酸、棕榈酸乙酯、油酸乙酯、亚油酸乙酯。

2.3.4　数据处理

使用软件 Excel 2007 对数据进行整理，采用软件 Origin 2021 对分析数据进行绘图。

3　结果与分析

3.1　微量组分气相色谱图定性定量分析

本实验应用气相色谱 7890B-FID 建立三内标直接进样法测定白酒中微量成分，此方法可以直接一次进样对白酒中微量成分——醛、醇、酸、酯 43 种物质进行定性定量，其中酯类物质 20 种、酸类物质 9 种、醇类物质 7 种和醛类物质 7 种，能够为解决白酒醛类入口冲、杂醇油上头、高级脂肪酸酯产生浑浊沉淀等技术问题提供数据支持，气相色谱图如图 2 所示。

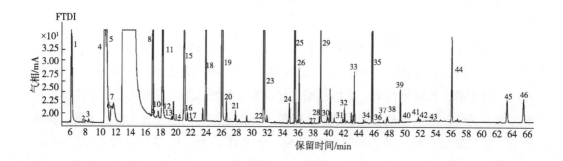

图 2　气相色谱图

Fig. 2　Gas chromatogram

1—乙醛　2—甲酸乙酯　3—异丁醛　4—乙酸乙酯　5—乙缩醛　6—甲醇　7—异戊醛　8—叔戊醇（内标₁）

9—仲丁醇　10—丁酸乙酯　11—正丙醇　12—2-甲基丁酸乙酯　13—3-甲基丁酸乙酯　14—己醛

15—异丁醇　16—乙酸异戊酯　17—戊酸乙酯　18—乙酸正戊酯（内标₂）　19—异戊醇+活性戊醇

20—己酸乙酯　21—正戊醇　22—庚酸乙酯　23—乳酸乙酯　24—辛酸乙酯　25—乙酸　26—糠醛

27—苯甲醛　28—壬酸乙酯　29—丙酸　30—异丁酸　31—丁酸　32—癸酸乙酯　33—丁二酸二乙酯

34—戊酸　35—2-乙基丁酸（内标₃）　36—苯乙酸乙酯　37—己酸　38—十二酸乙酯　39—庚酸

40—β-苯乙醇　41—辛酸　42—十四酸乙酯　43—壬酸　44—棕榈酸乙酯　45—油酸乙酯　46—亚油酸乙酯

此方法白酒样品不需经过任何处理，加入内标溶液可直接进样对白酒中的微量成分进行定性定量分析，避免了样品前处理时引进杂质和成分损失的问题，该方法操作简单、准确度高、可定量成分多。本试验定量特性均良好，一半标准物质的相关系数大于 0.999，且标准曲线的线性范围均涵盖了白酒中待检测物质的浓度范围。

3.2　四种白酒检出挥发性组分数量的比较

本研究采用气相色谱内标法对四种清香型白酒进行了检测分析，四种白酒检出挥发性组分数量的结果如表 1 所示。四种白酒检出挥发性组分的数量，以红星酒最多，有 38 种；宝丰酒检出的组分最少，有 31 种；汾酒、牛栏山均检出 37 种挥发性组分。在四种白酒检出的挥发性组分中酯类物质种类最多，汾酒、红星检出的酯类物质最多，有 18 种；宝丰酒检出的酯类物质最少，有 13 种；四种清香型白酒检出的酯类只有宝丰酒低于了平均值。四种清香白酒中检出的醇类、酸类、醛类物质种类相差不大，平均数量分别约为 7.5 种、6.75 种、5 种，醇类物质种类和酸类物质种类较为接近，且醇类物质种类略大于酸类物质种类。

表1　　　　　　　　　　四种白酒检出挥发性组分数量

Table 1　　The number of volatile components detected in four kinds of liquor　单位：个

成分	汾酒	红星	宝丰	牛栏山	平均值
酯类	18	18	13	17	16.5
醇类	7	8	7	8	7.5
酸类	7	7	6	7	6.75
醛类	5	5	5	5	5
合计	37	38	31	37	35.75

3.3　四种白酒醇、醛、酸、酯类物质分析

酯类化合物在白酒中起着重要作用，表现出较强的气味特征[19]。清香型白酒以乙酸乙酯和乳酸乙酯为主体香[20]。四种白酒酯类物质含量见表2。由表2可知，汾酒、红星、宝丰酒、牛栏山四种酒的乙酸乙酯和乳酸乙酯占香气成分的比例较大，分别为27.83%、28.83%、23.75%、34.11%和25.39%、23.92%、21.67%、18.71%，均是乙酸乙酯>乳酸乙酯。清香型白酒乙酸乙酯和乳酸乙酯的平均含量为28.63%和22.42%，牛栏山乙酸乙酯含量最高（34.11%），汾酒乳酸乙酯含量最高（25.39%），红星乙酸乙酯和乳酸乙酯的含量均接近于平均值。乙酸乙酯呈水果香气，具白酒清香感；乳酸乙酯香弱，味微甜，适量有浓厚感[21]。汾酒、红星、宝丰酒、牛栏山五种酒的总酯占比分别为54.41%、55.20%、46.63%、54.38%，红星的总酯含量最高（55.20%），宝丰酒的总酯含量最低（46.63%），汾酒、牛栏山总酯的含量比较接近。

表2　　　　　　　　　　四种白酒中酯类物质含量

Table 2　　　Content of esters in four kinds of liquor　单位:%

成分	汾酒	红星	宝丰酒	牛栏山	平均值
甲酸乙酯	0.36	0.37	0.49	0.44	0.41
乙酸乙酯	27.83	28.83	23.75	34.11	28.63
丁酸乙酯	0.10	0.25	0.13	0.13	0.15
2-甲基丁酸乙酯	—	—	—	—	—
3-甲基丁酸乙酯	0.08	0.08	0.10	0.13	0.10
乙酸异戊酯	0.04	0.06	0.06	0.07	0.06
戊酸乙酯	0.03	0.05	0.03	0.05	0.04

续表

成分	汾酒	红星	宝丰酒	牛栏山	平均值
己酸乙酯	0.08	0.49	0.11	0.11	0.20
庚酸乙酯	0.02	0.02	0.00	0.00	0.01
乳酸乙酯	25.39	23.92	21.67	18.71	22.42
辛酸乙酯	0.04	0.07	0.02	0.06	0.05
壬酸乙酯	0.06	0.12	0.08	0.07	0.08
癸酸乙酯	0.02	0.04	0.00	0.03	0.02
丁二酸二乙酯	0.09	0.17	0.13	0.08	0.12
苯乙酸乙酯	—	—	—	—	—
十二酸乙酯	0.02	0.25	0.00	0.02	0.07
十四酸乙酯	0.06	0.06	0.06	0.07	0.06
棕榈酸乙酯	0.06	0.19	0.00	0.09	0.09
油酸乙酯	0.04	0.09	0.00	0.09	0.05
亚油酸乙酯	0.08	0.13	0.00	0.13	0.09
合计	54.41	55.20	46.63	54.38	52.66

注："—"表示未检出。

醇类物质是醇甜和助香剂的主要物质来源，也是酯类的前体物质，白酒中的醇类包括一元醇、多元醇和芳香醇[21]。四种白酒中醇类物质含量见表3。从表3可以看出，在所检测的醇类物质中，正丙醇、异丁醇、异戊醇和活性戊醇含量较高，这些高级醇俗称"杂醇油"，宝丰酒中醇类物质所占比重最高（23.02%），汾酒中醇类物质含量最低（14.56%），牛栏山酒中醇类物质含量18.22%最接近平均值18.28%。总体上看四种清香型白酒醇类物质的含量，不同品牌白酒之间的含量相差比较大。清香型四种白酒醇类物质的含量排序为：汾酒<红星<牛栏山<宝丰酒。

表 3 Table 3	四种白酒中醇类物质含量 Content of alcohols in four kinds of liquor				单位:%
成分	汾酒	红星	宝丰酒	牛栏山	平均值
甲醇	1.60	1.50	1.44	1.17	1.43
仲丁醇	0.10	0.43	0.40	0.45	0.34
正丙醇	2.76	4.87	4.14	4.76	4.13
异丁醇	2.50	2.74	4.93	3.08	3.31

续表

成分	汾酒	红星	宝丰酒	牛栏山	平均值
异戊醇+活性戊醇	7.39	7.54	11.88	8.46	8.82
正戊醇	0.21	0.21	0.23	0.24	0.22
β-苯乙醇	0.00	0.03	0.00	0.04	0.02
合计	14.56	17.32	23.02	18.22	18.28

　　白酒中的酸类物质是重要的呈味物质，适量的酸可以增强白酒的口感和后味[22-23]，从表4中可以看出四种白酒中酸类物质含量最高的是乙酸，平均值为18.16%，酸类物质含量平均值为19.66%，乙酸和酸类物质含量最高的均是牛栏山酒20.15%、21.42%，乙酸和酸类物质含量最低的是宝丰酒15.63%、17.59%，且都低于四种白酒的平均值，汾酒和红星酒乙酸和酸类物质含量均较接近，分别为18.63%和18.21%、19.88%和19.77%，乙酸呈乙酸气味，爽口带甜，适量的乙酸能使白酒有爽快感[21]。

表4　　　　　　　　　　　四种白酒中酸类物质含量

Table 4　　　　　　　Content of acids in four kinds of liquor　　　　单位:%

成分	汾酒	红星	宝丰酒	牛栏山	平均值
乙酸	18.63	18.21	15.63	20.15	18.16
丙酸	0.88	1.05	1.37	0.87	1.04
异丁酸	0.06	0.08	0.10	0.06	0.08
丁酸	0.15	0.23	0.17	0.18	0.19
戊酸	—	—	—	—	—
己酸	0.05	0.05	0.09	0.06	0.07
庚酸	0.08	0.10	0.22	0.06	0.11
辛酸	0.03	0.04	0.00	0.03	0.03
壬酸	—	—	—	—	—
合计	19.88	19.77	17.59	21.42	19.66

注:"—"表示未检出。

　　白酒中主要的醛类物质是乙醛和乙缩醛，它们可以平衡和协调白酒香气，也会使白酒产生刺激性和辣感[24]，从表5可以看出，四种白酒醛类物质中乙醛和乙缩醛含量较高，四种白酒中宝丰酒的乙醛含量7.38%和乙缩醛的含量4.42%都是最高的，牛栏山酒乙醛含量3.11%和乙缩醛的含量2.26%都是最低的，汾酒乙缩醛的含量

4.38%,最接近宝丰酒的乙缩醛含量 4.42%。在白酒缩醛类中以乙缩醛的含量最多,乙缩醛在白酒老熟过程中不断增加,它赋予白酒清香柔和感,乙醛和乙缩醛含量的多少及它们的量比关系,直接对白酒香气质量水平产生重大影响[24]。醛类物质含量最高的是宝丰酒 12.76%,含量最低的是牛栏山酒 5.99%。

表 5　　　　　　　　　　　　四种白酒中醛类物质含量
Table 5　　　　　　　Content of aldehydes in four kinds of liquor　　　　单位:%

成分	汾酒	红星	宝丰酒	牛栏山	平均值
乙醛	6.18	4.08	7.38	3.11	5.19
异丁醛	0.14	0.11	0.17	0.12	0.13
乙缩醛	4.38	2.96	4.42	2.26	3.50
异戊醛	0.43	0.45	0.42	0.37	0.42
己醛	—	—	—	—	—
糠醛	0.02	0.11	0.37	0.12	0.16
苯甲醛	—	—	—	—	—
合计	11.15	7.70	12.76	5.99	9.40

注:"—"表示未检出。

3.4　四种白酒总酯、总醇、总酸、总醛相对含量的关系分析

香味成分含量的高低及相互之间的配比关系,会直接影响白酒的质量[25]。四种白酒总酯、总醇、总酸、总醛相对含量的比例关系见表 6。从表 6 可以看出,四种白酒中总醛在总酯、总醇、总酸、总醛中相对含量最低,总酯的相对含量最高,宝丰酒总醇含量明显高于总酸含量为 0.49∶0.38,汾酒、红星、牛栏山都是总醇含量低于总酸含量,它们的醇酸比为 0.27∶0.37、0.31∶0.36、0.34∶0.39,从表 6 可以看出宝丰酒的醇酸比与汾酒、红星、牛栏山的醇酸比有明显的差异。从表 6 可以发现清香型四种白酒酯、醇、酸、醛四者的含量关系为总酯>总酸>总醇>总醛或者总酯>总醇>总酸>总醛。

表 6　　　　　四种白酒总酯、总醇、总酸、总醛相对含量的比例关系
Table 6　　　The ratio of total ester, total alcohol, total acid and total
　　　　　　aldehyde relative contents of four kinds of liquor　　　单位:%

品牌	总酯	总醇	总酸	总醛	总酯∶总醇∶总酸∶总醛
汾酒	54.41	14.56	19.88	11.15	1∶0.27∶0.37∶0.20

续表

品牌	总酯	总醇	总酸	总醛	总酯：总醇：总酸：总醛
红星	55.20	17.32	19.77	7.70	1：0.31：0.36：0.14
宝丰酒	46.63	23.02	17.59	12.76	1：0.49：0.38：0.27
牛栏山	54.38	18.22	21.42	5.99	1：0.34：0.39：0.11
平均值	52.66	18.28	19.66	9.40	1：0.35：0.37：0.18

3.5　热图分析

为了能够更加直观地体现清香型四种白酒间风味成分的差别和特点，对所检测的风味成分进行热图分析。如图 3 所示，清香型四种白酒中物质含量有显著差异，汾酒、红星、宝丰酒、牛栏山的风味成分具有独特性，与其他三种白酒相比，红星酒中含量偏高的风味成分较多，从低沸点成分乙酸乙酯、异戊醛、正丙醇等到沸点较高的长链脂肪酸酯壬酸乙酯、十二酸乙酯、油酸乙酯、亚油酸乙酯和棕榈酸乙酯等含量都

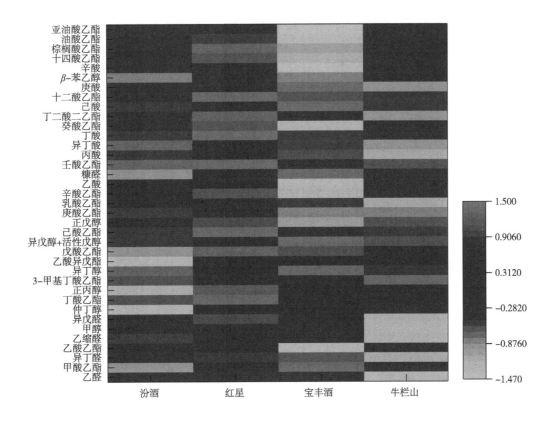

图 3　清香型四种白酒中挥发性化合物的热图分析

Fig. 3　Heat map of volatile compounds in four kinds of Qingxiangxing Baijiu

相对较高,油酸乙酯、亚油酸乙酯和棕榈酸乙酯是引起中国白酒降度浑浊的主要化合物[24]。汾酒中乙醛、乙缩醛、乙酸、庚酸乙酯、乳酸乙酯等含量相对较高,宝丰酒中乙醛、甲酸乙酯、异丁醛、异丁醇、异戊醇、活性戊醇、糠醛、庚酸等相对含量较高,牛栏山酒中乙酸乙酯、乙酸异戊酯、3-甲基丁酸乙酯等含量相对较高。

4 结论

本研究应用气相色谱 FID 三内标直接进样法定性定量测定清香型四种白酒中的 43 种挥发性风味成分,并对其进行对比分析。结果表明:四种白酒检出挥发性组分的数量红星最多,38 种;宝丰酒检出的组分最少,31 种;汾酒、牛栏山均检出 37 种挥发性组分。汾酒、红星检出的酯类物质最多有 18 种,宝丰酒检出的酯类物质最少有 13 种,四种清香型白酒中检出的醇类、酸类、醛类物质种类相差不大。清香型四种酒的乙酸乙酯和乳酸乙酯占香气成分的比例较大,牛栏山乙酸乙酯百分含量最高 34.11%,汾酒乳酸乙酯百分含量最高 25.39%,红星乙酸乙酯和乳酸乙酯的百分含量均接近于平均值。清香型四种白酒酯类物质的含量排序为:红星>汾酒>牛栏山>宝丰酒。在所检测的醇类物质中,正丙醇、异丁醇、异戊醇和活性戊醇含量较高,清香型四种白酒醇类物质的含量排序为:汾酒<红星<牛栏山<宝丰酒。清香型四种白酒中酸类物质含量最高的是乙酸,乙酸和酸类物质含量最高的均是牛栏山,含量最低的是宝丰酒。清香型四种白酒醛类物质中乙醛和乙缩醛含量较高,四种白酒中宝丰酒的乙醛和乙缩醛的含量都是最高的,牛栏山乙醛和乙缩醛的含量都是最低的,汾酒乙缩醛的含量最接近宝丰酒乙缩醛的含量,醛类物质含量最高的是宝丰酒 12.76%,含量最低的是牛栏山 5.99%。清香型四种白酒中总醛在总酯、总醇、总酸、总醛中相对含量最低,总酯的相对含量最高,四者的含量关系为总酯>总酸>总醇>总醛或者总酯>总醇>总酸>总醛。

通过热图分析可以看出清香型四种白酒中物质含量有显著差异,具有独特性,与其他三种白酒相比红星酒中含量偏高的风味成分较多,从低沸点成分乙酸乙酯、异戊醛、正丙醇等到沸点较高的长链脂肪酸酯壬酸乙酯、十二酸乙酯、油酸乙酯、亚油酸乙酯和棕榈酸乙酯等含量都相对较高。汾酒中乙醛、乙缩醛、乙酸、庚酸乙酯、乳酸乙酯等含量相对较高,宝丰酒中乙醛、甲酸乙酯、异丁醛、异丁醇、异戊醇、活性戊醇、糠醛、庚酸等相对含量较高,牛栏山酒中乙酸乙酯、乙酸异戊酯、3-甲基丁酸乙酯等含量相对较高。

参考文献

[1] 沈才洪,应鸿,张宿义,等.中国白酒香型的发展 [J].酿酒,2004

（06）：3-4.

［2］李维青．淡化白酒香型的一点遐思——读"白酒的香型与特点"一文有感［J］．酿酒，2012，39（2）：3-13.

［3］李家民．中国白酒"精、气、神"——白酒鉴评中的"五官九觉"［J］．酿酒，2014，41（4）：3-9.

［4］张治刚，张彪，赵书民，等．中国白酒香型演变及发展趋势［J］．中国酿造，2018，37（2）：15-18.

［5］沈正祥，韩建书．清香型白酒的特点优势及发展趋势［J］．酿酒，1997，（1）：7-9.

［6］陆寿鹏．白酒工艺学［M］．北京：中国轻工业出版社，1994.

［7］康明官．清香型白酒生产技术［M］．北京：化学工业出版社，2005.

［8］曹静，余有贵，曹智华，等．中国馥合香型白酒研究进展［J］．食品与机械，2017，33（7）：200-204.

［9］魏志阳，李秋志，邢爽，等．HPLC法同时测定清香类酒醅中主要酸和酯类物质［J］．中国酿造，2018，37（8）：167-171.

［10］王海燕．PCR-DGGE技术对清香型汾酒微生物群落结构演变规律的研究［D］．无锡：江南大学，2014.

［11］范文来，徐岩．清香类型原酒共性与个性成分［J］．酿酒，2012，39（2）：14-22.

［12］徐岩，范文来，吴群．清香类型原酒共性与个性成分分析及形成机理研究［J］．酿酒，2012，39（1）：107-112.

［13］Gao W J, Fan W L, Xu Y. Characterization of the key odorants in light aroma type chinese liquor by gas chromatography-olfactometry, quantitative measurements, aroma recombination, and omission studies［J］. Journal of Agricultural and Food Chemistry, 2014, 62（25）：5796-5804.

［14］魏志阳，李秋志，邢爽．HPLC法同时测定清香类酒醅中主要酸和酯类物质［J］．中国酿造，2018，37（8）：17-171.

［15］王雪山．不同环境清香类型白酒发酵微生物种群结构比较及溯源解析［D］．无锡：江南大学，2018.

［16］杨平．基于微纳米材料光学响应构建交叉传感阵列对白酒识别研究［D］．重庆：重庆大学，2020.

［17］李颖星．清香型白酒香气成分研究［D］．太原：山西大学，2020.

［18］张卜升，袁丛丛，李汶轩．浓香、酱香、清香型白酒挥发性风味的特征与差异研究［J］．食品安全质量检测学报，2022，13（24）：8058-8067.

［19］Huang Z J, Zeng Y H, Liu W H, et al. Effects of metals released in strong-flavor Baijiu on the evolution of aroma compounds during storage ［J］. Food Science & Nutrition, 2020, 8 (4): 1904-1913.

［20］王震, 叶宏, 朱婷婷, 等. 清香型白酒风味成分的研究进展 ［J］. 食品科学, 2022, 43 (7): 232-244.

［21］沈怡方. 白酒生产技术全书 ［M］. 北京: 中国轻工业出版社, 1998.

［22］刘丽丽, 杨辉, 荆雄, 等. 不同贮酒容器对凤香型白酒风味物质的影响 ［J］. 食品科学, 2022, 043 (016): 285-293.

［23］李艳敏, 张立严, 魏金旺, 等. 牛栏山二锅头蒸馏过程中骨架成分变化规律研究 ［J］. 中国酿造, 2021, 40 (3): 155-161.

［24］范文来, 徐岩. 酒类风味化学 ［M］. 北京: 中国轻工业出版社, 2020.

［25］王忠彦, 尹昌树. 白酒色谱骨架成分的含量及比例关系对香型和质量的影响 ［J］. 酿酒科技, 2000 (06): 93-96.

红星兼香型白酒挥发性风味成分分析

陈思佳，杜艳红，谭昊，聂建光，李婷婷，李晓，贾春琪，瞿红宇

（北京红星股份有限公司，北京 101400）

摘 要：为研究红星兼香型白酒的主要风味物质，利用顶空固相微萃取技术，结合气相色谱-质谱联用仪，剖析红星兼香型白酒与清香型白酒、浓香型白酒、酱香型白酒风味组分，共鉴定出 138 种香气物质，红星兼香型白酒包含 116 种，化合物种类的丰富程度高于其他 3 种香型白酒。利用相对气味活度（ROAV 法）评价 4 种不同香型白酒的主体风味。通过 GC-O 技术从红星兼香型白酒中嗅闻到 35 种香气活性物质，按照香气强度值的大小，得出对红星兼香型白酒香气有重要贡献的化合物有己酸乙酯、己酸、苯乙酸乙酯、苯丙酸乙酯、异戊酸、丁酸乙酯、异戊酸乙酯、3-己烯酸乙酯、乙基糠基醚、庚酸丙酯、戊酸乙酯和乳酸乙酯。本研究为进一步探索红星兼香型白酒的风味特征及产品特色提供了理论依据。

关键词：兼香型，红星白酒，风味物质

Characterization of volatile compounds of Red Star Jianxiangxing Baijiu

CHEN Sijia, DU Yanhong, TAN Hao, NIE Jianguang,

LI Tingting, LI Xiao, JIA Chunqi, QU Hongyu

（Beijing Red Star Co. Ltd. , Beijing 101400, China）

Abstract：In order to study the main flavor substances of Red Star Jianxiangxing Baijiu, the flavor components of Red Star Jianxiangxing Baijiu, Nongxiangxing Baijiu, Qingxiangxing Baijiu and Jiangxiangxing Baijiu were subjected by headspace solid-phase microextraction

作者简介：陈思佳（1995—），女，工程师，硕士研究生，研究方向为白酒风味化学；邮箱：csj@ redstar-wine.com；联系电话：15810255905。

通信作者：杜艳红（1975—），女，正高级工程师，硕士研究生，研究方向为白酒生产工艺和风味化学；邮箱：dyh@redstarwine.com；联系电话：13520763342。

technology, combined with gas chromatography-mass spectrometry. A total of 138 kinds of aroma substances were identified, of which 116 were included in Red Star Jianxiangxing Baijiu. The richness of the compound types was higher than that of the other three kinds of Baijiu. The relative odor activity value(ROAV) was used to evaluate the main flavor of four kinds of Baijiu. Through GC-O technology, 35 kinds of aroma active substances were smelled from Red Star Jianxiangxing Baijiu. According to the value of aroma intensity, the compounds that made important contributions to the aroma of Red Star Jianxiangxing Baijiu were ethyl hexanoate, hexanoic acid, ethyl phenylacetate, ethyl 3-phenylpropionate, isovaleric acid, ethyl butyrate, ethyl isovalerate, ethyl 3-hexenoate, ethyl furfuryl ether, propyl heptanoate, ethyl valerate and ethyl lactate. This research has provided a theoretical basis for further exploration of the flavor components and product characteristics of Red Star Jianxiangxing Baijiu.

Key words：Jianxiangxing, Red Star Baijiu, Flavor substances

1　前言

白酒作为世界最著名的六大蒸馏酒之一，是中国本土最受欢迎的传统蒸馏酒，其酿造技艺可追溯到元朝时期[1]。中国白酒种类繁多，市场上不同香型的白酒依靠各自的风格和特点，皆受到广大消费者的欢迎，不同香型白酒风格差异关键在于其香味成分的差异[2-3]。

近些年来，气相色谱-质谱联用（GC-MS）、高效液相色谱-质谱联用（HPLC-MS）等先进分析仪器广泛应用于白酒中香气化合物的定性和定量，其中气质联用技术已经成为检测白酒中挥发性香气成分的主要技术手段[4-5]。为了鉴定特征香气成分，气相色谱-闻香法（GC-O）应运而生，GC-O是一种将气相色谱-质谱仪器的分析能力和人的鼻子所具有的敏感嗅觉相结合的研究方法，目前已广泛应用于饮料酒成分和水果风味等多方面的研究[6-8]。

本研究应用顶空固相微萃取-气相色谱质谱联用法（HS-SPME-GC-MS）对红星兼香型白酒和其他3种香型白酒中挥发性成分进行鉴定，并结合GC-O技术对风味物质的香气贡献进行剖析，以比较红星兼香型白酒与其他香型白酒在挥发性化合物种类和含量上的差异，并确定红星兼香型白酒重要的香气活性物质。

2　材料与方法

2.1　材料与试剂

兼香型白酒（以下简称JG，酒精度53%vol）由北京红星股份有限公司提供；清香型白酒（以下简称 QH，酒精度 53% vol）、浓香型白酒（以下简称 WL，酒精度 52% vol）和酱香型白酒（以下简称 FT，酒精度 53% vol）均从市场采购。

氯化钠（分析纯，上海国药化学试剂有限公司）；乙醇（99.9%，北京百灵威科技有限公司）；定性用标准品和内标物（纯度均大于 98.0%，上海安谱实验科技股份有限公司或上海麦克林生化科技有限公司）；C7～C30 饱和烷烃标准品（Supelco，美国）。

2.2　仪器与设备

JJ323BC 型电子天平（常熟市双杰测试仪器厂）；DVB/CAR/PDMS 固相微萃取三相头（50/30μm×1cm，Supelco，美国）；8890-7010B GC-MS 联用仪、DB-FFAP 色谱柱（60m×0.25mm×0.25μm，Aeilent 美国）、DB-WAX UI 色谱柱（30m×0.25m×0.5μm，Aeilent 美国）、20mL 顶空进样瓶（Agilent，美国）；sniffer 9100 系统（brechbühler，瑞士）；Synergy 超纯水机（Millipore，美国）。

2.3　方法

2.3.1　HS-SPME 条件

取酒样 1.5mL 于 20mL 顶空瓶中，加入 6.5mL 超纯水，并加氯化钠饱和，混合均匀后进行分析。条件如下：50/30μm DVB/CAR/PDMS 萃取头，样品在 50℃条件下平衡 5min 后，将 SPME 纤维头插入顶空瓶中样品上方，在 50℃ 萃取 40min（250r/min），萃取结束后，萃取头插入进样口中，于 250℃脱附 5min；萃取前后均于 270℃老化 15min。

2.3.2　GC-MS 条件

GC 条件：DB-FFAP 毛细管色谱柱（60m×0.25mm×0.25μm）；升温程序：初始温度 40℃，以 2℃/min 升到 160℃，再以 10℃/min 升到 230℃，保持 15min；载气（He）流速 1.5mL/min，进样口温度 250℃，不分流进样。

MS 条件：电子电离源，能量 70eV；离子源温度 230℃；四极杆温度 150℃；辅助通道加热温度 250℃；全扫描模式，质量扫描范围 m/z 35～450。

2.3.3　定性、定量分析

定性方法：化合物通过 NIST.L 20 谱库检索进行初步鉴定，再通过计算化合物的保留指数（Retention Index，RI），与文献保留指数比对，以及标准品比对，进一步对该化合物进行定性分析。

定量方法：将 4-辛醇作为内标物，以待测物与内标物的峰面积比计算各化合物的相对含量。

2.3.4 主体风味成分评价方法

采用相对气味活度值（Relative Odor Activity Value，ROAV）法[9]，定义对样品风味贡献最大的组分 $ROAV_{stan} = 100$，对其他挥发性成分按式（1）计算：

$$ROAV_i \approx \frac{C_{ri}}{C_{rstan}} \times \frac{T_{stan}}{T_i} \times 100 \tag{1}$$

式中　C_{ri}、T_i——各挥发性组分的相对含量（μg/L）和相对应的感觉阈值

　　　C_{rstan}、T_{stan}——分别是对样品总体风味贡献最大的组分的相对含量（μg/L）和相对应的感觉阈值

2.3.5 GC-O 分析

对色谱流出成分在毛细管末端以 1：1 的分流比流入嗅闻仪，嗅闻系统传输线温度 250℃，加湿器流速 100mL/min。闻香小组由 4 人组成（均经过专业品酒训练，有一定品评经验，含 2 名国家级品酒师），采用时间-强度法（OSME 法）[10]，香气强度分别记为 1~5 个等级，每人闻香 3 次。每个化合物的香气强度值为闻香结果的平均值。"1"表示该化合物香气微弱，"5"表示该化合物香气非常强。闻香时记录香气的保留时间、香气强度以及香气描述。

2.3.6 数据分析

采用 WPS Office Excel 进行原始数据处理，Origin 2022 进行聚类分析和绘图。

3　结果与分析

3.1　酒体挥发性成分分析

根据前述方法对酒样中挥发性风味成分进行测定分析，从 4 种白酒样品中共鉴定出 138 种化合物（表 1），其中包括酯类 65 种，醇类 12 种，酸类 9 种，醛酮类 15 种，芳香类 11 种，酚类 4 种，内酯类 1 种，缩醛类 6 种，呋喃类 10 种，含硫化合物 2 种，含氮化合物 1 种和萜烯类 2 种。

表 1　　　　　　　　　　四种酒样挥发性风味化合物检出结果

Table 1　　　　　　　　Results of flavor compounds of four kinds of Baijiu

序号	化合物名称	CAS 号	RI_{FFAP}	RIL	鉴定方式	相对质量浓度/（mg/L）			
						JG	QH	WL	FT
					酯类				
1	乙酸乙酯	141-78-6	893		MS、S	1579.939	1595.869	1194.230	2749.747
2	丙酸乙酯	105-37-3	956		MS、S	0.275	0.049	0.162	1.284

续表

序号	化合物名称	CAS 号	RI_FFAP	RIL	鉴定方式	相对质量浓度/（mg/L）			
						JG	QH	WL	FT
3	异丁酸乙酯	97-62-1	964		MS、S	0.724	0.102	0.371	2.743
4	乙酸丙酯	109-60-4	976	960	MS、RI、S	0.029	0.023	—	0.418
5	乙酸异丁酯	110-19-0	1013	1014	MS、RI、S	0.072	0.120	0.039	0.225
6	丁酸乙酯	105-54-4	1034		MS、S	161.685	2.391	179.308	38.300
7	2-甲基丁酸乙酯	7452-79-1	1048		MS、S	0.859	0.107	0.404	3.523
8	异戊酸乙酯	108-64-5	1064		MS、S	2.846	0.149	1.007	2.063
9	乙酸丁酯	123-86-4	1069	1067	MS、RI、S	—	0.007	0.794	0.167
10	2-甲基丁基乙酸酯	624-41-9	1119		MS、S	0.173	0.204	—	0.250
11	乙酸异戊酯	123-92-2	1121		MS、S	1.982	2.179	3.969	—
12	戊酸乙酯	539-82-2	1134		MS、S	19.189	—	189.843	8.110
13	异戊酸丙酯	557-00-6	1146	1145	MS、RI	—	—	—	0.061
14	己酸甲酯	106-70-7	1185		MS	0.142	—	0.114	—
15	异己酸乙酯	25415-67-2	1187		MS、S	0.190	0.007	0.152	0.512
16	丁酸丁酯	109-21-7	1206	1210	MS、RI	—	—	—	0.100
17	戊酸丙酯	141-06-0	1209	1233	MS、RI	—	—	—	0.034
18	己酸乙酯	123-66-0	1239		MS、S	1493.105	4.022	2764.777	12.679
19	丁酸异戊酯	106-27-4	1266	1257	MS、RI	1.126	—	1.047	0.218
20	乙酸己酯	142-92-7	1279	1261	MS、RI、S	0.279	0.062	2.622	0.063
21	异戊酸异戊酯	659-70-1	1306	1293	MS、RI	0.030		0.033	—
22	2-乙基己酸乙酯	2983-37-1	1302		MS	0.220	—	—	—
23	3-己烯酸乙酯	2396-83-0	1307	1290	MS、RI、S	0.126	0.010	0.180	0.133
24	环戊烷甲酸乙酯	5453-85-0	1310		MS	0.020	—	—	—
25	戊酸丁酯	591-68-4	1314	1304	MS、RI	0.137	—	2.672	0.037
26	己酸丙酯	626-77-7	1320	1309	MS、RI	6.149	—	17.315	0.421
27	庚酸乙酯	106-30-9	1335	1325	MS、RI、S	12.037	—	95.021	—
28	2-己烯酸乙酯	1552-67-6	1352		MS	1.675	—	—	—
29	乳酸乙酯	97-64-3	1346	1345	MS、RI、S	989.735	1603.079	718.243	1982.418
30	己酸异丁酯	105-79-3	1356		MS、S	4.524	—	2.836	—
31	戊酸异戊酯	2050-09-1	1370	1339	MS、RI	0.457	—	1.789	—

续表

序号	化合物名称	CAS 号	RI_FFAP	RIL	鉴定方式	相对质量浓度/(mg/L)			
						JG	QH	WL	FT
32	乙酸庚酯	112-06-1	1380	1385	MS、RI	—	—	0.279	—
33	(E)-4-庚烯酸乙酯	54340-70-4	1378	1371	MS、RI	0.065	0.010	—	—
34	己酸丁酯	626-82-4	1412		MS、S	3.797	—	19.865	0.106
35	丁酸己酯	2639-63-6	1414	1400	MS、RI	1.047		1.670	0.051
36	庚酸丙酯	7778-87-2	1423		MS	0.227		—	—
37	辛酸乙酯	106-32-1	1438		MS、S	7.847	5.089	47.678	1.613
38	3-甲基丁酸己酯	10032-13-0	1454	1430	MS、RI	0.056	—	0.531	—
39	己酸异戊酯	2198-61-0	1464		MS、S	14.342	0.175	9.850	0.480
40	乙酸辛酯	112-14-1	1478	1477	MS、RI、S	0.078	0.049	0.133	—
41	7-辛烯酸乙酯	35194-38-8	1486	1486	MS、RI	0.072	0.064	0.161	0.040
42	4-甲基辛酸乙酯	54831-51-5	1494		MS	0.197	—	—	0.652
43	己酸戊酯	540-07-8	1518	1498	MS、RI	1.122	—	9.000	—
44	丁酸庚酯	5870-93-9	1520	1522	MS、RI	0.070	—	0.286	—
45	辛酸丙酯	624-13-5	1518	1512	MS、RI	0.313	—	0.734	0.065
46	壬酸乙酯	123-29-5	1536	1526	MS、RI、S	6.743	2.834	3.021	3.595
47	DL-白氨酸乙酯	10348-47-7	1545		MS、S	0.853	0.367	0.452	0.899
48	辛酸异丁酯	5461-06-3	1555	1550	MS、RI	0.064	—	0.030	—
49	反式-2-辛烯酸乙酯	7367-82-0	1553	1540	MS、RI、S	0.157	0.154	0.082	0.057
50	庚酸-3-甲基丁酯	109-25-1	1560		MS	0.606	—	0.515	—
51	己酸己酯	6378-65-0	1610		MS	5.682	—	13.073	0.069
52	辛酸丁酯	589-75-3	1621	1619	MS、RI	0.027	—	1.853	—
53	癸酸乙酯	110-38-3	1639	1631	MS、RI、S	1.853	2.531	0.850	—
54	辛酸异戊酯	2035-99-6	1659	1670	MS、RI、S	0.348	0.073	0.134	—
55	4-癸烯酸乙酯	76649-16-6	1664	1672	MS、RI	0.245	0.101	0.028	1.609
56	丁二酸二乙酯	123-25-1	1681		MS、S	4.798	19.935	—	2.267
57	十一酸乙酯	627-90-7	1691	1732	MS、RI	0.118	—	0.039	0.182
58	辛酸己酯	1117-55-1	1809	1796	MS、RI	0.042	—	0.116	—

续表

序号	化合物名称	CAS 号	RI$_{FFAP}$	RIL	鉴定方式	相对质量浓度/（mg/L）			
						JG	QH	WL	FT
59	月桂酸乙酯	106-33-2	1843		MS、S	2.508	2.788	0.823	1.575
60	十四酸乙酯	124-06-1	2053		MS、S	1.256	0.106	0.045	0.302
61	十五酸乙酯	41114-00-5	2155	2107	MS、RI、S	0.031	0.006	0.002	0.028
62	棕榈酸乙酯	628-97-7	2256	2259	MS、RI、S	7.700	1.279	9.588	23.221
63	9-十六烯酸乙酯	54546-22-4	2284	2267	MS、RI	0.030	0.014	0.002	0.026
64	油酸乙酯	111-62-6	2486	2435	MS、RI、S	1.412	—	4.708	8.056
65	亚油酸乙酯	544-35-4	2536	2515	MS、RI、S	2.223	—	11.689	16.652
内酯类									
1	丙位壬内酯	104-61-0	2041	2018	MS、RI	0.007	—	—	0.011
醇类									
1	仲丁醇	78-92-2	1023		MS、S	17.512	2.742	40.039	25.589
2	3-甲基-2-丁醇	598-75-4	1124	1118	MS、RI	0.131	—	0.844	—
3	2-甲基丁醇	137-32-6	1212		MS、S	93.014	87.761	71.169	109.408
4	异戊醇	123-51-3	1214	1207	MS、RI、S	306.286	314.455	222.129	298.387
5	己醇	111-27-3	1355	1361	MS、RI、S	11.012	2.092	140.011	7.736
6	3-辛醇	589-98-0	1392	1400	MS、RI	—	—	—	0.169
7	2-辛醇	123-96-6	1419	1396	MS、RI	0.068	—	—	0.036
8	庚醇	111-70-6	1457	1459	MS、RI、S	0.211	0.044	0.858	0.148
9	2-壬醇	628-99-9	1518	1489	MS、RI、S	—	0.122	—	0.202
10	辛醇	111-87-5	1558	1556	MS、RI、S	0.204	0.213	0.602	0.401
11	1-壬醇	143-08-8	1660	1653	MS、RI、S	0.356	0.448	0.123	0.676
12	1-癸醇	112-30-1	1762	1752	MS、RI、S	0.121	0.059	—	0.075
酸类									
1	乙酸	64-19-7	1459	1452	MS、RI、S	1005.306	947.200	672.581	1959.471
2	异丁酸	79-31-2	1572	1552	MS、RI、S	1.896	0.621	2.718	8.243
3	丁酸	107-92-6	1632	1626	MS、RI、S	67.590	2.435	63.162	24.801
4	异戊酸	503-74-2	1673	1667	MS、RI、S	5.927	0.806	8.012	19.376

续表

序号	化合物名称	CAS 号	RI$_{FFAP}$	RIL	鉴定方式	相对质量浓度/（mg/L）			
						JG	QH	WL	FT
5	己酸	142-62-1	1848		MS、S	560.090	2.202	405.675	8.553
6	庚酸	111-14-8	1963	1949	MS、RI、S	5.976	—	17.450	—
7	辛酸	124-07-2	2067		MS、S	1.565	—	2.355	—
8	壬酸	112-05-0	2179	2169	MS、RI	0.019	—	0.020	0.006
9	癸酸	334-48-5	2277		MS、S	0.101	0.025	0.009	0.013
醛酮类									
1	异丁醛	78-84-2	816	819	MS、RI、S	—	—	8.827	13.840
2	丙酮	67-64-1	820		MS、S	18.717	—	92.651	46.228
3	异戊醛	590-86-3	917		MS、S	7.780	6.206	57.751	46.956
4	2-戊酮	107-87-9	976		MS、S	2.939	—	16.680	5.441
5	己醛	66-25-1	1078	1079	MS、RI、S	0.074	0.033	0.099	0.494
6	2-庚酮	110-43-0	1179	1183	MS、RI、S	0.055	0.012	0.022	0.077
7	2-辛酮	111-13-7	1291	1268	MS、RI	0.210	—	—	0.065
8	4-壬酮	4485-09-0	1316		MS	—	—	—	0.273
9	2-壬酮	821-55-6	1389	1372	MS、RI、S	1.835	0.005	1.357	0.544
10	壬醛	124-19-6	1394	1385	MS、RI、S	0.241	0.169	0.607	0.104
11	反-2-辛烯醛	2548-87-0	1435	1412	MS、RI	0.013	—	0.101	—
12	2-癸酮	693-54-9	1497		MS	0.344	—	—	—
13	4-十一酮	14476-37-0	1531		MS	0.135	—	0.380	1.480
14	2-十一酮	112-12-9	1597	1579	MS、RI、S	0.577	0.049	0.368	0.953
15	2-十三酮	593-08-8	1806	1793	MS、RI	0.047	—	—	0.205
缩醛类									
1	乙缩醛	105-57-7	901		MS、S	381.373	114.023	97.616	433.246
2	异丁醛二乙基乙缩醛	1741-41-9	978	970	MS、RI、S	—	0.017	—	0.275
3	戊醛二乙基缩醛	3658-79-5	1070	1096	MS、RI	0.451	0.015	—	0.938
4	3-甲基丁醛缩二乙醇	3842-03-3	1074	1062	MS、RI	0.034	0.088	0.110	1.367
5	1-（1-乙氧基乙氧基）戊烷	13442-89-2	1107	1104	MS、RI	—	0.008	—	0.021
6	壬醛二乙缩醛	54815-13-3	1532	1498	MS、RI	—	—	0.510	—

续表

序号	化合物名称	CAS 号	RI$_{FFAP}$	RIL	鉴定方式	相对质量浓度/(mg/L)			
						JG	QH	WL	FT
芳香类									
1	苯甲醛	100-52-7	1526		MS、S	0.459	0.031	0.363	1.383
2	苯乙酮	98-86-2	1653	1668	MS、RI	0.017	—	—	0.059
3	苯甲酸乙酯	93-89-0	1669		MS、S	0.552	0.363	0.296	0.776
4	(2,2-二乙氧基乙基)-苯	6314-97-2	1718	1690	MS、RI、S	0.149	0.122	0.210	0.095
5	苯乙酸乙酯	101-97-3	1789		MS、S	1.652	—	—	8.561
6	乙酸苯乙酯	103-45-7	1819	1820	MS、RI、S	0.183	0.219	0.078	0.175
7	苯丙酸乙酯	2021-28-5	1887	1876	MS、RI、S	1.148	0.154	1.202	0.336
8	β-苯乙醇	60-12-8	1920	1920	MS、RI、S	0.229	0.067	0.030	0.427
9	丁酸苯乙酯	103-52-6	1977		MS	0.054	—	—	—
10	β-乙基苯乙醇	2035-94-1	1990	1982	MS、RI	—	—	—	0.011
11	己酸-2-苯乙酯	6290-37-5	2179	2160	MS、RI	0.078	—	0.020	
酚类									
1	4-甲基愈创木酚	93-51-6	1971	1956	MS、RI、S	—	0.007	—	—
2	苯酚	108-95-2	2017	2005	MS、RI	0.002	—	0.006	0.002
3	4-甲基苯酚	106-44-5	2093	2080	MS、RI	0.006	—	0.054	
4	4-乙基苯酚	123-07-9	2188	2185	MS、RI	0.006	—	—	0.005
呋喃类									
1	2-正丁基呋喃	4466-24-4	1127	1140	MS、RI、S	—	0.001	0.003	—
2	2-戊基呋喃	3777-69-3	1229	1244	MS、RI、S	0.018	0.207	0.018	
3	乙基糠基醚	6270-56-0	1295	1288	MS、RI、S	0.300	0.007	0.541	3.072
4	糠醛	98-01-1	1472	1470	MS、RI、S	23.018	2.999	27.095	228.604
5	5-甲基呋喃醛	620-02-0	1580	1582	MS、RI	0.024	—	—	0.077
6	2-(呋喃-2-基甲基)呋喃	1197-40-6	1612	1637	MS、RI	—	—	—	0.042
7	5-甲基-2-乙酰基呋喃	1193-79-9	1620	1653	MS、RI	—	—	—	0.059
8	2-糠酸乙酯	614-99-3	1627	1611	MS、RI	0.142	—	—	0.310
9	丁酸糠酯	623-21-2	1676	1649	MS、RI	0.002	—	0.138	—
10	己酸糠酯	39252-02-3	1871	1857	MS、RI	—	—	0.385	—

续表

序号	化合物名称	CAS 号	RI$_{FFAP}$	RIL	鉴定方式	相对质量浓度/(mg/L)			
						JG	QH	WL	FT
含氮化合物									
1	四甲基吡嗪	1124-11-4	1473	1460	MS、RI	0.2	—	—	4.92
含硫化合物									
1	二甲基二硫	624-92-0	1066	1078	MS、RI、S	—	0.021	0.497	6.269
2	二甲基三硫	3658-80-8	1374		MS、S	—	0.021	0.157	0.154
萜烯类									
1	β-环柠檬醛	432-25-7	1617	1598	MS、RI、S	—	0.014	—	0.000
2	喇叭茶醇	5986-49-2	1925	1970	MS、RI	0.020	0.027	—	—

注:(1)RI$_{FFAP}$表示化合物在极性柱 FFAP 上的保留指数计算值;RIL 表示文献中报道的保留指数;MS 表示成分通过 NIST. L 20 质谱库定性;RI 表示成分通过和文献的保留指数比对定性;S 表示标准品比对。

(2)—表示未检出。

(3)表中数据为平均值(n=3)。

由表 1 可知,鉴定出的 138 种化合物中,红星兼香型白酒包含 116 种,清香型白酒 74 种,浓香型白酒 101 种,酱香型白酒 101 种。比较可知,兼香型白酒的风味化合物种类更加丰富,这可能与多种因素有关,红星兼香型白酒 JG 为"浓、清、酱"三香融合的兼香酒体,且应用陈年调味酒进行酒体设计,丰富了风味化合物的多样性;近年来通对白酒发酵过程中微生物多样性的研究发现,浓香型和酱香型白酒酒醅中微生物的种类和数量明显比清香型白酒酒醅丰富,影响了不同香型白酒风味化合物的丰富度[11]。

4 种香型白酒中每类化合物含量所占百分比如图 1 所示,由图 1 可以看出在 4 种白酒样品中含量占比最高的均为酯类化合物,其中浓香型 WL 的酯类化合物占比最高。其次是酸类化合物和醇类化合物,兼香型白酒 JG 和酱香型白酒 FT 的缩醛类化合物含量占比也较高,主要是乙缩醛的含量较高。研究发现随着贮存时间的延

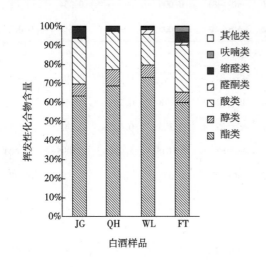

图 1　四种白酒样品中各类挥发性化合物含量占比

Fig. 1　Proportion of volatile compounds of four kinds of Baijiu samples

长，乙醛可以和乙醇缩合成乙缩醛[12]。酱香型白酒和兼香型白酒的缩醛类物质含量较高可能与基酒的贮存期长有关，一般来说酱香型基酒要经过不少于三年时间贮存成熟才能用于勾调。

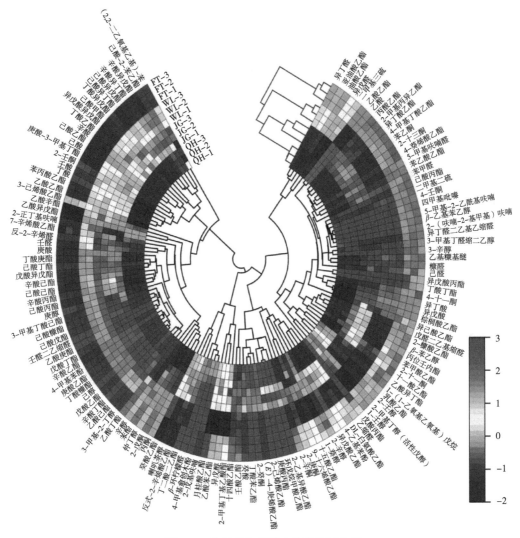

图 2　四种香型白酒风味物质热图分析

Fig. 2　Thermographic analysis of flavor substances of four kinds of Baijiu

根据检出的挥发性风味成分含量进行热图分析（图2），热图更能够直观地显示各酒样挥发性风味化合物种类和含量的差异。由图2可知，4种不同香型白酒的风味物质构成差异明显，尤其是酱香型白酒 FT 与其他3种香型白酒的物质组成差别最大。由层次聚类分析结果可知，当样品被归为4类时，4种香型能够被区分出来，说明不同香型间微量化合物的构成存在十分明显的差异。由树状图和热图可知，红星兼香型白酒 JG 与清香型白酒 QH 在化合物种类和含量上有所相似，其次是与浓香型白酒 WL 相似。

3.2 主要风味物质分析

由于挥发性化合物相对含量与风味特征并没有直接的关系，其对总体风味的贡献由挥发性组分在风味体系中的浓度和感觉阈值共同决定[13]。因此，为进一步确定四种香型白酒的主体风味成分，结合挥发性成分的相对含量和感觉阈值，其中己酸乙酯在红星兼香型白酒中的相对含量较高且其阈值较小，为 55.33μg/L，综合分析其对兼香型白酒 JG 的总体风味贡献最大。在四种香型白酒中风味贡献最大的香气物质有所差异，浓香型白酒 WL 同样是己酸乙酯，而清香型白酒 QH 是辛酸乙酯，酱香型白酒 FT 是异戊醛。为分析四种白酒的主体风味成分构成，分别定义风味贡献最大的香气组分 $ROAV_{stan}=100$，其他挥发性风味化合物的 ROAV 可由"2.3.4 主体风味成评价方法"中式（1）计算得到，表 2 为四种白酒中 ROAV≥0.1 的挥发性风味成分。显然，所有组分均满足 0≤ROAV≤100，且 ROAV 越大的组分对样品总体风味的贡献也越大。一般认为，当 ROAV 不小于 1 的物质为所分析样品的主体风味成分，但 ROAV 不小于 0.1 且不大于 1 的物质对样品总体风味也有比较重要的影响。

表 2　四种不同香型白酒主要挥发性成分的阈值和相对气味活度值

Table 2　Threshold value and relative odor activity value of main volatile components of four different kinds of Baijiu

序号	化合物名称	阈值/(μg/L)	相对气味活度值			
			JG	QH	WL	FT
1	己酸乙酯	55.33	100.00	18.38	100.00	8.06
2	丁酸乙酯	81.5	7.35	7.42	4.40	16.52
3	戊酸乙酯	26.78	2.66	<0.01	14.19	10.65
4	辛酸乙酯	12.87	2.26	100.00	7.41	4.41
5	异戊醛	16.51	1.75	95.06	7.00	100.00
6	异戊酸乙酯	6.89	1.53	5.47	0.29	10.53
7	己酸	2517.16	0.82	0.22	0.32	0.12
8	乙缩醛	2090	0.68	13.80	0.09	7.29
9	丁酸	964.64	0.26	0.64	0.13	0.90
10	异己酸乙酯	3	0.23	0.60	0.10	6.00
11	丁酸异戊酯	20	0.21	<0.01	0.10	0.38
12	乙酸乙酯	32551.6	0.18	12.40	0.07	2.97
13	2-甲基丁酸乙酯	18	0.18	1.51	0.04	6.88

续表

序号	化合物名称	阈值/(μg/L)	相对气味活度值			
			JG	QH	WL	FT
14	2-甲基丁醇	2733	0.13	8.12	0.05	1.41
15	乙酸异戊酯	93.93	0.08	5.87	0.08	<0.01
16	异丁酸乙酯	57.47	0.05	0.45	0.01	1.68
17	苯丙酸乙酯	125.21	0.03	0.31	0.02	0.09
18	1-壬醇	45.5	0.03	2.49	<0.01	0.52
19	乳酸乙酯	128083.8	0.03	3.17	0.01	0.54
20	乙酸辛酯	12	0.02	1.02	0.02	<0.01
21	异戊酸	1045.47	0.02	0.19	0.02	0.65
22	乙酸	200000	0.02	1.20	<0.01	0.34
23	苯乙酸乙酯	406.83	0.02	<0.01	<0.01	0.74
24	己醛	25.48	0.01	0.33	<0.01	0.68
25	辛酸异戊酯	125	0.01	0.15	<0.01	<0.01
26	壬酸乙酯	3150.61	<0.01	0.23	<0.01	0.04
27	壬醛	122.45	<0.01	0.35	0.01	0.03
28	异丁酸	1045	<0.01	0.15	<0.01	0.28
29	异戊醇	179191	<0.01	0.44	<0.01	0.06
30	癸酸乙酯	1122.3	<0.01	0.57	<0.01	<0.01
31	糠醛	44029.73	<0.01	0.02	<0.01	0.18
32	2-戊基呋喃	270	<0.01	0.19	<0.01	<0.01
33	二甲基二硫	9.13	<0.01	0.59	0.11	24.14
34	二甲基三硫	0.36	<0.01	14.97	0.87	15.05
35	异丁醛	1312.56	<0.01	<0.01	0.01	0.37
36	乙酸丁酯	58	<0.01	0.03	0.03	0.10
37	2-壬醇	75	<0.01	0.41	<0.01	0.09

由表 2 可以看出，在兼香型白酒中风味贡献程度最大的是己酸乙酯，其次是丁酸乙酯、戊酸乙酯、辛酸乙酯、异戊醛和异戊酸乙酯，对其酒体总体风味贡献度最高的多为酯类，这些酯类均具有果香、酒香似的香韵。清香型白酒中辛酸乙酯的风味贡献程度最高，其次是异戊醛、己酸乙酯、二甲基三硫、乙缩醛、乙酸乙酯的 ROAV 值

较高；浓香型白酒以己酸乙酯和戊酸乙酯为最主要的风味物质；酱香型白酒风味贡献程度最高的是异戊醛、二甲基二硫、丁酸乙酯、二甲基三硫、戊酸乙酯和异戊酸乙酯。酯类本身具有的果香、花香及白兰地似的香味特点为酒体的整体风味贡献了最关键的作用，也是酒类的主体香。而醇类、酸类、醛类和芳香族类物质虽然是酒体中的非关键性风味物质，但可对香气产生重要的修饰作用，协同影响整体呈香效果。

3.3 GC-O 结果分析

应用顶空固相微萃取技术结合 GC-O 闻香技术，鉴定红星兼香型白酒 JG 中主要呈香的香气化合物，共嗅闻到 35 种香气成分（表 3），包括酯类 15 种、酸类 4 种、芳香族 3 种、杂环化合物 2 种、酮类 2 种、醇类 1 种和未知化合物 8 种。由表 2 可以看出，果香、花香和酸甜味是主要的风味贡献。

表 3　　　　　　　　　　　红星兼香型白酒中香气成分的闻香结果

Table 3　　GC-O results of aroma components of redstar Jianxiangxing Baijiu

化合物	RI_{FFAP}	香气描述	香气强度	化合物	RI_{FFAP}	香气描述	香气强度
己酸乙酯		果香、菠萝	4.6	异丁酸乙酯		甜香、水果香、花香	2.5
己酸		酸味、酸臭	4.4	—	1297	坚果、榛子	2.5
苯乙酸乙酯		玫瑰、花香	4.0	环戊烷甲酸乙酯		酯香、果香	2.5
苯丙酸乙酯		果香、水果糖	4.0	丁酸		酸臭味	2.4
异戊酸		酸味、酸臭	3.8	—	1678	生坚果味	2.3
丁酸乙酯		果香、甜香	3.8	2-甲基丁酸乙酯		菠萝香、果香、甜香	2.3
—	1896	酸、略臭	3.5	庚酸乙酯		酯香	2.3
异戊酸乙酯		水果香	3.4	四甲基吡嗪		烤坚果香、可可香气	2.0
3-己烯酸乙酯		酯香、略臭	3.3	—	1014	杂醇油味	1.7
乙基糠基醚		溶剂味、汽油味	3.3	异戊醇		杂醇油味、油臭	1.7
庚酸丙酯		果香	3.3	辛酸乙酯		酯香、果香	1.6
戊酸乙酯		菠萝、水果味	3.0	2-壬酮		甜味、肥皂味	1.5
乳酸乙酯		果香、奶香	3.0	—	1820	青草、苦味	1.5
—	1406	巧克力、烤坚果香	2.9	苯甲酸乙酯		花香、果香	1.3
—	1831	霉味、泥土	2.8	壬酸乙酯		酯香	1.3

续表

化合物	RI$_{FFAP}$	香气描述	香气强度	化合物	RI$_{FFAP}$	香气描述	香气强度
异己酸乙酯		果香、花香	2.7	丙酸乙酯		酯香	1.0
—	1984	熟瓜子香、熟米香	2.7	乙酸		酸味	1.0
β-大马酮		蜂蜜、甜香	2.6				

注：RI$_{FFAP}$表示化合物在极性柱FFAP上的保留指数计算值；—表示未能定性的化合物。

酯类化合物大多是由酸和醇在发酵和贮存过程中酯化而成的[14]。检测到的15种酯类化合物以乙酯类为主，是最重要的一类呈香物质，主要呈现水果香和甜香，如己酸乙酯呈果香和菠萝香气、丁酸乙酯呈水果香和甜香、3-己烯酸乙酯呈腐败的果香。在"3.2 主要风味物质分析"中ROAV值最高的5种酯类物质均在GC-O中被识别。根据香气强度值的大小（≥3），己酸乙酯（4.6）、丁酸乙酯（3.8）、异戊酸乙酯（3.4）、3-己烯酸乙酯（3.3）、庚酸丙酯（3.3）、戊酸乙酯（3.0）和乳酸乙酯（3.0）是红星兼香型白酒JG中重要的酯类呈香化合物。此外有研究报道，辛酸乙酯在兼香型白酒中OAV>1000，虽然含量较低但对兼香型、浓香型、清香型、凤香型酒体风味均有重要贡献，并且在低浓度时对酒体香味有很好的复合作用[15]，在本研究中该物质也呈现一定的香气强度。

有机酸类是细菌在发酵过程中逐步产生的，香气特征是酸爽、酸臭、汗臭等气味，酸类是形成酒"后味"的重要成分，同时也是生成酯类的前体物质[16]。从香气强度来看，香气最强的是己酸（4.4），己酸是酒中己酸乙酯的前体物质，贡献典型的酸涩味和奶酪臭味[17]，其他被嗅闻到的酸类化合物还有异戊酸（3.8）、丁酸（2.4）和乙酸（1.0）。

芳香族化合物主要来源于原料的单宁、木质素、阿魏酸、香草醛，经酵母、细菌发酵生成，贡献花香、蜂蜜香和水果香[18]。芳香族物质普遍具有高沸点、难挥发和留香时间长等特点，是促进酒体优雅醇厚的一类物质[17]。在红星兼香型白酒中，嗅闻到的3种芳香族化合物均为芳香酯，香气强度最大的是呈玫瑰花香的苯乙酸乙酯（4.0）和呈果香的苯丙酸乙酯（4.0），其次是苯甲酸乙酯（1.3）。

本研究嗅闻到的杂环化合物包括呈溶剂味和汽油味的乙基糠基醚（3.3），以及呈烤坚果香和可可香气的四甲基吡嗪（2.0）。吡嗪及呋喃等杂环类化合物均可以通过美拉德反应产生[19]。乙基糠基醚曾有报道在兼香型、稻花香馥香型、浓香型白酒中检出[20-21]，四甲基吡嗪阈值低、香味强度大，其具有的烘烤香气可以改善白酒风味[22-23]。

此外本研究还嗅闻到未知化合物8种，未能定性可能是由于含量低导致未出峰或

2023 第六届中国白酒(国际)学术研讨会论文集

与其他组分共流出。这些成分分别呈现酸味、烘烤香、泥土味、坚果味、青草味等气味，它们对酒体整体香气的贡献也不容忽视。

4 结论

本实验通过 HS-SPME 结合 GC-MS 技术，利用质谱、保留指数法及标准品比对的方法，从红星兼香型白酒和其他三种典型香型白酒中鉴定出共 138 种香气成分，红星兼香型白酒包含其中的 116 种，化合物种类的丰富程度高于其他三种香型白酒。利用 ROAV 法得到在红星兼香型白酒中的关键风味物质是己酸乙酯、丁酸乙酯、戊酸乙酯、辛酸乙酯、异戊醛和异戊酸乙酯。通过 GC-O 技术从红星兼香型白酒中嗅闻到 35 种香气活性物质，按照香气强度值的大小（≥3），己酸乙酯、己酸、苯乙酸乙酯、苯丙酸乙酯、异戊酸、丁酸乙酯、异戊酸乙酯、3-己烯酸乙酯、乙基糠基醚、庚酸丙酯、戊酸乙酯和乳酸乙酯为红星兼香型白酒重要的香气活性物质。本研究为红星兼香型白酒的香气成分剖析提供依据，但对各类风味物质的协同作用还有待深入研究。

参考文献

[1] 周容. 不同年份兼香型白酒的检测及香味成分的研究 [D]. 武汉：湖北工业大学，2020.

[2] 范文来，徐岩. 白酒风味物质研究方法的回顾与展望 [J]. 食品安全质量检测学报，2014，5（10）：3073-3078.

[3] 唐平，山其木格，王丽，等. 白酒风味化学研究方法及酱香型白酒风味化学研究进展 [J]. 食品科学，2020，41（17）：315-324.

[4] 冒德寿，牛云蔚，姚征民，等. 顶空固相微萃取-气相色谱质谱联用和气相色谱嗅闻技术鉴定清香型白酒特征香气物质 [J]. 中国食品学报，2019，19（07）：251-261.

[5] 张默雷. 基于气相色谱-质谱联用和嗅闻技术对不同年份竹叶青酒成分及风味的差异性研究 [D]. 晋中：山西农业大学，2019.

[6] 张伟建，范文来，徐岩，等. 沂蒙老区浓香型白酒香气成分分析 [J]. 食品与发酵工业，2019，45（10）：188-193.

[7] 李泽霞，姜东明，单凌晓，等. GC-O-MS 对白酒中的糠味物质的研究 [J]. 酿酒，2020，47（01）：44-50.

[8] 易封萍，马宁，朱建才. 基于 GC-O、OAV 及 Feller 加和模型对酱香型习酒特征香气成分的分析 [J]. 食品科学，2022，43（02）：242-256.

[9] 刘登勇，周光宏，徐幸莲. 确定食品关键风味化合物的一种新方法：

"ROAV" 法 ［J］. 食品科学, 2008, (07)：370-374.

　　［10］谢建春. 香味分析原理与技术 ［M］. 北京：化学工业出版社, 2020.

　　［11］王世伟, 王卿惠, 芦利军, 等. 白酒酿造微生物多样性、酶系与风味物质形成的研究进展 ［J］. 农业生物技术学报, 2017, 25 (12)：2038-2051.

　　［12］周玮婧, 江小明. 气相色谱法测定不同香型白酒中醇类与醛类物质含量 ［J］. 中国酿造, 2017, 36 (04)：180-183.

　　［13］荣建华, 熊诗, 张亮子, 等. 基于电子鼻和 SPME-GC-MS 联用分析脆肉鲩鱼肉的挥发性风味成分 ［J］. 食品科学, 2015, 36 (10)：124-128.

　　［14］范海燕, 范文来, 徐岩. 应用 GC-O 和 GC-MS 研究豉香型白酒挥发性香气成分 ［J］. 食品与发酵工业, 2015, 41 (04)：147-152.

　　［15］李志斌, 李净. 浓香型白酒中辛酸乙酯含量及其风味贡献分析 ［J］. 酿酒科技, 2013, (04)：65-67.

　　［16］柳军, 范文来, 徐岩, 等. 应用 GC-O 分析比较兼香型和浓香型白酒中的香气化合物 ［J］. 酿酒, 2008, (03)：103-107.

　　［17］彭智辅, 赵东, 郑佳, 等. 现代风味化学技术比较低度与高度五粮液的风味特征 ［J］. 酿酒科技, 2018, (12)：17-22.

　　［18］聂庆庆, 范文来, 徐岩, 等. 洋河系列绵柔型白酒香气成分研究 ［J］. 食品工业科技, 2012, 33 (12)：68-74.

　　［19］周煜, 薛璐, 吴子健, 等. 啤酒挥发性风味成分研究进展 ［J］. 食品研究与开发, 2021, 42 (01)：210-219.

　　［20］袁琦, 王家胜, 毛豪, 等. 稻花香馥香型白酒风味特征分析 ［J］. 中国酿造, 2022, 41 (02)：53-59.

　　［21］陈乔, 李俣珠, 赵佳迪. 不同固相微萃取萃取头在浓香型白酒风味分析的对比研究 ［J］. 酿酒科技, 2022, (02)：41-46+50.

　　［22］吴建峰. 白酒中四甲基吡嗪全程代谢机理研究 ［D］. 无锡：江南大学, 2013.

　　［23］郭学武, 范恩帝, 马冰涛, 等. 中国白酒中微量成分研究进展 ［J］. 食品科学, 2020, 41 (11)：267-276.

顶空固相微萃取结合全二维气相色谱-飞行时间质谱技术解析两种不同工艺红星基酒挥发性组分特征

李斯迈，杜艳红，聂建光，谭昊，李婷婷，史琳铭

（北京红星股份有限公司，北京 101400）

摘　要：采用顶空固相微萃取（HS-SPME）结合全二维气相色谱-飞行时间质谱联用技术（GC×GC-TOF-MS）解析两种不同工艺红星清茬大曲清香型基酒，共鉴定出 759 种挥发性组分，对红星清茬大曲清香型基酒挥发性组分及香气特征认识更为深入。比对了传统清茬大曲清香型基酒和创新工艺清茬大曲清香型基酒的差异，并且首次系统研究红星堆积工艺清茬大曲清香型基酒中的挥发性组分构成，为以风味导向的不同工艺清茬大曲清香型基酒品质控制提供了理论依据。

关键词：全二维气相色谱-飞行时间质谱，挥发性组分，芳香族化合物，红星白酒

Analyzing the characteristics of volatile components in two different processes of Red Star base Baijiu by headspace solid-phase microextraction combined with comprehensive two-dimensional gas chromatography/time-of-flight mass spectrometry

LI Simai, DU Yanhong, NIE Jianguang, TAN Hao, LI Tingting, Shi Linming

（Beijing Red Star Co. Ltd. , Beijing 101400, China）

Abstract：Using headspace solid-phase microextraction（HS-SPME）combined with

作者简介：李斯迈（1997—），男，工程师，研究方向为白酒风味化学；邮箱：lsm1@ redstarwine.com；联系电话：15321098209。

通信作者：杜艳红（1975—），女，正高级工程师，博士研究生，研究方向为白酒生产工艺和风味化学；邮箱：dyh@ redstarwine.com；联系电话：13520763342。

full two-dimensional gas chromatography-time of flight mass spectrometry(GC×GC-TOF-MS) analyzed two different processes of Red Star clear stubble Daqu light aroma base Baijiu, identified a total of 759 volatile components, and gained a deeper understanding of the volatile components and aroma characteristics of Red Star clear stubble Daqu light aroma base Baijiu. We compared the differences between traditional clear stubble Daqu light aroma base Baijiu and innovative process clear stubble Daqu light aroma base Baijiu, and for the first time systematically studied the volatile component composition in the Red Star stacking process clear stubble Daqu light aroma base Baijiu. This provides a theoretical basis for the quality control of different flavor oriented techniques for clearing stubble and refreshing Daqu base Baijiu.

Key words: Comprehensive two-dimensional gas chromatography/time-of-flight mass spectrometry, Volatile components, Aromatic compounds, Red Star Baijiu

1　前言

中国白酒是以粮谷为主要原料，以大曲、小曲、麸曲、酶制剂及酵母等为糖化发酵剂，经蒸煮、糖化、发酵、蒸馏、陈酿、勾调而成的蒸馏酒。组分复杂且风味独特[1]。红星作为北京二锅头的始创者[2]，在传承传统二锅头工艺基础上开拓创新，首次将高温大曲与堆积发酵融入二锅头酒酿造工艺中，研发出一款创新工艺清茬大曲清香型基酒。

白酒的主要成分是乙醇和水，约占总量的98%，而溶于其中的酸、酯、醇、醛等种类众多的微量有机化合物作为白酒的呈香呈味物质，虽然仅占2%，但却决定着白酒的风格特征。由于白酒中挥发性组分组成的复杂性[3]，传统气相色谱联用质谱（GC-MS）等检测技术定性、定量分析白酒样品为当前主流研究白酒风味物质的方法。全二维气相色谱技术（GC×GC）是近年开发出的一种多维色谱分离技术[4]，该技术以串联的形式将两种极性不同的毛细管色谱柱结合在一起，将第一维色谱柱分离出来的物质进样到第二维色谱柱中进行二次分离。与常规色谱相比，全二维色谱技术极大地提高了峰容量、分辨率和灵敏度。同时结合飞行时间质谱共同分析，可实现对复杂样品挥发性组分高准确度、高灵敏度的分离鉴定。

谭昊等[2]采用顶空固相微萃取结合全二维气相色谱-飞行时间质谱联用技术，在红星清香型白酒酒样中共鉴定出849种挥发性组分；张有香等[5]采用HS-SPME-GC×GC-TOFMS技术，在典型青稞酒中共检测到挥发性组分1399种。基于对红星创新工艺清茬大曲清香型基酒的进一步认知，本研究采用HS-SPME-GC×GC-TOFMS分析技术首次对红星创新工艺清茬大曲清香型基酒中的挥发性组分构成进行了解析，同时探究了红星 2 种不同工艺清茬大曲清香型基酒的差异性，为以风味导向为基础的不同工艺清茬大曲清香型基酒品质控制提供了理论支持，为红星白酒的品质提升、品类打造奠定重要基础。

2 材料与方法

2.1 材料、试剂及仪器设备

样品：本实验所用的红星基酒样品为传统工艺清茬大曲清香型基酒、创新工艺清茬大曲清香型基酒，酒样均来自北京红星股份有限公司。

试剂及耗材：氯化钠（分析纯，上海国药化学试剂有限公司）；Dicret-8 超纯水机（密理博，美国）。

仪器设备：DVB/CAR/PDMS 固相微萃取三相头（50/30μm×1cm，贝尔丰特，美国）；8890A 气相色谱仪（安捷伦，美国）；Pegasus BT 4D 质谱仪（力可，美国）。

2.2 实验方法

2.2.1 顶空固相微萃取（HS-SPME）实验方法

参照 He X 等[6-8]的实验方法并进行优化，取适量样品于 15mL 离心管中，用饱和氯化钠水溶液将样本中乙醇浓度稀释到 10%vol，精确移取 5mL 稀释后的酒样于 20mL 顶空进样瓶中；将转移后的样本在 50℃ 条件下，孵育 10min；吸附样本前，SPME 萃取头在 270℃ 条件下老化 10min；将老化后的 SPME 萃取头转移至孵育室，50℃ 条件下，吸附样本 30min；吸附结束后，将 SPME 萃取头转移至 GC 进样口，250℃ 条件下，脱附 5min；进样后，SPME 萃取头在 270℃ 条件下老化 10min。

2.2.2 GC×GC-TOF-MS 技术解析挥发性组分

色谱条件：一维色谱柱：DB-Heavy Wax（30m×250μm×0.5μm）（安捷伦，美国），二维色谱柱：Rxi-5Sil MS（2m×150μm×0.15μm）（瑞思泰康，美国）。一维色谱柱和二维色谱柱之间通过四喷口双级热调制器串联，传输温度为 240℃；高纯氦气作为载气，恒定流速为 1.0mL/min；进样口温度为 250℃；一维色谱柱升温程序为：初始温度为 40℃，保持 3min，以 5℃/min 升至 250℃，保持 5min；二维色谱柱的温度设置全程比一维色谱柱高 5℃，调制器温度始终高于二维色谱柱柱温 15℃，调制周期为 4.0s，进样口温度为 250℃。

质谱条件：质谱传输线温度为 250℃，离子源温度为 250℃，采集速率为 200spectra/s，电子轰击源为 70eV，检测器电压为 1984V，质谱扫描范围 m/z 为 35~550amu。

3　结果与分析

3.1　HS-SPME-GC×GC-TOFMS 用于红星不同工艺清茬大曲清香型基酒挥发性组分分离特性分析

白酒中的组分体系较为复杂，传统一维气相色谱质谱联用技术的分离分析能力较为局限，因此无法对白酒中挥发性组分进行有效分离。全二维气相色谱技术（GC×GC）是近年开发出的一种多维色谱分离技术。根据全二维气相色谱分离方式，第一维长色谱柱所有组分经过调制器聚焦后进入第二维短色谱柱进行再次分离，再由高通量的飞行时间质谱进行检测。色谱柱的选择上第一维长色谱柱通常采用非极性色谱柱，依靠分离物沸点差异进行分离；第二维短色谱柱通常采用极性柱或中等极性柱，根据化合物的极性差异进行再次分离，最终获得具有结构特征的二维色谱图[9]。

为了能更全面地分析红星不同工艺清茬大曲清香型基酒中的挥发性组分，本研究采用一维 DB-Heavy Wax 色谱柱搭配二维 Rxi-5Sil MS 色谱柱对红星基酒中挥发性组分进行分析，图1为红星清茬大曲清香型基酒 HS-SPME-GC×GC-TOFMS 全二维分析图谱。结果显示红星基酒中挥发性组分十分复杂，一维色谱图中有大量化合物存在共流出现象，通过进一步的二维色谱分离，检出的所有组分基本完全分离。因此本研究采用 GC×GC-TOF-MS 检测方法能够较全面、准确地分析酒样中的挥发性化合物。

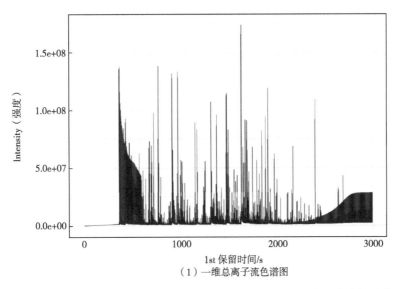

（1）一维总离子流色谱图

图1　红星清茬大曲清香型基酒 HS-SPME-GC×GC-TOFMS 全二维分析图谱

Fig. 1　Red Star clear stubble Daqu fragrant base Baijiu HS-SPME-GC×GC-TOFMS

full two-dimensional analysis spectrum

注：e 表示省略较多小数位。

（2）二维总离子流色谱图

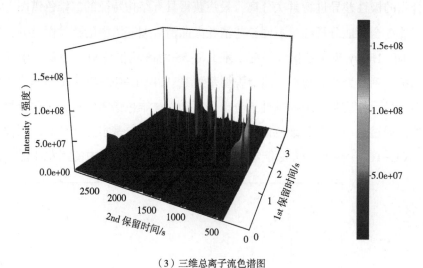

（3）三维总离子流色谱图

图 1　红星清茬大曲清香型基酒 HS-SPME-GC×GC-TOFMS 全二维分析图谱（续）

Fig. 1　Red Star clear stubble Daqu fragrant base Baijiu HS-SPME-GC×GC-TOFMS

full two-dimensional analysis spectrum

注：e 表示省略较多小数位。

3.2　采用 HS-SPME-GC×GC-TOF-MS 技术鉴定红星不同工艺清茬大曲清香型基酒中挥发性组分特征

通过全二维气相色谱分离结合高通量飞行时间质谱检测，在 2 种红星清茬大曲清香型基酒中共分离检测到 759 种风味物质。如表 1 所示，共检出酯类化合物 136 种，主要包括以乙酯为主的直链酯、支链酯、羟基酯等；醇类化合物 90 种，主要为直链醇、支链醇、2-醇、3-醇、4-醇、不饱和醇、多元醇等；醛酮类化合物 97 种，主要为饱和及不饱和脂肪醛类和酮类，环酮以及缩醛类化合物；芳香族类化合物 115 种，包括单环和多环的芳香烃、芳香酯、芳香醇、芳香醛、芳香缩醛、芳香酮、芳香醚等；萜烯类化合物 68 种，主要为单萜、倍半萜和二萜，包含萜烯、萜烯醇和萜烯氧化物等；呋喃类化合物 66 种，主要包括糠基酯、糠基醛和糠基酮等；酚类化合物 10 种，主要为一元酚和二元酚；醚类化合物 36 种；含氮化合物 21 种，包含吡嗪类物质；含硫化合物 5 种；其他化合物 115 种。

表 1　　　　　　　　　　红星清茬大曲清香型基酒中鉴定出的挥发性组分

Table 1　　　　　　　Identification of volatile components in Hongxing Qingstubble Daqu Qingxiang base Baijiu

化合物类别	数量/种	化合物类别	数量/种
酯类	136	萜烯类化合物	68
醇类	90	呋喃类化合物	66
醛酮类	97	含氮化合物	21
酚类	10	含硫化合物	5
醚类化合物	36	其他类化合物	115
芳香族类化合物	115	合计	759

对红星清茬大曲清香型基酒中各类挥发性化合物占比进行分析，具体如图 2 所示。可明显看出在红星清茬大曲清香型基酒中酯类化合物数量占比最高，其次是芳香族类化合物、醛酮类化合物、醇类化合物。酚类化合物与含硫化合物的数量占比较低，与清香型白酒的挥发性化合物研究结果基本相符[10]。

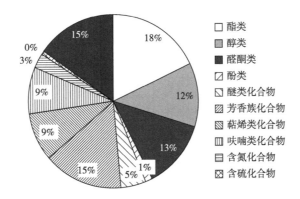

图 2　红星清茬大曲清香型基酒中各类挥发性化合物占比

Fig. 2　The proportion of various volatile compounds in Hongxing Qingstubble Daqu Qingxiang base Baijiu

3.3 红星不同工艺清茬大曲清香型基酒中挥发性风味组分的主成分分析

主成分分析（Principal Components Analysis，PCA）是一种分析、简化数据集的技术。通过降维技术把多个变量化为少数几个主成分（综合变量）的统计分析方法。这些主成分能够反映原始变量的绝大部分信息，它们通常表示为原始变量的某种线性组合。从 PCA 得分图可观察样品的聚集、离散程度，样品分布点越靠近，说明这些样品中所含有的化合物组成和浓度越接近，即风味越相似；反之，样品点越远离，差异越大，风味差异越大。

通过化学计量学，进一步分析红星 2 种不同工艺清茬大曲清香型基酒的风味差异。对 2 种不同工艺基酒中各类挥发性化合物进行主成分分析如图 3 所示，2 个主成分因子累计可解释数据的 70.3%。通过 PCA 可以很好地分离这 2 种不同工艺的基酒样品，结果表明，红星 2 种不同工艺清茬大曲清香型基酒差异显著。

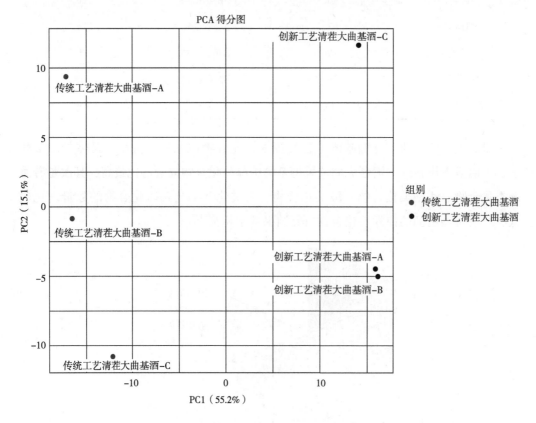

图 3 红星 2 种不同工艺清茬大曲清香型基酒中挥发性化合物主成分得分图

Fig. 3 Principal component scores of volatile compounds in two different techniques of Red Star clear stubble Daqu fragrant base Baijiu

3.4　两种不同工艺基酒的挥发性风味组分共性分析

对比红星 2 种不同工艺清茬大曲清香型基酒各类挥发性化合物数量，具体如表 2 与图 4 所示。传统工艺清茬大曲清香型基酒中共鉴定出 527 种挥发性化合物，创新工艺清茬大曲清香型基酒中共鉴定出 607 种挥发性化合物。在除酚类与萜烯类化合物以外的化合物种类中，同一类化合物组分数量创新工艺基酒均高于传统工艺基酒，特别是酯类、醇类、醛酮类、芳香族化合物，说明两种基酒风格特征具有一定的差异性。

表 2　红星 2 种不同工艺清茬大曲清香型基酒中各自鉴定出的挥发性组分数量

Table 2　Volatile components identified in two different techniques of Red Star clear stubble Daqu fragrant base Baijiu

单位：个

化合物类别	传统工艺清茬大曲基酒	创新工艺清茬大曲基酒
酯类	107	118
醇类	62	73
醛酮类	69	80
酚类	8	7
醚类化合物	26	30
芳香族类化合物	82	93
萜烯类化合物	50	49
呋喃类化合物	43	49
含氮化合物	11	17
含硫化合物	2	5
其他类化合物	67	86
合计	527	607

3.5　两种不同工艺基酒的挥发性风味组分差异分析

3.5.1　挥发性风味组分的正交偏最小二乘回归分析

正交偏最小二乘法判别分析（OPLS-DA）是一种多因变量到多自变量的回归建模方法。它是一种有监督的判别分析统计方法。该方法的特点是可以去除自变量中与分类变量无关的数据变化，使分类信息主要集中在一个主成分上。OPLS-DA 可以更好地获取组间差异信息，可以用于筛选不同组之间的差异代谢物。通过 OPLS-DA 分

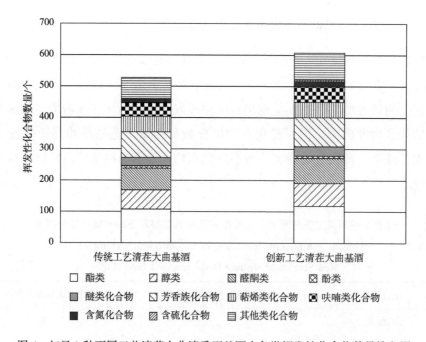

图 4　红星 2 种不同工艺清茬大曲清香型基酒中各类挥发性化合物数量堆积图

Fig. 4　Accumulation chart of various volatile compounds in Red Star two different
techniques for clearing stubble in Daqu fragrant base Baijiu

析，每个代谢物可以得出一个 VIP 值，VIP 值越大，代表该物质对于区分两组所具有的贡献越大，因此我们在挑选差异代谢物时，通常以 VIP 值>1 为标准筛选重要差异化合物。

分析结果表明，在红星 2 种不同工艺清茬大曲清香型基酒中有 176 种挥发性化合物的 VIP 值>1，认为是造成 2 种红星基酒差异的重要指标。具体类别如表 3 所示，其中酯类化合物的差异显著数量大于其余化合物种类。由图 5 可知，红星 2 种不同工艺清茬大曲清香型基酒得到更为清晰的区分，整体与 PCA 结论基本一致。

表 3　　　　　　　　　　　VIP 值>1 的挥发性化合物类别

Table 3　　Category of volatile compounds with a VIP value greater than 1

化合物类别	数量/种	化合物类别	数量/种
酯类	63	呋喃类化合物	1
醇类	22	含氮化合物	6
醛酮类	35	醚类	13
芳香族类化合物	21	其他	13
萜烯类化合物	2	合计	176

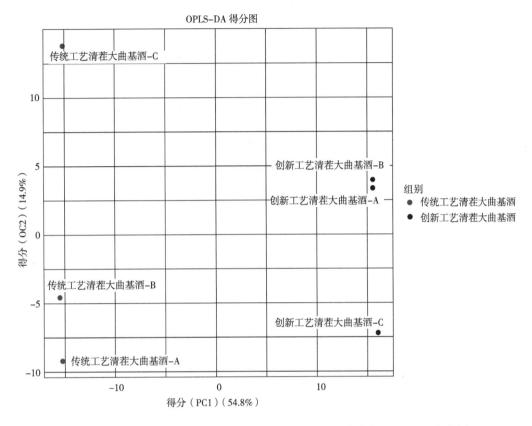

图 5　红星 2 种不同工艺清茬大曲清香型基酒中挥发性化合物 OPLS-DA 得分图

Fig. 5　OPLS-DA score chart of volatile compounds in Red Star two different techniques for clearing stubble and fragrant Daqu base Baijiu

3.5.2　具有重要差异的挥发性风味组分的热图分析

图 6 展现了 176 种差异挥发性化合物在红星 2 种不同工艺清茬大曲清香型基酒中的含量区别，根据在 2 种样品中的含量差异将化合物分为 2 组。A 组化合物是创新工艺清茬大曲清香型基酒中含量较高的化合物，种类较为丰富，主要以酯类、醛酮类、醇类物质和芳香族类化合物为主，其中包括苯乙酸乙酯、2-壬酮、乙酸异戊酯、乳酸异丁酯、2-甲基丁酸乙酯、戊酸乙酯、月桂烯等。这些化合物大多呈现果香、花香等令人愉悦的香气特征，对于清香型白酒的特征香气释放起到一定的增强作用。B 组化合物是传统工艺清茬大曲清香型基酒中含量较高的化合物，种类相对较少，主要是酯类物质，其中包括辛酸甲酯、己酸异丁酯、正辛酸异丁酯等。

酯类物质作为清香型白酒主体香气物质，主要呈现花香、果香等感官特征，酯类物质的形成主要是在发酵或陈化阶段由酸和醇的酯化反应产生。通过创新工艺酿造的清香型基酒，以戊酸乙酯、庚酸乙酯为代表的酯类物质含量均有较为明显的增加。

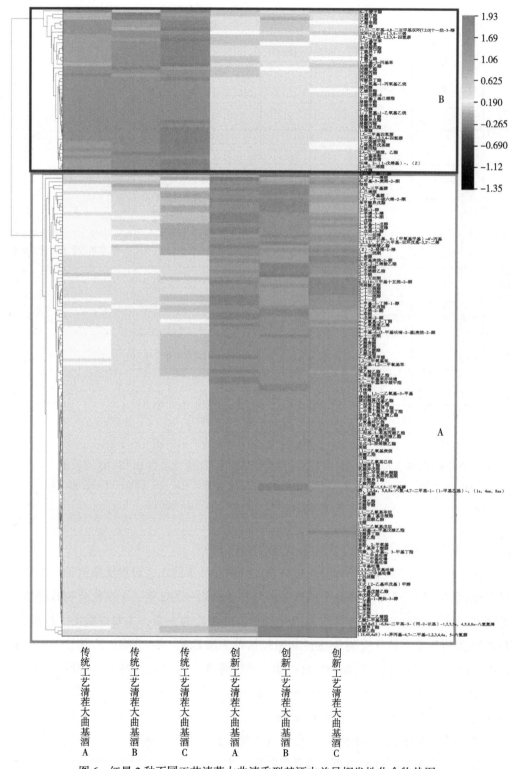

图 6　红星 2 种不同工艺清茬大曲清香型基酒中差异挥发性化合物热图

Fig. 6　Heat map of differential volatile compounds in two different techniques of clearing stubble in Hongxing Daqu Qingxiang base Baijiu

醇类物质作为酯类物质的重要前体之一，对白酒的香气也具有一定贡献[11]。白酒发酵过程中的醇类物质大部分都是通过 Ehrlich 代谢途径代谢产生的，氨基酸被分解和代谢为中间代谢物 α-酮酸，α-酮酸脱羧形成高级醇[12]。适量的醇类物质可以使白酒更加醇厚、甘甜。在创新工艺基酒中，1-辛烯-3-醇、正己醇等醇类物质含量呈现上升趋势，赋予了创新工艺基酒特殊香气。

醛酮类物质主要由发酵过程中的微生物代谢产生，也可能由陈酿过程中醇类化合物的光氧化降解、热氧化降解或空气氧化产生[13]。2-壬酮具有明显的果香、甜香、清香及椰子、奶油的气味。创新工艺基酒中，该物质含量提升明显，对清香型基酒的果香具有一定的增强。

芳香族类化合物是指分子中至少含有一个苯环，具有与开链化合物或脂环烃不同的独特性质的一类化合物。芳香族类化合物为清香型白酒提供花香、果香，是清香型白酒中重要的香气化合物。苯乙酸乙酯为代表的呈花果香的芳香族类化合物有较为明显的含量提升，推测创新工艺对于提升清香型基酒的花果香起到一定的作用。

3.5.3　具有重要差异的挥发性风味组分的火山图分析

火山图（Volcano Plot）可直观地表现两组样品的差异代谢物的分布情况。通常横坐标用 log2（FC）表示，差异越大的代谢物分布在两端，纵坐标用 -log10（pvalue）表示，为统计检验的显著性 p 值的负对数。火山图中 VIP 的过滤参数为 1，pvalue 的过滤参数为 0.05。

火山图中每一个点表示一种物质，横坐标绝对值越大，说明某物质在两样品间的表达量倍数差异越大；纵坐标值越大，表明差异表达越显著，筛选得到的差异表达物质越可靠。对红星 2 种不同工艺清茬大曲清香型基酒的差异挥发性风味组分进行火山图分析，如图 7 所示。由图中可得，辛酸甲酯、1,1-乙二醇，二乙酸酯、3-辛醇三种挥发性化合物为显著差异表达的物质。

4　结论

本研究以红星 2 种不同工艺清茬大曲清香型基酒为研究对象，采用 HS-SPME 的前处理方法结合 GC×GC-TOFMS 对挥发性组分差异特征进行了全面对比解析。共分离检测到 759 种风味物质，其中酯类化合物 136 种；醇类化合物 90 种；醛酮类化合物 97 种；芳香族类化合物 115 种；萜烯类化合物 68 种；呋喃类化合物 66 种；酚类化合物 10 种；醚类化合物 36 种；含氮化合物 21 种；含硫化合物 5 种；其他化合物 115 种。

运用多元统计分析技术探究 2 种工艺差异对红星清茬大曲清香型基酒挥发性组分的影响，共筛选出 176 种重要差异化合物。结果表明，在创新工艺基酒中，酯类、醇

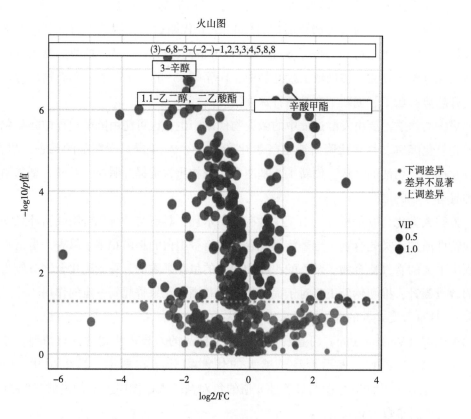

图 7　红星 2 种不同工艺清茬大曲清香型基酒中差异挥发性化合物火山图

Fig. 7　Volcano map of different volatile compounds in Red Star two different techniques for clearing stubble in Daqu fragrant base Baijiu

类、醛酮类与芳香族类化合物的物质种类与含量具有较明显的增加，这对于清香型白酒的特征香气释放起到一定的增强作用。

本研究深入地对比了红星 2 种不同工艺清茬大曲清香型基酒，剖析了创新工艺基酒中的香气化合物，丰富了红星基酒风味化学理论体系，为后续创新工艺提升清茬大曲清香型基酒品质奠定基础。

参考文献

[1] 沈怡方 . 白酒的香型、风格与流派 [J]. 酿酒，2003，30 (1)：1-2.

[2] 谭昊，聂建光，杜艳红，等 . 全二维气相色谱-飞行时间质谱解析红星清香型白酒风味成分特征 [J]. 酿酒科技，2022，(08)：54-58.

[3] 杨波，张鑫，王凤仙，等 . 全二维气相色谱-飞行时间质谱解析清香型汾酒挥发性组分特征 [J]. 酿酒科技，2021，(10)：86-94.

[4] 陈双，徐岩 . 全二维气相色谱-飞行时间质谱法分析芝麻香型白酒中挥发性

组分特征 [J]. 食品与发酵工业, 2017, 43 (7): 207-213.

[5] 张有香, 鲁水龙, 叶晖春, 等. 顶空固相微萃取结合全二维气相色谱飞行时间质谱技术解析典型青稞酒中挥发性组分特征 [J]. 酿酒科技, 2023, (03): 47-57.

[6] He X, Funfschilling D, Nobach H, et al. Transition to the ultimate state of turbulent Rayleigh-Bénard convection [J]. Replyphys Rev Lett, 2020, 124 (22): 229402.

[7] Perestrelo R, Petronilho S, Camara J S, et al. Comprehensive two-dimensional gas chromatography with time-of-flight mass spectrometry combined with solid phase microextraction as a powerful tool for quantification of ethyl carbamate in fortified wines. The case study of Madeira wine [J]. Journal of Chromatography A, 2010, 1217 (20): 3441-3445.

[8] Robinson A L, Boss P K, Heymann H, et al. Development of a sensitive non-targeted method for characterizing the wine volatile profile using headspace solid-phase microextraction comprehensive two-dimensional gas chromatography time-of-flight mass spectrometry [J]. Journal of Chromatography A, 2011, 1218 (3): 504-517.

[9] Yao F, YI B, shen C H, et al. Chemical analysis of the Chinese Liquor Luzhoulaojiao by comprehensive two-dimensional gas chromatography/time-of-flight mass spectrometry [J]. Scientific Reports, 2015, 5: 9553.

[10] 王震, 叶宏, 朱婷婷, 等. 清香型白酒风味成分的研究进展 [J]. 食品科学, 2022, 43 (07): 232-244.

[11] 赵东瑞. 古井贡酒风味物质及酚类风味物质的抗氧化性和抗炎性的研究 [D]. 广州: 华南理工大学, 2019.

[12] 孙中贯, 刘琳, 王亚平, 等. 酿酒酵母高级醇代谢研究进展 [J]. 生物工程学报, 2021, 37 (02): 429-447.

[13] 王志坚. 啤酒中醛类物质的形成 [J]. 食品工业, 2004, (04): 7-8.

不同品牌酱香型白酒挥发性组分差异解析

张俊[1]，何家群[1]，陈双[1]，邹江鹏[2]，杨明[2]，陈香梅[2]

(1. 江南大学生物工程学院酿造微生物学与应用酶学研究室，江苏无锡 214122；

2. 贵州金沙窖酒酒业有限公司技术研究院，贵州金沙 551800)

摘 要：采用多方法联用的策略对 6 种不同品牌酱香型白酒进行综合分析，共定量了 180 种化合物，其中酯类 40 种、醛类 26 种、醇类 21 种、含硫类 19 种、萜烯类 15 种、酸类 14 种、酮类 13 种、吡嗪类 10 种，酚类 8 种、呋喃类 8 种、内酯类 4 种和缩醛类 2 种。根据定量结果，在不同品牌酱香型白酒中得到了一致的结论，即含量低于 5mg/L 的挥发性组分个数远大于高于 5mg/L 的化合物。进一步的，根据 OAV 的大小，在不同品牌酱香型白酒中筛选出 OAV≥1 的化合物分别为 MT 中 72 种、JS 中 71 种、XJ 中 69 种、GT 中 68 种、ZJ 中 66 种和 LJ 中 60 种。结果表明，MT 中具有潜在香气贡献的化合物是不同品牌酱香型白酒中最多的，其次是 JS。此外，酯类和含硫类化合物是众多 OAV>1 的化合物中最多的两类物质。

关键词：酱香型白酒，挥发性组分，OAV

作者简介：张俊 (1995—)，男，博士在读，研究方向为酒类风味化学；邮箱：zjchem163@163.com；联系电话：16621656686。

通信作者：陈双 (1984—)，男，教授，博士，研究方向为酒类风味化学及酿造技术等；邮箱：shuangchen@jiangnan.edu.cn；联系电话：13621513891。

Analysis of the differences in volatile components of different brands of Jiangxiangxing Baijiu

ZHANG Jun[1], HE Jiaqun[1], CHEN Shuang[1], ZOU Jiangpeng[2],

YANG Ming[2], CHEN Xiangmei[2]

（1. Laboratory of Brewing Microbiology and Applied Enzymology, School of

Biotechnology, Jiangnan University, Jiangsu Wuxi 214122, China;

2. Technical Research Institute of Jinsha Jiaojiu Distillery Co. Ltd.,

Guizhou Jinsha 551800, China）

Abstract：A total of 180 compounds, including 40 esters, 26 aldehydes, 21 alcohols, 19 sulfur-containing compounds, 15 terpenes, 14 acids, 13 ketones, 10 pyrazines, 8 phenols, 8 furans, 4 lactones, and 2 acetals, were quantified in a comprehensive analysis of six different brands of Jiangxiangxing Baijiu using a multi-method strategy. Combined with the quantitative results, a consistent conclusion was obtained in different brands of soy sauce-flavored liquor. That is, the number of volatile components with contents lower than 5mg/L was much larger than that of compounds higher than 5mg/L. Furthermore, based on the value of OAV, the compounds with OAV ≥ 1 in different brands of Jiangxiangxing Baijiu were screened as 72 in MT, 71 in JS, 69 in XJ, 68 in GT, 66 in ZJ, and 60 in LJ, respectively. The results showed that the compounds with potential aroma contributions in MT were the most abundant in Baijiu samples, followed by JS. In addition, esters and sulfur-containing compounds were the two most abundant among the many compounds with OAV>1.

Key words：Jiangxiangxing Baijiu, Volatile components, OAV

1 前言

白酒是中国独有的一种蒸馏酒，与威士忌、伏特加、朗姆酒、金酒和白兰地一起被认为是世界上最著名的蒸馏酒[1]。作为中国传统发酵的一种嗜好性风味食品，独特的生产工艺赋予了中国白酒独特的风味特征。在白酒生产中，从制曲，到发酵，到蒸馏，再到陈酿，经过一系列过程，能够产生众多的微量风味成分，这些微量成分虽然仅占白酒总质量的2%左右[2]，但是其组分复杂，种类多样，含量跨度大，能够决定白酒的香气、口感、风格及其质量等级。从原料、工艺特点、风味特征等方面，可以将白酒的香型划分为酱香型、浓香型、清香型、米香型、兼香型、芝麻香型、药香型、凤香型、特香型、豉香型、老白干型和馥郁香型[1]。酱香型白酒作为我国白酒的典型香型，其酿造工艺历经"一个生产周期""二次投料""九次蒸煮""八次发酵""七次取酒"，酿造过程具有"四高两长"（"高温制曲""高温堆积""高温发酵""高温馏酒""生产周期长""陈酿贮存时间长"）的典型特征，形成了具有"酱香突出、幽雅细腻、酒体绵柔、回味悠长、空杯留香"的独特风味特点[3]。酒体香气特征是其感官特征中最重要也是最直接的指标，可以说对消费者的消费选择起着决定性的影响。酱香型白酒因其独特的风味特征，赢得了广大消费者的赞誉和喜爱。为了满足消费者对酱香型酒体风味品质的需求，深入研究酱香型白酒中香气化合物的种类及含量关系是至关重要的。

对白酒中挥发性化合物的认知是有历史跨度的。1963 年轻工业部组织人员将纸层析法和薄层层析法应用于茅台等白酒的挥发性成分的剖析探究中，开启了白酒微量成分分析的先河[4]。由于受当时科研技术水平限制，白酒挥发性化合物种类研究处于最初的探索阶段。在当今技术飞速发展的现实条件下，分析仪器方面已有许多突破性的进展。基于合理的前处理技术，联用现有的精密仪器，使得这些挥发性物质的定性手段变得多样化。全面应用现代科学仪器对白酒成分进行剖析的新局面的开启，使得中国白酒的微量成分研究从初始的百种化合物逐步上升到千种化合物[5, 6]，能够让人们对白酒中的挥发性化合物有更加广泛、更加深入的了解。

香气化合物并不是白酒的专属，在其他食品中也会存在。但是，唯独白酒中的一些化合物，如己酸乙酯、乳酸乙酯等（化合物）的含量可能超过 1g/L，在其他食品中这种现象是很难发现的。白酒中 2% 左右的微量成分主要是酯类、醇类、酸类、含氮化合物、含硫化合物、酮类、醛类、萜烯类、缩醛类和内酯类等[7]化合物。所以，针对其物理化学性质、含量、沸点、极性等，不仅需要采用不同的方式对不同类别的化合物含量进行研究[8]，而且不同的定量方法得到的结果之间有一定的差异，准确度也有所不同。此外，白酒中的微量组分含量跨度大，大部分的风味物质含量一般以 g/L、mg/L、µg/L、ng/L 计，有的甚至以 pg/L 计[9]。因此，可能会存在方法不适的问题，比如说气相色谱-质谱联用技术（GC-MS），其可以检测白酒较多种类的化合物，也运用于骨架成分的检测，但由于骨架成分在白酒中含量高，如浓香型白酒中的己酸乙酯，GC-MS 检测容易出现峰过载，造成积分不准确，标准曲线相关性不佳的问题，因此，GC-MS 在部分香型白酒中不适合对高含量的骨架成分进行定量研究。挥发性含硫化合物是白酒中重要的微量成分，硫醇类化合物是白酒中重要挥发性含硫化合物存在的一种比较常见的形式。由于白酒中挥发性含硫化合物有浓度极低（浓度水平大多在 µg/L 或 ng/L）、不稳定、易分解的特点，分析白酒中的挥发性含硫化合物变得异常困难，同时挥发性含硫化合物的定量分析存在巨大的挑战。

酱香型白酒中的挥发性化合物种类是所有香型白酒中最多的，作为中国十二大香型白酒之一，因其独特的风味、口感和相对较好的饮后舒适度，深受广大消费者的青睐。酱香型白酒在全国都有生产，茅台酒当属酱香型白酒的典型代表，除此之外还包括郎酒、习酒、国台和金沙等。然而，不同品牌的酱香型白酒的感官特征及其品质却有一定的差异。因此，本研究采用3种前处理手段［分散液液微萃取（DLLME）、顶空-固相微萃取（HS-SPME）、固相萃取（SPE），联用5种分析检测手段［气相色谱-氢火焰离子化检测器（GC-FID）、GC-MS、全二维气相色谱-飞行时间质谱联用（GC×GC-TOFMS）、气相色谱-脉冲式火焰光度检测器（GC-PFPD）、超高效液相色谱质谱联用（UPLC-MS/MS）］，以不同品牌（茅台、郎酒、习酒、国台、金沙、珍酒）典型酱香型白酒为研究对象，科学剖析不同品牌酱香型白酒风味差异背后的物质基础，以期构建基于风味品质的酱香型白酒质量控制体系，为酱香型白酒风味质量的提升提供科学理论基础。

2　材料与方法

2.1　实验材料

2.1.1　白酒样品

本研究共选择了6款典型酱香型白酒（JS、MT、LJ、XJ、GT、ZJ），酒精度均为53%vol，所有样品在分析前后均储存在20℃的房间。

2.1.2　主要仪器

本研究使用的主要仪器设备如表1所示。

表1　　　　　　　　　　　　**本研究主要仪器设备**
Table 1　　　　　　　　　　**Main instrumentation in this study**

仪器名称	型号	生产厂家
气相色谱仪	7890A/7890B	美国 Agilent 公司
飞行时间质谱仪	Pegasus® 4D	美国 LECO 公司
多功能自动进样系统	MPS2	德国 Gerstel 公司
一维气相色谱柱	DB-FFAP，60m×0.25mm×0.25μm	美国安捷伦公司
二维气相色谱柱	Rxi-17Sil，1.5m×0.25mm×0.25μm	美国 Restek 公司
氢焰离子化检测器	FID	美国 Agilent 公司
脉冲式火焰光度检测器	PFPD	America O-I-Analytical 公司
质谱检测器	MSD 5975	美国 Agilent 公司
氮吹仪	DC-12 型	上海安谱有限公司

续表

仪器名称	型号	生产厂家
超高效液相色谱仪	ACQUITY UPLC	美国 Waters 公司
三重四极杆质谱仪	Xevo TQ-S	美国 Waters 公司
液相色谱柱	BEH C18 （100×2.1mm，1.7μm）	美国 Waters 公司
超纯水仪	Gradient A10 system	Milli-Q

2.1.3 实验材料

标准品：内标化合物乙酸-2-苯乙酯-d3，苯乙酮-d3，（±）-芳樟醇-d3（乙烯基-d3），（R）-2-甲基丁酸-d3，2-甲基吡嗪-d6，愈创木酚-d3，二异丙基二硫醚，2-苯乙硫醇均为色谱纯，购买于上海百灵威化学技术有限公司；内标化合物叔戊醇，乙酸正戊酯和2-乙基丁酸，均为色谱纯，购买于中国食品发酵工业研究院；C6~C30正构烷烃和定量所用标准化学品（色谱纯），购买于 Sigma-Aldrich 有限公司。所有化合物标准品的纯度大于 97.0%。

试剂：4，4′-联吡啶二硫醚（DTDP）、浓盐酸（37%，质量分数）、乙二胺四乙酸二钠（EDTA-Na₂）、乙腈（LC-MS 级）、甲醇（HPLC 级）、无水乙醇（HPLC 级）、二氯甲烷（HPLC 级）、氯化钠（NaCl）、无水硫酸钠和甲酸均购买于国药集团化学试剂有限公司（上海）。

2.2 实验方法

2.2.1 多方法联用解析白酒样品挥发性风味组分

2.2.1.1 直接进样（DI）结合 GC-FID 解析白酒中的挥发性高含量组分

直接进样条件：取 1mL 白酒样品至 2mL 色谱进样瓶中，加入 50μL 包含 2-乙基丁酸、乙酸正戊酯和叔戊醇的混合内标，混合均匀后取 1μL 进样。

GC 条件：初始温度 35℃，维持 5min，以 4℃/min 升温至 100℃，维持运行 2min，再以 8℃/min 升温至 150℃，最后以 15℃/min 升温至 200℃，维持运行 25min。分流比为 20∶1，进样口和检测器温度为 250℃，载气为氦气（纯度>99.999%），流速为 1mL/min。每个样品重复三次。

2.2.1.2 DLLME 结合 GC-MS 解析白酒中的挥发性酚类和酸类组分

DLLME 条件：取 4mL 白酒、16mL 饱和食盐水、4mL 乙醚与乙醚混合溶液于 50mL 玻璃离心管中，加入 20μL 叔戊酸和愈创木酚-d3，涡旋萃取 10min。静置 10min 后，取出上层清液，氮吹浓缩至 250μL。

GC 和 MS 条件：Agilent 7890GC 串联 5975MS，色谱柱为 DB-FFAP（60m×0.25mm×0.25μm，美国安捷伦科技有限公司）。载气为氦气（纯度>99.999%），流速

为 1mL/min。自动进样 1μL，不分流模式。进样口温度 230℃。柱温箱参数：初始温度为 45℃保持 2min，6℃/min 上升至 230℃，保持 10min。样品溶剂延迟时间为 8min。EI 电离源，电离能量为 70eV，离子源温度为 230℃，质谱离子扫描范围 35~350amu。

2.2.1.3　HS-SPME 结合 GC×GC-TOFMS 解析白酒中的挥发性微量组分

HS-SPME 条件：配制 5mL 酒精度在 5%vol 的稀释酒样于 20mL 顶空瓶中，并加入 1.5g NaCl，最后加入 20μL 同位素混合内标 ［乙酸-2-苯乙酯-d3、苯乙酮-d3、（±）-芳樟醇-d3（乙烯基-d3）、（R）-2-甲基丁酸-d3、2-甲基吡嗪-d6 和愈创木酚-d3］。样品配制完成后进行萃取分析，样品先在孵化器中 45℃条件下孵化 5min，随后将转速设置为 400r/min，萃取时间设置为 45min，萃取结束后，在 250℃的进样口解吸附 5min。

GC×GC 条件与 TOFMS 条件参考本课题组之前已报道的研究[10]。

2.2.1.4　HS-SPME 结合 GC-PFPD 解析白酒中的部分挥发性含硫化合物

HS-SPME 条件：配制 8mL 酒精度在 10%vol 的稀释酒样于 20mL 顶空瓶中，加入 1.5g NaCl，加入 10μL 二异丙基二硫醚内标。样品配制完成后进行萃取分析，样品先在 35℃条件下孵化 10min，随后将转速设置为 400r/min，萃取 30min，萃取结束后，在 250℃的进样口解吸附 5min。

GC 和 PFPD 条件：色谱柱 DB-FFAP（30m×0.25mm×0.25μm，J&W，美国），以 N_2 作为载气，流速 1mL/min，升温程序为：初始温度 60℃ 保持 3min，然后以 5℃/min 升温至 150℃ 保持 5min，再以 10℃/min 升温至 230℃ 保持 10min。进样口和检测器温度为 230℃。燃烧气为 H_2 和空气，尾吹气 N_2，门时间为 6~24.9ms，脉冲频率为 3pulses/s。

2.2.1.5　SPE 结合 UPLC-MS/MS 解析白酒中的硫醇类化合物

挥发性硫醇类化合物的衍生化处理条件：参照 Yan Yan 等[11] 的方法，仅做了一些优化。将 25mL 白酒用超纯水将酒精度稀释一半，加入 2-苯乙硫醇溶液 68μL，同时添加 40mg EDTA-Na_2，50% 乙醛 160μL 和 DTDP 400μL。涡旋振荡 5min，静置反应 30min。

SPE 条件：将静置后的样品通过使用 6mL 甲醇和 6mL 超纯水活化处理的 C18 固相萃取柱。然后用 3mL 的甲醇进行洗脱，并收集洗脱液于 5mL EP 管中，氮吹浓缩至 400μL，过膜后避光储存于 4℃冰箱中，以待分析。

UPLC-MS/MS 条件：分析在 ACQUITY UPLC 系统上进行，柱温保持在 40℃。流动相为 0.1% 的甲酸水溶液（A）和 0.1% 的甲酸乙腈（B），洗脱梯度为：0~13min，15%~22% B；13~14min，22%~30% B；14~18min，30%~35% B；18~18.5min，35%~100% B；18.5~21.5min，100% B；21.5~22min，100%~15% B。流速为 0.3mL/min，进样体积为 10μL。质谱检测条件参考 Yan Yan 等[11] 优化的最佳条件进

行检测。

2.2.2 定量标准曲线的构建

2.2.2.1 DI-GC-FID 定量白酒中的高含量挥发性风味组分

根据沙莎等的方法稍做修改[12]，将混合标准溶液按 2 倍稀释法稀释成 10 个浓度梯度，混合溶液酒精度为 50% vol。将标准溶液按照上述样品前处理方法处理后进行仪器分析，方法相同，将目标物与内标物的峰面积比值和浓度比值分别作为横纵坐标进行标准曲线的绘制，实验重复三次。

2.2.2.2 DLLME-GC-MS 定量白酒中的挥发性酚类和酸类组分

基质溶液的配制：在 500mL 50% 乙醇水溶液中加入一定含量的正丙醇、异戊醇、乙酸乙酯、乳酸乙酯、己酸乙酯，滴加乳酸调节 pH 至 3.5 配制成模拟白酒溶液，涡旋混匀储存于 4℃ 冰箱中，备用。

标准品母液的配制：将目标酚类和酸类化合物以预实验中得到的产物分别加到 10mL 基质溶液当中，定容 25mL，混匀。前处理与分析方法同上述样品，将目标物与内标物的峰面积比值和浓度比值分别作为横纵坐标进行标准曲线的绘制，实验重复三次。

2.2.2.3 HS-SPME-GC×GC-TOFMS 定量白酒中的挥发性微量组分

根据课题组前期建立的方法[13]，做了一些适当的优化。在 50% 乙醇水溶液中添加一定含量的正丙醇、异戊醇、乙酸乙酯、乳酸乙酯、己酸乙酯、乙酸，并滴加乳酸调节 pH 至 3.5 配制成模拟白酒溶液。共定量 133 个物质，为了减少竞争性吸附等问题和因添加物质时间过长导致物质挥发损失的情况，因此共分为 4 批。将母液稀释成 5% vol 的 12 个不同浓度梯度的标准溶液，按照低浓度到高浓度进行处理与分析。前处理与分析方法同上述样品，将目标物与内标物的峰面积比值和浓度比值分别作为横纵坐标进行标准曲线的绘制，实验重复三次。

2.2.2.4 HS-SPME-GC-PFPD 定量白酒中的部分挥发性含硫化合物

基质溶液和标准品母液的配制同 2.2.2.3，将目标硫化物按照文献报道的含量按照一定的比例配制成标准品母液，依次用基质溶液稀释 10 个浓度梯度的标准品溶液，前处理方法、分析方法和数据处理方法同上。

2.2.2.5 SPE-UPLC-MS/MS 定量白酒中的硫醇类化合物

参考文献中报道的酱香型白酒中挥发性硫醇类化合物的含量，确定硫醇类化合物标准品的用量。添加一定量的硫醇类化合物标准品溶解于 53% vol 乙醇溶液中，依次进行 2 倍梯度稀释。配制成 10 个不同浓度梯度的标准品溶液，通过与样品进行相同的前处理方法后进样分析。

2.2.3 数据处理

评估不同品牌酱香型白酒三次重复定量浓度间的相对标准偏差（RSD）；定量标

准曲线采用 Excel 2021 进行绘制；不同类别挥发性组分含量差异图采用 Origin 2021b 进行绘制。

3　结果与讨论

3.1　不同品牌酱香型白酒挥发性组分含量差异解析

采用多方法联用的策略对酒样中鉴定出的挥发性组分进行定量分析，定量的挥发性组分的标准曲线线性良好，R^2 均大于 0.99，回收率也满足 80%~120% 的技术要求。在 6 种不同品牌酱香型白酒中共定量了 40 种酯类、26 种醛类、21 种醇类、19 种含硫类、15 种萜烯类、14 种酸类、13 种酮类、10 种吡嗪类，8 种酚类、8 种呋喃类、4 种内酯类和 2 种缩醛类。进一步的，将化合物的含量按照 5mg/L 进行一个阶段划分，研究表明，在不同品牌酱香型白酒中得到了一致的结论，即含量低于 5mg/L 的挥发性组分个数远大于高于 5mg/L 的化合物，比如说 MT 中含量高于 5mg/L 的有 42 种，低于 5mg/L 的有 132 种；GT 中含量高于 5mg/L 的有 41 种，低于 5mg/L 的有 118 种；LJ 中含量高于 5mg/L 的有 42 种，低于 5mg/L 的有 113 种；XJ 中含量高于 5mg/L 的有 40 种，低于 5mg/L 的有 120 种；JS 中含量高于 5mg/L 的有 43 种，低于 5mg/L 的有 124 种；ZJ 中含量高于 5mg/L 的有 41 种，低于 5mg/L 的有 128 种。进一步，将各类别化合物定量浓度进行加和，如图 1 所示，对于吡嗪类，ZJ 中的含量总高（48.19mg/L），最低的是 LJ（5.29mg/L）；对于醇类，JS 中含量最高（4391.42mg/L），最低的是 ZJ（2174.26mg/L）；对于酚类，含量最高的是 ZJ（4.19mg/L），最低的是 XJ（1.43mg/L）；对于呋喃类，含量最高的是 ZJ（561.23mg/L），最低的是 LJ（203.03mg/L）；对于含硫类，含量最高的是 GT（2.82mg/L），最低的是 LJ（1111.27mg/L）；对于内酯类，含量最高的是 MT（1.68mg/L），最低的是 XJ（0.79mg/L）；对于醛类，含量最高的是 LJ（1000.50mg/L），最低的是 XJ（413.76mg/L）；对于酸类，含量最高的是 XJ（3027.73mg/L），最低的是 ZJ（2518.59mg/L）；对于缩醛类，含量最高的是 LJ（439.08mg/L），最低的是 XJ（176.46mg/L）；对于萜烯类，含量最高的是 ZJ（1.55mg/L），最低的是 XJ（0.58mg/L）；对于酮类，含量最高的是 GT（180.25mg/L），最低的是 LJ（202.74mg/L）；对于酯类，含量最高的是 MT（5554.70mg/L），最低的 JS（4299.07mg/L）。结果显示，醇类、酸类和酯类在不同品牌酱香型白酒中占比分别为 MT 88%、XJ 92%、GT 88%、ZJ 88%、LJ 86%、JS 86%，和之前关于酱香型白酒中挥发性组分含量较高的前三大类化合物结论一致[14, 15]。相比这三类化合物，酮类、酚类、呋喃类、内酯类、萜烯类、含硫类、吡嗪类和缩醛类化合物含量占比较低。

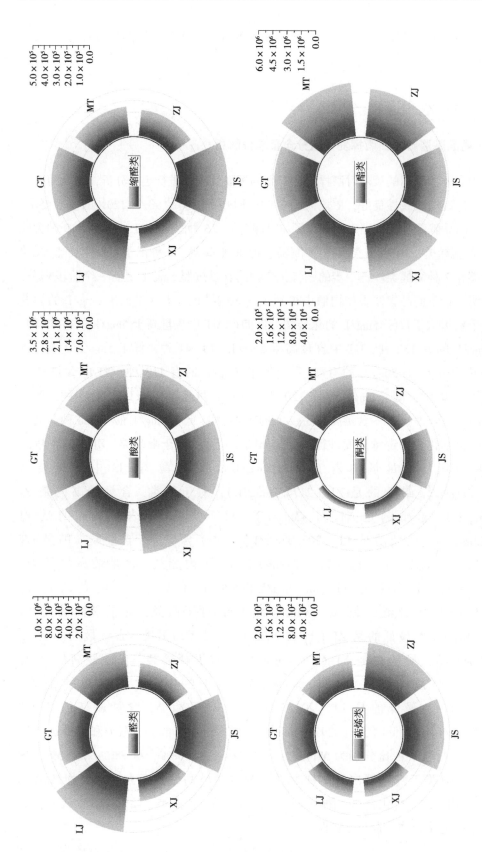

图1 不同品牌酱香型白酒各类别挥发性组分含量差异

Fig.1 Difference in volatile components between different brands of Jiangxiangxing Baijiu by category

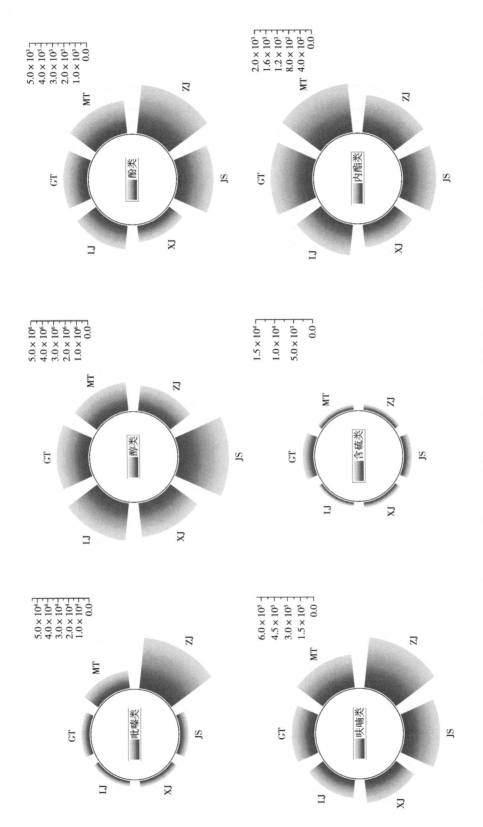

图1 不同品牌酱香型白酒各类别挥发性组分含量差异（续）

Fig.1 Difference in volatile components between different brands of Jiangxiangxing Baijiu by category

3.2 不同品牌酱香型白酒中关键化合物分析

为了进一步考量这 180 种挥发性组分是否对酒样整体风味有贡献, 引入了 OAV 作为参考。OAV 是香气化合物在样品中的实际浓度与其在样品体系中的嗅觉检测阈值之比, 根据 OAV 值的大小可以评估每一个香气化合物对食品整体风味的贡献程度[30]。一般认为只有 OAV ≥1 的香气化合物在样品整体香气特征的呈现中才可能具有贡献作用, 并且 OAV 值越大, 其对样品整体香气的贡献就越大[31], 对呈现样品整体香气特征的影响也就越大。结合文献已报道的嗅觉阈值, 在不同品牌酱香型白酒中筛选出 OAV ≥1 的化合物分别为 MT 中 72 种、JS 中 71 种、XJ 中 69 种、GT 中 68 种、ZJ 中 66 种、LJ 中 60 种, 如表 2 所示。结果表明, JS 和 MT 中具有潜在香气贡献的化合物是不同品牌酱香型白酒中最多的, 此外, 酯类和含硫类是众多 OAV>1 化合物中最多的两类物质。

白酒中的酯类化合物多为乙酯类, 主要贡献愉悦的果香和花香, 来源于酵母、丝状真菌等的代谢产物, 或是在白酒发酵过程中酯化反应的产物[32], 对白酒的整体风味具有显著影响。在本研究中发现的 40 种酯类化合物中有 16~18 个 OAV>1, OAV 值范围从 1~8873。一些含量较高的酯类化合物对酒体整体风味的贡献很大, 比如被认为是白酒中的四大酯类物质[33], 己酸乙酯 (OAV: 2433~8873)、乙酸乙酯 (OAV: 66~88)、丁酸乙酯 (OAV: 263~707) 和乳酸乙酯 (OAV: 9~16)。相反一些含量很低的酯类化合物也对酱香型白酒的整体风味具有显著影响, 比如 4-甲基戊酸乙酯, 其含量在 6 种酱香型白酒中均小于 1mg/L, 但是其 OAV 值范围是 81~138。基于这种情况, 科研工作者的视角从高含量的化合物转向具有 “量微香大” 特点的化合物上[34], 这部分化合物通常具有极低含量和极低嗅觉检测阈值。挥发性含硫化合物是其中极为重要的一类化合物, 其主要贡献烘烤、烧焦、烂白菜的感官特征, 含量一般处于 1mg/L 以下, 有些化合物甚至可以达到纳克级, 比如说甲基 (2-甲基-3-呋喃基) 二硫, 其在 JS 中的浓度是 0.98μg/L (OAV: 3.28); 乙酸-3-巯基乙酯, 其在 LJ 中的浓度是 0.29μg/L (OAV: 72.13)。可见挥发性含硫化合物对白酒的整体风味有着重要影响, 但是其含量过高会引起 “盐菜味” 异嗅味, 可能影响白酒的风味品质[35]。有研究表明, 该类化合物对葡萄酒的风味有着极大的负面影响, 它们是葡萄酒中异嗅的主要来源[36]。所以, 科学分析和监控这类物质的含量, 有助于构建基于风味品质的酱香型白酒质量控制体系, 能够为酱香型白酒风味质量的提升提供科学理论基础。

表2

Table 2　Screening of key aroma compounds of different brands of Jiangxiangxing Baijiu

不同品牌酱香型白酒关键香气化合物的筛选

CAS	化合物	分类	阈值/(μg/L)	OAV					
				MT	GT	LJ	XJ	JS	ZJ
141-78-6	乙酸乙酯	酯类	32600.00[a]	87.99	75.81	70.94	83.79	66.30	78.98
97-64-3	乳酸乙酯	酯类	128000.00[a]	16.40	9.69	14.76	15.24	10.18	15.15
123-66-0	己酸乙酯	酯类	55.30[a]	6939.81	6528.25	2433.53	5207.57	8873.23	3683.66
105-37-3	丙酸乙酯	酯类	19000.00[a]	2.57	2.79	3.47	2.21	4.70	1.79
105-54-4	丁酸乙酯	酯类	81.50[a]	275.58	600.76	343.14	706.93	503.06	263.49
97-62-1	异丁酸乙酯	酯类	57.50[a]	371.53	370.33	394.15	533.58	454.46	453.89
108-64-5	异戊酸乙酯	酯类	6.89[d]	1457.22	2537.46	1349.61	2059.40	4814.01	2138.65
7452-79-1	2-甲基丁酸乙酯	酯类	18.00[d]	694.46	477.52	894.43	583.08	820.00	597.01
101-97-3	苯乙酸乙酯	酯类	407.00[a]	2.27	12.97	2.06	26.81	13.35	24.63
106-32-1	辛酸乙酯	酯类	12.90[a]	164.25	236.44	475.88	460.92	432.32	134.47
103-45-7	乙酸苯乙酯	酯类	909.00[a]	1.69	3.02	1.04	2.35	2.38	3.98
539-82-2	戊酸乙酯	酯类	26.80[a]	217.93	71.31	266.76	61.10	147.46	78.48
123-92-2	乙酸异戊酯	酯类	93.90[b]	20.18	17.52	28.10	21.11	<1	—
103-36-6	肉桂酸乙酯	酯类	0.70[b]	2324.69	2329.67	2315.77	2317.28	2328.97	2324.55
110-19-0	乙酸异丁酯	酯类	922.00[a]	1.21	1.68	1.63	1.45	1.61	1.68

续表

CAS	化合物	分类	阈值/(μg/L)	OAV					
				MT	GT	LJ	XJ	JS	ZJ
110-38-3	癸酸乙酯	酯类	1120.00[a]	1.03	<1	1.18	—	1.75	<1
2021-28-5	3-苯丙酸乙酯	酯类	125.00[a]	9.08	5.28	15.09	14.86	9.95	7.02
626-82-4	己酸丁酯	酯类	678.00[l]	—	—	<1	1.06	—	—
25415-67-2	4-甲基戊酸乙酯	酯类	6.00[i]	123.19	100.56	138.33	97.88	108.11	81.06
4312-99-6	1-辛烯-3-酮	酮类	0.07[p]	94.61	—	—	—	72.19	44.93
513-86-0	3-羟基-2-丁酮	酮类	259.00[d]	431.45	684.41	60.67	149.67	316.80	257.39
431-03-8	2,3-丁二酮	酮类	2.80[b]	5024.71	—	—	1831.39	3724.84	663.49
98-86-2	苯乙酮	酮类	256.00[l]	2.34	1.44	—	3.97	2.30	<1
106-24-1	香叶醇	萜烯类	120.00[k]	1.28	1.27	<1	<1	1.53	1.93
14901-07-6	β-紫罗兰酮	萜烯类	1.30[k]	3.02	—	—	2.04	2.94	3.50
78-70-6	芳樟醇	萜烯类	13.10[k]	7.85	8.43	6.84	6.78	8.76	11.03
23726-93-4	大马士酮	萜烯类	0.12[a]	160.94	246.50	13.81	245.12	183.51	301.88
19700-21-1	土味素	萜烯类	0.11[a]	2570.63	7014.54	3420.71	2141.38	7470.72	8928.48
105-57-7	乙缩醛	缩醛类	2090.00[a]	116.20	157.82	208.30	82.16	205.01	106.08
124-07-2	辛酸	酸类	2700.00[l]	<1	<1	2.00	<1	<1	<1
79-09-4	丙酸	酸类	18200.00[l]	2.12	3.49	4.08	2.11	5.54	1.84
646-07-1	异己酸	酸类	144.00[l]	2.24	2.34	3.07	1.78	1.68	2.02

续表

CAS	化合物	分类	阈值/(μg/L)	OAV					
				MT	GT	LJ	XJ	JS	ZJ
103-82-2	苯乙酸	酸类	3402.00[n]	2.31	3.00	3.27	<1	1.86	2.03
142-62-1	己酸	酸类	2520.00[a]	8.59	1.62	60.31	15.90	24.79	10.02
79-31-2	异丁酸	酸类	1580.00[a]	8.74	8.88	9.21	12.19	8.88	13.24
64-19-7	乙酸	酸类	160000.00[a]	14.52	16.17	12.90	17.18	13.97	14.10
109-52-4	戊酸	酸类	389.00[a]	20.29	53.32	69.92	20.94	66.99	27.34
107-92-6	丁酸	酸类	964.00[a]	27.67	49.25	39.74	29.55	47.57	28.56
503-74-2	异戊酸	酸类	1050.00[a]	96.43	91.19	121.59	130.51	112.66	128.49
122-78-1	苯乙醛	醛类	262.00[a]	10.56	8.28	11.62	14.62	5.11	2.88
557-48-2	反, 顺-2, 6-壬二烯醛	醛类	0.64[j]	7.21	13.11	5.70	8.80	15.63	4.87
100-52-7	苯甲醛	醛类	4200.00[a]	6.71	4.89	2.61	4.91	4.69	5.98
66-25-1	己醛	醛类	25.50[a]	29.64	35.78	32.44	39.43	51.84	14.00
78-84-2	异丁醛	醛类	1300.00[l]	49.21	40.39	—	12.20	56.65	22.61
75-07-0	乙醛	醛类	1200.00[l]	459.75	407.79	792.01	279.54	652.08	290.65
590-86-3	异戊醛	醛类	17.00[l]	2260.68	2263.46	1606.66	1952.26	3754.94	2691.51
124-13-0	辛醛	醛类	39.64[o]	5.28	6.15	4.37	6.99	5.16	<1
124-19-6	壬醛	醛类	122.00[a]	3.08	4.44	4.12	6.00	6.45	<1
706-14-9	γ-癸内酯	内酯类	29.84[g]	1.68	1.41	1.00	1.53	1.57	1.58

续表

CAS	化合物	分类	阈值/(μg/L)	OAV					
				MT	GT	LJ	XJ	JS	ZJ
104-61-0	γ-壬内酯	内酯类	90.70[a]	7.39	3.74	2.98	4.43	4.12	5.39
51755-83-0	3-巯基-1-己醇	含硫类	0.06[f]	—	13968.13	—	—	14701.00	—
75-18-3	二甲基硫	含硫类	17.00[h]	13.64	—	<1	1.22	—	1.29
1534-08-3	硫代乙酸甲酯	含硫类	21.00[h]	2.15	2.58	—	4.70	4.96	2.68
57500-00-2	甲基糠基二硫	含硫类	0.80[m]	1.76	3.76	—	2.63	2.37	2.88
65505-17-1	甲基(2-甲基-3-呋喃基)二硫	含硫类	0.30[j]	2.04	5.88	—	4.65	3.28	6.66
75-08-1	乙硫醇	含硫类	0.80[c]	7.50	7.51	7.45	7.56	7.55	7.48
624-92-0	二甲基二硫	含硫类	9.10[c]	12.63	20.68	—	16.44	20.82	18.70
3268-49-3	3-甲硫基丙醛	含硫类	7.12[d]	6.58	73.26	—	9.92	16.31	23.20
3658-80-8	二甲基三硫	含硫类	0.46[f]	146.34	75.92	—	62.41	159.05	148.43
74-93-1	甲硫醇	含硫类	2.20[c]	203.11	314.37	23.26	301.31	218.98	255.19
98-02-2	糠硫醇	含硫类	0.10[h]	484.51	582.51	364.87	416.80	508.48	438.69
136954-20-6	乙酸-3-巯基乙酯	含硫类	0.004[e]	292.50	513.54	72.13	194.83	556.10	877.35
28588-74-1	2-甲基-3-呋喃硫醇	含硫类	0.005[e]	9215.79	8038.56	482.38	9430.52	5766.88	4511.71
13678-68-7	硫代乙酸糠酯	含硫类	4.15[f]	3.44	—	—	—	—	—
98-01-1	糠醛	呋喃类	44000.00[a]	7.74	5.41	4.45	5.21	9.06	12.23
90-05-1	愈创木酚	酚类	13.41[o]	2.29	7.34	4.08	1.88	4.28	4.93

续表

CAS	化合物	分类	阈值/(μg/L)	OAV					
				MT	GT	LJ	XJ	JS	ZJ
78-92-2	仲丁醇	醇类	50000.00[l]	<1	1.14	<1	2.85	1.90	<1
543-49-7	2-庚醇	醇类	1430.00[a]	<1	1.65	2.04	1.11	1.62	1.80
123-51-3	异戊醇	醇类	179000.00[a]	1.59	<1	1.93	<1	<1	1.99
78-83-1	异丁醇	醇类	28300.00[a]	3.34	4.86	6.95	4.32	5.12	7.76
60-12-8	β-苯乙醇	醇类	28900.00[a]	0.61	0.43	0.37	0.44	0.77	0.76
71-23-8	正丙醇	醇类	54000.00[l]	33.93	43.62	44.40	45.66	70.85	23.45
3391-86-4	1-辛烯-3-醇	醇类	6.12[a]	33.41	32.17	17.63	24.22	36.89	29.61
71-36-3	正丁醇	醇类	2730.00[a]	31.63	21.03	17.00	19.08	26.38	32.06
111-27-3	正己醇	醇类	5370.00[a]	1.33	2.07	5.04	1.41	3.82	<1
108-50-9	2,6-二甲基吡嗪	吡嗪类	226.18[f]	5.47	4.84	2.87	5.29	8.24	5.17
14667-55-1	三甲基吡嗪	吡嗪类	19.20[f]	141.19	143.48	72.45	73.02	107.42	191.26
13925-03-6	2-乙基-6-甲基吡嗪	吡嗪类	0.27[f]	4720.73	2634.45	3936.03	3169.09	4418.41	2776.07

注：a为在46%vol乙醇水溶液中的嗅觉检测阈值[16]；b为在40%vol乙醇水溶液中的嗅觉检测阈值[17]；c为在46%vol乙醇水溶液中的嗅觉检测阈值[18]；d为在46%vol乙醇水溶液中的嗅觉检测阈值[19]；e为在45%vol乙醇水溶液中的嗅觉检测阈值[20]；f为在40%vol乙醇水溶液中的嗅觉检测阈值[15]；g为在40%vol乙醇水溶液中的嗅觉检测阈值[21]；h为在45%vol乙醇水溶液中的嗅觉检测阈值[22]；i为在53%vol乙醇水溶液中的嗅觉检测阈值[23]；j为在46%vol乙醇水溶液中的嗅觉检测阈值[24]；l为在46%vol乙醇水溶液中的嗅觉检测阈值[25]；m为在53%vol乙醇水溶液中的嗅觉检测阈值[26]；n为在53%vol乙醇水溶液中的嗅觉检测阈值[10]；k为在53%vol乙醇水溶液中的嗅觉检测阈值[27]；o为在46%vol乙醇水溶液中的嗅觉检测阈值[28]；p为在46%vol乙醇水溶液中的嗅觉检测阈值[29]。

4 结论

采用多方法联用的策略对 6 种不同品牌酱香型白酒进行综合分析，共定量 180 种化合物，其中酯类 40 种、醛类 26 种、醇类 21 种、含硫类 19 种、萜烯类 15 种、酸类 14 种、酮类 13 种、吡嗪类 10 种，酚类 8 种、呋喃类 8 种、内酯类 4 种和缩醛类 2 种。在不同品牌酱香型白酒中得到了一致的结论，即含量低于 5mg/L 的挥发性组分个数远大于高于 5mg/L 的化合物。根据 OAV 的大小，在不同品牌酱香型白酒中筛选出 OAV≥1 的化合物分别为 MT 中 72 种、JS 中 71 种、XJ 中 69 种、GT 中 68 种、ZJ 中 66 种、LJ 中 60 种。结果表明，MT 中具有潜在香气贡献的化合物是不同品牌酱香型白酒中最多的，其次是 JS。此外，酯类和含硫类是众多 OAV>1 化合物中最多的两类物质。

参考文献

［1］Zheng X W, Han B Z. Baijiu, Chinese liquor: History, classification and manufacture ［J］. Journal of Ethnic Foods, 2016, 3（1）: 19-25.

［2］Shen Y. Encyclopedia of Baijiu production technology: China Light Industry Press, 1998.

［3］崔利. 酱香型白酒"四高两长"酿酒理论的作用、价值、地位之我见 ［J］. 酿酒, 2022, 49（05）: 3-6.

［4］熊子书. 中国三大香型白酒的研究（二）——酱香·茅台篇 ［J］. 酿酒科技, 2005,（04）: 25-30.

［5］季克良, 郭坤亮, 朱书奎, 等. 全二维气相色谱/飞行时间质谱用于白酒微量成分的分析 ［J］. 酿酒科技, 2007,（03）: 100-102.

［6］Yao F, Yi B, Shen C, et al. Chemical analysis of the Chinese liquor Luzhoulaojiao by comprehensive two-dimensional gas chromatography/time-of-flight mass spectrometry ［J］. Sci Rep, 2015, 5: 9553.

［7］Liu H, Sun B, Effect of fermentation processing on the flavor of Baijiu ［J］. Journal of Agricultural and Food Chemistry, 2018, 66（22）: 5425-5432.

［8］Jia W, Fan Z, Du A, et al. Recent advances in Baijiu analysis by chromatography based technology-a review ［J］. Food Chemistry, 2020, 324: 126899.

［9］范文来, 徐岩. 酒类风味化学. 中国轻工业出版社, 2014.

［10］Wang L, Fan S, Yan Y, et al. Characterization of potent odorants causing a pickle-like off-odor in moutai-aroma type Baijiu by comparative aroma extract dilution analysis, quantitative measurements, aroma addition, and omission studies [J]. Journal of Agricultural and Food Chemistry, 2020, 68 (6): 1666-1677.

[11] Yan Y, Lu J, Nie Y, et al. Characterization of volatile thiols in Chinese liquor (Baijiu) by ultraperformance liquid chromatography–mass spectrometry and ultraperformance liquid chromatography–quadrupole–time–of–flight mass spectrometry [J]. Frontiers in nutrition, 2022, 9: 1022600.

[12] 沙莎. 白酒中挥发性含硫化合物及其风味贡献研究 [D]. 无锡: 江南大学, 2017.

[13] Mu X Q, Lu J, Gao M X, et al. Optimization and validation of a headspace solid–phase microextraction with comprehensive two–dimensional gas chromatography time–of–flight mass spectrometric detection for quantification of trace aroma compounds in Chinese liquor (Baijiu) [J]. Molecules, 2021, 26: 6910.

[14] 王晓欣. 酱香型和浓香型白酒中香气物质及其差异研究 [D]. 无锡: 江南大学, 2014.

[15] 张俊. 赖茅酒特征香气成分鉴定及香气协同作用研究 [D]. 上海: 上海应用技术大学, 2021.

[16] Gao W, Fan W, Xu Y. Characterization of the key odorants in light aroma type Chinese liquor by gas chromatography–olfactometry, quantitative measurements, aroma recombination, and omission studies [J]. Journal of Agricultural and Food Chemistry, 2014, 62 (25): 5796-5804.

[17] Poisson L, Schieberle P. Characterization of the key aroma compounds in an american bourbon whisky by quantitative measurements, aroma recombination, and omission studies [J]. Journal of Agricultural and Food Chemistry, 2008, 56 (14): 5820-5826.

[18] Chen S, Sha S, Qian M, et al. Characterization of volatile sulfur compounds in moutai liquors by headspace solid–phase microextraction gas chromatography–pulsed flame photometric detection and odor activity value [J]. Journal of Food Science, 2017, 82 (12): 2816-2822.

[19] Fan H, Fan W, Xu Y. Characterization of key odorants in chinese chixiang aroma–type liquor by gas chromatography–olfactometry, quantitative measurements, aroma recombination, and omission studies [J]. Journal of Agricultural and Food Chemistry, 2015, 63 (14): 3660-3668.

[20] Zhu J, Niu Y, Huang M, et al. Characterization of key sulfur aroma compounds and enantiomer distribution in Yingjia Gongjiu [J]. LWT, 2022, 167: 113799.

[21] Li Y, Li Q, Zhang B, et al. Identification, quantitation and sensorial contribu-

tion of lactones in brandies between China and France [J]. Food Chemistry, 2021, 357: 129761.

［22］Sha S, Chen S, Qian M, et al. Characterization of the typical potent odorants in Chinese Roasted Sesame-like flavor type liquor by headspace solid phase microextraction-aroma extract dilution analysis, with special emphasis on sulfur-containing odorants [J]. Journal of Agricultural and Food Chemistry, 2017, 65 (1): 123-131.

［23］Sun J, Li Q, Luo S, et al. Characterization of key aroma compounds in Meilanchun sesame flavor style Baijiu by application of aroma extract dilution analysis, quantitative measurements, aroma recombination, and omission/addition experiments [J]. RSC Advances, 2018, 8 (42): 23757-23767.

［24］Wang L, Hu G, Lei L, et al. Identification and aroma impact of volatile terpenes in Moutai liquor [J]. International Journal of Food Properties, 2016, 19 (6): 1335-1352.

［25］Wang X, Fan W L, Xu Y, Comparison on aroma compounds in Chinese soy sauce and strong aroma type liquors by gas chromatography-olfactometry, chemical quantitative and odor activity values analysis [J]. European Food Research and Technology, 2014, 239 (5): 813-825.

［26］Yan Y, Chen S, Nie Y, et al. Characterization of volatile sulfur compounds in soy sauce aroma type Baijiu and changes during fermentation by GC×GC-TOFMS, organoleptic impact evaluation, and multivariate data analysis [J]. Food Research International, 2020, 131: 109043.

［27］Niu Y, Zhang J, Xiao Z, et al. Evaluation of the perceptual interactions between higher alcohols and off-odor acids in Laimao Baijiu by $\sigma-\tau$ plot and partition coefficient [J]. Journal of Agricultural and Food Chemistry, 2020, 68 (50): 14938-14949.

［28］范文来, 徐岩. 白酒 79 个风味化合物嗅觉阈值测定 [J]. 酿酒, 2011, 38 (4): 80-84.

［29］张灿. 中国白酒中异嗅物质研究 [D]. 无锡: 江南大学, 2013.

［30］Chen S, Xu Y, Qian M C. Aroma characterization of Chinese Rice Wine by gas chromatography-olfactometry, chemical quantitative analysis, and aroma reconstitution [J]. Journal of Agricultural & Food Chemistry, 2013, 61 (47): 11295-11302.

［31］Cacho J, Culleré L, Moncayo L, et al. Characterization of the aromatic profile of the Quebranta variety of Peruvian pisco by gas chromatography-olfactometry and chemical analysis [J]. Flavour & Fragrance Journal, 2012, 27 (4): 322-333.

［32］Rojas V, Gil J. V, Piñaga F, et al. Studies on acetate ester production by non-

Saccharomyces wine yeasts ［J］. International Journal of Food Microbiology，2001，70（3）：283-289.

［33］沈怡方. 白酒中四大乙酯在酿造发酵中形成的探讨 ［J］. 酿酒科技，2003，（5）：28-31.

［34］刘志鹏. 全二维气相色谱—飞行时间质谱技术在白酒挥发性风味组分定性、定量分析中的应用 ［D］. 无锡：江南大学，2019.

［35］Wang L，Fan S，Yan Y，et al. Characterization of potent odorants causing a pickle-like off-odor in Moutai-aroma type Baijiu by comparative aroma extract dilution analysis，quantitative measurements，aroma addition，and omission studies ［J］. Journal of Agricultural and Food Chemistry，2020，68（6）：1666-1677.

［36］范文来，徐岩. 中国白酒风味物质研究的现状与展望 ［J］. 酿酒，2007，34（4）：31-37.

青稞香型白酒动物醉酒度饮后舒适度评价模型的初步建立

祁万军[1,2]，黄和强[1,2]，李善文[1,2]，陈占秀[1,2]，

孔令武[1,2]，马菊兰[1,2]，朱广燕[1,2]，冯声宝[1,2]

（1. 中国青稞酒研究院，青海互助　810500；

2. 青海互助天佑德青稞酒股份有限公司，青海互助　810500）

摘　要：通过青稞香型白酒动物醉酒度实验建立饮用舒适度评价方法，筛选低醉酒度、饮后舒适度的产品。采用动物精细行为学方法[1]，观察小鼠白酒灌胃后翻正反射消失、恢复实验[2]，依据动物实验醉酒、醒酒时间（$p<0.01$）判断青稞酒饮后舒适度。实验采用耐乙醇能力较强的 SPF 级 KM 小鼠，首先对 SPF 级 KM 小鼠使用酒精度降度为 42%（体积分数）的乙醇和青稞白酒产品进行最佳灌胃剂量实验，确定 42%（体积分数）酒样 0.200mL/g 体重为最佳灌胃剂量，然后对天佑德青稞酒产品进行动物醉酒度实验。通过动物醉酒度实验建立了青稞酒饮用舒适度评价模型，能够更加精准辨别青稞酒饮用舒适度，筛选出低醉酒度产品，实现产品品质把控与指导。

关键词：青稞香型白酒，灌胃，KM 小鼠，醉酒度，舒适度，动物模型

作者简介：祁万军（1990—），男，青海互助人，本科，二级品酒师，从事白酒发酵研究工作；邮箱：547433931@ qq. com。

通信作者：冯声宝（1977—），男，湖北人，新加坡国立大学化学系博士，华中科技大学生命科学院博士后；邮箱：fengshenbao@ qkj. com. cn。

A preliminary establishment of a model for evaluating the comfort of barley liquor animals after drunkenness

QI Wanjun[1,2], HUANG Heqiang[1,2], LI Shanwen[1,2], CHEN Zhanxiu[1,2],

KONG Lingwu[1,2], MA julan[1,2], ZHU Guangyan[1,2], FENG Shengbao[1,2]

（1. China Highland Barley Baijiu Research Institute, Qinghai Huzhu 810500;

2. Qinghai Huzhu Tianyoude Highland Barley Baijiu Co. Ltd. , Qinghai Huzhu 810500, China）

Abstract：The evaluation method of drinking comfort level was established through the drunkenness experiment of highland barley fragrant liquor animals, and the products with low drunkenness and post-drinking comfort level were screened. The animal fine behavior method[1] was used to observe the disappearance and recovery experiment of regurgitation reflex of mouse white spirit after gavage[2]. According to the drunk and sober-up time of animal experiment($p<0.01$) judge the comfort level of cyan barley wine after drinking. In the experiment, SPF KM mice with strong ethanol resistance were adopted. Firstly, the experiment was conducted on SPF KM mice by using ethanol and highland barley liquor products with decreasing degree of 42% vol, determine 42% vol wine sample 0. 200 mL/(g · bw) is the best dose for intragastric administration, and then the animal drunkenness experiment is carried out on Tianyoude Qinghai - Anhui wine products. Through animal drunkenness experiment, the evaluation model of the drinking comfort level of cyan chinensis wine is established, which can more accurately identify the drinking comfort level of cyan chinensis wine, screen out products with low drunkenness degree, and realize the control and guidance of product quality.

Key words：Highland barley Baijiu, KM mice, Drunkenness, Comfort, Animal model

1　前言

白酒饮用过程和饮后舒适度是体现酒质的一个非常重要因素，酒类升级应适应社会消费发展而进行品质提升与酒体创新。如今消费者已从饮酒思想转化为健康饮酒、饮健康酒，如何让消费者饮用舒适的白酒显得尤为重要。白酒饮用舒适度有两层含义：一是饮用过程舒适度，即饮用时对酒体色、香、味的综合感受；二是饮后的生理反应，如饮后醉酒慢、醒酒快、不上头、不口干等。天佑德青稞酒具有清香纯正、怡悦馥合、口感绵甜爽净、醇厚丰满、香味谐调、回味怡畅等特点，但通过市场调研与消费者测试，有少部分青稞酒产品存在饮后头疼、口干等质量缺陷。

传统白酒饮后评价基于饮酒者的调查，由于人的个体年龄、体质的差异，这种调查结果的主观性很强，往往给此类研究带来一定的困扰。通过动物实验模型建立青稞酒饮用舒适度评价体系，能够更加精准辨别青稞酒饮后舒适度，筛选出低醉酒度产品，指导产品品质把控与提升。

2 材料与方法

2.1 材料与试剂

ME2002E/02 电子天平［梅特勒-托利多仪器（上海）有限公司］；灌胃针（北京精凯达仪器有限公司）；监控系统（杭州海康威视数字技术股份有限公司）；Eppendorf 移液枪（德国艾本德股份公司）。

无水乙醇（AR）：用纯净水将无水乙醇降度至 42%（体积分数）；青稞酒不同产品：①1 号 42%（体积分数）青稞香型产品。②2~5 号青稞香型产品，酒精度折算至 42%。③阳性对照酒 6~9 酒样及感官缺陷酒样醛香、偏格、糠味、糟味、涩味酒样（由青海互助天佑德青稞酒股份有限公司提供）。

2.2 实验动物

实验动物采用 SPF 级 KM 小鼠，雌雄随机，18~30g（由兰州大学实验动物中心提供）。

2.3 实验方法

2.3.1 实验方法选择

本实验主要通过动物精细行为学建立青稞酒饮用舒适度研究体系。醉酒度实验采用国际上公认的先进方法——小鼠翻正反射消失和恢复试验，作为判断醉酒和醒酒的方法，利用高清监控系统记录观察动物行为。实验动物数量每组小鼠选择 6 只，实验随机抓取标记编号，灌胃时随机抓取。首先根据动物实验醉酒度翻正反射现象摸索青稞酒的小鼠最佳灌胃剂量，然后根据最佳灌胃剂量开展青稞酒产品动物醉酒度实验，初步判断饮后舒适性，对青稞酒缺陷酒样与阳性对照酒样进行动物实验，观察记录醉酒度实验监控视频，通过醉酒度参数初步评价青稞酒产品质量。

2.3.2 实验动物管理要求[3]

实验动物购入后，适应性喂养 5d 之后进行实验。实验前 12h 禁食，自由饮水。按体重随机分组，并用苦味酸进行标记。喂养环境为国家规定普通研究及试验环境（室内温度 18~26℃，湿度 50%~70%，光照 150lx，噪声≤60dB，室内用排风扇通风换气，保证室内氨浓度≤14mg/m³，所喂饲料达到国家试验动物营养需要标准的颗粒饲料，饮用水要符合饮用水标准）。

2.3.3　实验操作步骤与参数

灌胃时针头沿着口角通过食管进入胃内，如果动物出现强烈挣扎、呕吐现象时拔出灌胃针重新操作。KM 小鼠醉酒度实验灌胃后，记录以下各阶段：潜伏期：从饮酒到开始醉酒的时间；沉醉期：从醉酒到开始醒的时间；未醒率：在规定时间内未醒的发生率；死亡率：在规定时间内死亡的发生率。

3　结果与分析

3.1　乙醇与青稞酒最佳灌胃剂量实验结果

小鼠最佳灌胃剂量醉酒度参数见表 1。

表 1　　　　　　　　　小鼠最佳灌胃剂量醉酒度参数
Table 1　　Parameters of intoxication degree in mice with optimal gavage dose

样品	组别	剂量/ （mL/10g）	数量/ 只	潜伏期/ min	沉醉期/ min	未醒数/ 只	致死量/ 只
乙醇 （42%）	1	0.160	6	19±5	165±12	0	0
	2	0.180	6	17±25	173±34	0	0
	3	0.200	6	17±8	160±6	0	1
	4	0.220	6	16±18	致死	3	3
1 号酒 （42%）	5	0.160	6	不明显	不明显	0	0
	6	0.180	6	不明显	不明显	0	0
	7	0.200	6	22±2	182±3	0	0
	8	0.220	6	25±10	致死	1	1
对照 （水）	9	0.160	6	正常	正常	0	0
	10	0.180	6	正常	正常	0	0
	11	0.200	6	正常	正常	0	0
	12	0.220	6	正常	正常	0	0

通过乙醇灌胃后醉酒度过程观察数据记录，剂量 0.200mL/10g 时，有较明显的潜伏期、沉醉期状态，剂量 0.220mL/10g 时小鼠致死，已达最大致死剂量，1 号酒最佳灌胃分析：通过四组不同剂量小鼠灌胃实验，最终剂量为 0.200mL/10g 的第三组在醉酒过程中出现较明显的潜伏期［（22±2）min］、沉醉期［（182±3）min］，剂量为 0.220mL/10g 时，小鼠出现致死现象。初步确定对 KM 小鼠青稞酒最佳灌胃剂量为 0.200mL/10g。

3.2 不同青稞酒产品动物醉酒度实验结果

青稞酒样本动物醉酒度实验参数见表2。

表2 青稞酒样本动物醉酒度实验参数
Table 2 Experimental parameters of animal drunkenness of highland barley wine samples

样品	酒精度	剂量/(mL/10g)	数量/只	潜伏期/min	沉醉期/min	未醒数/只	致死量/只
1号酒	42	0.200	6	22±2	182±3	0	0
2号酒	52	0.162	6	21±3	113±10	0	0
3号酒	52	0.162	6	12±3	116±5	0	0
4号酒	52	0.162	6	17±1	174±20	0	0
5号酒	52	0.162	6	10±2	239±17	0	0
对照	无菌水	0.200	6	正常	正常	0	0

天佑德系列青稞酒醉酒度实验结果分析：通过小鼠醉酒度实验结果可以看出，5款天佑德酒样潜伏期时间比较发现：其中1号与2号酒样的潜伏期最长，可表现为饮后醉酒慢，不易上头。5号酒样潜伏期短，可表现为饮后醉酒快。5款天佑德酒样的沉醉期时间比较发现：其中2号和3号酒样沉醉期最短，可表现为饮后醒酒快。5号酒样的沉醉期最长，可表现为饮后醒酒慢，舒适性相对较差。综合5款酒样的舒适性从优到差排序为：2号>3号>4号>1号>5号。

3.3 青稞酒缺陷酒样与阳性对照产品动物醉酒度实验结果

天佑德青稞酒缺陷酒样与外部产品动物醉酒度实验结果见表3。

表3 天佑德青稞酒缺陷酒样与外部产品动物醉酒度实验结果
Table 3 Experimental results of animal intoxication degree of yude highland barley wine with defect samples and external products

样品	酒精度	剂量/(mL/10g)	数量/只	潜伏期/min	沉醉期/min	未醒数/只	致死量/只
6号酒	44.8	0.187	4	18±3	128±25	0	0
7号酒	45	0.187	4	15±6	136±30	0	0
8号酒	35	0.240	4	18±5	120±12	0	0
9号酒	52	0.161	4	12±10	178±20	0	0
醛香酒样	76.8	0.110	4	11±3	150±14	1	1
偏格酒样	66.0	0.124	4	16±5	120±25	0	0

续表

样品	酒精度	剂量/(mL/10g)	数量/只	潜伏期/min	沉醉期/min	未醒数/只	致死量/只
糠味酒样	64.7	0.127	4	10±10	185±15	0	0
糟味酒样	66.4	0.123	4	13±15	150±15	0	0
涩味酒样	65.3	0.127	4	11±5	192±22	0	1

　　通过对青稞酒缺陷型酒样与阳性对照酒样对比分析，潜伏期比较：在 9 款酒样中毛铺苦荞酒 6 号酒与中国劲酒样品 8 号酒的潜伏期较长，相对青稞酒缺陷酒样潜伏期短，表现为毛铺苦荞 6 号酒与中国劲酒 8 号酒上头较慢，不易醉酒。沉醉期比较：在 9 款酒样中涩味与糠酒样潜伏期最长，饮后醒酒慢，舒适性较差，阳性酒样毛铺酒 6 号酒与竹叶青 7 号酒等酒样沉醉期短，舒适性较好，饮后醒酒快。

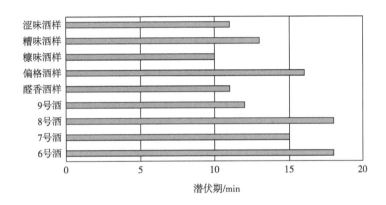

图 1　青稞酒缺陷与阳性对照酒样潜伏期比较

Fig. 1　Comparison of the latent period of the lack of wine-like in the green
cricket wine and the positive control wine

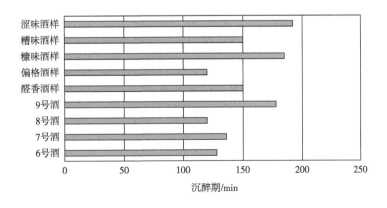

图 2　青稞酒缺陷与阳性对照酒样沉醉期比较

Fig. 2　Comparison of Qingsheng wine defects and positive comparison
wine-like drunk period comparison

4　结论

　　白酒饮用舒适度评价中人体测试是最直接最亲身的体验与感受，它最真切地反映了酒的质量好坏[4]。但酒体的前期人体测试存在一定的客观因素。随着物质生活水平的提高，消费者对白酒的质量要求也越来越高，不但要求酒的口感质量要好，更重要的是要求饮后舒适，无不良反应和副作用，即不产生口干、上头、头痛、胃难受等现象[5]。青稞香型白酒与其他白酒在酿造原料、酿造用水、酿造工艺、制曲原料、产品风格上有较大差异，使得高原环境下酿造的青稞酒饮后具有醉酒慢、醒酒快、口不干等特点。为更加完善青稞酒产品品质把控手段，除原有的白酒品酒委员品评、营销市场测试、人体醉酒度测试外，增加了动物醉酒度评价方法。初步建立了青稞酒饮用舒适度动物醉酒度评价模型，此方法排除了人体测试带来的客观因素，如人体年龄、性别、酒量、体质、心情等的因素。使用SPF级KM小鼠，首先进行了对KM小鼠的青稞酒最佳灌胃计量的确定，通过模拟人体醉酒情况与小鼠翻正反射情况，确定42%vol青稞酒样0.200mL/g为最佳灌胃剂量。依照最佳剂量标准开展了青稞酒新产品与外部酒的动物醉酒度实验，对公司新产品的饮后舒适度筛选设置了一道高质量防线。

参考文献

　　[1] 徐佳楠. 影响浓香型白酒饮后舒适度关键酒体成分的评价模型建立 [D]. 乌鲁木齐：新疆农业大学，2020.

　　[2] 孙禹，张茹，杜娟，赵莹莹，等. 消食解酒颗粒对醉酒动物的实验研究 [J]. 哈尔滨商业大学学报（自然科学版），2019，35（05）：519-521.

　　[3] 傅江南. P级动物实验室特殊要求和管理 [J]. 实验动物科学与管理，1996（02）：36-40.

　　[4] 曹晓念，沈才洪，毛健，等. 白酒的饮用舒适度研究进展 [J]. 中国酿造，2021，40（01）：1-6.

　　[5] 高传强. 如何提高白酒饮用后的舒适度 [J]. 酿酒科技，2007（01）：123-125.

食品的鼻后香气研究进展

于亚敏[1,2]，聂尧[1,2]，陈双[1,2]，徐岩[1,2]

（1. 江南大学生物工程学院，酿造微生物学与应用酶学研究室，江苏无锡 214122；

2. 江南大学工业生物技术教育部重点实验室，江苏无锡 214122）

摘 要：鼻后香气是在人们食用食品时，从口腔中释放的香气，通过鼻咽通路到达嗅觉黏膜细胞被人们感知，带给人们愉悦感。食品的鼻后香气与食品的品质以及消费者的偏好密切相关。本文通过汇总国际上研究食品鼻后香气的相关论文，对食品的鼻后香气的研究进行综述。首先，阐明了鼻前香气和鼻后香气的差异。然后，介绍了鼻后香气的研究方法，主要为仪器分析和感官评价。最后，介绍了白酒鼻后香气的研究进展。本综述的目的是为食品鼻后香气研究提供借鉴和思路，提高食品品质而增加消费者的偏好提供参考。

关键词：鼻后香气，仪器分析，动态感官评价，释放与感知，食品消费

Research progress on retronasal aroma of food

YU Yamin[1,2]，NIE Yao[1,2]，CHEN Shuang[1,2]，XU Yan[1,2]

（1. Lab of Brewing Microbiology and Applied Enzymology，School of Biotechnology，Jiangnan University，Jiangsu Wuxi 214122；

2. Key Laboratory of Industrial Biotechnology，Ministry of Education，Jiangnan University，Jiangsu Wuxi 214122）

Abstract：Retronasal aroma is the aroma released from the food in the mouth when people are eating food. It reaches the olfactory mucosal cells through the retronasal pathway and is perceived by people，bringing a sense of pleasure. Retronasal aroma is closely related to

作者简介：于亚敏（1991—），女，博士在读，研究方向为酒类风味化学；邮箱：yuyam123@163.com；联系电话：18821676263。

通信作者：陈双（1984—），男，教授，博士，研究方向为酒类风味化学及酿造技术等；邮箱：shuangchen @jiangnan.edu.cn；联系电话：13621513891。

food consumption and consumer preference. In this paper, research progress of the retronasal aroma of food is summarized by collecting the related papers (mainly about alcohol beverages) in the world. Firstly, the differences between retronasal and orthonasal aroma are expounded. Then, the research methods of retronasal aroma are introduced, mainly for instrumental analysis and sensory evaluation. Finally, the research progress of retronasal aroma of Baijiu was introduced. The purpose of this review is to provide methods and ideas for the study of retronasal aroma of food, so as to provide directions for improving food quality and increasing consumer preferences.

Key words: Retronasal aroma, Instrumental analysis, Dynamic sensory evaluation, Release and perception, Food consumption

1 食品鼻后香气

食品的鼻后香气是食物在口腔内被食用时释放的香气[1]，其通过口腔与鼻腔连通的管道上升到鼻根的嗅觉黏膜而被人们感知[2,3]。鼻后香气像是被人们"尝"到的，有时会被误判为"味"。鼻后香气会受到口腔黏膜的吸附、唾液和气流的稀释，浓度很低；鼻后香气的释放和感知通常伴随着进食、饮水、吞咽和呼气等一些动作，具有随时间动态变化的特点[2]。食品的鼻后香气对消费者评估食品的质量和食品偏好度方面具有重要的影响。通过表征食品的鼻后香气的释放与感官特征，解析鼻后香气的影响因素对香气物质在鼻后的释放与感知的影响内在机制，有助于我们深入理解食品消费过程中风味的产生、释放与传递，为食品工业提供更多控制食品风味，提高食品品质，增加消费者偏好的参考。

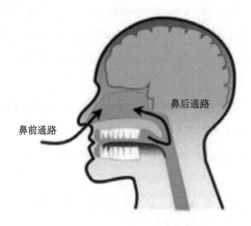

图 1　鼻前和鼻后通路示意图

Fig. 1　Schematic diagram of orthonasal and retronasal nasal routes.

2　鼻前和鼻后香气的差异

2.1　鼻前和鼻后香气感知的差异

鼻前和鼻后途径的香气感知之间的差异已经被许多理论所解释，其中有两个理论的支持者较多。Mozell 提出，嗅觉识别过程类似于层析法，当一种物质的分子沿着液体或固体表面移动时，它会比另一种物质的分子在单位时间内更快地到达给定的点，这种现象暗示了鼻前和鼻后气味浓度和气流模式的不同[4]。Rozin 提出了第二种理论，认为鼻前和鼻后的嗅觉是两个不同的系统，是唯一的双重感觉形态，它既能感知外部世界，也能感知口腔里的物体，同样的嗅觉刺激可以通过两种不同的方式感知和评估，这取决于它呈现的方式[5]。一系列研究表明同一气味的鼻前和鼻后传递可能引起不同的感知和神经反应[6-8]。然而，造成这一区别的原因仍不清楚。有研究认为，主要的区别在于气味到达嗅觉上皮的效率，因此这种区别是定量的，而不是定性的[1]。气味（香气）在阈值和阈上水平在鼻前嗅觉比较敏感[7]。

2.2　鼻前和鼻后香气属性和阈值的差异

鼻前和鼻后对食品香气属性的感知存在差异。香气化合物要被感知必须通过鼻前或鼻后通路到达嗅觉上皮，而感知的强度将取决于到达嗅觉受体细胞的香气化合物的分子数量。Piombino 等发现香气化合物的总顶空含量随嗅觉路径的变化而变化，这使得通过鼻前和鼻后两个路径感知的葡萄酒香气存在差异[9]。12 名评价员通过鼻前和鼻后的定量描述法对 30 款勃艮第黑比诺葡萄酒进行评价[10]，发现 5 个感官特征（烘烤咖啡、樱桃、木头、胡椒、割草）通过鼻后似乎更强烈地被感知到，而通过鼻前更强烈地感知到的 6 个香气属性为覆盆子、皮革、香草、熏制、灌木丛、动物。相对于鼻后，鼻前对葡萄酒的鉴别能力和重复性略好。通过鼻后评价，感官小组能够很好地区分来自同一酿酒商的葡萄酒，可能与不同的酿酒风格相对应[11]。在佐餐葡萄酒中，一些水果和品种的香气（例如辛酸乙酯、癸酸乙酯、2-苯乙酸乙酯）在鼻前条件下更好地释放，而与酒香有关的香气化合物（例如一些高级醇和酸）以及某些果香特征的香气化合物（γ-丁内酯）和焦糖/氧化的香气化合物（呋喃）通过鼻后途径更多地释放。在甜葡萄酒中，通过鼻后途径可能更容易感知到具有甜葡萄酒（例如呋喃）以及芳樟醇的香气。

香气化合物的鼻前阈值一般低于其鼻后阈值，但一些香气化合物的鼻后阈值会低于其鼻前阈值。疏水性和非极性香气化合物在鼻后更易激活嗅觉受体[12]，因此可能具有更低的鼻后阈值。而 Piornos 等发现在无醇啤酒的模拟液中 2,3-丁二酮、乙酸、丁酸、葫芦巴内酯、甲基硫代丙酮、2-甲氧基-4-甲基苯酚、4-甲氧基苯酚等 14 个化合物的鼻后阈值要低于其鼻前阈值[13]。2-异丙基-3-甲氧基吡嗪在鼻后的阈值是否低于鼻前,要取决于其存在的基质:在琼瑶浆葡萄酒中鼻后阈值低于鼻前阈值(鼻前1.56ng/L,鼻后1.15ng/L);在混合葡萄酒中鼻后阈值高于鼻前阈值(鼻前1.03ng/L,鼻后2.29ng/L)[14]。

3 研究食品鼻后香气的方法

因唾液、呼气等生理因素的影响,食品的鼻后香气含量少而难以检测,且香气化合物释放量、香气属性和强度都随时间动态变化,使得人们认识鼻后香气以及理解香气化合物对白酒鼻后香气感知的贡献成为一个挑战。因此,研究食品的鼻后香气的前提是要能够检测食品在口腔中或鼻腔中动态释放的香气化合物,包括用快速灵敏的前处理方式采集释放的香气化合物,用分离和定性性能良好的分析仪器解析鼻后香气化合物的成分。同时,对于食品的鼻后香气感官特征,需要通过动态感官方法来评价。

3.1 动态感官评价

3.1.1 暂时性感官支配法

暂时性感官支配法(Temporal Dominance of Sensation,TDS)要求评估者随着时间的推移同时记录多个主导感官属性,而无需评价强度。它是一种解析感官属性之间相互作用的有效的感官评估方法。"Dominance"的定义是在每个给定时间触发人的注意力的感官的属性,而不是强度最高的属性,该方法可以由训练有素的和未经训练的评价员们共同参与[15]。TDS可以在一次测试中对多达10个感官属性进行评分,而且几乎不需要对评价员进行高强度的培训。Déléris等通过一个由10人组成的感官小组开展TDS,评估了伏特加动态香气感知的变化[16]。Fiches通过组合的方法(TDS和仪器分析)研究消费不同陈酿时间的白兰地的鼻后香气的释放与感知[17]。Jourdren等研究了面包屑和硬皮结构对面包在口腔加工过程中挥发物释放和香气感知的影响,其通过TDS方法表征香气感知[18]。Pu等通过TDS实验表征了白面包在口腔加工过程中的香气感知[19]。

3.1.2 时间强度法

时间强度法(Time Intensity,TI)评价是对单一感觉属性强度的测量,该强度随对刺激物的一次暴露而随时间而变化。在鼻后香气的动态感知中应用得较为广泛。Goodstein等通过感官小组对白葡萄酒模拟液进行了时间强度评价来研究白葡萄酒的余香感知,发现不同的化合物在葡萄酒余香中的感知特征是不同的,之间也存在相互作用[20]。Gotow等开发了一种用于消费者的时间强度评估系统,并在咖啡的苦味和鼻后香气研究以及消费者对乌龙茶多次小口饮用的香气感知中进行了应用[21-23]。TI还被用来研究葡萄酒的收敛性[24]、苦味[25, 26]、余香[27]。

TI 这种方法可以准确地描述属性强度的动态变化，但它需要经过良好培训的评价小组，而且非常耗时，特别是对于具有多个感官特征的复杂产品[28]。此外，由于 TI 每次仅评估一个或者两个属性随着时间的变化，会产生"光晕"效应[29]。

3.1.3　暂时性检查所有适用

暂时性检查所有适用（Temporal Check-All-That-Apply，TCATA）是对 CATA 的扩展，是一种新的动态感官分析方法[30]。在 TCATA 中，评估人员会看到一系列术语，并要求他们选择他们认为适用的所有术语，以描述他们在评估的每个时刻的感受。当感官属性适用时，允许评估者检查未选择的术语，而在感官属性不适用时，允许取消选择的术语。可以同时选择多个术语，这使评估者能够记录由于中枢神经系统中的串行或并行处理而引起的感觉，并有可能提供更完整的动力学描述。它用于受过训练和半训练的评价小组[31]。

Baker 等通过组织由受过培训的小组成员（$n = 13$）使用 TCATA 方法对不同乙醇浓度［10.5%（体积分数）和 15.5%（体积分数）］的西拉葡萄酒的余味评估，研究了乙醇浓度对葡萄酒感知属性的影响[32]。TCATA 也被用于评价乙醇浓度对朗姆酒的香气感知的影响[33]。TCATA 也已经应用于各种复杂程度不同的产品，包括巧克力味牛奶[34]、橙汁、草莓酸奶[35]、法国面包、奶酪、萨拉米香肠和贻贝[30, 36-38]、甜味剂[39]、起泡酒[40]、啤酒[41]以及化妆品面霜[37]等。

3.1.4　渐进剖面

渐进剖面（Progressive Profiling，PP）是一个简单的描述性（定性和定量）分析，在预定的时间点连续和重复地对固定属性进行评分。PP 分析是评估食物感官特性强度和吞咽后持久性的一种有效而简单的方法，已经被用来研究淀粉在口腔加工过程中感知厚度的动态变化[42]、不同结构的面包在口腔加工过程中的香气感知[43]、面包结构和口腔加工对动态纹理感知的影响[44]以及加香桃红葡萄酒饮用后 5s、60s、120s 和 180s 的鼻后香气感知[45]。PP 的好处是获得更能代表消费者感知的结果，并观察在不同品尝时刻的感知属性的强度。当研究食物感官属性动态变化时，可以使用 PP 来代替 TI，减少密集的采集时间点，同时又不影响最终的分析结果。各个动态感官评价方法各有侧重和差异（表1），不能相互替代，但是可以相互补充。

表1　　　　　　　　　　　动态感官分析方法的特征

Table 1　　　　　Characteristics of dynamic sensory analysis methods.

特征	暂时性感官支配法 TDS	时间强度 TI	暂时性检查所有适用 TCATA	渐进剖面 PP
时间关联	是	是	是	是

续表

特征	暂时性感官支配法 TDS	时间强度 TI	暂时性检查所有适用 TCATA	渐进剖面 PP
强度测试	否	是	否	是
多属性测试	是	否	是	是
属性数量(个)[31, 46]	8~10	1~2	15	4~8
评价员需培训	否	是	否	是
区分样本	是	是	是	是

3.2 仪器分析

3.2.1 质子转移反应质谱仪

质子转移反应质谱仪(Proton Transfer Reaction-Mass Spectrometry,PTR-MS)是一种直接注入质谱技术(Direct Injection-Mass Spectrometry,DI-MS),也是一种软化学电离技术,质子从水合氢离子(H_3O^+)转移到对质子的亲和力比 H_2O 高的挥发性有机化合物。尽管电离主要产生质子化的 MH^+,但也会产生较小的碎片,尤其是醇类化合物。由于没有分离步骤,而难以识别挥发性成分复杂的食品产生的碎片。但PTR-MS可以作为一种定量方法,用于量化挥发性化合物和食品的感官特性之间的关系[47]。

PTR-MS已被应用于测定葡萄酒鼻后香气持久性及其与唾液参数的关系[47],唾液对个体口腔中生卷心菜香气释放及感知的影响[48],面包屑和面包皮结构对鼻后挥发性香气动态释放和感知的影响[18],种族、性别和生理参数对口香糖鼻后香气释放和感知的影响[49],饮酒时吞咽对香气释放和感知的动态影响[16]。

3.2.2 大气压化学电离质谱

大气压化学电离质谱(Atmospheric Pressure Chemical Ionization-Mass Spectrometry,APCI-MS)的电离过程是在大气压下进行的,这使得样品分子和亚稳态离子可以得到充分有效的碰撞,在短时间内达到热平衡。APCI源工作流程如下:样品溶液在雾化气的辅助下,从喷雾针尖端喷射出来形成小雾滴,利用蒸发加热管和高温氮气对其进行去溶剂化。同时,电晕放电电极高压放电(3~5kV),经一系列分子-离子反应后,样品分子电离,进入质谱得以检测。

APCI-MS已被用于研究食品鼻后香气的实时在线释放过程。Tarrega 等通过将APCI-MS与模拟咀嚼装置相连研究了进食过程中食物基质、香气化合物的理化性质和个体的口腔生理参数对丁酸、2-庚酮、丁酸乙酯、3-辛酮、2-壬酮香气化合物的实时释放影响[50]。Hatakeyama 等使用 MS-Nose 技术（在线 APCI-MS）在常规和低脂产品中测量用于重新平衡所需的咖喱风味的标记物的释放[51]。Boisard 等鼻后用 MS-Nose 技术研究了脂蛋白比和盐含量对模型干酪鼻后香气释放的影响[52]。

3.2.3　选择离子流管质谱

选择离子流管质谱（Selected Ion Flow Tube Mass Spectrometry，SIFT-MS）是一种用于痕量气体分析的定量质谱技术。无需样品制备或使用标准混合物进行校准。检测极限扩展到单位 pptv 范围（万亿分之一的体积比）。使用四极杆质量过滤器，从形成的等离子体中选择一个离子物种充当"前体离子"。在 SIFT-MS 分析中，H_3O^+、NO^+ 和 O_2^+ 被用作前体离子，它们不会与空气中的主要成分（氮/氧等）发生显著反应，但可以与许多极低水平（痕量）的气体主要成分发生反应。SIFT-MS 利用极其柔软的电离过程，极大地简化了所得光谱，从而有助于分析复杂的气体混合物，例如人的呼吸气体中的丙酮、乙酸等[53, 54]、大蒜挥发性有机硫化合物[55]等。

3.2.4　气相色谱-离子迁移谱仪

气相色谱-离子迁移谱仪（Gas Chromatography-Ion Mobility Spectrometry，GC-IMS）将气相色谱分离技术与高分辨率离子迁移技术相结合，实现了高效二次分离。这是一种用于挥发性有机化合物定量的灵敏分析技术，具有连续进样功能和快速分析能力。此外，GC-IMS 能够直接进样而无需预处理和浓缩过程，并且可以实时检测 μg/L 级的挥发性有机化合物。目前，GC-IMS 已广泛应用于多个领域，例如环境、呼吸道医学以及食品科学。Pu 等通过 GC-IMS 以及 TDS 动态感官法来研究口腔加工过程中白面包的香气释放和感知[19]。

3.2.5　气相色谱-质谱联用仪

目前，多个在线仪器分析方法已广泛应用于许多研究中，以监测食品鼻后香气的释放。但是，包括 PTR-MS、SIFT-MS 和 APCI-MS 在内的在线分析方法没有色谱分离的能力，不能用于复杂的真实食物样本的分析。而气相色谱质谱联用仪（Gas Chromatography-Mass Spectrometry，GC-MS）具有良好的分离和鉴定能力，结合鼻后香气捕集器、口腔内顶空固相微萃取等可以帮助解析食品鼻后香气的释放和感知。

3.2.5.1　鼻后香气捕集器

Buettner 和 Schieberle 开发了呼出气味测量（Exhaled Odorant Measurement，EXOM）的新方法用于加香水溶液研究。在 Tenax 上捕获气味物质后，通过稳定同位素稀释法定量了在不同的时间间隔通过鼻子呼出的丁酸乙酯的量[56]。Buettner 等随后通过 EXOM 方法来研究棕榈酒的鼻后香气释放[57]。

Muñoz-González 等进行了葡萄酒饮料消费过程鼻后香气捕集器（Retronasal Aroma Trapping Device，RATD）可行性及应用研究[58]。Tenax 具有较高的回收率，并降低了陷阱内和陷阱间的可变性。RATD 在 0~50mg/L 线性范围对香气化合物分析有良好的性能（$R^2 > 0.91$）。RATD 可用于收集真实的鼻后数据，以开展食品食用过程中鼻后香气释放相关研究。

3.2.5.2 口腔内顶空固相微萃取

口腔内顶空固相微萃取（Headspace Solid-Phase Microextraction，HS-SPME）是通过在手持的 SPME 装置上添加可更换的带小孔的塑料小管，通过口腔采样的方法来捕集食品的鼻后香气。最早由 Esteban-Fernández 等用于研究葡萄酒在口腔中的释放[59]。

Pérez-Jiménez 等通过口腔内 HS-SPME 技术研究了酚类化合物在品酒过程中即时和长期的口腔香气释放和鼻后香气强度的个体差异和影响[60]。Esteban-Fernández 等通过口腔内 HS-SPME 技术监测葡萄酒基质成分对葡萄酒口腔香气释放的影响[61]。除了其简单性外，该技术的另一个优点是可以在酒样吐出后的不同时间点使用，从而探究葡萄酒饮用时在口腔内的香气化合物的释放动力学，从而提供更多鼻后香气相关信息，例如探究葡萄酒基质成分对葡萄酒香气在口腔内的释放曲线的影响[61]。而 SPME 纤维的解吸附不是自动的，限制了每天的分析次数，并且需要大量的志愿者参与而增加了实验的难度。

3.2.5.3 基于搅拌棒的萃取方法

口腔气味筛选系统（Buccal Odor Screening System，BOSS）是由 Buettner 等开发的，该方法通过将 PDMS 涂层覆盖的搅拌棒放在有小孔的玻璃管中捕集葡萄酒在口腔中释放的香气化合物[62]。Buettner 通过该方法和感官评价联用，表征了两个霞多丽葡萄酒的鼻后香气的动态释放和动态感知差异，发现该方法与感官评价的结果具有一致性[63]。

Pérez-Jiménez 等建立了一种体内顶空吸附萃取程序（Headspace Sorptive Extraction，HSSE），该方法将 PDMS 涂层覆盖的搅拌棒放入有小孔的玻璃小管中萃取葡萄酒在口腔中释放的香气，然后通过 HS-GC-MS 来分离和检测口腔中释放的香气，并探究了 10 种葡萄酒的口腔中香气化合物释放差异[64]。此后，他们也通过该方法对一款真实红葡萄酒中的 22 种香气物质在口腔中的释放行为进行了表征[65]。

4 白酒鼻后香气研究

白酒是中国传统的蒸馏酒，深受广大消费者的喜爱。白酒作为饮品，入口后的风味感知显得尤为重要。白酒入口后的鼻后香气感知通常被误归为"味"，而其中 75%~95% 事实上是鼻后香气。白酒鼻后香气的复杂性和持久性是白酒品质以及消费者对白酒的喜好和接受度的重要影响因素，是白酒的基本风味特征之一[66]。在白酒的感官评价国标 GB/T 33405—2016 中，"余味（后味/回味）""喷香（入口香）"

"持久度""悠长"等都是关于鼻后香气的评价术语[67]。此外，在1979年的第三届全国评酒会上，对酱香、浓香、清香型的白酒概括的描述语中"回味悠长""尾净香长""余味爽净"等词汇都与白酒的鼻后香气相关。对白酒鼻后香气的评估影响了白酒整体风格和等级划分，是决定消费者偏好和白酒市场分布的重要的感官特征。

江南大学 Zhao 等[68]通过多元数据分析与感官分析联用，分离鉴定酱香型白酒中关键焦煳香物质为2-羟甲基-3,6-二乙基-5-甲基吡嗪和6-（2-甲酰基-5-甲基-1H-吡咯-1-基）己酸，并发现后者在其亚阈值浓度下促进白酒的鼻后焦煳香气[66]。该研究首次解析了白酒中的特征鼻后香气物质，同时也标志着中国白酒的风味化学研究，从鼻前的香气解析进入鼻后（口腔）风味感官科学领域。近年来，江南大学 Yu 等[69]优化了口腔内 HS-SPME 联合全二维气相色谱-飞行时间质谱（Comprehensive Two-Dimensional Gas Chromatography-Time-Of-Flight Mass Spectrometry, GC×GC-TOFMS）技术来采集白酒口腔香气化合物。口腔内 HS-SPME 最优的萃取时间、酒样的入口体积和酒样的入口时间分别为120s、5mL 和10s。该方法在 1.56μg/L~1500mg/L 的浓度下对白酒的不同香气化合物表现出良好的性能（大多数 R^2>0.9）。大多数香气物质随浓度增加的口腔释放曲线符合二阶多项式关系。白酒样本在饮用后可检出来自不同化学家族的85种挥发性香气化合物，其中部分化合物在白酒中的含量非常低。此外，优化的程序很好地检测了清香、浓香、酱香和兼香型白酒的口腔挥发性香气组成和丰度，这与它们的典型香气特征一致，表明该方法在不同香型白酒鼻后香气研究的适用性，并揭示了不同香型白酒鼻后香气化合物的多样性和丰富性的特点。江南大学 Yu 等[70]通过渐进剖面分析 PP 和口腔内 HS-SPME 联合 GC×GC-TOFMS 技术，表征了清香、浓香和酱香型白酒的鼻后香气感官特征和口腔香气释放行为。结果发现，清香型白酒 L 主要鼻后香气属性为果香、青草香、醇香和花香，在15s 评分为2.0~3.5，之后快速降低；而果香、醇香、粮香和窖香是浓香型白酒 S 的主要鼻后香气属性，在15s 评分为3.0~4.0，在60s 快速降低；酱香、焦香和烘烤香是酱香型白酒 SS 活跃的鼻后香气属性，在15s 评分>3.5，之后缓慢降低。此外，白酒 L 的鼻后香气感知时长约60s，白酒 S 的鼻后香气感知时长小于120s，而白酒 SS 的鼻后香味感知时长大于120s。该研究剖析了清香型白酒 L 的鼻后香气强度低持久性短，浓香型白酒 S 的鼻后香气入口"喷香"，酱香型白酒 SS 鼻后香气"余香持久"的特征，揭示了白酒鼻后香气感官感知的丰富性、动态性以及层次性的特点。此外，对91种口腔内挥发性香气化合物的动态释放行为进行了表征，发现由于白酒样品中香气成分的多样性和口腔生理的高度参与，香气化合物的释放行为是复杂的。丁酸乙酯、戊酸乙酯、己酸乙酯、壬酸乙酯等香气化合物的持久性较低，在30s、60s 的释放量为15s 的60%~75%；2-甲基-丁酸乙酯、3-甲基-1-丁醇、2H-2-甲基-3（2H）-呋喃酮、二甲基三硫等香气化合物具有中等持久性，在30s、60s 的释放量为 15s 的 70%~90%；β-苯乙醇、2H-2-甲基-3（2H）-呋喃酮和 2,6-二甲基吡嗪等香气化合物具有较长的持久性，在 30s、60s 的释放量大于 15s 的释放量。其主成分分析 PCA 表明，蒸气压力和亨利常数与香气化合物的口腔持久性呈负相关，其累积解释率为 71.67%。偏最小二乘回归分析 PLSR 表明，香气化合物，如苯乙酸乙酯、β-苯乙醇和 2,3,5,6-四甲基吡嗪等，与白酒持久的鼻后香气感知有关（$Q^2 = 0.806$）。

中国食品发酵工业研究院、全国食品发酵标准化中心和四川剑南春集团有限公司为研究鼻后嗅觉在白酒品尝中的感官特征变化与协同作用，基于在线直接实时分析（DART）离子源串联四极杆质谱技术，建立一种在线检测口腔中挥发性风味物质释放过程的方法[71]，发现清香型酒样较清淡醇和，丰满度较低，余味较短，风味物质强度高于 1.00×10^4 的化合物有 4 种，持续时间在 6~14s；浓香型酒样的口味浓郁，丰满度较高，余味较长，风味物质强度高于 1.00×10^4 的化合物有 5 种，持续时间 8~15s；酱香型酒样口味丰富，丰满度高，余味悠长，风味物质强度高于 1.00×10^4 的化合物有 8 种，持续时间在 4~30s，这与 3 种香型白酒的感官特征相吻合。相关研究表明，高浓度的长链脂肪酸乙酯会降低鼻后香气感知强度[72, 73]。

综上，以上的研究加深了人们对白酒鼻后香气特征的认知。作为酒精饮料，白酒的鼻前嗅闻影响消费者的第一印象，而入口后的鼻后香气感知决定了消费者的最终选择。白酒鼻后香气的丰富性、多样性、层次性和持久性是消费者偏好白酒的重要原因。而目前，白酒鼻后香气的研究仍处于起步阶段。未来的研究要更多地关注：如何认识香气化合物对白酒鼻后香气感知的贡献，剖析白酒鼻后香气释放和感知的影响因素与机制，明晰消费者群体（如地域、年龄）对白酒偏好的内在机理，从而为生产者改善白酒的鼻后香气提高白酒品质提供参考。

参考文献

［1］ Pierce J, Halpern B P. Orthonasal and retronasal odorant identification based upon vapor phase input from common substances ［J］. Chem Senses, 1996, 21（5）: 529-543.

［2］ Sun B C, Halpern B P. Identification of air phase retronasal and orthonasal odorant pairs ［J］. Chem Senses, 2005, 30（8）: 693-706.

［3］ Roudnitzky N, Bult J H, de Wijk R A, et al. Investigation of interactions between texture and ortho- and retronasal olfactory stimuli using psychophysical and electrophysiological approaches ［J］. Behav Brain Res, 2011, 216（1）: 109-115.

［4］ Mozell M M. Evidence for a chromatographic model of olfaction ［J］. J Gen Physiol, 1970, 56（1）: 46-63.

［5］ Rozin P. "Taste-smell confusions" and the duality of the olfactory sense ［J］. Percept Psycho, 1982, 31（4）: 397-401.

［6］Small D M, Gerber J C, Mak Y E, et al. Differential neural responses evoked by orthonasal versus retronasal odorant perception in humans［J］. Neuron, 2005, 47（4）: 593-605.

［7］Hummel T, Heilmann S, Landis B N, et al. Perceptual differences between chemical stimuli presented through the ortho- or retronasal route［J］. Flavour Frag J, 2006, 21（1）: 42-47.

［8］Rombaux P, Bertrand B, Keller T, et al. Clinical significance of olfactory event-related potentials related to orthonasal and retronasal olfactory testing［J］. Laryngoscope, 2007, 117（6）: 1096-1101.

［9］Piombino P, Moio L, Genovese A. Orthonasal vs. retronasal: Studying how volatiles' hydrophobicity and matrix composition modulate the release of wine odorants in simulated conditions［J］. Food Res Int, 2019, 116: 548-558.

［10］Aubry V, Schlich P, Issanchou S, et al. Comparison of wine discrimination with orthonasal and retronasal pro-filings. Application to Burgundy Pinot Noir wines［J］. Food Qual Prefer, 1999, 10（4-5）: 253-259.

［11］Cliff M A, Dever M C. Sensory and compositional profiles of British Columbia Chardonnay and Pinot Noir wines［J］. Food Res Int, 1996, 29（3-4）: 317-323.

［12］Goldberg E M, Wang K, Goldberg J, et al. Factors affecting the ortho- and retronasal perception of flavors: A review［J］. Crit Revi Food Sci Nutr, 2018, 58（6）: 913-923.

［13］Piornos J A, Delgado A, de La Burgade R C J, et al. Orthonasal and retronasal detection thresholds of 26 aroma compounds in a model alcohol-free beer: Effect of threshold calculation method［J］. Food Res Int, 2019, 123: 317-326.

［14］Pickering G J, Karthik A, Inglis D, et al. Determination of ortho- and retronasal detection thresholds for 2-isopropyl-3-methoxypyrazine in wine［J］. J Food Sci, 2007, 72（7）: 468-472.

［15］Pineau N, Schlich P, Cordelle S, et al. Temporal dominance of sensations: Construction of the TDS curves and comparison with time-intensity［J］. Food Qual Prefer, 2009, 20（6）: 450-455.

［16］Déléris I, Saint-Eve A, Guo Y, et al. Impact of swallowing on the dynamics of aroma release and perception during the consumption of alcoholic beverages［J］. Chem Senses, 2011, 36（8）: 701-713.

［17］Fiches G, Saint Eve A, Jourdren S, et al. Temporality of perception during the consumption of French grape brandies with different aging times in relation with aroma compound release [J]. Flavour Frag J, 2016, 31 (1): 31-40.

[18] Jourdren S, Masson M, Saint-Eve A, et al. Effect of bread crumb and crust structure on the in vivo release of volatiles and the dynamics of aroma perception [J]. J Agric Food Chem, 2017, 65 (16): 3330-3340.

[19] Pu D, Zhang H, Zhang Y, et al. Characterization of the aroma release and perception of white bread during oral processing by gas chromatography-ion mobility spectrometry and temporal dominance of sensations analysis [J]. Food Res Int, 2019, 123: 612-622.

[20] Goodstein E S, Bohlscheid J C, Evans M, et al. Perception of flavor finish in model white wine: A time-intensity study [J]. Food Qual Prefer, 2014, 36: 50-60.

[21] Gotow N, Moritani A, Hayakawa Y, et al. High consumption increases sensitivity to after-flavor of canned coffee beverages [J]. Food Qual Prefer, 2015, 44: 162-171.

[22] Gotow N, Moritani A, Hayakawa Y, et al. Development of a time-intensity evaluation system for consumers: measuring bitterness and retronasal aroma of coffee beverages in 106 untrained panelists [J]. J Food Sci, 2015, 80 (6): 1343-1351.

[23] Gotow N, Omata T, Uchida M, et al. Multi-sip time (-) intensity evaluation of retronasal aroma after swallowing oolong tea beverage [J]. Foods, 2018, 7 (11): 177.

[24] Guinard J X, Pangborn R M, Lewis M J. The time-course of astringency in wine upon repeated ingestion [J]. Am J Enol Viticult, 1986, 37 (3): 184-189.

[25] Sokolowsky M, Fischer U. Evaluation of bitterness in white wine applying descriptive analysis, time-intensity analysis, and temporal dominance of sensations analysis [J]. Anal Chim Acta, 2012, 732: 46-52.

[26] Sokolowsky M, Rosenberger A, Fischer U. Sensory impact of skin contact on white wines characterized by descriptive analysis, time-intensity analysis and temporal dominance of sensations analysis [J]. Food Qual Prefer, 2015, 39: 285-297.

[27] Baker A K, Ross C F. Wine finish in red wine: The effect of ethanol and tannin concentration [J]. Food Qual Prefer, 2014, 38: 65-74.

[28] Cadena R S, Bolini H M A. Time-intensity analysis and acceptance test for traditional and light vanilla ice cream [J]. Food Res Int, 2011, 44 (3): 677-683.

[29] Clark C C, Lawless H T. Limiting response alternatives in time-intensity scaling: An examination of the halo dumping effect [J]. Chem Senses, 1994, 19 (6): 583-594.

[30] Castura J C, Antunez L, Gimenez A, et al. Temporal check-all-that-apply (TCATA): A novel dynamic method for characterizing products [J]. Food Quali Prefer, 2016, 47: 79-90.

［31］Meyners M. Temporal methods：are we comparing apples and oranges？ ［J］. Food Quali Prefer, 2020, 79：103615.

［32］Baker A K, Castura J C, Ross C F. Temporal check-all-that-apply characterization of Syrah wine ［J］. J Food Sci, 2016, 81 （6）：1521-1529.

［33］Harwood W S, Parker M N, Drake M. Influence of ethanol concentration on sensory perception of rums using temporal check-all-that-apply ［J］. J Sens Stud, 2020, 35 （1）：12546.

［34］Oliveira D, Antunez L, Gimenez A, et al. Sugar reduction in probiotic chocolate-flavored milk：Impact on dynamic sensory profile and liking ［J］. Food Res Int, 2015, 75：148-156.

［35］Alcaire F, Antunez L, Vidal L, et al. Comparison of static and dynamic sensory product characterizations based on check-all-that-apply questions with consumers ［J］. Food Res Int, 2017, 97：215-222.

［36］Ares G, Jaeger S R, Antunez L, et al. Comparison of TCATA and TDS for dynamic sensory characterization of food products ［J］. Food Res Int, 2015, 78：148-158.

［37］Boinbaser L, Parente M E, Castura J C, et al. Dynamic sensory characterization of cosmetic creams during application using temporal check-all-that-apply （TCATA） questions ［J］. Food Quali Prefer, 2015, 45：33-40.

［38］Anna Zhenan W, Lee R W, Calve B L, et al. Temporal profiling of simplified lemonade using temporal dominance of sensations and temporal check-all-that-apply ［J］. J Sens Stud, 2019, 34 （6）：12531.

［39］Vicki Wei Kee T, May Sui Mei W, Tomic O, et al. Temporal sweetness and side tastes profiles of 16 sweeteners using temporal check-all-that-apply （TCATA） ［J］. Food Res Int, 2019, 121：39-47.

［40］McMahon K M, Culver C, Castura J C, et al. Perception of carbonation in sparkling wines using descriptive analysis （DA） and temporal check-all-that-apply （TCATA） ［J］. Food Quali Prefer, 2017, 59：14-26.

［41］Mitchell J, Castura J C, Thibodeau M, et al. Application of TCATA to examine variation in beer perception due to thermal taste status ［J］. Food Quali Prefer, 2019, 73：135-142.

［42］Sharma M, Pico J, Martinez M M, et al. The dynamics of starch hydrolysis and thickness perception during oral processing ［J］. Food Res Int, 2020, 134：109275.

［43］Jourdren S, Saint-Eve A, Pollet B, et al. Gaining deeper insight into aroma perception：An integrative study of the oral processing of breads with different structures ［J］.

Food Res Int, 2017, 92: 119-127.

[44] Jourdren S, Saint-Eve A, Panouille M, et al. Respective impact of bread struc-
ture and oral processing on dynamic texture perceptions through statistical multiblock analysis
[J]. Food Res Int, 2016, 87: 142-151.

[45] Criado C, Chaya C, Fernández-Ruíz V, et al. Effect of saliva composition and
flow on inter-individual differences in the temporal perception of retronasal aroma during
wine tasting [J]. Food Res Int, 2019, 126: 108677.

[46] de Lavergne M D, van Delft M, van de Velde F, et al. Dynamic texture percep-
tion and oral processing of semi-solid food gels: Part 1: Comparison between QDA, progres-
sive profiling and TDS [J]. Food Hydrocolloid, 2015, 43: 207-217.

[47] Capozzi V, Yener S, Khomenko I, et al. PTR-ToF-MS coupled with an automa-
ted sampling system and tailored data analysis for food studies: Bioprocess monitoring,
screening and nose-space analysis [J]. Jove-J Vis Exp, 2017, (123): 54075.

[48] Frank D, Piyasiri U, Archer N, et al. Influence of saliva on individual in-mouth
aroma release from raw cabbage (*Brassica oleracea* var. capitata f. rubra L.) and links to
perception [J]. Heliyon, 2018, 4 (12): 01045.

[49] Pedrotti M, Spaccasassi A, Biasioli F, et al. Ethnicity, gender and physiological
parameters: Their effect on in vivo flavour release and perception during chewing gum con-
sumption [J]. Food Res Int, 2019, 116: 57-70.

[50] Tarrega A, Yven C, Semon E, et al. Effect of oral physiology parameters on
in-mouth aroma compound release using lipoprotein matrices: An in vitro approach [J].
Foods, 2019, 8 (3): 106.

[51] Hatakeyama J, Davidson J M, Kant A, et al. Optimising aroma quality in curry
sauce products using in vivo aroma release measurements [J]. Food Chem, 2014, 157:
229-239.

[52] Boisard L, Tournier C, Sémon E, et al. Salt and fat contents influence the micro-
structure of model cheeses, chewing/swallowing and in vivo aroma release [J]. Flavour
Frag J, 2014, 29 (2): 95-106.

[53] Stefanuto P H, Zanella D, Vercammen J, et al. Multimodal combination of GC×
GC-HRTOFMS and SIFT-MS for asthma phenotyping using exhaled breath [J]. Sci Rep,
2020, 10 (1): 16159.

[54] Španěl P, Smith D. Quantification of volatile metabolites in exhaled breath by se-
lected ion flow tube mass spectrometry, SIFT-MS [J]. Clin Mass Spectrom, 2020, 16:
18-24.

［55］Castada H Z, Barringer S A. Online, real-time, and direct use of SIFT-MS to measure garlic breath deodorization: A review ［J］. Flavour Frag J, 2019, 34 （5）: 299-306.

［56］Buettner A, Schieberle P. Exhaled odorant measurement （EXOM） — A new approach to quantify the degree of in-mouth release of food aroma compounds ［J］. LWT - Food Sci Technol, 2000, 33 （8）: 553-559.

［57］Lasekan O, Buettner A, Christlbauer M. Investigation of the retronasal perception of palm wine （Elaeis guineensis） aroma by application of sensory analysis and exhaled odorant measurement （EOM） ［J］. Afri J Food, Agri, Nutri Develop, 2009, 9 （2）: 793-813.

［58］Muñoz-González C, Rodríguez-Bencomo J J, Moreno-Arribas M V, et al. Feasibility and application of a retronasal aroma-trapping device to study in vivo aroma release during the consumption of model wine-derived beverages ［J］. Food Sci & Nutri, 2014, 2 （4）: 361-370.

［59］Esteban-Fernández A, Rocha-Alcubilla N, Muñoz-González C, et al. Intra-oral adsorption and release of aroma compounds following in-mouth wine exposure ［J］. Food Chem, 2016, 205: 280-288.

［60］Pérez-Jiménez M, Chaya C, Pozo-Bayón M Á. Individual differences and effect of phenolic compounds in the immediate and prolonged in-mouth aroma release and retronasal aroma intensity during wine tasting ［J］. Food Chem, 2019, 285: 147-155.

［61］Esteban-Fernández A, Muñoz-González C, Jimenez-Giron A, et al. Aroma release in the oral cavity after wine intake is influenced by wine matrix composition ［J］. Food Chem, 2018, 243: 125-133.

［62］Buettner A, Welle F. Intra-oral detection of potent odorants using a modifed stir-bar sorptive extraction system in combination with HRGC-O, known as the buccal odour screening system （BOSS） ［J］. Flavour Frag J, 2004, 19 （6）: 505-514.

［63］Buettner A. Investigation of potent odorants and afterodor development in two Chardonnay wines using the buccal odor screening system （BOSS） ［J］. J Agri Food Chem, 2004, 52 （8）: 2339-2346.

［64］Pérez-Jiménez M, Pozo-Bayón M Á. Development of an in-mouth headspace sorptive extraction method （HSSE） for oral aroma monitoring and application to wines of different chemical composition ［J］. Food Res Int, 2019, 121: 97-107.

［65］Pérez-Jiménez M, Muñoz-González C, Pozo-Bayón M Á. Oral release behavior of wine aroma compounds by using in-mouth headspace sorptive extraction （HSSE） method

[J]. Foods, 2021, 10 (2): 415.

[66] Zhao T, Ni D, Hu G, et al. 6- (2-Formyl-5-methyl-1*H*-pyrrol-1-yl) hexanoic acid as a novel retronasal burnt aroma compound in soy sauce aroma-type Chinese Baijiu [J]. J Agric Food Chem, 2019, 67 (28): 7916-7925.

[67] 中华人民共和国国家质量监督检验检疫总局，中国国家标准化管理委员会. GB/T 33405—2016 白酒感官品评术语 [S].

[68] Zhao T, Chen S, Li H, et al. Identification of 2-hydroxymethyl-3,6-diethyl-5-methylpyrazine as a key retronasal burnt flavor compound in soy sauce aroma type Baijiu using sensory-guided isolation assisted by multivariate data analysis [J]. J Agric Food Chem, 2018, 66 (40): 10496-10505.

[69] Yu Y, Chen S, Nie Y, et al. Optimization of an intra-oral solid-phase microextraction (SPME) combined with comprehensive two-dimensional gas chromatography-time-of-flight mass spectrometry (GC×GC-TOFMS) method for oral aroma compounds monitoring of Baijiu [J]. Food Chem, 2022, 385: 132502.

[70] Yu Y, Nie Y, Chen S, et al. Characterization of the dynamic retronasal aroma perception and oral aroma release of Baijiu by progressive profiling and an intra-oral SPME combined with GC×GC-TOFMS method [J]. Food Chem, 2023, 405: 134854.

[71] 路江浩, 刘明, 徐姿静, 等. 白酒品尝中挥发性风味物质实时在线检测方法的研究 [J]. 中国食品学报, 2018, 18 (8): 224-231.

[72] Wu Y, Chen H, Huang H, et al. Revelation for the influence mechanism of long-chain fatty acid ethyl esters on the Baijiu quality by multicomponent chemometrics combined with modern flavor sensomics [J]. Foods, 2023, 12 (6): 1267.

[73] Wu Y, Chen H, Sun Y, et al. Integration of chemometrics and sensory metabolomics to validate quality factors of aged Baijiu (Nianfen Baijiu) with emphasis on long-chain fatty acid ethyl esters [J]. Foods, 2023, 12 (16): 3087.

第四篇
白酒智能制造与白酒高质量发展

国家十四五重点研发计划"传统酿造食品智能制造技术研究及示范 2022YFD2101200"项目专栏

生命之水手造之魂——McMillan 壶式蒸馏器

周铭，黄磊

（中集安瑞醇科技股份有限公司，江苏南通　226001）

摘　要：任何一家蒸馏厂中，闪耀着黄金般色泽的蒸馏器总是引人注目，高矮胖瘦各式各样的造型，或是线条美，或鼓腹平顶，又或是长颈，都成为酒厂用于宣传自己独特风格的最佳代言。当然，酒厂追寻的酒体风格不同，轻盈或醇厚各有千秋。新酒酒体的塑造也并非如此单纯，就以批次蒸馏而言，除了蒸馏器的形状之外，还体现在其他方面，比如加热的方式和速度、林恩臂上抬或下垂的角度、可让蒸汽凝结后回流的装置、蒸汽冷凝的设备、酒心的提取范围以及蒸馏的次数等，都会对酒体造成影响。因此，本文介绍了苏格兰威士忌传统壶式蒸馏器的常见类型、对新酒酒体的影响和壶式蒸馏器的制造工艺。

关键词：苏格兰威士忌，壶式蒸馏器，威士忌设备

The water of life and the handmade
soul−McMillan pot still

ZHOU Ming，HUANG Lei

（CIMC Liquid Process Technology Co. , Ltd. Jiangsu Nantong 226001, China）

Abstract：In any distillery, the gold - colored still is always eye - catching, and the various shapes of tall, short, fat and thin, whether it is beautiful lines, or flat belly top, or long neck, have become the best endorsement for the distillery to promote its unique style. Of course, distilleries are looking for different styles of spirit, light or heavy. The style of the new make spirit is not so simple, for batch distillation, beside the shape of the still, other

作者简介：周铭（1984—），男，工程师，本科，研究方向为蒸馏酒工艺与工程；邮箱：ming. zhou_nthc@ cimc. com；联系电话：18017532512。
通信作者：黄磊（1983—），女，硕士，研究方向为蒸馏酒工艺；邮箱：lei. huang1@ cimc. com。

things, such as: the method and speed of heating, the angle of Lynn' arm up or down, the device that allows the steam to reflow after condensation, the equipment for steam condensation, and even the cutting of the spirit core and the number of distillations, etc. , will all affect the new make spirit. Therefore, this article describes the common types of traditional Scottish whisky pot stills and their impact on new make spirit and pot still manufacturing processes.

Key words: Scottish whisky, Pot stills, Whisky equipment

威士忌（Whiskey）一词来源于古老的苏格兰语（盖尔语），意为生命之水（Uisge Beatha）。据考证，在苏格兰爱丁堡以北约 1h 车程的一个称为 Newburgh 的小镇便是威士忌的诞生之地。这个小镇紧靠泰河（Tay），其有据可考的蒸馏历史可以追溯到 1494 年的一份财政税收记录。威士忌的诞生是酿酒原料大麦、苏格兰当地得天独厚的气候与水，在苏格兰人用聪明智慧独创的酿酒器具中相互碰撞，集采自然和生命后凝聚而成。今天便来介绍酿造苏格兰威士忌的重要器具——纯手工打造的铜制壶式蒸馏器。

进入每一家苏格兰的威士忌酒厂，都会一眼被金光闪闪外型独特的壶式蒸馏器所吸引，热气腾腾扑面而来的浓郁酒香和灿金色的壶身给参观者带来嗅觉和视觉的全方位体验。

1 千厂百镇核心之器

烈酒酿造核心就是如何稳定高效地提高酒液的酒精度，这就离不开通过加热和回流原理工作的蒸馏器。威士忌这类蒸馏酒依靠的就是一个巨大的铜壶，里面装有低度酒液，比如麦芽酒，经过加热，液体蒸发变成了蒸气。但由于酒精比水更易挥发，所以蒸气中的酒精含量要比酒液中更高，这就使得蒸气与酒液产生了浓度差。蒸发出来的蒸气随着铜壶内部通道上升，上升通道变得更窄；同时受益于铜绝佳的热导性，蒸气在铜壶内表面得到冷凝，并沿内表面往下流淌，这就得到了关键的回流。这使得蒸气中的酒精度进一步提高，未被冷凝的蒸气则通过天鹅颈后在铜制冷凝器中得到冷凝并收集。视酒精度及风味需要可多次蒸馏，最终得到了一种酒精度更高的烈酒。

2 千回百转孕育生命

这些闪耀着暖金色光晕的壶式蒸馏器都有着迷人的曲线和精巧的机械结构，但每家酒厂基于自身产品风味不同选取细节各异的壶式器型。这是兼具视觉艺术享受的可以在蒸馏师手中创造生命之水的器具。虽然壶式蒸馏器技术基础共通，但外观上几乎没有完全相同的壶式蒸馏器。

这就离不开来自苏格兰的 McMillan 公司来实现，源自超过两百年的历史传承和丰富的经验，完美诠释了苏格兰壶式蒸馏器制造的高标准。McMillan 品牌是英国 Briggs 集团旗下专业生产蒸馏器的工厂，也隶属于中集安瑞醇科技股份有限公司——中集集团内唯一的专业食品装备制造商。

一台壶式蒸馏器，通常会包含有壶体（Pot）、天鹅颈（Swan Neck）、林恩臂（Lyne Arm），以及配套的冷凝器（Condenser）、保险箱（Safer）和加热盘管（Heating Coil）6 个部分。

壶体就是个容器，单纯用来储存待蒸馏的酒液，它的尺寸和规格与酒液升数匹配，下面有加热装置用来持续不断地给壶体内的酒液加热。

天鹅颈是自壶体向上延伸的颈部部分，宛若婀娜多姿天鹅的颈部。其一般与壶体合并成洋葱、灯笼、球状等千差万别、外观独特的造型。事实上，壶体的大小也需与天鹅颈的尺寸相匹配。随着蒸汽从酒液中蒸发上升，其中较轻的易挥发的成分会容易到达更高处，而较重的挥发度低的成分则会在内壁冷凝后沿壁回流至壶体内。

我们可以将天鹅颈看成是一条赛道，只有跑完全程，并且胜出者才能有资格"跃过龙门"化作"生命之水"。因此赛道越长，不同成分间的差距就会被拉大，从而确保能得到更纯净的生命之水。而另一方面，天鹅颈的内壁表面积的大小也决定了蒸汽与铜交互作用的多少，这被认为对酒体风格的形成有决定性的影响。

图 1　罗曼湖的蒸馏器

Fig. 1　Pot still in the Loch Lomond

Loch Lomond 蒸馏厂酿造的是一种厚重的威士忌，因为天鹅颈的高度较低，相较于其直径来说,比较粗壮,这意味着物质不容易分离。

图 2　格兰杰的蒸馏器

Fig. 2　Pot still in the Glenmorangie

相较之下,Glenmorangie 蒸馏厂的壶式蒸馏器又高又瘦,可蒸馏出一种非常顺滑和绵柔的威士忌,因为在蒸馏过程中,较高的天鹅颈会使较重的油味成分回流到壶中。

图 3　Slane 的蒸馏器

Fig. 3　Pot still in the Slane

瘦高形天鹅颈的效果也可通过增加颈内蒸气的停留时间来实现替代。这就要求在天鹅颈的下段增加一个缩径，将颈内蒸汽平稳上升段与壶内剧烈沸腾的液面上部空间分隔。Slane 蒸馏厂的蒸馏器就是使用这个技术路线的典范。

图 4　Tomintoul 的蒸馏器

Fig. 4　Pot still in the Tomintoul

为了实现较重成分与较轻成分的分离，还有一种方式是 Tomintoul 蒸馏厂选择的在天鹅颈的下段增加一个球形段，额外增加的冷凝面积可以增加较重成分的回流量，余下的天鹅颈段可以继续作为赛道角逐胜负。

从天鹅颈赛道胜出的蒸汽就有资格进入林恩臂（连接着天鹅颈和冷凝器）。根据不同的设计，有上升（+）、水平（=）、下降（-）三种，同样影响着酒体风格的形成。上升型林恩臂，则可被视作为天鹅颈这条赛道的接力，各种成分依然在进行着角逐，因此其回流量也更大。上升蒸汽与铜的交互作用较多，并且最终只有最轻的成分才能一路向上。而较重的成分则会回流至壶体内。也就是说较轻的成分才能通过林恩臂到达冷凝器，因此酒体会比较轻盈细致。林恩臂角度的下降，则不容易造成回流。蒸气可以快速地通过臂段，即使是较重的成分也能轻松通过，因此酒体会比较浓郁厚重。

历经千辛万苦蒸气终于抵达了它们再次变身为液态"水"的地方——冷凝器。新式的冷凝器通常为直立式铜制圆筒状、内部含有许多小铜管的壳管式冷凝器。其已经被绝大多数蒸馏厂广泛使用，提升了冷凝效率。冷却水在铜管内自下而上流动，从而与外部蒸汽做热交换，水温会逐步上升，而蒸气冷凝后自上而下沿铜管外壁下淌，且温度逐渐下降。从而使蒸气重新变为液态的烈酒。

虽然已经两次变身结束成为液态的"水"，但是离被赋予生命还有一步之遥，这一步便是保险箱。它能分析酒精度以及进行"切酒心"操作。"切酒心"顾名

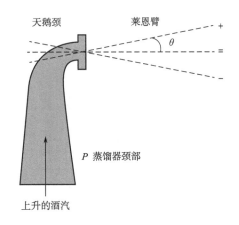

图 5　莱恩臂的角度

Fig. 5　Angle of Lyne armv

思义，是对冷凝为液体的烈酒进行掐头去尾取中心。所以即便是跑完了整个赛道，也化汽为水，却还不能称为生命之水。只有中心那一小段，恰逢其时的液体才能成为生命之水。

图 6　McMillan 保险箱（接酒器）

Fig. 6　Safe of McMillan

最后也不能忘了默默地给予蒸气整个旅程动力的加热盘管。它深藏于壶体之内，轻易不示人。在 20 世纪 70 年代，大多数蒸馏厂还在采用直火加热的方式。经多轮技术革新后，今日主流已是采用盘管间接加热的方式。蒸汽锅炉通过燃烧天然气或燃料油将水变成水蒸气，水蒸气又通过加热盘管加热壶体中的酒液，使得酒液蒸发成蒸气，进入练就生命之水的赛道。

图 7　传统的内加热盘管

Fig. 7　Traditional heating coil

3　千锤百炼锻铜铸魂

制造壶式蒸馏器的材料始终采用的是高纯度的食品级紫铜板，并且严格遵照英国 BS 标准，绝对不含任何有害重金属元素。

苏格兰壶式蒸馏器的制作通常分为 10 道工序，其中包含 2 道锻打工艺。此项锻打工艺历史悠久，自威士忌诞生之初便建立传统并传承保留至今。

铜壶打制工序中最重要的 2 道工序是热锻和冷锻。热锻要锤制出壶式蒸馏器的基本造型，方便下一步的部件安装。冷锻，则是需要把成型后的壶体外表面一点一点锻打成锤纹面。平整焊接和加工后的表面，直到能够倒映出人脸才合格。"48000 锤，打少了不行啊，你要没这功夫造就不出苏格兰壶式蒸馏器。" 10 道工序，12 遍火候，大大小小十几种铁锤工具，1000℃高温冶炼，48000 次的锻打，每一次的锻打，都是对铜的历练。注入气力的同时，更赋予铜壶以生命。

图 8　手工成型与焊接

Fig. 8　Hand Forming and Welding

图 9　天鹅颈的焊接

Fig. 9　Welding of swan neck

图 10　平整焊缝

Fig. 10　Flat welding seam

　　壶式蒸馏器在使用过程中，由于内壁不断与酒体相互反应，并且长期受到蒸气的冲刷，时光荏苒，岁月穿行，壶体会不断磨损和减薄。但因为紫铜材料在制造过程中经过千锤百炼的锻打工序处理，壶体材料致密度明显提升，强化了壶体材料的金相组织，使壶体的塑性、冲击韧度、疲劳强度及持久性能等都得到了提高，从而大大延长了壶式蒸馏器的使用寿命。

　　McMillan 壶式蒸馏器历经不少于 48000 次捶打，在获得生命后获准登上了创造生命之水传奇与荣耀的舞台。

参考文献

［1］ Jacques K A, Lyons T P, Kelsall A D R. The Alcohol Textbook （4th Edition） : Chapter 14 ［M］. Nottingham: Nottingham University Press, 2003.

［2］ Gregory H M. Whisky Science A Condensed Distillation ［M］. Cham: Springer Nature Switzerland AG, 2019.

［3］ Inge R, Graham S. Whisky Technology, Production and Marketing （2nd Edition） ［M］. Oxford: Elsevier Ltd. , 2014.

［4］ Barry H, Olivier F, Frances J, et al. The impact of copper in different parts of malt whisky pot stills on new make spirit composition and aroma ［J］. Journal of the institute of brewing, 2011: 117 （1）, 106−112.

［5］ Adrien D, Cristian P, Pierre A, et al. Batch distillation of spirits: experimental study and simulation of the behaviour of volatile aroma compounds ［J］. Journal of the institute of brewing, 2019, 125: 268−283.

发挥中国酒源文化优势高质量振兴辽酒产业建议

何冰[1]，刘立新[2]，赵彤[3]，何以琳[4]，李品栂[5]

（1. 吉林省蛟河市委党校，吉林蛟河　132500；

2. 辽宁省酿酒协会，辽宁沈阳　110000；

3. 黑龙江省轻工科学研究院，黑龙江哈尔滨　150010；

4. 吉林省圣诺管理咨询有限公司，吉林蛟河　132500；

5. 吉林省圣诺管理咨询有限公司，吉林蛟河　132500）

摘　要：辽宁省是中国白酒工业化摇篮，在计划经济与市场经济时期，产能和产量长期稳居全国头部梯队。但在东北振兴乏力的大环境下，白酒产业税收贡献度不高且逐年下降。因此，如何利用好本省的历史资源、粮食资源、自然资源、文化资源、科教资源等优势提振辽宁省白酒产业，本文提出了可能的破题路径和系列解决方案。

关键词：辽酒，文化，高质量，振兴，产业

Suggestions for exploiting cultural advantages of Chinese Baijiu sources to revitalize Liaoning Baijiu industry with high quality

HE Bing[1], LIU Lixin[2], ZHAO Tong[3], HE Yilin[4], LI Pinzhan[5]

（1. Party School of the Jiaohe Municipal Committee of C. P. C , Jilin Jiaohe 132500, China；

2. Liaoning Provincial Alcoholic Drinks Association, Liaoning Shenyang 110000, China；

3. Heilongjiang Light Industry Research Institute, Heilongjiang Harbin 150010, China；

4. Jilin Shengnuo Management Consulting Co. , Ltd. , Jilin Jiaohe 132500, China；

5. Jilin Shengnuo Management Consulting Co. , Ltd. , Jilin Jiaohe 132500, China）

Abstract：Liaoning Province is the cradle of China' Baijiu industrialization, and its pro-

作者简介兼通信作者：何冰（1971—），男，吉林省食品协会副会长兼酒文化专业委员会会长、中国食品行业智库专家、吉林省酒文化大师，公开发表中国酒文化论文100余篇，出版专著《北酒闻香》《北酒文香》，其7个咨政课题先后获景俊海、韩俊等省级和行业协会领导签批；邮箱：13944669818@ 163. com；联系电话：13944669818。

duction capacity and output have long ranked steadily in the head echelon of the country during the period of planned economy and market economy. However, under the general environment of weak northeast revitalization, the tax contribution of Baijiu industry is not high and decreasing year by year. Therefore, how to make good use of local historical resources, food resources, natural resources, cultural resources, scientific and educational resources and other advantages to revitalize the Baijiu industry in Liaoning Province, this paper proposes some possible paths to break the problem and a series of solutions.

Key words: Liaoning Baijiu, Culture, High Quality, Revitalization, Industry

1 前言

辽宁省是中国白酒工业化摇篮,培养了周恒刚、刘洪晃、于桥等一批泰斗级专家。著名的"茅台试点"是由以辽宁专家为主的技术团队完成的。此外,全国名酒评比,辽宁专家一直发挥主要作用。辽宁是全国酒的主产地之一,白酒和啤酒消费大省,仅白酒年消费约为300亿元,如全部为本省酿造销售,仅白酒一项可实现税收超60亿元。在计划经济与市场经济时期,产能和产量长期稳居全国头部梯队,但在东北振兴乏力的大环境下,辽宁酒业除啤酒外,葡萄酒、果露酒、黄酒等规模以上企业极少。来自国家统计局的数据显示,2016年,辽宁省规模以上白酒企业产量为8.2796万kL,位居全国纳入统计的29个省、直辖市、自治区中的第21位。但实际上辽宁白酒年产量约50万t,排名之所以靠后是因为规模以上企业相对较少。此外,当地白酒产业税收贡献度不高且逐年下降,原因是域外名优白酒品牌不断挤占本省市场,导致该省大多数的白酒企业在"生死线"附近挣扎。因此,如何利用好本省的历史资源、粮食资源、自然资源、文化资源、科教资源等优势提振辽宁省白酒产业是亟待解决的问题。

2 辽宁省发展酒业的优势

2.1 辽宁省作为中国白酒起源地的独特文化资源

2022年5月28日,中国社会科学院学部委员、历史学部主任、中华文明探源工程第一到第四阶段首席专家王巍,在中央政治局第39次集体学习上的讲座首次披露"20年探源科研成果实证了我国百万年的人类史、10000年的文化史、5000多年的文明史。"中华上古万年文化史分为3大文化区,西辽河流域的红山文化是其一,辽西还是古九州之首——冀州之地,和良渚文化以稻酿酒为主不同,红山文化是以谷(黄米)酿酒为主,所以是中国也是世界谷物酿酒文化的起源地;随着酿酒技术的发展，至辽金时代出现了今天的蒸馏烧酒，东北酒史专家《辽代"斫冰烧酒"遗存研究》证明了北宋欧阳修的《奉使道中五言长韵》中"烧酒"即今天的白酒，该发现将我国白酒出现的时间整整往前推了200年，由此证明了历史和地域经纬的"辽"为中国白酒起源地，"酒海"贮藏起源地，千年酒脉传承至近，辽宁省还发现了迄今最古老的可以饮用的白酒——道光廿五时期（1845年）的酒海穴藏酒：1999年，嘉德北京拍卖专场道光廿五贡酒86千克白酒拍出350万元人民币。2003年，嘉德广州93千克白酒拍出558万元，每500毫升约为6万元，是目前茅台飞天市场销售价的20倍。以上，证明了1000年前的辽代时期辽宁是中国白酒的起源地，100年前的清朝时期辽宁是中国白酒的主产区，展现了中华民族在广袤的北方大地创造的辉煌文明。

2.2 辽宁省发展酒业的自然资源

白酒不仅是农产品精深加工产业，更是粮食转化效益最好的产业，同时也是地域资源型产业，高度依赖生态环境资源。生态环境的独特性决定所酿白酒的风格特点。辽宁省的地理环境及土质特点非常适合种植高粱，在考古中发现最早的高粱种子就在辽宁省大连市。辽宁省是全国高粱主产区之一，产量与质量都得到了国内高度认可。此外，辽宁省拥有一流的高粱遗传育种和高效栽培技术研究队伍，辽宁省农业科学院创新中心主任邹剑秋研究员，是中国高粱现代产业技术体系首席科学家，中国高粱国际合作项目首席科学家，国家高粱品种鉴定委员会副主任。可以看出，辽宁是中国自然发酵酒和白酒起源地绝非偶然。辽宁省良好的生态环境、优质的水资源和粮食资源，为辽宁省白酒产业奠定了坚实的基础。

辽宁省地处欧亚大陆东岸，中纬度地区，属于温带季风气候。境内雨热同季，日照丰富，积温较高，冬长夏暖，春秋季短，四季分明，雨量不均，东湿西干。其中西部适宜种植高粱，东部濒海和长白山余脉适宜种植"东北三宝"和山葡萄。21世纪以来，在振兴东北战略中，白酒龙头企业茅台等投资建立了辽宁西丰县茅台集团健康产业有限公司，葡萄酒龙头企业张裕投资建立了张裕黄金冰谷冰酒酒庄。所以辽宁省依托独特自然资源还可以大力发展葡萄酒、果露酒、黄酒、保健酒产业。

3 辽宁省酒业存在的普遍性问题

由于市场环境变化，企业管理、销售模式老化，转型升级困难，辽宁省白酒产品普遍在低价位运行。本地市场普遍面临着较大的运营压力和销售压力，主要体现在以下几个方面：其他名优白酒的挤压；市场占有率逐年萎缩；地方政府对该产业的重视、扶持程度不够；白酒企业家精神的萎靡；职业经理人队伍建设不够；人员和人才双流失；消费能力下降；企业升级艰难等。

4　解决对策

4.1　优化酒业规划和管理机构

目前，辽宁省的白酒、果露酒、葡萄酒、黄酒行业发展远景模糊，在战略规划设计上较为落后，这是致使整个酒业发展缓慢的关键原因。因此，辽宁省酒业如何逐步形成合理的空间布局、产业布局、产品布局、结构布局、特色布局等问题需要进行深入研究，并依托优质原料基地资源，鼓励特色产区发展，促进各产区的企业尽快做大、做强。现在各级的酒业办在改革中已经取消，管理职能主要在工信和市场，对应国家三大酒协会的省级协会，仅有辽宁省酿酒协会在不间断地发挥桥梁与纽带作用，其他地市县几乎都没有组织结构和人员，辽宁省酒业的一些信息、技术很难共享。

建议：成立由省主要领导牵头，工信、市场、国资、发改、商务、农业、科技相关部门参加的省推进酒类产业高质量发展领导小组，负责全省酒业发展的规划编制、政策起草、组织协调、督查指导、政策兑现落实等工作。认真谋划、深入研究、有针对性地提出有助于全省酒业发展的思路举措，细化工作措施，加快白酒产业高质量发展。

形成辽宁人喝辽酒的浓厚氛围，从省领导做起，各级党委政府领导直至社区领导、村干部。在不违反原则的情况下，都要带头用辽酒、喝辽酒，尤其是国家优质酒、辽宁省名酒等所在的地区，政府要成立专班，支持年轻干部到酒业挂职锻炼，毫不动摇地鼓励、支持、引导非公有制酒企发展。

到 2025 年，辽宁省白酒企业实现营业收入翻 2 番，税收翻 2 番，从国优、部优、辽宁名酒、中华老字号、国家非物质文化遗产等企业中遴选，重点培育年营业收入超过 30 亿元的白酒企业 1 家，超过 15 亿元的企业 2 家，超过 5 亿元的企业 5 家；"十五五"期间，培养年营业收入超过 50 亿元的白酒企业 1 家，超过 30 亿元的企业 2 家，超过 10 亿元的企业 3 家，白酒税收超过 40 亿元；葡果酒企业年营业收入超过 10 亿元的企业 1 家，超过 5 亿元的企业 3 家。面向亚洲有国际竞争力的酒企 1 家，年营业收入 50 亿元以上，税收 10 亿元以上。提升辽宁省酒业在全国的品牌影响力和贡献力。

4.2　打造"中国辽酒"品牌，塑造"辽酒"地域名片

目前，贵州、四川、江苏、山西等省份酱香型、浓香型、清香型等白酒作为高端白酒占领了我们辽宁市场。目前，全国已有 13 大香型，各种香型都有自己的受众，没有高低贵贱，每种香型都有高端、中端、低端白酒，完全是消费者喜好以及企业营

销、资本运作的结果。因温度和自然环境不同，不同的菌种适合在不同地区发酵，辽宁省的"辽香型"白酒，在辽宁省专家团队数十年的坚持下，已具备成为全国香型的基础。

建议：坚持品质自信、凸显辽酒特点。辽宁省作为中国白酒的起源地，必然有其中的历史原因、生态原因、科技原因、自然原因。一方水土一方酒，辽宁省白酒行业要用相对理性的态度来面对。我们的环境和资源更适合做辽酒，未来辽宁省工作重点是打造辽酒品牌，建立辽酒国家评价体系，划分好辽酒的不同档次与品牌梯队。同时，以中国辽酒为核心品牌，打造中国辽酒新概念，形成重要的地理标识，正如到日本喝清酒，到韩国喝烧酒，到辽宁、到东北就喝辽酒，让南方人、外国人也以能喝上辽酒为荣耀。

辽宁省要立足产业优势，重点打造具有辽宁省特色的白酒产业。以上古中华三大文化核心区——大凌河水系为重点，谋划打造东北"辽酒酒庄群"（白酒、葡萄酒及黄酒）、"大凌河中华酒庄""中国红山酒祖酒庄""中国满族酒海穴藏酒庄""中国白酒泰斗酒庄"等特色酒庄。同时大力推进辽酒国家标准建立，大力发展历史名酒文化、红色文化、民族文化、辽菜文化等。以文旅、文创推动"中国辽酒品牌+多产业"深度融合发展。

4.3 成立中国辽酒酿造研究院，打造好辽酒文化

白酒的香型标准、白酒的发言权都在名酒各大酒企。然而，辽宁中国酒起源地的知名度极低，目前主要是企业出资保护研究，各级政府投入不大，辽酒文化研究更是匮乏。

建议：组建中国辽酒酿造研究院，大力培养隶属于辽宁省的酒类科技创新人才和技术骨干。依托辽宁生态、辽酒历史、辽宁高粱、"东北三宝"等优势，聘请国内外白酒知名专家研究辽酒。主要研究辽酒作为中国酒起源地历史、辽酒"斫冰烧酒"文化、满族酒海穴藏文化、特色酒资源、特色生态环境、文物、微生物工程等，建立辽酒的国家标准，并组织科普宣传。实现与高等院校、科研机构技术交流与合作，组成研发团队，为产品质量稳定提升提供有力的技术支撑。形成一批有质量有效益的科研成果。从产品香型、口味、配方等方面进行深入研究。

4.4 筹建中国辽酒文化研究中心，发挥文化主旋律

2021 年 11 月 24 日，中央全面深化改革委员会第十二次会议审议通过了《关于让文物活起来、扩大中华文化国际影响力的实施意见》。建议辽宁省各级政府出资保护好中国酒起源地，中国文物白酒等的文物和遗址，包括拥有"中华老字号""国家非物质文化遗产"等国家级荣誉称号的白酒企业。充分利用报刊、电视、网络等全

媒体资源多渠道传播推介文物历史真实性、文物的完整性、延续性，向世界讲述10000年、1000年前的古代中华文化。辽代时期辽宁是中国白酒的起源地，100年前的清朝时期辽宁是中国白酒的主产区，讲述辽宁先民在北方大地创造的灿烂文化、辉煌成就和对世界文明做出的巨大贡献。

建议：筹建中国辽酒文化研究中心，发挥文化主旋律。辽酒文化核心是历史，深入挖掘辽酒文化内涵，将辽酒的核心定位于"辽"文化，聘请全国知名的艺术家、新闻媒体等文化名人作为顾问，开展一系列辽酒文化研讨与宣传。赋予辽酒有血有肉有灵魂的品牌文化典范。传承辽宁省白酒的地域文化和人文气息，大力推进辽酒文化与地域文化的互动融合，提升辽酒文化含量和文化附加值，以品牌提升吸引社会资本。

目前，工信部确定茅台等七家白酒生产企业正准备申报世界遗产，没有全国重点文物保护单位和国家工业遗产是这次申报的软肋。辽宁省应该积极支持拥有中华老字号、国家非物质文化遗产的企业，积极申报全国重点文物保护单位和国家工业遗产，争取列入申报世界文化遗产国家名录梯队，一旦成功将极大提升辽宁省白酒的影响力。

4.5　因地制宜，大力发展辽宁省特色营养酒、滋补酒行业

目前，酒业龙头企业已经确立了近乎垄断的"技术标准"，国家名酒企业已经开始了"文化输出"，形成了文化消费。茅台在金融市场股票价格一度突破2000元大关，形成了万亿规模。

建议：在做好辽宁省酒庄群的同时，辽宁省的酒业品牌要争取市场份额，只有社会科学与自然科学相结合，依靠技术创新与文化创新，将酒业转型升级为生态酒、营养酒、滋补酒产业，逐步形成辽宁省的地理性原产地标准，才能发挥好粮食酿好酒的原产地优势，重新树立辽酒品牌形成核心竞争力。同时要抓住白酒新规实施的历史机遇，将辽宁省特色产品如人参产品、鹿产品转化为人参肽、鹿肽等高科技产品，面向亚洲，培育有核心肽酒竞争力的50亿~100亿元大型酒企，快速融入两个大循环，实现弯道超车。

4.6　妥善做好农村白酒小作坊的安全监管和税收流失

农村白酒小作坊是我国白酒安全和税收监管的"老大难"，因为白酒小作坊是为了玉米就地转化为酒糟饲料而建，规模小，安全标准化，监管难度大，尤其是产酒大省。以辽宁省最低10万t农村小烧坊散白酒估算，每千克酒如按1元从量征收消费税计算，仅此一项税收为1亿元。如果按照每千克3元售价计算，至少还有1亿元以上的税收，两项合计至少可增加约为2亿元税收。

建议：辽宁省市场监管部门不再核发新的白酒小作坊生产许可证，对于已核发的要求业主严格履行主体责任，对于产品检测不合格和存在隐患又不按要求整改的下令关停。如不能关停该行业，则要参照白酒产品国家标准，制定《辽宁省白酒小作坊生产经营管理办法》，做到有法可依、有法必依、执法必严、违法必究。加大"适量饮酒有益健康"和"饮国家标准白酒有益健康"的宣传，制作海报在农村"小卖店"张贴，通过农村"小喇叭"广播。考虑从乡村振兴角度，由村里组织白酒小作坊与当地白酒生产企业对接，由企业按照国家白酒产品标准加工，部分交由村里销售给村民，这样，生产与销售分开，生产企业解决了酒糟喂牛，村集体增加了销售收入，两个主体责任得到了有效落实。实现优质粮食价格高，农民能挣钱，中国辽酒质量好，企业有效益，粮果药就地加工，政府有税收的可喜局面。

参考文献

[1] 金峰. 辽酒破题谋局复兴 [N]. 华夏酒报，2018-03-20（A18）.

[2] 冯小波. 我国百万年的人类史增强中国文化自信 [EB/OL]. 中国社会科学网，2022-06-06.

[3] AI 财经社丹丹. 贵州茅台破 2000 元大关，创历史新高，当前市值超 2.5 万亿元 [N/OL]. 市界观察，2021-01-04，https：//baijiahao. baidu. com/s？id = 1687920709883 552788&wfr = spider&for = pc.

[4] 定了！中国白酒七子出征，联合申遗填补世界空白 [N/OL]. 中商资讯，2023-04-28，https：//baijiahao. baidu. com/s？id = 1764414590873682084&wfr = spider&for = pc.

[5] 金峰. 中国白酒起源史之东北说 [N/OL] 华夏酒报中国酒业新闻网，2021-09-08.

白酒机械化带来的机遇与挑战

曹颖，张红霞，徐岩

（江南大学生物工程学院，江苏无锡　214122）

摘　要：白酒在中国经济文化中承担着重要角色，将传统酿造方法与现代科技结合是白酒未来发展的必由之路。然而，酿造过程机械化影响了传统酿造白酒原本的风味品质。为了解决这个问题，研究调控酿造过程功能微生物等措施被提出。因此，本文针对白酒酿造过程机械化造成的白酒风味差异以及应对这种差异的一些措施进行综述。

关键词：白酒，机械化，功能微生物，风味

Opportunities and challenges brought by liquor mechanization

CAO Ying, ZHANG Hongxia, XU Yan

（School of Biotechnology, Jiangnan University, Jiangsu Wuxi 214122, China）

Abstract：Baijiu plays an important role in China' economy and culture. The combination of traditional brewing methods and modern technology is the only way for the future development of Baijiu. However, the mechanization of the brewing process changed the original flavor. In order to solve this problem, measures such as regulating functional microorganisms in the brewing process have been proposed. Therefore, this paper summarizes the differences in Baijiu flavor caused by the mechanization of brewing process and some measures to deal with these differences.

Key words：Baijiu, Mechanization, Functional microorganisms, Flavor

作者简介：曹颖（2000—），女，硕士研究生，研究方向为白酒酿造微生物；邮箱：3509527969@ qq. com；联系电话：19519956008；张红霞（1990—），女，助理研究员，博士后，研究方向为白酒酿造微生物；邮箱：zhx_ web@ 163. com；联系电话：18816200661。

通信作者：徐岩（1962—），男，教授，博士生导师，研究领域为功能定向酿酒微生物及其代谢、微生物酶与分子酶工程；邮箱：yxu@ jiangnan. edu. cn；联系电话：0510-85864112。

1 绪论

1.1 传统酿造模式面临的问题

中国传统白酒是通过双边固态发酵酿造出来的一种中国特有的蒸馏酒[1]。在传统模式下,白酒是由经验丰富的酿酒师傅手工酿造的,因而人工成本高且生产效率低,无法跟上现在的高效率生产节奏;同时对于工人而言,传统白酒工业生产环境差,劳动强度大,工作条件比较艰苦[2]。

另外,传统白酒的酿造工艺是开放式的,这导致其酿造过程复杂难控,酿造机理难以解析。而且这一开放式发酵过程存在着一些值得考量的安全性问题,如在富集微生物时难以避免引入一些有害微生物以及谷物等原料受环境污染而积累的一些有害物质如邻苯二甲酸酯[3, 4]。随着生活品质的提高,人们对于食品质量安全的要求也逐渐提高,因此,重视建立白酒质量标准、保证白酒品质安全成为必然要求。然而,只有掌握白酒的具体酿造科学才能进一步运用科学的方法来提高白酒酿造过程的可控性和白酒品质的标准化。

1.2 白酒品质标准未具体化

中国白酒酿造工艺不同于其他蒸馏酒,酿造过程十分复杂,因此目前已知的白酒相关的酿酒科学理论并不充分,白酒酿造过程难以进行科学调控,白酒品质标准难以确定,白酒质量安全也难以保证。而白酒作为一种高利润产品,市场上假冒伪劣产品层出不穷,消费市场不容乐观[5]。此外,白酒的消费市场集中在国内,还未实现国际化,其原因除了中国白酒的口感过于浓烈,不符合海外消费者的饮酒喜好外,还包括中国白酒缺乏适用于国际市场的标准体系[5, 6]。因此,为了解决中国白酒内外市场发展不平衡、国内酒类市场被葡萄酒等外国酒逐渐占据的窘境,加强探究白酒酿造内含的科学理论、建立国际化的白酒品质标准十分必要。

1.3 中国传统白酒行业引入现代科技

面对传统白酒行业生产效率低、产品品质不稳定、工人工作环境恶劣等缺点[7],在 20 世纪 60 年代白酒科研试点改革的推动下,白酒机械化开始发展,一些机械设备慢慢应用于白酒酿造过程[8]。例如,在白酒酿造过程中使用自动拌料机,这成功提高了原料的混合均匀度,同时也提高了生产效率,并且可以得到不逊色于人工拌料的出酒率、优品率[9];在酒醅装入甑桶的环节中,一些企业开始尝试使用机器人来代替工人进行上甑,这在很大程度上减轻了操作工人的劳动负担[10];另外,对于成品酒风味十分重要的勾调技术数字化后,各基酒的调配比例可以被实时记录,成品酒风味的稳定性也能被更好地实现[11]。

但是由于中国传统白酒多为固态发酵，较液态发酵酒更难实现机械化，至今白酒机械化仍旧不能很好地模拟人工操作技法，许多香型白酒工业自动化工艺所得白酒的出酒率、白酒质量仍旧不如传统工艺所得白酒。因此，截至目前，多数白酒厂的大部分工艺仍采用传统人工操作，只有一些机械化较为成熟的设备和装置得以保留[12]。

虽然白酒行业机械化需要大量的资金投入，要好几年才能收回成本[13]，但是从长远角度来说，白酒行业机械化具有深远意义。因此，为引领中国传统白酒向现代产业转型升级，探究其因，对机械设备、过程工艺进行完善迫在眉睫。

2　研究进展

2.1　机械化模式的应用影响了白酒品质

在国内，张健等[14, 15]首次应用从润粮、上甑、摊晾起堆到入窖的一整套酱香机械化设备系统进行了酱香型白酒生产试验。他们通过与传统酿造班组对比发现酿造过程中的差异主要在于堆积发酵过程顶温、堆积时长，而酿造过程的主要功能微生物以及酒样色谱骨架成分、总酸总酯含量并未出现显著差异，但出酒率、优品率等指标与传统生产比较还需提高。而罗璐军等[16]在传统和机械化两个模式下对于清香型白酒进行探究时，发现在两种酿造模式下，最终产物白酒的酸度和酯含量存在显著差异。其中机械酿造的白酒总酸度和总酯含量显著低于传统工艺（$p<0.05$，$p<0.01$）。胡志平等[17]在纯手工酒曲与机械酒曲生产的米香型白酒的分析中同样也发现，通过机械酒曲生产的原酒中总酸和总酯类含量均低于通过纯手工酒曲生产的酒。但他还指出，在感官上，机械酒曲所产酒的香味及口感更优，这说明在该研究中，机械化的应用虽然降低了白酒中的总酸、酯类含量，但最终产酒中的酸酯比例更协调，酒体整体品质也得到了提升。而余飞等[18]通过研究发现，机械化方式下酿造的浓香型白酒原酒风味成分总体与传统酿造原酒相似，但是产生了一些新的风味特征，同时又缺失了传统酿造酒原本的一些风味物质。

然而，目前对于白酒行业应用机械化所带来的差异解析仍旧不清晰，还需要进一步研究。另外，在不同香型酒的酿造过程中，机械化的应用所带来的影响是不同的，在一些企业的实践中，存在机械化模式下所酿酒品质显著下降的情况。因此，在分析酿造过程机械化所带来的差异时，需要具体情况具体分析，并且需要进行多方面综合考察，不能一味地抓住其中几个指标来进行评判。

2.2　机械化模式对白酒品质影响机制的探究进展

风味是白酒品质的重要指标，但是机械化模式的应用造成了白酒风味的改变。若要进一步实施机械化智能化，探究造成风味改变的具体机制十分必要。稳定的功能菌群是良好风味的基础，因此探究不同模式下菌群结构的差异是破解风味变化的关键。一些研究通过对机械化酿造和传统酿造过程两模型的群落演替、底物消耗和代谢物进行研究，发现白酒酿造机械化会改变操作环境，即使使用相同原料也会影响初期定殖的微生物菌群结构，而菌群结构的差异又会造成葡萄糖等底物利用速率、代谢物类型以及生成速率的差异，最终导致成品酒品质的差异[19]。此外，一些研究对于白酒中的一些重要风味物质变化及其变化机制进行了探究，结果表明通过调控关键的小功能菌集便可能实现风味物质的正向调控。例如，王雪山等[20]的研究结果表明，调控毕赤酵母、曲霉、根霉和念珠菌可能是调节现代化白酒发酵过程中乳酸乙酯代谢的有效方向。

2.3 白酒机械化研究进展滞缓的原因

中国传统白酒有四大香型，其中之一是酱香型白酒。酱香型白酒的产量只占中国白酒的 8% 左右，但是它所带来的收益占中国白酒行业总利润的 39.7%[21]，因此对酿造出品质优秀酱香型白酒的内在机制进行研究具有重要意义。但是酱香型白酒机械化的相关研究相较于其他香型的白酒研究进展迟缓，其中一个原因是酱香型白酒的气味很复杂，目前的研究方法无法很好地进行完善的分析，其关键香气化合物还不明确。

白酒风味是评判白酒品质的重要标准，若要实现高质量的白酒机械化，规范其生产过程，建立科学合理的白酒品质标准十分必要。对于目前酱香型白酒风味化合物还不明确的现状，段佳文等[21]指出其原因可能是酱香型白酒的一些关键风味物质可能具有低含量、低阈值等特点，导致它们可能无法达到检测限而未能被发现。另外，他们还指出，化合物之间的相互作用是酱香型白酒风味复杂的主要原因之一，因此对于具有复杂风味成分的酱香型白酒，其微量成分，包括非挥发性组分之间的相互作用需要受到重视。

2.4 改善白酒品质的措施

2.4.1 调控发酵过程参数

在陈曦等[22]的研究中，他们探究了翻转发酵谷物对堆积发酵的影响，发现翻转发酵谷物会导致不同发酵谷物层中的酸度和水分含量重新分布，堆温升高，并且发现在翻转后的发酵谷物中乙醇、苯乙醇、乙酸和十八碳二烯酸乙酯浓度升高。他们指出发酵参数的变化改变或增强了其对微生物群落演替的驱动作用，导致微生物结构发生变化，从而导致代谢物的改变。该研究结果为理解酱香型白酒传统酿造工艺的内在机理提供了依据。在李耀义等[23]对于酱香型白酒酿造过程的研究中，指出发酵参数会影响初始微生物菌群结构并且影响微生物的演替速率。他们的研究结果表明，在酱香型白酒的酿造过程中，优势真菌群落与温度、气压等环境因素存在显著相关性，这些环境因素直接或间接影响真菌群落的结构和演替。

因此调控白酒酿造过程中环境因素、理化参数对于正向引导酿造过程中的微生物群落构建具有重要意义，通过优化过程参数条件最终可以达到改善白酒品质的效果。基于此，通过模拟传统模式下的酿造参数来调控机械模式下的酿造过程可能是在机械化模式下还原传统酿造风味的一项重要举措。

2.4.2　风味物质导向构建功能微生物群

风味是白酒品质的重要指标，风味物质的种类以及比例会影响白酒的香气和口感，因此减少异味产生并控制其他风味物质比例协调对于提高白酒品质十分重要[24]。一旦关键香气化合物和异味化合物明确，研究人员便可以通过分析异味物质来确定生产过程的控制点，相关联的微生物研究也可以进一步被推动，而风味化合物含量的调控便可以通过强化或抑制相关联的微生物来实现，为科学有效调控机械化白酒酿造过程奠定基础。

朱琦等[25]基于多组学技术构建了功能基因数据库，对于酱香型白酒大曲的核心功能群落进行了识别，并且对于调控核心功能群落的环境因子进行了探索。她们的结果表明：她们所研究的酱香型大曲中的核心功能细菌是克罗彭斯泰蒂亚属、嗜热放线菌属、芽孢杆菌属、不动杆菌属、短杆菌属、糖多孢菌属、苍白杆菌属，核心功能真菌是曲霉属、丝衣菌属、嗜热子囊菌属和嗜热霉菌属。另外，她们指出温度是影响微生物和风味的重要因素，因此可以通过调控温度来制造品质更好的大曲，从而进一步对白酒品质产生正向影响。一些异味在酱香型白酒中是不被喜欢的，如腌菜味。杨亮等[26]对酱香型白酒 1~6 轮次腌菜味物质含量和产生 PLOC 的微生物进行了研究。他们发现红球菌和接合酵母可以促进腌菜味物质的形成，而醋杆菌可以通过代谢活动降低腌菜味物质的含量。

3　观点与总结

3.1　解析核心风味物质

风味是反映白酒品质的重要指标，对于调控白酒酿造过程具有导向作用，但是目前风味解析仍然面临着巨大挑战[27]。这是因为白酒风味的解析十分复杂，不仅需要探索其关键风味物质种类，还需要清楚各风味物质间的比例；并且化合物浓度并不能代表其对白酒风味的贡献，还需考虑这些化合物的气味阈值等因素；另外，一些本身无法提供风味但却能影响风味物质发挥作用的物质也需要进行综合考虑[4]。

3.2　解析并构建功能微生物群

白酒酿造是一个涉及多种微生物的复杂过程，但是这些微生物并不都是有利于生产的，并且微生物生态学研究表明，一个很小的微生物群落单位可以驱动整个微生物群的演替，因此，研究并构建酿酒过程中的最小功能微生物群集十分重要，这有助于实现白酒中风味物质的稳定代谢合成，是实现白酒品质稳定的关键所在。目前已有研究将关键微生物菌群与风味特征联系起来建立数学模型，利用该模型可以生成所需风味谱的最佳合成菌集，这为人工调控白酒风味提供了可能性[28]。然而，目前我们对于传统白酒尤其是酱香型白酒中的风味认识有限，因此无法输入正确的所需要的风味谱，更无法进一步构建出所需要的功能菌集。此外，微生物之间往往存在着紧密联系，复杂风味难以与功能菌集精准对标，即确定最小功能微生物群落十分困难。若要识别白酒发酵过程中起关键作用的菌群，徐友强等[4]在文章中指出，可以参考以下几点来判断：①将原料转化为小分子物质的微生物；②合成关键风味化合物的功能微生物；③调节酿造过程中功能微生物共存的结构微生物。

3.3 总结

构建以风味为导向的最小功能菌集是实现白酒品质稳定化和机械模式下还原传统酿造风味的关键。然而，传统白酒的风味特征还无法进行彻底的解析，并且酿造过程中所涉及的微生物群落结构十分复杂，微生物之间复杂的相互作用会影响到核心微生物的鉴定。另外，目前在酿造过程中使用的人工合成菌群，通常以液体微生物制剂的形式外添至发酵过程中，菌剂在投入生产后仍保留活性的菌量难以保证且难以大规模生产。因此，想要实现酱香型白酒行业智能化、白酒品质稳定化仍需要更深刻的研究。

参考文献

[1] 高银涛，何璇，余博文，等. 白酒固态双边发酵糖化机理及其对发酵过程的影响 [J]. 食品与发酵工业，2021，47（13）：92-97.

[2] 姜易为，钟雯. 酿酒设备机械化系统化的影响与分析 [J]. 酿酒. 2022，49（03）：19-21.

[3] Zhang J, Hou Y, Lin Q, et al. Fortified Jiuqu of the Chinese Baijiu: A review on its functional microorganisms, strengthening effects, current challenges, and perspectives [J]. Food Bioscience, 2023, 55: 103045.

[4] Xu Y, Zhao J, Liu X, et al. Flavor mystery of Chinese traditional fermented Baijiu: The great contribution of ester compounds [J]. Food Chemistry, 2022, 369: 130920.

[5] 曹敬华，陈萍，杨林，等. 传统白酒生产的现代化改造及新技术 [J]. 酿酒. 2021，48（04）：19-23.

[6] 冯方剑，赵金松，刘茗铭，等. 中国白酒国际市场营销研究现状 [J]. 酿酒，

2022, 49（02）：16-18.

[7] 宿萌. 传统白酒酿造工业化、机械化发展研究概述 [J]. 酿酒科技, 2020, （02）：87-91.

[8] 张国强. 白酒生产机械化的探索 [J]. 酿酒.2010, 37 （05）：3-6.

[9] 吕静, 林洋, 沈剑, 等. 自动拌料机在半机械化白酒生产中的应用研究 [J]. 酿酒.2019, 46 （02）：90-93.

[10] 张晓敏. 浅谈机械自动化在白酒酿造行业中的应用 [J]. 机械管理开发, 2022, 37 （11）：315-317+320.

[11] 张万明. 计算机技术在白酒生产以及营销中的应用 [J]. 中国酒, 2023, （06）：54-55.

[12] 汪江波, 王炫, 黄达刚, 等. 我国白酒机械化酿造技术回顾与展望 [J]. 湖北工业大学学报.2011, 26 （05）：50-54.

[13] 周金虎. 论传统白酒生产机械化智能化设备 [J]. 酿酒.2017, 44 （04）：21-23.

[14] 张健, 程平言, 钟敏, 等. 酱香型白酒机械化堆积发酵生产试验探究 [J]. 酿酒科技.2020, （01）：57-64.

[15] 张健, 李波, 程平言, 等. 酱香型白酒制酒机械化生产试验的研究 [J]. 中国酿造.2018, 37 （12）：148-153.

[16] Luo L J, Song L, Han Y, et al. Microbial communities and their correlation with flavor compound formation during the mechanized production of Light – flavor Baijiu [J]. Food Research International, 2023, 172：113139.

[17] 胡志平, 柯锋, 叶静萱, 等. 纯手工酒曲与机械酒曲的米香型白酒品质对比分析 [J]. 酿酒科技, 2019, （03）：90-93.

[18] 俞飞, 周健, 明红梅, 等. 机械化与传统酿造方式的浓香型原酒风味成分对比 [J]. 食品与发酵工业, 2021, 47 （23）：233-239.

[19] Du H, Ji M, Xing M, et al. The effects of dynamic bacterial succession on the flavor metabolites during Baijiu fermentation [J]. Food Research International, 2021, 140：109860.

[20] Wang X, Wang B, Sun Z, et al. Effects of modernized fermentation on the microbial community succession and ethyl lactate metabolism in Chinese Baijiu fermentation [J]. Food Research International, 2022, 159：111566.

[21] Duan J, Yang S, Li H, et al. Why the key aroma compound of soy sauce aroma type Baijiu has not been revealed yet? [J]. LWT, 2022, 154：112735.

[22] Chen X, Wu Y, Zhu H, et al. Turning over fermented grains elevating heap tem-

perature and driving microbial community succession during the heap fermentation of sauce-flavor Baijiu [J]. LWT, 2022, 172: 114173.

[23] Li Y, Cheng Y, Wang H, et al. Diverse structure and characteristics of the fungal community during the different rounds of Jiang-flavoured Baijiu production in Moutai town [J]. LWT, 2022, 161: 113313.

[24] 李陈杰, 韩强, 庹先国, 等. 基于多核支持向量回归的浓香型白酒风味成分逐步预测模型研究 [J]. 食品安全质量检测学报, 2023, 14 (15): 185-194.

[25] Zhu Q, Chen L, Peng Z, et al. Analysis of environmental driving factors on Core Functional Community during Daqu fermentation. Food Research International, 2022, 157: 111286.

[26] Yang L, Chen R, Liu C, et al. Spatiotemporal accumulation differences of volatile compounds and bacteria metabolizing pickle like odor compounds during stacking fermentation of Maotai-flavor Baijiu. Food Chemistry, 2023, 426: 136668.

[27] Hong J, Huang H, Zhao D, et al. Investigation on the key factors associated with flavor quality in northern strong aroma type of Baijiu by flavor matrix. Food Chemistry, 2023, 426: 136576.

[28] Du R, Jiang J, Qu G, et al. Directionally controlling flavor compound profile based on the structure of synthetic microbial community in Chinese liquor fermentation. Food Microbiology, 2023, 114: 104305.

基于 NIR 量质摘酒模型的初步探索及应用研究

廖丽[1]，朱雪梅[2]，邹永芳[1]，彭厚博[1]，张维[2]，李雁[1]，张贵宇[2]

（1. 舍得酒业股份有限公司，四川遂宁　629209；

2. 四川轻化工大学自动化与信息工程学院，人工智能

四川省重点实验室，四川宜宾　644000）

摘　要：为建立一种快速、高效、准确的量质摘酒技术。本研究结合 GC-MS 和近红外光谱技术对不同等级基酒中的风味物质进行分析，采用主成分分析（PCA）方法提取与基酒等级划分有关的 17 种关键挥发性风味物质；结合多元散射校正（MSC）与竞争自适应重加权采样（CARS）两种方法提取光谱数据特征信息，采用支持向量回归（SVR）方法构建 17 种关键挥发性物质回归模型，最后使用随机森林（RF）算法将感官数据与回归模型结合，构建量质摘酒模型。研究结果表明：挥发性风味物质回归模型 R^2 与 RMSE 均值分别为 89.51%、0.03；量质摘酒模型最佳组合为 MSC + CARS + SVR + RF，模型的准确率、精确率、召回率分别为 99.10%、99.62%、99.78%。该研究以交叉学科优势突破瓶颈，为近红外光谱在自动化摘酒方面提供了一种理论可能。

关键词：NIR，GC-MS，关键挥发性物质，量质摘酒

基金项目：四川省科技计划项目（2022YFS0554）；基于 NIR 指纹图谱的在线量质摘酒关键技术与应用研究。

作者简介：廖丽（1996—），女，助理研发工程师，硕士研究生，研究方向为白酒酿造；邮箱：18227594047@163.com；联系电话：18227594047。

通信作者：张贵宇（1987—），男，博士，副教授，研究方向为白酒自动化、人工智能；邮箱：gyz_118@163.com；联系电话：17716853185。

Preliminary exploration and application research based on NIR liquor-gathering according to quality grade model

LIAO Li[1], ZHU Xuemei[2], ZOU Yongfang[1], PENG Houbo[1],

ZHANG Wei[2], LI Yan[1], ZHANG Guiyu[2]

（1. Shede spirits Co., Ltd., Sichuan Suining 629209, China；

2. School of Automation & Information Engineering, Artificial Intelligence

Key Laboratory of Sichuan Province, Sichuan University of

Science & Engineering, Sichuan Yibin 644000, China）

Abstract：In order to establish a fast, efficient and accurate liquor-gathering according to quality grade technology. This research combines GC-MS and near-infrared spectroscopy technology to analyze the flavor compounds in different grades of base liquor, extracts 17 key volatile flavor compounds related to the classification of base liquor grades by the principal component analysis(PCA) method. Firstly, multiple scattering correction(MSC) and competitive adaptive reweighted sampling(CARS) were used to extract the characteristic information of spectral data. Secondly, research uses Support Vector Regression(SVR) method to construct regression models for 17 key volatile flavor compounds, Finally, the random forest (RF) algorithm combines the sensory data with the regression model to build a liquor-gathering according to quality grade model. The research results indicate that the average value of volatile flavor compounds regression model R2 and RMSE are 89. 51% and 0. 03, respectively；the best combination of liquor-gathering according to quality grade models is MSC+CARS+SVR+RF, and the accuracy, accuracy and recall rates of the model were 99. 10%, 99. 62% and 99. 78%. The research is breaking through the bottleneck with the advantages of cross disciplines, providing a theoretical possibility for nearly infrared spectrum in liquor-gathering according to quality grade.

Key words：NIR, GC-MS, Key volatile compounds, Liquor-gathering according to quality grade

1 前言

白酒在中国是一种具有独特历史背景和风土人情的产物，其酿造工艺更是代代相传。摘酒是酿造工艺中很重要的一个环节[1,2]，基酒的准确分级是摘酒过程中最为重要的操作。基酒品质的好坏直接影响到白酒的贮存和优质成品酒的产量，俗话说，"产香靠发酵，提香靠蒸馏，摘到好酒靠摘酒工"[3]。然而，目前行业广泛应用的摘酒方法仍是以人工经验判断的"看花摘酒"和感官品评为主，依据"酒花"形态、大小、消散时间以及感官尝评等将酒体摘取成不同段次[4]，此方法会因为工人的熟练度有所不同而导致基酒品质良莠不齐，从而影响白酒的分级贮存和优质酒的产量[5]。因此，建立一种快速、高效、无损、客观、准确的基酒分段判别技术尤为重要。

近年来，光谱技术的发展尤为迅速，因其重现性好，检测快速且无损，样品无需处理等优点已经被广泛运用于食品行业的质量检测以及其他行业物质类别的快速鉴别[5]。如 Chen Hui 等[6]提出了一种利用近红外和支持向量机建立模型，以准确性、灵敏度和特异性作为评价指标的假酒分类识别新策略；刘建学等[7]采用近红外光谱结合最小二乘法和内部交换验证的方法，建立了白酒中正丙醇、正丁醇、正戊醇和异戊醇等物质含量的快速检测模型；张良等[8]利用傅里叶变换近红外光谱仪采集白酒样本中微量成分的指纹图谱，采用主成分分析和支持向量机结合的方法对白酒的质量等级进行分类，通过试验证明了分类方法的准确性与可行性。以上研究都表明光谱技术能对白酒进行定性和定量检测。

气相质谱联用仪（GC-MS）是一种在线联用技术，它将气相色谱仪（GC）的高分离能力与质谱仪（MS）高定性能力相结合，可以有效地分离和检测挥发性化合物。因此，通常使用 GC-MS 对挥发性化合物进行定性定量。吴继红等[9]利用气相色谱-质谱联用分析方法对 30 种白酒中具有葡萄香味的乳酸丙酯浓度进行检测；Yu 等[10]利用气相色谱-质谱和气相色谱-嗅觉联合测定法对黄酒中香气化合物进行表征；史娜等[11]使用气相色谱法针对不同香型白酒中 6 种风味物质含量进行检测，证明了影响不同香型白酒的风味物质类型。

为建立一种快速、高效、准确的摘酒技术。本研究结合 GC-MS 与近红外光谱仪去解密基酒间物质与等级的关系，利用基酒等级与挥发性物质种类、含量的关系提取出关键挥发性物质，然后通过光谱数据预测关键挥发性物质的含量，最后利用摘酒模型完成基酒等级评定。

2　材料与方法

2.1　材料、设备

2.1.1　材料与试剂

材料：试验样品均是混合糟层酒样，共 322 个酒样，来源于舍得酒业股份有限公司。

试剂：2-乙基丁酸（色谱纯度，上海阿拉丁生化科技有限公司）；无水乙醇（纯度99.5%，上海阿拉丁生化科技有限公司）；甲醇（纯度99.9%，上海阿达玛试剂有限公司）。

2.1.2 设备

傅立叶变换近红外光谱仪 FT-NIR（Model Matrix-F）及其配套近红外光纤探头（Bruker，德国）；气相色谱质谱联用 GC-MS（型号 7890B-G7000D，美国安捷伦公司）；色谱柱为美国 Agilent 公司的 Agilent DB-WAX（30m×320μm×0.25μm）。

2.2 试验方法

2.2.1 取样方法

试验所摘取的基酒样品划分为头酒、中段酒、尾酒 3 个等级。如图 1 所示，从酒甑流酒起开始取样，头酒摘取时间为 1~2 min，断头前取 2 个酒样，断头后取 2 个酒样，最中间段取 1 个样，断尾前取 3 个样，最后断尾后取 2 个样，共 779 个酒样，取自于舍得酒业股份有限公司的浓香型基酒酒样。

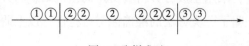

图 1　取样方法

Fig. 1　Sampling method

注：取样时划分的规则："1" 代表头酒，"2" 代表中段酒，"3" 代表尾酒。

摘酒过程由具有 10 年以上经验的酿酒师傅完成。摘酒完成后，由 6 位白酒省评委按照 GB/T 10345—2022《白酒分析方法》[12] 中感官评定的要求对酒头、中段酒、尾酒逐个进行尝评确定样品等级。最终符合等级评定标准的酒样为 322 个酒样，详情见表 1。

表 1　样品信息

Table 1　Sample information

序号	原酒等级	原酒数量/种	原酒特征
1	头酒	85	头酒香明显，味略有杂味，尾净
2	中段酒	150	香正，醇和，较甜，味净，风格出众
3	尾酒	87	尾香，酸涩，味短，味杂

2.2.2 检测方法

（1）近红外光谱法　OPUS7.8 用于控制光谱仪并记录光谱数据。傅里叶近红外光谱仪在（20±2）℃温度和空气相对湿度＜80% 的环境下预热约 50min。在室温下对样品进行扫描，光谱扫描范围为 4000~12500cm⁻¹，相位分辨率为 32cm⁻¹，频率为 10kHz，分辨率为 41cm⁻¹，经 64 次累积扫描后取各光谱点的平均值作为最终光谱。

（2）气相色谱-质谱（GC-MS）　采用气相色谱-质谱法对原酒中的挥发性成分进行了检测。气相色谱条件：采用自动进样，色谱柱为 Agilent DB-WAX（30m×320μm×0.25μm），FID 检测器，衬管为 900μL Agilent 5062-3587。进样量为 1μL，无分流，总流速为 34.5mL/min，进样温度为 250℃；载气为高纯氦（He），流速 2.25mL/min；初始温度在 60℃ 保持 5min，然后以 10℃/min 的速度升温至 250℃，然后保持 2min。质谱条件：界面温度 280℃；EI 离子源 70eV 电离；离子源温度 230℃，四极温度 150℃；全扫描方式：扫描范围 m/z 30~540。本研究风味成分的定量分析参考 GB/T 10345—2022《白酒分析方法》[12]。

2.2.3　数据分析方法

光谱预处理方法采用基线校正（BS）、卷积平滑（SG）、多元散射校正（MSC）、标准正态变换（SNV）；特征波筛选采用竞争自适应重加权采样（CARS）和无信息变量消除法（UVE）。通过支持向量回归（SVR）和 BP 神经网络构建关键挥发性物质回归模型；将感官数据与模型结合，采用随机森林（RF）算法构建量质摘酒分类模型。

3　结果与分析

3.1　GC-MS 数据获取及关键物质提取

3.1.1　GC-MS 数据提取

如图 2 所示，在 GC-MS 中一共测定了 89 种物质，实际每瓶基酒大致判别出 40 种左右的物质，其中每个窖池、每段基酒中的数据都略有不同，但整体规律大致相

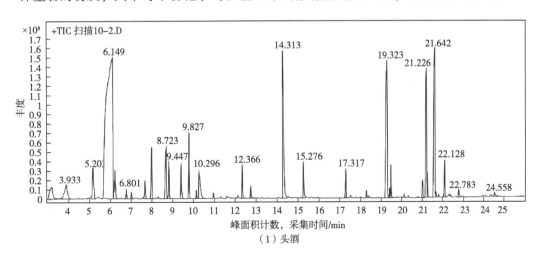

图 2　基酒样品总离子流色谱图

Fig. 2　Total ion flow chromatogram of base liquor sample

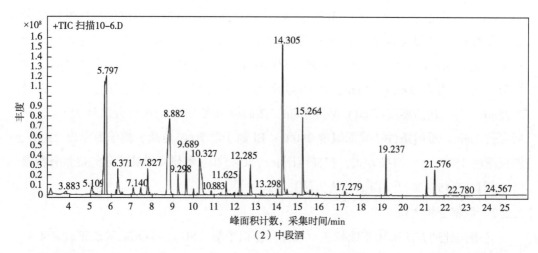

（2）中段酒

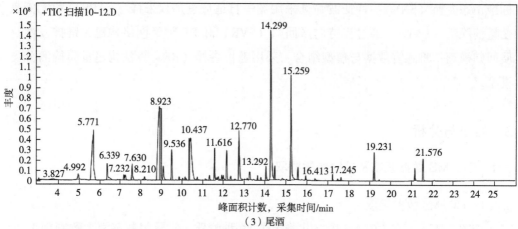

（3）尾酒

图2　基酒样品总离子流色谱图（续）

Fig. 2　Total ion flow chromatogram of base liquor sample

似，这里选择了具有代表性的35种物质做分析。本次试验采用内标物2-乙基丁酸对数据进行定量，具体物质名称以及物质含量信息见表2。

表2　　　　　　　　　　　　基酒中物质与含量表

Table 2　　　　　　　Table of substances and content in base liquor

物质序号	化合物	平均含量/(mg/L)	物质序号	化合物	平均含量/(mg/L)
1	己酸乙酯	447.76	5	甲酸乙酯	35.8
2	乙酸己酯	6.5	6	庚酸乙酯	31.19
3	乳酸乙酯	154.66	7	辛酸乙酯	35.53
4	戊酸乙酯	16.79	8	壬酸乙酯	1.25

续表

物质序号	化合物	平均含量/（mg/L）	物质序号	化合物	平均含量/（mg/L）
9	癸酸乙酯	1.32	23	乙酸戊酯	2.6
10	十二酸乙酯	0.9	24	己酸异戊酯	5.27
11	十四酸乙酯	5.33	25	乳酸异戊酯	3.67
12	十五酸乙酯	2.67	26	己酸己酯	19.32
13	十六酸乙酯	60.09	27	2-羟基-4-甲基-戊酸乙酯	13.39
14	十七酸乙酯	1.19	28	丁酸	23.05
15	十八酸乙酯	6.24	29	乙酸	55.61
16	9-十六碳烯酸乙酯	10.92	30	己酸	54.54
17	反油酸乙酯	34.73	31	正戊酸	4.19
18	亚油酸乙酯	51.7	32	2-甲基丁醇	5.63
19	亚麻酸乙酯	12.03	33	异戊醇	38.95
20	己酸丙酯	6.78	34	1,1-二乙氧基-3-甲基丁烷	19.87
21	己酸丁酯	18.13	35	（2,2-二乙氧基乙基）-苯	2.27
22	乳酸丁酯	3.16			

3.1.2　关键挥发性物质提取

主成分分析（PCA）算法通过线性信息提取，将物质含量信息重新组合，在保留原始特征的基础上将高维数据降为低维数据[13]。

图 3 中的帕累托图展示基酒数据降维后前十个主成分的贡献率和累积贡献率，本试验中基酒样本的前 5 个主成分的贡献率分别为 45.80%、19.80%、10.86%、

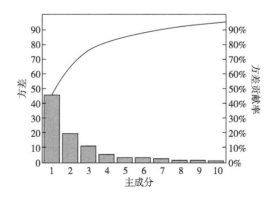

图3　主成分方差帕累托图

Fig. 3　Pareto plot of principal component variance

5.23%、5.85%，前五个主成分的累积贡献率已经大于85.00%，包含了影响等级的大部分物质含量信息。本研究选择PCA算法对物质进行选择。选定17个影响基酒等级的关键挥发性物质，物质名称分别为：1,1-二乙氧基-3-甲基丁烷、戊酸乙酯、正己酸乙酯、2-甲基丁醇、乙酸己酯、乳酸乙酯、壬酸乙酯、乳酸丁酯、2-羟基-4-甲基-戊酸乙酯、乳酸异戊酯、癸酸乙酯、丁酸、（2,2-二乙氧基乙基）-苯、十二酸乙酯、十七酸乙酯、十八酸乙酯、亚麻酸乙酯。

3.2 NIR回归模型构建

3.2.1 NIR光谱获取

如图4所示，光谱在 $12500 \sim 9025cm^{-1}$ 区间内，光谱吸收平缓，吸收度接近0，表明几乎无相关化学键，此处光谱无有用数据，光谱在 $4440 \sim 4000cm^{-1}$ 区间内杂乱，表明此波段受噪声影响严重，不适合作为有用数据进行分析。因此在后期分析过程中，

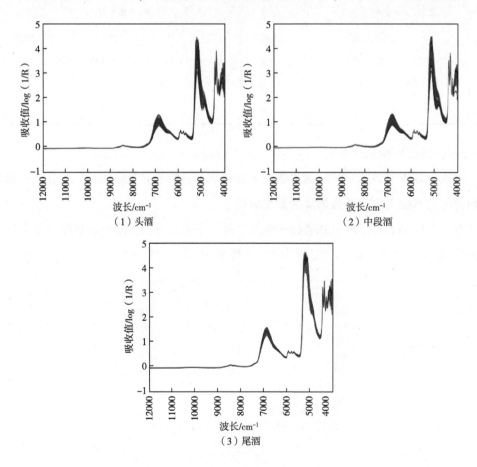

图4　浓香型白酒基酒样品近红外光谱图

Fig. 4　Near infrared spectrum of base liquor samples of Nongxiang Baijiu

对两部分波段进行删除，剩余 1190 个数据。拟采用光谱预处理算法，波长筛选对光谱数据进行特征提取。消除由基线漂移和背景噪声引起的干扰，提高分辨率和灵敏度，保留光谱数据特征信息，提高信噪比[14]。

3.2.2 光谱预处理及波长筛选

为验证预处理效果，本研究将处理后的光谱数据与测定的物质含量值进行对应，通过支持向量回归（SVR）算法建立回归模型，采用 10 折交叉验证法对模型进行验证评价，最后通过平均校正均方根误差以及平均决定系数综合选择较好的预处理方式。通过表 3 可以看出多元散射校正（MSC）处理后的光谱具有更高的决定系数、更低的均方根误差，因此选择这种预处理后的数据来做后续分析。

表 3　　　　　　　　　　　　　预处理结果表
Table 3　　　　　　　　　Preconditioning results table

物质序号	预处理方式	决定系数/%	均方根误差（×10⁻²）
1	原始数据	58.40	7.31
2	基线校正	61.53	6.32
3	10 点 2 次二阶卷积导	73.23	5.17
4	MSC	74.90	5.15
5	SNV	70.68	6.49

CARS 和 UVE 是光谱特征波选择算法，原始光谱中每一条光谱有 2203 个波数，对光谱掐头去尾后还剩 1190 个光谱，结合光谱预处理的结果分析，选取 MSC 预处理后的光谱做输入数据，结合选择的 17 种关键物质的含量作为数据的标签，分别通过 CARS 算法以及 UVE 算法提取特征波长后，记录特征波长度作为评价指标之一，分析 17 种物质的特征波数以及回归模型的决定系数、均方根误差后发现，CARS 和 UVE 均可以明显提高模型性能，通过表 3-3 可以得出，CARS 选出的波数明显少于 UVE 选择的波数，经过 CARS 筛选后回归模型速度会更快，CARS 的决定系数综合下来略高于 UVE，表明 CARS 大概率会预测出更优的回归值。

表 4　　　　　　　　CARS 与 UVE 的特征筛选结果对比
Table 4　Comparison of feature screening results between CARS and UVE

指标	波长		决定系数/%		均方根误差（×10⁻²）	
	CARS	UVE	CARS	UVE	CARS	UVE
平均值	59.91	375.24	74.95	74.34	4.78	4.50
平均绝对偏差	27.65	128.09	4.23	3.16	1.86	1.49

续表

指标	波长		决定系数/%		均方根误差（×10⁻²）	
	CARS	UVE	CARS	UVE	CARS	UVE
最大值	156.00	671.00	82.79	81.90	10.72	10.49
最小值	25.00	78.00	58.32	60.51	1.38	2.32

3.2.3 物质含量回归预测

本研究使用基酒的傅里叶近红外光谱去预测基酒中的目标化合物含量，通过分析近红外光谱和目标化合物含量的关系建立回归模型，经过预处理以及特征波选择后，将剩余的光谱数据放入回归模型，结合 GC-MS 测得的物质含量，将 SVR 回归算法与 BP 神经网络算法做对比，得到表 5。由于 SVR 算法决定系数相比 BP 神经网络算法的平均值更大，得出 SVR 算法的回归精度将优于 BP 神经网络算法，由于 SVR 算法均方根误差的平均值、平均绝对偏差相比 BP 神经网络算法的更小，得出 SVR 算法的回归稳定性将优于 BP 神经网络算法。

表 5   **SVR 算法和 BP 神经网络回归结果对比**
Table 5   **Comparison of regression results between SVR algorithm and BP neural network**

指标	决定系数/%		均方根误差（×10⁻²）	
	SVR	BP	SVR	BP
平均值	89.51	88.07	3.00	3.09
平均绝对偏差	5.74	6.54	1.39	1.53
最大值	98.59	99.62	6.07	6.86
最小值	72.62	74.48	0.96	0.33

3.3 建立摘酒模型

随机森林（Random Forest，RF）能够在不降维的情况下处理高维特征的输入，并且评估各个特征的重要性，即使对于缺省值问题也能够获得很好的效果[15]。

本试验采用分层抽样的方法，将原始酒样按 7∶3 的比例分成训练集和测试集。图 5 是 MSC+RF 分类过程中测试集的分类结果图。表 6 是 MSC 预处理后对测试集进行分类得到的物质含量与基酒等级关系的混淆矩阵。MSC+RF 算法预测错 1 个酒样，预测错误较少，并且误差一般出现在相邻分段，间隔分段可以被完全区分，其中最重要的 2 级酒的召回率达到 99.33%，表明 2 段酒浪费较少，对企业盈利十分重要。

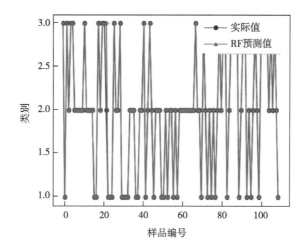

图 5 RF 分类结果图

Fig. 5 RF classification results diagram

表 6	MSC+RF 的混淆矩阵		
Table 6	Confusion matrix of MSC+RF		单位：样品个数

真实值	预测值		
	一级	二级	三级
一级	85	0	0
二级	0	149	1
三级	0	0	87

4 结论

本试验在获取样本品评等级、GC-MS 物质含量信息、近红外光谱信息后，通过关键挥发性物质筛选、关键挥发性物质回归分析、基酒等级预测这三个步骤实现基酒的等级评定。本研究选择 PCA 算法对挥发性风味物质进行选择，最终选定 17 个影响基酒等级的关键挥发性物质，分别为 1,1-二乙氧基-3-甲基丁烷、戊酸乙酯、正己酸乙酯、2-甲基丁醇、乙酸己酯、乳酸乙酯、壬酸乙酯、乳酸丁酯、2-羟基-4-甲基-戊酸乙酯、乳酸异戊酯、癸酸乙酯、丁酸、（2,2-二乙氧基乙基）-苯、十二酸乙酯、十七酸乙酯、十八酸乙酯、亚麻酸乙酯。

将近红外光谱与 GC-MS 的定量分析结合，通过光谱预处理、特征筛选后输入回归模型。在回归建模阶段：将 17 种关键物质的含量作为标签，通过 5 种预处理方法、2 种特征波选择方法、2 种回归算法，最终筛选出 MSC+CARS+SVR 作为关键挥发性物质含量的定量预测模型，其 R^2 与 RMSE 均值分别为 89.51%、0.03。

在基酒等级评定阶段，通过集成算法研究基酒等级与物质含量的关系，得出 MSC+CARS+SVR+RF 是基酒等级评定的最佳方法组合，模型的准确率、精确率、召回率分别达到了：99.10%、99.62%、99.78%，可以实现企业基酒分级。

参考文献

[1] 龙远兵，唐玉云，胡成利．"中国诗酒之乡"射洪酿酒工艺技术的演进及白酒量质摘酒技术起源——基于舍得酒业泰安作坊遗址考古出土文物的实证［J］．酿酒，2020，47（3）：19-22．

[2] 程平言，路虎，陆伦维，等．浓香白酒摘酒工艺探讨［J］．酿酒科技，2020，4：17-21．

[3] 徐军．浓香型枝江白酒香味成分的分析研究［D］．武汉：华中农业大学，2019．

[4] 周海燕，张宿义，敖宗华，等．白酒摘酒工艺的研究进展［J］．酿酒科技，2015（3）：105-107．

[5] 翟双，虞先国，张贵宇等．基于 FT-NIR 光谱技术结合 KPCA-MD-SVM 对白酒基酒的快速判别［J］．现代食品科技，2022，38（04）：248-253．

[6] Chen H，Tan C，Wu T，et al. Discrimination between authentic and adulterated liquors by near-infrared spectroscopy and ensemble classification［J］. Spectrochimica Acta Part A：Molecular and Biomolecular Spectroscopy，2014，130：245-249．

[7] 刘建学，杨国迪，韩四海，等．白酒基酒中典型醇的近红外预测模型构建［J］．食品科学，2018，39（02）：281-286．

[8] 张良，谭文渊，孙跃，等．基于近红外分析的基酒质量等级的研究［J］．广州化工，2020，48（05）：125-127．

[9] 吴继红，李安军，黄明泉，等．30 种白酒中乳酸丙酯的发现与研究［J］．中国食品学报，2015（3）：194-200．

[10] Yu H，Xie T，Xie J，et al. Characterization of key aroma compounds in Chinese rice wine using gas chromatography-mass spectrometry and gas chromatography-olfactometry［J］. Food Chemistry，2019，293：8-14．

[11] 史娜，邱泽宇，雷琳．气相色谱法测定白酒中多种微量成分的研究［J］．现代食品，2020（15）：181-183．

[12] 国家市场监督管理总局和国家标准化管理委员会．GB/T 10345—2022 白酒分析方法［S］．

[13] 赵秀红．基于主成分分析的特征提取的研究［D］．西安电子科技大学，

2016.

[14] 朱雪梅, 庹先国, 张贵宇等. 基酒 FT-NIR 光谱预处理与特征波筛选方法的比较 [J]. 现代食品科技, 2023, 39 (01): 196-204.

[15] 李欣海. 随机森林模型在分类与回归分析中的应用 [J]. 应用昆虫学报, 2013, 50 (04): 1190-1197.

馥合香型白酒酿造自动化系统的开发及其生产应用

代森[1]，杨红文[1]，陈兴杰[1]，范文来[2]，吴群[2]，陈双[2]，薛锡佳[1]，王法利[1]，程伟[1]

(1. 安徽金种子酒业股份有限公司，安徽阜阳　236023；

2. 江南大学生物工程学院，江苏无锡　214122)

摘　要：近年来，随着机械装备和信息数字化产业的发展，白酒产业逐渐从传统的手工工艺向机械化生产转型，并取得了大量研究成果与产业化应用。自动化酿造在产量、质量上均体现出较高水平，且与传统工艺条件下制备的产品有较多相似。本文概述了全自动化馥合香型白酒酿造装备及系统，从原辅料处理、仓储物流到酿造设备等方面，依据白酒酿造过程的分工段分流程作业，开发与生产应用全自动化馥合香型白酒酿造生产设备，基本实现了整个酿酒过程的全自动化，确保了各工艺环节的稳定有序，所生产的原酒品质与产量稳步提高。同时，本文还对自动化酿造与传统酿造两种生产模式下的吨酒消耗进行了对比，旨在为白酒自动化酿造的研究与应用提供参考。

关键词：白酒，馥合香型，自动化系统

Development and application of automatic brewing system for compound flavor Baijiu

DAI Sen[1], YANG Hongwen[1], CHEN Xingjie[1], FAN Wenlai[2], WU Qun[2], CHEN Shuang[2], XUE Xijia[1], WANG Fali[1], CHENG Wei[1]

(1. Jinzhongzi Distillery Co, Ltd., FuYang 236023, China；

2. School of Biotechnology, Jiangnan University, Jiangsu Wuxi 214122, China)

Abstract：In recent years, with the development of mechanical equipment and digital

作者简介：代森，男，助理工程师，工学学士；研究方向为酿酒生产技术及其检测分析。

通信作者：程伟，男，工学硕士，高级工程师，高级酿酒师，高级品酒师；研究方向为食品微生物技术及发酵工程、白酒酿造生产及机械化等；邮箱：564853735@qq.com；电话：13805585071。

information industry, the Baijiu industry has gradually transformed from traditional manual technology to mechanized production, and has made a lot of research achievements and industrial applications. Automated brewing demonstrates a high level of yield and quality, and has many similarities with products prepared under traditional process conditions. This paper summarized the fully automated brewing equipment and system of compound flavor Baijiu. From the aspects of raw and auxiliary materials processing, warehousing logistics to brewing equipment, according to the division of labor, segment and process operations in the Baijiu brewing process, the development and production of fully automated Baijiu brewing equipment basically realized the full automation of the entire brewing process, ensured the stability and order of each process link, and steadily improved the quality and output of the produced raw liquor. At the same time, this paper also compared the consumption per ton of liquor under the two production modes of automated brewing and traditional brewing, in order to provide a reference for the research and application of automated Baijiu brewing.

Key words: Baijiu, Compound fragrance, Automation system

1 前言

中国白酒是世界6大蒸馏酒之一，具有悠久的历史[1]。传统的白酒生产方式常以人工手动操作，从制曲环节到发酵过程均处在开放式的环境中，这导致人工劳动强度大，生产效率低。生产环境的不稳定也造成白酒品质存在差异。在20世纪中旬，许多白酒企业在酿造的过程中开始尝试采用机械设备与自动化技术。例如，用电动磨机代替手持式石磨机来研磨原料和辅助材料；使用锅炉管线蒸汽代替直接火蒸馏；使用搅拌机代替手动车床。借助这些机械设备对某些手工的操作进行了机械化，在一定程度上取代了手动操作。而随着技术的不断成熟，20世纪70~80年代白酒行业为了适应我国的发展需求，充分利用了当时机械行业的优势，对白酒生产设备、技术、性能进行有效改进和应用，在行业内引发了新的发展浪潮。例如，使用挖斗进行对酒醅的出入池输送；将传统的木制酒桶换成不锈钢材质的甑桶、分体式高效冷却器；以及使用大容积不锈钢罐储存蒸馏原酒等。这不仅提高了曲酒的生产机械化水平，还通过广泛地改造酿造生产过程的操作工具，促进企业的大规模生产，大大减少了工作量。白酒设备机械化、智能化的引入代替人工操作，极大地提升了生产效率。而且互联网的应用能够时时检测发酵过程中的变化，使白酒的品质维持稳定。自动化酿造技术推动了白酒企业的清洁生产和节能减排[2-4]，绿色化酿造也符合国家的发展需求。实现经济发展与环境资源互相协调，企业与社会可持续和谐发展[5]。因此，自动化酿造必然成为未来白酒行业的一种趋势。

馥合香型白酒在秉承浓香型白酒精华技艺的基础之上，大胆汲取了酱香型白酒和芝麻香型白酒的工艺精髓，采取"多粮共酵""多曲融香""多香共生"的酿造工艺，独创"多粮馥合香"，具有芝头、浓韵、酱尾，一口三香的显著特色[6]。馥合香型白酒酿造采用清蒸清吊、高温堆积发酵、6 联跨大班制生产模式，通过原料的高强度投放、工艺参数的严格把控，采用集中蒸酒、集中蒸粮、高温堆积、余热回收，实现绿色化酿造、智能化收酒、生态酿造[7]。本文综述了馥合香型白酒酿造全流程中原辅料运输、发酵制酒、装甑接酒等环节自动化应用的现状和研究，旨在为自动化酿造技术提供参考依据。

2 白酒自动化酿造的控制系统

2.1 设计的总体思路

馥合香型白酒酿造自动化控制系统是按照无（少）人化工厂设计。生产工艺参数中控室具备所有的控制、设置、操作功能，正常生产以中控设置自动运行为主，现场操作仅在系统异常或紧急情况下使用。且现场控制具备所有的操作功能，各设备能独立控制，因此，现场只需必要的操作或巡视人员。除此之外，各控制系统还能够接受上下游设备控制系统发来的调度命令，配合智能行车控制系统完成出池、入池作业生产，以及配合自动供料系统完成收料。生产线的原辅料处理及运输、润粮蒸粮、摊凉加曲、续糟配料、入池发酵、数据监控、上甑蒸酒、馏酒控制等全过程均实现机械化、自动化作业。系统采用 DCS 控制系统，将分散的酿酒设备集中到一个管控平台，实现管控一体化。全集成自动化控制提供统一的技术环境，统一的数据管理，统一的通信协议，统一的组态和编程软件。基于这种环境，所有的运行数据都集成在一个有全局数据库的总体系统中。分散控制采用分级递阶结构，每一级由若干子系统组成，每一个子系统实现若干特定的有限目标，形成金字塔结构，系统中所有子系统均能独立运行。为保证 DCS 的高可靠性，采用三种措施：一是广泛应用高可靠性的硬件设备和生产工艺；二是广泛采用冗余技术；三是在软件设计上广泛实现系统的容错技术、故障自诊断和自动处理技术等[8]。

2.2 主要控制点及回路

馥合香型白酒酿造自动化系统按照工艺段可以分为：润料、配料工段、蒸粮加曲工段、蒸酒工段、堆积工段、摊晾加曲入池工段。控制系统为酿造车间提供更加自动化、人性化的生产过程。可以实现以下功能：①实现原辅料暂存、称重、输送的计量与自动控制；②实现润粮，粮、糟、稻壳混合的配比控制与输送控制及堵料、有料无料检测与报警；③实现糟醅输送的自动控制及堵料、有料无料检测与报警；④实现糟

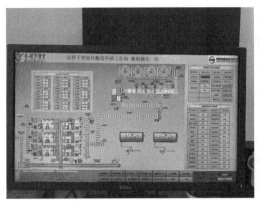

图 1 馥合香型白酒酿造自动化系统中控室

Fig. 1 Central control room of compound flavor Baijiu brewing automation system

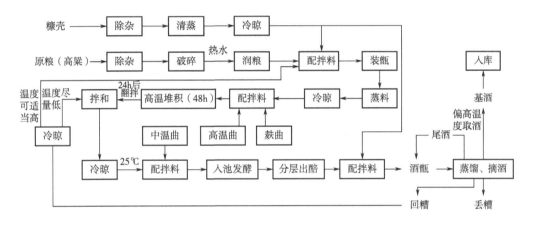

图 2 自动化馥合香型白酒生产工艺流程图

Fig. 2 Automatic production process flow chart of Fuhexiang Baijiu

醅输送过程的自动控制；⑤与上甑机器人联动连锁，实现蒸酒的自动控制；⑥实现摊晾加曲过程的自动控制；⑦实现出料过程的自动控制，要出料由人工现场检测确定；⑧实现自动出糟控制；⑨操作数据的记录及保存每次操作，控制系统自动记录操作开始时间、结束时间、批次，并将数据上传到信息系统数据库长期保存；⑩联锁保护日常测试，在自动化控制系统投用过程中，为保证生产流程中各种联锁保护功能有效，设计有联锁保护测试功能。在联锁保护测试模式下，触发联锁保护测试条件，检查保护动作是否有效。

智能酿造生产控制系统 PLC 选用西门子 S71517-3PN/DP，与各 ET200 子站间通过 PROFIT 网络连接：能源仪表和 10 套机器人采用 MODBUS 总线与 PLC 通讯；车间设置工程师站 1 台，保存本系统的生产过程数据、报警数据及能源使用数据；设置用于工艺过程监控的操作员站 2 台，互为备用。设置触摸屏 15 台，分别在原辅料暂存及输送工段、润粮配糟工段、上甑蒸馏工段、蒸粮工段、堆积工段、拌和工段、排潮、除尘、清洗等子系统中。用于巡检过程中的参数调整与保存、生产过程的数据监控、报警详细信息的查看及报警解除等。

2.3 控制系统的应用

生产过程中设备控制分为：粮醅混合蒸料区、高温堆积区、上甑蒸馏区、摊晾配醅入池区、控制操作区、辅料暂存区、物料转运区、窖池发酵、丢糟转运区、参观展示区，电控柜按实际情况进行安装；各设备间自动化联锁控制：混料系统的自动给醅、给粮和给稻壳要求并按照给料速度调整变频电机参数，并启动输送系统完成自动配料功能；酒甑系统根据设定的时间顺序，完成转动系统的循环操作；通风晾渣系统来料时启动喂料机供料，根据温度要求自动启动风机数量及转速，调整加曲机参数进行加料，满足入池工艺要求；电机减速机设防水防蒸汽护罩。各给料、风机需变频、速度可调，各个系统单独安装控制柜，控制柜现场安装，具有防水防潮功能，满足现场要求，且便于操作。系统设置视频监控系统、工艺操作监控系统、能源管理系统，各功能区具有独立现场控制功能和中控集中显示和控制功能。

3 原辅料处理系统

3.1 原料储存、粉碎及输送

粮食原料作为酿酒的物质基础，在酿酒过程中有着重要的地位[9]，粮食原料通常为高粱、小麦、大米、玉米等谷物。原粮存储区为酿酒工艺的起点，包括原粮存放和原粮输送。其中，粮仓根据生产计划预存制酒原粮和制曲原粮，以满足生产需求。馥合香型白酒酿造原料自动化系统根据生产计划安排，自动生成原料需求订单，供应部负责采购合格产品入库，原料仓储系统按照清选、除杂、计量等要求后，完成物料的入仓、出仓、破碎及制曲。系统将自动采集物料的水分、容重、杂质、计量模块计量入仓；筒仓测温系统自动采集仓内温湿度与仓顶风机联锁，控制物料温度在工艺范围内。破碎制曲模块采用物联网技术，实现原料数量、质量参数、生产线参数、流程参数、能源指标自动匹配，所有环境数据实现自动采集、实时传送，所有数据汇总到公司整体管理系统，管理系统根据整体采集信息进行分析，提高整体管理水平。原料粉高粱、大米通过自卸车运输到车间内带有负压除尘的卸料地坑，经斗提机提升到粮食缓存计量罐，卸料时根据计量到达润粮仓，各计量点设缓存罐和高、低位料位检测，发需求信号和终止供料信号，自动启动对应段输送给料，实现自动化配送，用料点配套计量装置、在线加料[10]。

3.2　辅料的处理及运输

如图 3 所示，稻壳通过进料螺旋机进入稻壳仓，稻谷壳仓装有上下料位检测，当料位过低时，可自动开启提升机和螺旋机设备，补充稻壳；当料位过高时，可自动停止螺旋机即停止补充稻壳。馥合香型白酒酿造过程中的稻壳来自于自动化稻壳处理车间，经风选、除尘、清蒸合格的稻壳计量后，由自卸车运输到车间稻壳投料仓，通过负压管道输送到各用料点进行计量发放。

图 3　稻壳的处理、储存与输送

Fig. 3　Handling, storage and transportation of rice husks

4　白酒自动化酿造系统的生产应用

4.1　润粮与蒸粮系统

传统酿造工艺中，原料需经过粉碎、配比、润粮、蒸煮等处理。润粮是对原料润水，使淀粉颗粒吸水膨胀，为蒸煮糊化创造条件[11]；蒸粮是通过高温破坏高粱等原料中的淀粉结构，有利于微生物生长代谢。传统蒸粮使用甑桶，劳动强度大、效率低，且存在安全隐患，加上人工操作和感官存在一定差异，无法为熟粮品质提供稳定的保障[12]。馥合香型白酒酿造自动化润粮机由中央控制系统进行参数设置，各喂料斗设置称重模块进行减重计量，润粮水液位、水温、各设备运行状态等信息实时上传至中央控制系统存档。原粮进入润粮机后，开启润粮供水系统，润粮供水系统安装有温度检测、液位计量、流量检测，可以实现定量自动润粮。粮缓存输送斗底部设置称重模块，定量接收上层来的粮食，粮食重量达到设定值停止上层所有输送设备。实现喂料斗的入料称重，且在混合机混合搅拌的同时，各料斗同时出料，节约时间。

原料润好后进入配料机，按比例计量加糠加糟混合均匀，经上甑进行带压蒸粮，甑锅采用集中回转式压力翻转甑（微压蒸煮；牙嵌式锅盖型式承压可靠，密封良好），克服常规的敞口蒸粮耗汽量大、蒸煮时间长、效率低、环境能见度低、易产生安全隐患的不利因素。此技术及设备具备保压设置、超压泄放、自动添加蒸汽和底锅水、减少蒸粮时间、提高蒸煮成熟度、节约蒸汽、显著提升糊化效果、工艺稳定等优点。

4.2 堆积发酵系统

4.2.1 摊晾加曲

粮醅的物理性质对白酒的产量和品质有着重要影响，粮醅有黏度大、不能受挤压的特点。因此，在粮醅拌料和运输时需保持其表面良好的物理结构和状态。摊晾作为白酒工艺中重要的一环，其目的是实现粮醅的降温，以满足拌曲和入窖，传统摊晾采用自然摊晾方式。目前，多数白酒企业采用链板式自动摊晾机[13]。而馥合香型白酒酿造自动摊晾机的主传动采用变频，可自由调控摊凉机的速度，并且摊晾机装有离心风机，前中后设置温度传感器和厂温传感器，可以通过温度的逐级反馈自动控制离心风机的启动数量、风量以及物料运行速度。曲粉由公司麸曲和制曲车间生产，通过暂存料斗转运到生产现场，叉车叉运到相应用曲暂存位置，打开底门，由管链输送机送到用曲计量点，计量后分配到各用曲点，计量采用动态计量方式，保证均匀有效添加。

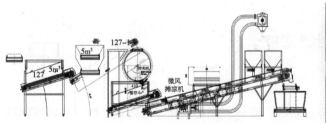

图 4 摊凉拌曲工艺示意图

Fig. 4 Schematic diagram of the process for spreading cold mixed koji

4.2.2 续糟拌料

馥合香型白酒续糟拌料系统分为两部分，一部分为热糟与润粮粉进行拌和，送到蒸粮机进行机器人上甑蒸粮；另一部分为入池前的高温堆积热糟与蒸酒后摊晾后的冷糟按一定比例拌和后进入微风摊晾机摊晾冷却，加曲后入池。混合拌糟系统采用二维拌和方式，改变传统的链板在线拌和方式。工作时，在转动轴和摆动轴共同作用下，装料的料筒同时进行转动与摆动，从而使筒内的物料得以充分混合。根据中央控制系统的工艺参数，可以实现糟、粮、糠、水的精准配比，保证糟醅的形态及品质。此设备具有装料量大、混合迅速、进出料便捷的特点。且混合槽与混合工具完美配合，确保混合过程稳定可再现，使成品具有最优质量。馥合香型白酒酿造续糟系统不仅提高了生产能力，缩短了混合拌料和卸料的时间，而且维持了生产环境的卫生条件，延长混合机的使用寿命。

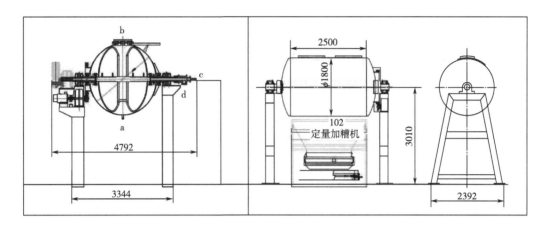

图 5　二维拌和机示意图

Fig. 5　Schematic diagram of two-dimensional mixer

a—进料口　b—出料口　c, d—转轴

4.2.3　粮醅堆积

粮醅的高温堆积是酱香、芝麻香等香型白酒重要的酿造工艺，通过网罗筛选环境中有益微生物，产生多种酶类和风味及其前体物质。在微生物与酶的作用下进行美拉德反应形成酒体中的香味物质及其前体物质，为入窖发酵提供有利条件。因此堆积效果的优劣将直接影响窖内发酵过程[14]。馥合香型白酒自动化堆积系统采用双层高温堆积床（图6），实现原料的自动进出及自动布料。粮食蒸好后摊晾冷却，入堆积床进行48h高温堆积，堆积床采用食品级不锈钢制造，具备恒温控制和通风功能。双层回转链板设计结构，单层有效容积70m³，单层堆积高度在800mm；进料时在上层链板进料，达到工艺温度后，经过翻拌、摊平进入下层链板，再堆积至出床温度后匀速出床。本系统占地面积小、布局合理、自动化操作、自动温测、自动恒温（包含床底温度控制、环境温度控制、强排风及循环、新风系统）、自动翻料降温、自动清料清洗，无漏料现象，具有保温功能。该设计确保合适的层间距、方便人员进行清理和检修、链板正反面间留有方便的检修口及平台走道。上层空间、下层空间及链板间均设置了消杀装置（UVC紫外灯，IP68级别外壳防护）。

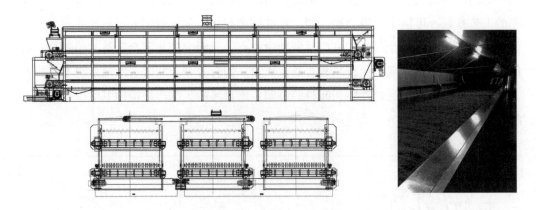

图 6　馥合香型白酒酿造自动化粮醅堆积床

Fig. 6　Automatic accumulation bed of fermented grains for compound flavor Baijiu brewing

表 1　　　　　　　　　　　酒醅双层床高温堆积系统特点及优势

Table 1　Characteristics and advantages of double bed high-temperature
stacking system for fermented grains

项目	地面人工堆积	单层堆积床	双层堆积床
占地面积/m²	90	72	72
堆积量/m³	72	72	144
顶温时间/h	30~35	18~20	16~18
顶温/℃	48~53	52~55	52~55
堆积时间/h	72	60	48
堆积高度/mm	800	1000	1000
堆积型式	梯堆	平堆	平堆
进料方式	人工	自动化	自动化
出料方式	人工	自动化	自动化
堆积均匀性	不稳定	较稳定	稳定
测温型式	人工测温	电子自动测温	电子自动测温
保温型式	人工控温	自动控温	自动控温
通风型式	自然风	新风系统	新风系统
劳动强度	高	较低	低
工艺稳定性	不稳定	较稳定	稳定
参数控制方式	人工控制	自动控制	自动控制

4.3　发酵过程的自动监测系统

随着工业4.0的迅速发展，推动白酒酿造行业向自动化、信息化、标准化、精益化的方向发展，在全生产过程中，要建立生产、物料、质量等管理信息的跟踪和记录，并进行自主决策，提高车间对随机事件的响应和处理能力，使得生产过程更加安全可靠[15-16]。馥合香型白酒酒醅发酵过程监测系统着眼于发酵车间整体管控——以云技术为核心，建立过程管控、发酵追溯等全生命周期综合管理体系，提高固态发酵车间信息化管理水平，科学利用现有窖池资源，提升企业产能及生产效率[17]。系统能够对每个窖池的温度、湿度、酒精度3个参数同时监测，在每个窖池的上、中、下3个部位同时采集，实现发酵车间"监控过程空间上分离、生产数据网络上融合、企业管理平台上互联"的互联网+固态发酵模式。同时，开放智能发酵车间管理系统的数据接口，实现发酵生产与企业其他业务环节的无缝接驳，提高生产管理透明化程度，避免出现企业信息孤岛。系统能够实现多终端（PC、手机等）全景显示发酵过程，对发酵偏离优质经验数据实施预警。并与车间环境系统自适应联动，反馈控制车间温度，实现大数据发酵参数收集分析，为窖池入池参数设计提供支撑。

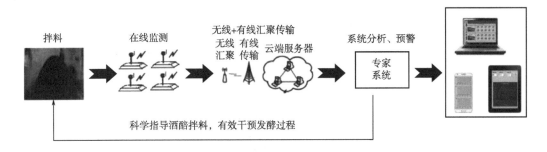

图7　酒醅发酵过程监测系统流程图

Fig. 7　Flow chart of monitoring system for fermented grains fermentation process

4.4　装甑接酒系统

4.4.1　装甑接酒

固态发酵是中国白酒独有的酿酒方式[18]，素有"生香靠发酵，提香靠蒸馏"之说。蒸馏是白酒酿造过程中的关键环节，蒸馏的快慢影响着原酒品质。这是上甑的工艺所决定的[19-20]。传统的上甑是酿酒工人按照"轻洒匀铺，探汽上甑"的工艺，将酒醅用撮箕一层一层铺在甑桶内。人工操作过程中具有不稳定性和经验性，从而引起"跑汽"或"压汽"的问题，导致酒质和出酒率不稳定，同时高强度的操作和恶劣的工作环境也对工人的身体造成一定损伤。

如图 8 所示，馥合香型白酒酿造装甑蒸馏系统包括定量加糟机、谷壳定量加料机、酒醅输送装置和上甑机器人。甑桶设备底部设置称重模块，定量接收上层物料，物料达到设定值后停止上层输送。系统酒甑采用直壁式甑桶，通过对蒸馏原理与蒸馏效率的研究，从甑盖结构、底锅帘的弧度优化设计，克服了甑边效应。中央控制系统采用全套中控 PLC 模组与智能局域网，以实现对设备的现场和远程控制。上甑，即酒醅装入甑桶。传统方法劳动强度大、效率低。有研究表明[21]，一台机器人可完成 3 名上甑工人的工作量，效率提升明显。金种子酒业在上甑过程引入 ABB-6 机器人。通过中控系统通过红外线热成像仪实施动态监测甑锅内酒醅表面的温度变化情况，迅速将数据传输给中控主机，经智能计算和分析，再将指令传递给执行端，指导进汽控制系统和上甑机器人作业，实现动态控制汽量、智能探汽上甑功能。上甑结束后，蒸馏接酒时，利用温度在线检测、蒸汽流量在线检测，并将检测数据传回中控主机，经智能计算和分析，再即时将指令传递给执行端，指导接酒控制系统，实现量质摘酒、分质并坛的目的。自动化装甑蒸馏接酒设备的应用实现了"恒温发酵、精准控温、自动配料、智能上甑"，大大降低了工人的劳动强度。

图 8　馥合香型白酒酿造装甑及蒸馏系统

Fig. 8　Steaming and distillation system of compound flavor Baijiu

4.4.2　余热回收系统

我国白酒行业在生产过程中存在诸多问题，例如水污染、土地污染和空气污染等。其中节能减排不仅是白酒生产中提倡的原则之一，也是企业重要的一项生产指标。尽管各白酒企业投入大量的资金用于节能降耗，但由于传统工艺的要求与限制，在生产过程中很难完全解决水资源的浪费和蒸汽的损失。针对白酒蒸馏过程中收集蒸酒和蒸粮放散蒸汽，本系统设计实施了余热回收技术，将其中的热量进行回收，用于加热水，再用于酿造用水，充分利用了能源。极大减少了生产过程中蒸汽的浪费。酒甑蒸酒过程中，酒蒸气经过汽管，进入风冷器前，先进入余热回收器，将热量充分回收，然后再进入风冷冷凝器，将其冷却成酒液。余热回收器为列管式换热器，酒蒸气走壳程，进前温度90~95℃，循环水走管程，两者在其内部充分换热，可将酒蒸气冷凝成液体和部分气体，此时为70~80℃的混合物，循环水温度可被加热30~40℃；加温后的循环水与蒸粮废气进行充分交换，将水温加热到60~70℃可用于润料和高温堆积床保温。因此，该回收设计不仅推动了企业绿色酿造发展[22]，更有利于提升企业的效益与发展。

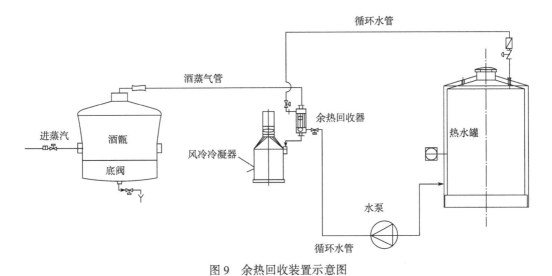

图9　余热回收装置示意图

Fig. 9　Schematic diagram of waste heat recovery device

5　物料输送系统

酿酒车间酒醅等物料的输送采用行车辅助操作出池，行车为吊抓两用行车，配有1.5t电动马达抓斗，抓斗在垂直方向有4个导向柱定位，防止抓斗碰撞池壁；配套有固定底出池料斗，每次抓斗抓取两抓斗后放入暂存斗，暂存斗由行车运输到蒸酒区，通过电动叉车实现跨间转运，降低了电耗，为适应大班制生产模式，采用6个窖池同时开挖，上、中、下三层酒醅分层集中取料，分层摘酒，保证了产品质量的稳定性。转运效率高，整体无滴漏，出池效率是人工的8倍；直角切底边抓斗结构和皮带传动，保证出池完整，无死角；安全有效，减少对池壁损坏；出池节奏与生产节拍相适应。分层取料，分层下糟，适应规模化生产，保证各层酒的分级摘酒，酒质纯净，减少了糠杂味。

馥合香型白酒采用分醅次清蒸工艺，量质摘酒、分级储存；其中面糟直接通过丢槽输送机送到丢糟区；中上酒醅部分进行清蒸、量质摘酒、分级储存（优级、普酒、尾酒），中下酒醅进行清蒸、量质摘酒、分级储存（特级、优级、普酒、尾酒），中上、中下酒醅清蒸后部分糟醅输送至蒸粮区进行粮醅配料、部分经摊晾机冷却至12~15℃与高温堆积粮醅加曲和混合至入池温度23~26℃，经转运斗、行车运输至窖池入池发酵。底糟单独进行清蒸、量质摘酒、分级储存（特级、优级、普酒、尾酒），酒糟部分冷却后作为窖池面糟，部分酒糟通过丢糟输送带送入丢糟区。

6 自动化酿造系统吨酒消耗的对比

收酒罐区设大小不同的缓存罐，缓存罐配有液位计，液位满后传递给中控平台，启动收酒泵将不同等级的酒输送到相应中转罐，收酒库区采用防爆设计，符合相关安全技术标准。到达收酒库的原酒先按等级不同存放于不同的小暂存罐，暂存罐满后并罐进入中间缓存罐，缓存罐满后通过酒库阀阵管道切换进入相应的500t储酒罐区；在每个中转环节都有计量和空气搅拌装置，保证酒质的均一性。酒库依托于公司优质酒库，配有自动化的计量仪表，按照预先设定的程序进行管理，保障了酒的分级储存、定时并坛[23]。本系统实现馥合香型白酒自动化+部分智能化生产后，生产每吨原酒可比传统工艺减少汽耗15%以上，降低水耗19%，节约劳动力约72%，提高粮食出酒率2%，优质率提高5%以上，具体见表2。

表2　　　　馥合香白酒自动化酿造与手工酿造过程中各类消耗的比较

Table 2　　Comparison of various consumptions between automated and manual production processes for compound fragrance

序号	指标名称	单位	馥合香手工	馥合香机械化	行业指标对比
1	吨酒高粱消耗量	t/t	2.94	2.78	
2	吨酒辅料用量	t/t	0.74	0.69	
3	人均产酒量	t/(人·天)	0.05	0.18	
4	吨酒蒸汽消耗量	t/t	10	8.5	
5	吨酒电力消耗量	kW·h/t	55	75	
6	吨酒耗新鲜水量	t/t	16	13	
7	吨酒综合能耗	tce/t	1.2	1.05	
8	吨酒废水产生量	t/t	18	15	
9	吨酒COD产生量	kg/t	119	98	
10	优质酒率	%	40	43~45	

7　总结与展望

全自动化馥合香型白酒酿造装备及系统从原辅料处理、仓储物流到酿造设备等方面，依据白酒酿造过程的分工段分流程作业，开发与生产应用全自动化馥合香型白酒酿造生产设备，基本实现了整个酿酒过程的全自动化，确保了各工艺环节的稳定有序，所生产的原酒品质与产量稳步提高。该装备及系统的顺利应用有利于进一步推动酿酒装备的机械化、自动化、智能化与信息化进程，提高酿酒装备对品质安全的保障能力，为酿酒行业健康绿色发展做出积极的贡献。同时，全自动化馥合香型白酒酿造车间具有自动化、人性化、洁净化、标准化、精准化的特点。从原辅料及其处理系统到装甑接酒系统，每一个工段都采用智能化技术与物联网技术，基本实现了酿酒过程中的全自动化，确保了各工艺环节的稳定有序。另外，随着人工智能与物联网技术的快速发展，传统的白酒生产模式逐渐由经验型向现代科技化转变，未来自动化白酒酿造的研究也会更加深入和全面。当前，自动化酿造技术仍存在一些问题，如工艺参数优化、设备故障等。因此，将生产实践与科技创新相结合，运用大数据分析，把经验转化为数据，打造智能工匠，以不断提升中国白酒的品质。

参考文献

[1] 谢军，罗惠波，曾勇，等．中国白酒产业蒸馏装置的演变历程及研究现状 [J]．中国酿造，2022，41（02）：9-14.

[2] 王皓悦．白酒生产机械自动化技术应用探讨，[J]．轻纺工业与技术，2020，49（08）：40-41.

[3] 吴艳红．浅析白酒生产中自动化酿造技术的应用策略 [J]．食品安全导刊，2020（21）：152.

[4] 吕序霖．自动化酿造工艺在白酒生产中的应用探究 [J]．食品界，2023（03）：113-115.

[5] 王凡，卢君，王丽，等．白酒生产自动化技术应用研究进展 [J]．中国酿造，2023，42（04）：1-7.

[6] 尤宇漫，徐岩，范文来，等．金种子馥合香白酒香气成分分析 [J]．食品与发酵工业，2023，49（09）：291-297.

[7] 程伟，张杰，潘天全，等．一种馥合香型白酒的酿造生产工艺分析与探讨 [J]．酿酒，2018，45（03）：41-45.

[8] 白彦秋，季树太．白酒罐区自动化 DCS 控制 [J]．酿酒，201239（04）：68-71.

[9] 张煜行，鲁选民，王永芳，等．白酒酿造用稻壳仓储及预处理系统开发 [J]．酿酒科技，2016（06）：102-104+116.

[10] 范伟国，赵静，陈彬．球形润粮拌粮系统的研发及在白酒酿造生产中的应用 [J]．酒·饮料技术装备，2021（04）：52-58.

[11] 邓皖玉，许永明，程伟，等．润粮工艺对酱香型白酒生产的影响 [J]．酿酒科技，2021（01）：36-41+49.

[12] 唐丽云，朱孟江，王玉彬．传统白酒生产的现代化改造及新技术探究 [J]．中国食品工业，2022（05）：124-127.

[13] 宗绪岩，李丽，习冲，等．玉米威士忌生产工艺研究 [J]．四川理工学院学报（自然科学版），2017，30（5）：14-19.

[14] 张春林，杨亮，李喆，等．酱香型白酒酒醅堆积微生物多样性及其与风味物质的关系 [J]．食品科技，2022，47（04）：111-118.

[15] 陈涛，李锦松，王洪禹，等．"智酿云"白酒工业互联网平台建设实践 [J]．食品工业，2022，43（06）：181-184.

[16] 夏小乐，吴剑荣，陈坚．传统发酵食品产业技术转型升级战略研究 [J]．中国工程科学，2021，23（02）：129-137.

[17] 卢君，唐平，山其木格，等．一种评价酱香型白酒酿造过程高粱蒸煮程度的技术研究 [J]．中国酿造，2021，40（03）：73-78.

[18] 泸州老窖集团有限责任公司．泸型酒技艺大全 [M]．北京：中国轻工业出版社，2011.

[19] 魏景俊，肖坤才，张伟花，等．"驿酒上甑八招式"对白酒蒸馏效果和白酒品质影响的研究 [J]．酿酒，2014，41（6）：50-52.

[20] 张贵宇，庹先国，李杉，等．上甑机器人在白酒固态蒸馏中的应用现状与探讨 [J]．食品工业科技，2017，38（13）：216-219.

[21] 武晨光．上甑机器人的运动分析与规划 [D]．天津：河北工业大学，2019.

[22] 张怀山，李锦松，张超，等．清香型白酒生产工艺中的节能降耗研究 [J]．包装与食品机械，2021，39（04）：12-17.

[23] 杨红文．白酒计量自动化输送系统在酒库管理中的应用 [J]．酿酒，2014，41（01）：62-65.